남북한

군사정책과 한국전쟁

1945–1950

남북한

군사정책과 한국전쟁

1945-1950

양영조

한국학술정보㈜

필자가 한국현대사를 공부하기 시작한 지도 어언 이십 여년이 지났다. 그동안 필자는 다음과 같은 작은 문제의식을 갖고 한국현대사 연구를 진행시켜 왔다. 해방 이후부터 단정 시기는 국가수립 상황으로써 한국현대사 전개방향의 중요한 좌표가 되고 있으며, 단정 전후부터 전쟁 발발까지의 시기는 이후 남북 관계와 국제정세의 지형을 결정적으로 변화시킨 한국전쟁의 전사로서 매우 중요한 의미를 가지고 있다는 것이다.

한반도에서의 미·소 군정과 그 이후 한국전쟁이 발발하기까지의 미·소의 대한정책은 기본적으로 한반도 문제에 대한 미·소의 입장과 시각을 반영하는 것이었으며, 이 과정에서 한민족이 서로 분열하게 됨으로써 분단이 고착되어 갔다. 즉, 남북한은 세계적 차원에서 점차 고착되고 있었던 냉전구조의 성격과 그 변화에 의해 크게 규정되고 있었다. 그러므로 38선이 획정된 이후 분단의 고착과 한국전쟁의 발발은 외재적 원인과 내재적 원인이 서로 혼재되어 나타난 것이었고, 미·소 군정 이후 38도선 상에서의 충돌은 이러한 과정을 가장 함축적으로 보여주는 현상이었다고 할 수 있다.

필자는 기본적으로 미·소에 의하여 조성된 국제환경의 성격이라는 요인이 남북 관계에 여하히 작용하였는가 하는 점과 남북간에 전개된 정치적 군사적 역관계 등 민족내분 요인이 미·소의 정책을 어떻게 변화시켰는가 하는 점을 염두에 두면서 국제관계, 주변국의 군사정책과 전략 등을 주로 관심을 갖고 연구를 진행하고 있다. 특히 분단정부 수립 이후 남북간의 갈등은 미·소의 후원 하에 체제강화와 군사적인 경쟁의 양상을 띠게 되는데, 이는 남북체제강화와 군사력 확대 과정, 그리고 양자간의 무력 충돌의 확대과정 등을 통해 규명하려 하였다.

단정 수립을 전후하여 남한의 정치세력 재편의 방향은 이승만 권력의 강화와 중도파의 분해와 몰락으로 이어졌다. 특히 김구의 암살, 반민족특별위원회의 해체, 소장파 의원들의 구속 등은 이승만 체제의 강화와 아울러 평화통일 논의의 종식을 의미하는 것이었다. 그 후 통일논의는 이승만의 실지회복이라는 인식만이 허용되었다.

북한 정권은 정부수립 이후 외부적으로 표출하지 않고 내부적으로 무력통일안을 논의하고 있었다. 조·소 회담 이전부터 무력통일론은 구체적으로 논의되었다. 각 정당 및 사회단체의 좌파 통일전선체로서 결성된 조국전선의 통일론 역시 북한 정부의 정강 실현과 직접 연결된 것이었으며, 독자성을 확보하지 못한 이유로 정권의 틀에 크게 벗어나지 못하고 있었다.

한편 38선 충돌은 각 시기마다 미·소 군정 및 남북한 양측의 정치적 의도가 내재된 것이었으며 또 통일론과도 일정한 관련 속에서 전개된 것이었다. 당시 미·소군이 배치된 38선은 이미 세계냉전이 격화되면서 전초기지의 의미를 갖게 되었다. 미·소 군정시기 38선 월경이나 분쟁은 냉전의 영향을 받아 단순한 우발사건이 아니라 점차 이념적 정치적 성격을 띠었다. 그러나 미·소군이 대치한 상황 하에서 38선상의 군사적 충돌은 절제되었으나, 남북한군이 미·소군으로부터 38선을 인수한 후부터는 심각한 대치상황에 접어들었다. 당시 남북정권은 무력통일 방안에 큰 관심을 기울이고 있었기 때문에 양측에 의해 발화·격화된 분쟁은 남북 갈등을 더욱 증폭시키는 계기가 되고 있었다.

따라서 한국전쟁은 내적적인 남북 갈등과 국제전적인 냉전이 상호 상승작용을 일으키면서 발생된 것이었다. 냉전이 격화됨에 따라 소련과 중국은 한반도의 공산혁명노선을 추구하고 있었고 특히 소련의 경우 국지적 대리전 계획까지 마련하고 있던 상황이므로 실질적 책임을 면하기 어려운 것이었다. 그럼에도 불구하고 이러한 분위기 속에서 주도적으로 전쟁을 준비 결정 실행한 것은 북한이었다. 따라서 이 전쟁의 배경적 성격도 남북간 민족적 갈등으로 인한 내전과 미소 냉전적 갈등으로 인한 국제전 성격이 중첩된 것이었다고 볼 수 있다.

이 책은 필자의 박사학위논문 「남북한 군사정책과 6·25전쟁 배경 연구 : 정부수립 초기를 중심으로」를 일부 수정 하고 또 본인의 저작인 『한국전쟁 이전 38도선 충돌 연구 : 1945~1950년』중의 일부 내용을 보완한 것이다. 학위논문을 제출한 지 꽤 시간이 지났고 또 여전히 부족한 점이 많지만 이렇게라도 모양을 갖추어 책으로 내놓을 수 있게 된 것은 그간 필자의 학업을 지도 편달해 주신 여러 은사님들의 덕분이다.

학부시절 은사님이신 고 허선도, 고 송찬식, 조동걸, 김두진, 정만조 선생님은 문헌자료를 보는 실증적인 방법과 선비의 양심과 중후한 인덕을 보여 주셨다. 석사과정의 지도교수였던 박병호 선생님, 그리고 역사학의 연구방법론을 깨우쳐주신 이성무, 민현구, 온창일, 정구복, 박종기 선생님은 역사를 과학적, 거시적 안목에서 보는 방법과 엄격한 자기관리와 책임감을 가르쳐 주셨다. 박사과정부터 지금까지 본인을 지도해 주시는 조동걸 선생님 그리고 박사논문 심사위원장을 맡아주신 강만길 선생님은 근현대사에 있어서 다양한 관점을 이해하고 어떻게 접근해야 하는지를 지도해 주셨으며 또 현실에서 그것들이 어떻게 투영되어야 하는지를 몸소 보여주셨다. 대학원 석사, 박사과정에 들어와 본격적으로 공부를 시작하면서부터 선배 동학 후배님들의 도움도 컸다. 서인한, 김용달, 문창로, 장석흥 선배님을 비롯하여 지금에 이르기까지 역사연구를 계속 할 수 있었던 것은 전적으로 은사님과 선배님들의 가르침과 변함없는 지도 덕분이다.

아울러 한국현대사를 공부하면서부터 한국역사연구회, 한국근현대사연구회, 한국전쟁연구학회 등에서 많은 선후배 학우들과 토론하면서 현대사의 쟁점과 연구방향을 직시하게 되었고, 그것은 현재 현대사를 공부하는데 큰 밑거름이 되고 있다. 이 분들의 이름을 일일이 거명할 수 없음을 아쉽게 생각하며 널리 양해해 주시리라 믿는다. 마지막으로 이 책이 나올 수 있도록 배려해주신 한국학술정보의 채종준 사장님과 박주선 씨께 감사드리며 짧은 기간에 주야로 수고하신 편집부원 여러분들에게도 고마운 마음을 전한다.

2007년 10월
양영조

● 목

차

표목차

제 1 부

분단정부 수립과 한국전쟁

서 론

제1절 주제선정과 연구동향

1) 주제의 선정

한반도의 분단과 단정 수립 그리고 한국전쟁[1]은 기본적으로 국내외 각 정치 세력들의 이해관계와 대립으로 인한 것이었기 때문에, 이에 대한 원인과 책임은 다양한 국내외적 요인들에 내재된 것이었다. 먼저 국내적으로 단정 이전의 남북한 사회는, 남한이 미군정 아래에서 점차 보수화되고 북한이 소군정하에서 급진 공산 세력이 강화되는 양상이 노골화되고, 이후 분단정부의 수립으로 양쪽 모두가 냉전 구조하에서 정권통합과 민족통일의 방안을 무력에 의해 이루려는 정책에 중심을 두고 있었다. 또 남북한과 미·소의 정치적 선택이 남북한 사이의 갈등을 더욱 심화시키고 있었다.

한반도에서의 단정은 미·소 간의 냉전이 본격화되는 과정에서 결정된 것이기에 자연 협상을 중재할 수 있는 국내 정치 세력의 쇠퇴를 가져오게 되었다. 결국 미·소공위, 좌우합작, 남북협상의 실패, 그리고 분단정권의 수립 과정은 대화와 협상에 의한 민족통일정부 수립이 실패했음을 의미하는 것이었으며,[2] 남북한 정권은 군사적 우위를 위한 세력 확장에 큰 관심

---

1) 지금까지 '6·25'에 대한 용어는 일반적으로 6·25동란·사변, 6·25전쟁, 한국전쟁 등으로 혼용되고 있다. 6·25사변, 동란, 전쟁 등의 용어는 이 사건이 갖고 있는 다층적이고 복합적인 의미와 성격을 설명하는 데 한계가 있다고 생각된다. 따라서 본고에서는 잠정적으로 학계에서 가장 보편적으로 사용되고 있는 '한국전쟁'이란 용어를 사용하였다.
2) 姜萬吉, 『韓國現代史』, 創作과 批評社, 1984, pp.172-174.

을 기울이게 되었다.

세계사적으로 볼 때에도 남북한 정권의 무력통일정책과 군사적 대립은
미·소 냉전의 심화와 밀접한 관련 속에서 전개되는 특징이 있었다. 이 시
기 유럽에서 마샬 플랜이 성공적으로 진행되고 북대서양조약기구(NATO)
가 조직되었으며, 반면 중국이 공산혁명에 성공하고 소련이 핵무기를
보유하게 되었다. 미국은 일본을 중심으로 한 지역통합전략과 대소 '봉
쇄'(containment)정책을 구체화하였으며,3) 나아가 소련의 원폭보유에 따라
적극적 '반격'(Roll-back)전략을 수립하였다.4) 이러한 세계사적인 변화가 남
북한 분단정권에 각각 어떠한 영향을 미치고 있었는가 하는 문제 역시 전
쟁의 성격 문제와 관련하여 규명되어야 할 문제이다.

본 연구 주제는 몇 가지 측면에서 의미가 있다고 생각된다. 첫째, 대상
시기가 전쟁 직전이라는 점이다. 그러나 지금까지 이 시기에 대한 연구들
은 대체로 경향성이 전제되거나 엄밀한 실증 작업에 이르지 못하고 있는
편이다. 둘째, 1948~50년은 남한과 북한에서 정권이 수립된 이후 각각의
정권이 통치권을 확립해 나가는 시기이다. 남북의 정치지도자들은 통일 민
족국가를 수립하는 데 실패하였고, 이후 정치 상황은 평화통일을 실현할
수 있는 조건에서 멀어지고 38도선은 곧 관념의 선에서 유형의 선으로 고
착되었다. 남북한은 기본적으로 전쟁을 거치면서 보다 큰 변화를 겪게 되
지만,5) 이미 양 정권이 전쟁 이전부터 분단정권의 지배 구조를 형성하면서
국토의 분단을 민족의 분단으로 몰아가고 있었다.6) 이러한 의미에서 본 주

---

3) Thomas H. Etzold and John Lewis Gaddis,eds., *Containment: Documents on
American Policy and Strategy 1945-1950*,New York, Columbia Univ. Press, 1978.
4) Bruce Cumings, *The Origin of the Korean War Vol.Ⅱ(The Roaring of the
Contract 1947-1950)*, Princeton Univ. Press, 1990.
5) 손호철 외, 『한국전쟁과 남북한 사회의 구조적 변화』, 극동문제연구소, 1991.
6) 趙東杰, 「4·19革命의 民族主義的 性格」, 『4·19포럼 심포지엄』, 1997.4; 趙東
杰, 「韓國現代史의 研究 成果와 課題」『현대사의 흐름과 한국현대사』, 한국정신
문화연구원 현대사연구소, 1997, p.106. 이에 의하면 남북의 국토분단이 자본주

제는 남북한 정권의 성격을 밝히는데도 일정한 의미가 있을 것이다.

셋째, 남북한이 추구하였던 군사정책은 무력통일론과 관련하여 전쟁에 직접적인 영향을 미치고 있었다고 하는 점이다. 따라서 이와 같은 점을 염두에 두면서 미·소의 대한군사정책과 남북한의 대응, 남북한의 무력통일론의 형성과정과 그 성격, 그리고 군사력 확충과정과 38도선 충돌, 게릴라 문제 등 군사적 대립, 전쟁 직전의 남북한의 군사작전 등의 문제에 주목하였다.

2) 연구의 동향

본 연구 주제와 관련한 그간의 주요 연구를 대별하면, 전쟁 원인에 관한 연구, 남북한 통일론에 관련한 정치적인 측면에서의 연구, 그리고 군사력 비교와 38도선 충돌 과정 등 군사적 측면의 접근 등으로 나눌 수 있다.

(1) 먼저 전쟁 원인에 관해 주목한 연구는 대체로 1960~70년대 미·소 냉전의 기원과 관련하여 주로 외국인들에 의한 것이었다. 이 시기 학계에 가장 설득력 있게 제시되었던 '스탈린 주도설'의 입장에도 미국세력 견제설, 미국의 저항력 실험설, 압력 분산설, 일본단독강화조약 견제설 등 다양한 가설들이 있다.7)

의와 공산주의로 사상을 분단한 분단정부의 수립으로 이행되고 그 분단정부가
전쟁을 계기로 절대적인 적대관계에 놓이게 되었다고 하였다.
7) D. F. Fleming, *The Cold War and Its Origins 1917-1960*, Garden City, NY: Doubleday & Co., 1961; 金學俊, 『韓國問題와 國際政治』, 박영사, 1987; 徐柱錫, 「韓國戰爭의 初期 展開過程」, 하영선(편), 『韓國戰爭에 대한 새로운 接近』, 나남, 1990; 高在弘, 『韓國戰爭의 原因 硏究』, 경희대 정치학과 박사학위논문, 1996. 지금까지 한국전쟁 기원에 관한 연구 시각은 세 가지 범주로 대분할 수 있다. 첫째, '전쟁 발발의 주체'로 분류할 때 북침설, 남침설 그리고 남북 상호간의 갈등관계가 전쟁으로 확전된 것으로 보는 중간설이 존재하고, 둘째, 전쟁을 야기한 '정치 상황'을 분류 기준으로 볼 경우 한국전쟁은 주로 국제정치의 연상선상에서 이해되어야 한다는 '외인론'과 한반도 자체의 정치 상황에서 유발되었다고 보는 '내인론'의 양자로 구분 지을 수 있다. 셋째, 한국전쟁 연구 결과의 이념적

그런데 1970년대 말부터는 이에 대해 비판적인 일련의 연구가 발표되었다. 관련된 논쟁점을 정리하면 다음과 같다. 즉 '북한의 공격이 일어나도록 방치한 음모가 있었다',8) '이승만이 북한군을 끌어들여 미군 개입을 유도했다',9) '남한에서 시작된 내전의 연장이고 혁명전쟁이며 아울러 미국의 봉쇄와 반격전략(Rollback)과 관련이 있다',10) '북한의 내부분열, 이승만의 위협 고조, 북한에 호전된 국제적 요건, 남한에서의 유격대 투쟁의 퇴조 등이 원인으로 작용했다',11) '미국 행정부의 각 부서 및 군부의 이해 갈등이 주요한 원인이다',12) '미국의 대한정책은 계산된 위험이 내포된 정책이다13)는 등 다양한 추론을 제시하고 있다.

또한 국내적인 요인을 중시하여 '남로당의 남한 공산화 실패로 북한에 의한 군사적 남침이 결행되었으며',14) '남한에서의 토지개혁 성공은 공산주의자들의 혁명의 가능성을 불식하는 것이므로 반혁명 분위기가 고착되기 전에 남침을 전개한 것'15)이라는 시론적인 평가가 제출되기도 하였다.

대체로 수정주의 성향의 저작들16)은 한국현대사 연구의 붐을 불러일으

성향을 구분 기준으로 삼을 때 기존의 전통주의학설과 주로 맑시즘적 이론에 근거한 수정주의적 학설로 구분할 수 있다.

8) 스톤, 배외경(역), 『秘史 韓國戰爭』, 신학문총서, 1988.

9) 조이스 콜코·가브리엘 콜코, 김주환(편), 『美國의 世界戰略과 韓國戰爭』, 청사, 1989; 로버트 R. 시몬즈, 기광서(역), 『韓國內戰』, 열사람, 1988; 굽타, 정대화 (역), 『韓國戰爭은 어떻게 시작되었나』, 신학문사, 1988.

10) 브루스 커밍스, 김자동(역), 『韓國戰爭의 起源』, 일월총서, 1986; Bruce Cumings, 앞의 책, *The Origin of the Korean War Vol. II.*

11) 존 메릴, 신성환(역), 『侵略戰爭인가 解放戰爭인가』, 과학과 사상, 1988.

12) 金徹凡, 「北韓의 南侵을 빚어낸 美國의 撤軍政策」, 『韓國戰爭과 冷戰』, 평민사, 1991.

13) 제임스 메트레이, 구대열(역), 『韓半島의 分斷과 美國』, 을유문화사, 1989.

14) 金點坤, 『南勞黨硏究』, 돌베개, 1984.

15) 사쿠라이 히로시, 「한국의 토지개혁과 한국전쟁」, 김철범 편, 한국전쟁, 평민사, 1989.

16) 수정주의는 반드시 좌파 논리만 있는 것은 아니지만 대체로 좌파의 성향을 가지고 있다. 한국 연구자들은 그에 대해 일반적으로 좌파 또는 중도좌파 정도로 인식하고 있다. 조동걸, 「한국현대사의 연구 성과와 과제」, 앞의 논문, p.103;

키고 또 일정한 학문적 성과도 있었지만, 당초부터 남한의 미국의 문제에
만 과도하게 집중한 결과, 한국전쟁의 원인과 과정에 대한 남한과 미국 측
의 책임을 집중적으로 부각시킨 결과를 낳았다. 이 논의들은 실증 자료가
제대로 뒷받침되지 않은 상황에서 추론과 심증에 근거하고 있으며, 최근
공개된 소련 자료와 북한 자료에 의하면 북한, 중국, 소련의 관계에 관한
사실들이 왜곡되어 있음을 알 수 있다.

북한에서의 연구 경향은 미국의 전쟁 도발에 응하여 '정의의 민족해방
전쟁'을 수행하게 되었다는 시각이며,17) 국내의 일부 연구자들은 이를 수
용하여 남한의 단정 수립은 미군정의 형태 변화에 불과하며 결국 한반도의
핵심적 두 주체는 북한을 중심으로 한 한반도의 혁명 세력과 미국의 제국
주의 세력이 될 수밖에 없다고 해석하고 있다. 따라서 한국전쟁은 해방된
북한을 근거지로 하여 미국에 의해 강점되어 있는 남한 민중을 해방시키려
는 '식민지 민족해방 전쟁적 성격'을 갖는 '정의의 전쟁'으로 규정되어야 한
다고 주장하였다.18)

한편 기존 시각에 관한 문제 제기로서 전통주의와 수정주의의 시각을 극
복하고 정치·경제·군사·이념 등의 상호 의존을 강조하는 종합적 접근방
법이 제시되기도 하였으며,19) 수정주의와 진보적인 논의에 대한 비판이 제
기되기도 하였다.20) 이 비판의 요지는 이념적 편향성이 강하며, 가설에 사

<hr>

수정주의 논자들의 한국전쟁 연구는 내용적으로 조금씩 상이하지만 '북침'의
가능성을 증명하고자 하였는데, 이들 학자들은 미국의 덜레스가 한국을 방문
하는 시기에 미국 지도자들과 이승만이 북침계획을 완성했다고 주장하면서 북
침 혹은 남침 유도의 가능성을 제시하였다. 그러나 이러한 주장은 구체적인
근거가 제시되지 않은 점이 큰 한계이다.
17) 사회과학원 역사연구소, 『조선전사』 25-27, 과학백과사전출판사, 1981; 사회과
학원 역사연구소, 『조선통사』(하), 1983; 허종호, 『조선인민의 정의의 조국해방
전쟁사』(1), 사회과학출판사, 1983.
18) 노민영, 『다시 보는 한국전쟁: 끝나지 않은 전쟁』, 한울, 1991; 강인구, 『분단
과 전쟁의 한국현대사』, 역사비평사, 1996.
19) 하영선, 앞의 책, 『韓國戰爭에 대한 새로운 接近』.

실을 짜 맞추는 식이며, 간접적인 상황 증거와 음모론에 근거하고, 사료 비판이 부족하며, 사회과학적 이론은 유용하지만 한국사에 대한 이해가 결여되어 있다는 것이다.

1990년대에 접어들어 가장 주목되는 연구는 커밍스[21]와 박명림[22]의 연구이다. 커밍스는 주한미군 철수의 문제를 미국의 한반도 포기 여부와 관련시키지 않고 남한정권의 북진통일정책과 관련하여 분석하고 있다. 그는 이승만과 그의 각료들이 1949년 이후 북진 무력통일을 주장하였으며, 이것은 단순한 미국으로부터 원조를 더 받아내기 위한 전략이 아니라 실질적인 의사가 있었던 것으로 분석하였다. 그러나 커밍스의 연구는 실증적인 연구를 통한 결론이 아니라 주로 미국의 정책 속에서만 파악하는 큰 한계가 있다.

박명림은 전쟁의 발발 과정과 더불어 분단고착화 과정을 면밀하게 검토함으로써 커밍스가 제시한 주요 가설들을 대부분 부인하고 북한이 전쟁을 선택한 이유를 설득력 있게 재구성하였다. 그는 북한의 '국토완정론(國土完整論)'을 강조하면서, 설령 유도가 있었다고 하더라도 전쟁 주체의 능동적이고 적극적인 선택이 없었으면 발발하지 않았을 것이며, 북한이 국제적 분할선이자 이념적 대결선을 침범한 명백한 침략전쟁이라 주장한다.

그러나 그는 남한 측의 북진통일론에 대해서는 북한의 국토완정론에 대응한 '공갈정책' 정도로 평가할 뿐 종합적인 분석이 결여되어 있으며, 남북한의 내적인 갈등 요인들을 전쟁과 연결시켜 논증하지 못하고 있다. 또 북한이 급진군사주의로 변모해 가는 과정이 미국의 군사정책, 북진통일론과 38도선 충돌과 크게 맞물려 있음을 주목하지 못한 한계가 있다.

이와 같이 한국전쟁과 관련한 많은 견해 차이는 주로 자료의 빈곤과 정치적 입장의 차이 때문에 야기된 것이었다. 보다 실증적인 분석을 통해 전

---

20) 柳永益, 「修正主義와 韓國現代史硏究」, 『韓國史 市民講座』 제20집, 1997.
21) Bruce Cumings, *The Corporate State in North Korea*, Hagen Koo ed., *State and Society in Contemporary*, Cornell Univ. Press, 1993.
22) 박명림, 『한국전쟁의 발발과 기원』 1·2, 나남, 1996.

쟁발발로 치닫게 된 구조적 배경 분석이 여전히 한계로 남아 있다. 따라서 이를 해결하기 위한 몇 가지 방법으로 단정 과정에 영향을 미친 주요한 세력으로서 미·소의 대한군사정책, 남북한의 정책 결정들의 상호작용을 파악해야 할 것이다. 그리고 남북한의 무력통일정책, 38도선 충돌 등의 문제에 대해 이념과 경향성을 배제한 양측의 자료 분석을 통한 실증적인 연구가 필요하다고 하겠다.

(2) 다음으로 남북한 통일론에 관한 정치적인 측면에서의 접근인데, 이것은 남한과 북한으로 구분된다. 먼저 남한의 통일론에 관한 연구 쟁점은 이승만 정부가 '무력통일 이외의 통일운동을 허용하지 않았다',[23] '호전적 북진통일론으로 북한의 남침을 유발했다',[24] '공갈정책으로 남침을 저지시킬 시간을 얻는 한편 정적들을 강압하려는 수단으로 활용했다',[25] '통일 문제로서가 아니라 미국의 원조에만 관심이 있었다',[26] '김일성의 통일전쟁 남벌의지와 거의 유사한 생각이었다'[27]는 등의 평가가 있다.

상기한 논의들은 기본적으로 이승만의 통일론의 대체적인 윤곽을 파악하여 그의 통일론이 과연 통일을 위한 것이었느냐 아니냐 하는 문제, 통일을 위한 것이되 다만 그 목표가 대내, 대북, 대미 어디에 두고 있느냐 하는 것을 기본 틀로 삼고 있다. 그러나 이들 주장들은 일차적으로 통일정책에 대

---

23) 김도현, 「이승만 노선의 재검토」, 송건호 외, 『해방전후사인식』, 한길사, 1980; 서중석, 「이승만과 북진통일」, 『역사비평』 29호, 1995; 서중석, 『한국현대민족운동연구』 2, 역사비평사, 1996; 洪錫律, 「李承晩政權의 北進統一論과 冷戰外交政策」, 『韓國史研究』 85, 1994; 洪錫律, 『1953-61年 統一論議 展開와 性格』, 서울대 국사학과 박사학위논문, 1997.
24) Bruce Cumings, 앞의 책, *The Origin of the Korean War, Vol. II*. 커밍스는 남한의 북진론자들, 대만정권, 미국의 롤백주의자들이 각자 한반도에서 전쟁을 준비하고 있었다고 보아 사전 음모의 가능성을 제기하고 있다.
25) 李昊宰, 『韓國外交政策의 理想과 現實』, 법문사, 1980.
26) 崔光寧, 「韓國戰爭의 原因에 관한 硏究」, 서울대 정치학과 석사논문, 1984; 曺二鉉, 「駐韓美軍撤收와 駐韓美軍事顧問團의 活動」, 서울대 국사학과 석사논문, 1995
27) 강정성, 「한국전쟁의 국내적 배경과 원인」(1), 한국정치연구회, 『한국전쟁의 이해』, 역사비평사, 1990; 朴明林 앞의 책, 『韓國戰爭의 勃發과 起源』 1·2.

한 구체적인 분석에 이르지 못하였고, 또 남한정권의 궁극적인 목표가 당
시 미국의 정책 범위를 넘는 한·미 안보공약 확보에 있었으며, 그것을 위
해 국내외 정세에 따라 강도를 조절하며 실지회복(失地回復)의 차원에서
평화통일론과 북진통일론을 주장하였다[28]는 사실을 간과하고 있다. 당시
남북한은 냉전에 적극 편승하여 한반도를 그 전초지로 부각시키고 있었고,
통일의 방법도 미·소의 구조 속에서 찾고 있었다. 따라서 통일정책도 단
정·체제강화의 내적인 관련 속에서 해명될 수 있을 것이다.

북한의 통일론에 대해서도 몇 편이 발표되었으나,[29] 대체로 자료의 한계
로 인하여 그 실상을 구체적으로 파악하지 못하고 있다. 그러나 최근 북한
의 '대남 통일노선'을 통해 한국전쟁의 발발 원인을 밝혀 낸 박명림의 연구
는 매우 주목할 만하다.[30] 지금까지의 한국전쟁과 관련해서 남한 측 논의
및 미국의 대한정책에 관해서만 연구가 이루어졌던 것에 비하면 상당한 진
전이라고 할 수 있다. 그는 북한의 '국토완정론'이 1949년을 통해 발전되었
고, 1950년에 이르러 그것을 물리적으로 뒷받침할 수 있는 힘을 얻을 수
있었다고 하였다.

그러나 이 논의는 북한, 소련, 중국 간의 통일론의 논의 과정, 조국전선
의 결성과 평화통일론 제기, 그리고 북한과 소련 관계의 성격문제 등에 대
한 고찰에는 이르지 못하고 있다.[31] 이러한 문제는 최근에 공개된 러시아
비밀외교문서와 북한 노획문서 등에 의해 확인되고 있다.

(3) 군사력 측면에서의 접근은 주로 미·소의 대한군사정책, 남북 군사

---

28) 梁寧祚, 「1948-50년 李承晩 政權의 統一論과 그 性格」, 『韓國民族運動史研究』
   于松趙東杰先生停年記念論叢 Ⅱ, 나남, 1997.
29) Bruce Cumings, 앞의 책, *The Origin of the Korean War Vol. Ⅱ*; 沈之淵, 「祖
   國統一民主主義戰線과 韓國戰爭」, 경남대 극동문제연구소, 『韓國戰爭과 北韓社
   會主義體制 建設』, 1992; 沈之淵, 『許憲研究』, 역사비평사, 1994; 李信澈, 「祖國
   統一民主主義戰線 研究」, 성대 사학과 석사학위논문, 1994.
30) 朴明林, 앞의 책.
31) 梁寧祚, 「韓國戰爭 以前 北韓의 統一論과 그 性格」, 『軍史』 33호, 1996.

력 측면에서 다루어져 왔다. 남북한의 전력 문제를 재구성하면서 전쟁원인을 규명하고자 한 고재홍[32]은 미·소 정책이 남북한의 전력 격차를 유발하였으며 전쟁을 억지하지 못하였다는 점에 주목하였다. 군사력 비교라는 측면에서 미·소정책과 남북의 힘의 불균형에 관한 주목은 연구사적 의의가 있다. 그러나 북한의 군비증강과정에 관한 파악이 미흡하며, 전쟁 원인을 지나치게 군사력 불균형에 두고 있다는 한계가 있다. 또한 남북한의 군사력 평가문제도 병력·장비·훈련·전투의지와 효율성·지휘체계 등으로 구분하여 균형 있게 분석되어야 한다고 생각된다.

안정애[33]는 1947년부터 제기된 주한미군의 조기철수 문제와 1949년 6월 철수 단행, 그리고 1948-1950년 사이 미국의 대한군사원조를 분석하였다. 그러나 이 연구는 전쟁 전까지의 실질적인 군사원조의 양 그 자체만을 가지고 미국의 대한군사정책을 평가하는 한계가 있다.

위의 두 연구 모두 미국이 한국을 포기한 것이라고 주장하였다. 그러나 당시 자료를 면밀히 분석해 보면 미국은 안보상 중요한 한반도를 포기하거나 포기한 것처럼 보이려고 하지 않았음을 알 수 있다. 즉 침략의 주체였던 북한 쪽에서도 이를 인지하고 있었으며, 전쟁 직후 미군의 신속한 참전 역시 그러한 정황을 뒷받침해 주고 있다. 그것은 결국 미국의 아시아에서의 일본 중심 '도서방위전략'과 '지역통합전략'을 본격 추진하고 있었다는 점을 연결하지 못한 것이다.[34]

이러한 '포기론'과는 반대로 우정은[35]은 주한미군과 군사고문단의 규모는 세계 여타 지역과 비교하여 상당히 큰 규모였고, 이것이 곧 미국이 이미 1947년부터 한반도를 그리스나 터키와 같이 중요한 지역으로 규정하였던 점을 보여준다고 주장하였다. 그렇지만 이러한 주장은 당시 미군부의

---

32) 高在弘, 앞의 논문.
33) 安貞愛, 「駐韓美軍事顧問團에 관한 硏究」, 인하대 정치학 박사학위논문, 1996.
34) 梁寧祚, 「韓國戰爭과 日本의 軍事的 役割」, 『鄭夏明教授停年記念論叢』, 1993.
35) 우정은, 앞의 논문.

전략적 무가치론을 지나치게 무시하는 입장에 있다.

또한 1948년 소련군 철수 이후 소련과 중국, 그리고 북한 간의 관계에 대한 커밍스 연구가 주목된다.[36] 그는 중국공산당과 북한의 공산주의자들은 소련과는 달리 민족주의적 성향을 가지고 있었기 때문에 소련군 철수 이후 서로 급속도로 가까워졌으며, 결국 소련의 '괴뢰정권'에 의한 전쟁의 발발이라는 기존의 전통주의적 가설은 잘못되었다는 것이다. 그러나 북한과 소련, 중국관계는 최근 공개된 러시아 비밀외교문서와 북한의 문서를 통해 구체적으로 분석할 필요가 있다. 왜냐하면 이들 문서에 의하면, 1950년 4-5월 시점까지도 여전히 북한은 중국보다 소련과의 관계에 비중을 두고 있었다는 것이 분명하게 드러나기 때문이다.

(4) 다음으로 남북한 38도선 충돌에 대한 접근은 전쟁발발과 관련하여 부분적으로 논의된 편이다. 학계에 논쟁점으로 제시되고 있는 것을 정리하면, 충돌이 남북간의 대결을 격화시켜 내전으로 나아갔다는 평가(메릴, 커밍스 등)와 전쟁과 직접적인 관련은 없다는 평가(박명림 등), 그리고 선제공격의 책임이 대부분 남한 쪽에 있다는 시각(커밍스)과 북한 쪽에 있다는 시각(사사끼) 등이 있다. 그러나 이들의 논의는 한국전쟁과의 관련 유무에 지나치게 비중을 두고 있거나 제한된 시기와 지역만을 대상으로 하여 그 전모를 파악하지 못한 한계가 있다.[37]

특히 다양한 시각의 변화가 종전에 주목되지 못했던 문제의 다른 측면을 부각시켜 줄지는 모르지만, 이 문제와 관련하여 유의해야 할 것은 하나밖에 없는 사실 자체를 변경시킬 수는 없다는 점이다. 이런 점에서 기존의 38도선 충돌 연구는 너무 지나치게 전쟁의 성격론에 따라 아전인수 격으로 해석된 측면이 크다고 할 수 있다. 단적인 예로써 기존 연구들은 충돌의

---

36) Bruce Comings, *The Origin of the Korean War* Vol. Ⅱ.
37) 佐佐木春隆, 『朝鮮戰爭』(上), 原書房, 1976; Bruce Comings, 위의 책 Vol. Ⅱ; 존 메릴, 앞의 책, 『侵略戰爭인가 解放戰爭인가』; 朴明林, 앞의 책, 『韓國戰爭의 勃發과 起源』 1·2; 戰史編纂委員會, 『解放과 建軍』 제1권, 1967.

시점을 대체로 1949년 5월 전후로 보고 있고, 종점을 1949년 말 백선엽의 은파산 공격으로 보고 있다. 그러나 양측의 자료에 의하면, 38도선에서의 충돌은 1948-50년 기간 계속 이어지고 있었으며 시점에 따라 발발 원인의 차이가 있는 것이었다.[38]

이러한 한계는 이용 자료의 한계와 역사 사실과 방법론에 대한 혼란 등으로 사실 복원조차 주의를 기울이지 못하고 있는 면을 보여주는 예라고 할 수 있다. 충돌 내용을 과장·왜곡하고 있는 자료를 효과적으로 이용하기 위해서는 반드시 남북과 미·소의 양측 자료를 교차 비교하여 발화 주체, 규모, 날짜, 손실, 성격 등에 관한 실증적인 분석이 선행되어야 한다고 생각한다.

제2절 연구범위와 자료

1) 연구의 범위

제1부의 공간적 범위는 미·소의 대한군사정책, 남북한의 무력통일정책, 군비경쟁과 동원 체제, 그리고 38도선 충돌, 군사 작전계획, 전쟁발발 등 남북한의 군사정책 문제에 관한 것이다. 이는 한반도 내부에서 정권 차원에서 서로 정통성을 둘러싸고 각축을 벌여 온 갈등 문제이며, 전쟁발발의 배경 문제이기도 하다.

시간적 범위는 남북간의 단독정부가 수립되는 시점인 1948년 8월 전후에서부터 한국전쟁이 발발하는 1950년 6월까지로 그 연구 범위를 한정하였다. 이 시기는 단독정부 수립 후 양 정권이 체제강화와 아울러 가장 심화되고

---

38) 梁寧祚, 「38線 衝突과 李承晩 政權의 對應」, 『역사와현실』 제27호, 역사비평사, 1998.

있던 냉전에 편승하여 무력에 의한 통일정책을 전개하던 시기이다.

이 시기 남북문제 특히 남한에 관해서는 앞에서 살펴본 바와 같이 전쟁의 배경과 관련하여 여러 형태의 글들이 있다. 그러나 대부분의 연구들은 체계적이고 실증적인 분석에는 미치지 못하고 있다. 엄밀한 자료비판이 결여되어 있거나 정치적 판단의 대상으로 다루고 있기 때문에 전체적인 실상을 이해하는 데 많은 한계를 보여주고 있다. 이는 사변적이고 이론 지향적인 경향이 강한 현대사 연구의 지적 풍토를 반영하고 있는 것이 아닌가 생각된다.

따라서 본 연구에서는 도식적인 일반화나 이론의 제시보다는 철저한 자료 수집과 자료의 균형 있는 해석, 그리고 논리의 일관성 유지에 더욱 유의하고자 하였다. 분석의 객관성과 실증성을 높이기 위해 양측의 자료, 즉 남한과 북한, 미국과 소련 측의 1차 자료를 최대한 활용하고자 한다. 최근까지의 연구 동향에 비추어 사실 관계의 발굴과 체계적인 정리 작업 그리고 그에 기초한 분석과 연구가 그 무엇보다도 중요한 문제라고 생각한다. 이러한 점을 염두에 두면서 본 연구에서는 다음과 같은 측면에서 남북한의 군사정책을 분석하고자 한다.

첫째, 미·소와 남북의 군사정책, 미·소와 남북 정책의 상호작용, 남북한의 내부적인 대립 등으로 나누어 보려고 하였다. 1948~50년 남북간의 국제환경은 냉전 구조의 성격과 그 변화에 의해 크게 영향을 받고 있던 시기이므로, 미·소의 국제환경의 성격과 그 변화가 남북 관계에 어떻게 영향을 미치는가 하는 점과, 이와 반대로 남북간의 국내적 요인이 미·소의 정책에 구체적으로 어떠한 영향을 끼치고 있었는가 하는 점이 중요하다. 또 미·소와 남북한이 상호 작용하여 결정되는 정책과정을 이해해야만 한다. 그리고 분단정부 수립 이후 남북한 간의 심각한 갈등은 미·소의 후원하에 체제강화와 군사적인 경쟁의 양상을 띠게 되는데, 이는 남북체제강화와 군사력 확대과정, 그리고 양자 간의 무력충돌의 확대과정 등을 통해 살펴볼 것이다.

둘째, 냉전적인 인식의 틀이나 해석을 지양하고 실사구시의 입장에서 출발하고자 한다. 이 전쟁은 불필요하고 피할 수 있는 전쟁이었음에도 불구하고 분단정권의 정치지도자들이 긴장과 갈등의 확대를 통해 전쟁을 억지하지 못했다고 하는 점을 인식해야 할 것이다. 요컨대 전쟁의 책임론(성격)을 논할 때 미·소 냉전의 갈등적 상황이나 상반된 이데올로기에 의한 현실정책, 무력충돌의 확대과정 등에서 어느 한쪽에 지나치게 초점을 맞추게 될 때, 전쟁 도발이나 그것을 억지하지 못한 책임 문제가 전혀 도외시되거나 전쟁불가피론에 빠질 수 있다. 따라서 여기에서는 분단정권이 동서 냉전의 기류에 편승하여 지나친 상호 이데올로기적 경쟁과 배타적인 체제 구축에 의한 통일을 추구하려 한 데 전쟁이 비롯된 것이었다고 보고, 이에 두 분단정권의 정치지도자들의 대립 확대과정을 추적하려 한다.

셋째, 이 전쟁의 성격은 내전적인 성격과 아울러 국제적 성격을 동시에 갖고 있는 것이었다는 점에 유의하면서 남북한 내부적 갈등이 전쟁발발에 미친 영향을 살펴보고자 하였다. 아울러 남북정권이 내부적인 도전이나 외침에 견딜 수 있을 만큼 안정화되었는가 하는 것과 당시 미·소로부터 어느 정도 자율성을 확보하고 있었는가 하는 문제 등을 살펴볼 것이다.

2) 연구의 내용

남북한은 단정 수립부터 한반도의 두 국가로서 기능하면서 각기 한반도 전체에 대한 통치권이 있음을 주장하였다. 이미 해방 직후 상호간의 이념과 정치·군사적 측면은 이질적이었다. 단정 수립은 남북의 정치·군사 대립의 시작이라기보다는 이미 미·소의 이질적인 정책으로 파생된 정치·군사 대립의 결과였다. 즉 남한은 소련의 전체 한반도 지배를 거부하는 미국의 의도가 완성된 것이었으며, 북한은 소련군이 진주하면서 우선 남북을 분할하려는 그 의도를 완수한 것이었다. 미·소 분할 점령의 결과적 표현물인 남북정권의 대립의 모습은 이에 대한 국제적 승인 역시 긴밀하게 결부된 것이었으며, 체제강화와 군사력 구축도 미·소의 지원 속에서 이루어지고 있었다.

본 연구에서는 먼저 남북한 군사정책의 실상을 복원하여 이 시기 남북한 정권의 대결 구도와 그 성격을 구체적으로 분석하려 하였다. 이를 위해 미·소의 대한군사정책, 남북한의 무력통일정책, 남북한의 군사적 대립 과정 등의 문제로 나누어 살펴보았다.

먼저 남한과 북한 간의 평화통일 방안이 좌절된 이후 남북정권이 구상하고 있었던 무력통일론의 성격과 그것이 미·소와 남북 상호간에 미친 영향, 그리고 그것의 시기별 특성 등을 분석하여 당시 군사정책의 근간인 무력통일정책의 성격을 살펴보고자 하였다.

남한의 이승만 정권은 '실지회복론'의 입장에서 통일정책을 추구하고 있었으며, 당시 현실과는 관련 없이 통일방안을 평화적이든 무력적이든 모두 채택 가능하다고 인식하고 있었다고 생각된다. 그 해결책으로 이러한 실지회복론의 입장이 어떻게 형성되며 각 시기별 정치 상황에 따라 어떤 의미를 띠고 있는 것이지 그리고 무력통일론과 평화통일론이 양립하고 있는 것인지 아니면 단순히 선언적 의미만 갖는지를 분석하였다. 이를 위해 특히 이승만 정권이 국내외 정세에 따라 강도를 조절하며 평화통일과 무력통일을 주장하고 있었던 점을 주목하였다. 이승만은 북진통일 의욕과 함께 이를 견제하는 미국에 대해서 군원과 안보공약을 확보해야 하는 이중적인 문제를 갖고 있음에 유의하였다.

왜냐하면 이승만의 북진통일정책은 단순한 공갈정책을 넘어 정치적으로 단정론과 맥을 같이하는 대내·대외적 정치 전략으로서의 의미를 띠는 것이었으며, 역설적이지만, 결국 이승만은 한국전쟁 과정에서 미국의 적극적 방어(Roll-back)정책을 확보할 수 있게 되기 때문이다. 그는 국민여론과 유엔, 미국의 입장 등을 고려, 필요에 따라 수위를 조절해 가며 실지회복론을 제기하고 있었다.

이어 북한정권의 무력통일 방안의 결정과정과 요인, 그 성격을 분석하였다. 북한의 무력통일론이 구체적으로 어느 시점에서 검토되는지, 또 어느 정도의 내부 합의과정을 거치고 있는지, 또 남로당의 박헌영과의 관계는 어떤 것인지 등의 결정과정과 요인, 역할을 살펴보고자 하였다. 또 좌파 통일전선체로서 결성된 '조국통일민주주의전선'(조국전선)의 통일론을 비교 검토하여 정권의 그것과 분리되어 이해될 수 있는 것인지, 아니면 정권의 정강정책을 반영하고 있는지를 살펴보았다. 왜냐하면 최근에 공개된 자료에 의하면, 조국전선에서 평화통일안을 제의하고 있을 때 정권 내에서는 전쟁 계획과 남침 날짜까지 확정해 놓고 있음이 확인되기 때문이다. 아울러 전쟁 결정과정에서 소련과 중국의 역할과 비중을 시기별로 추적하였다. 특히 기간 중 모스크바 공식회담과 비밀회담에서 논의된 문제를 구체적으로 분석하였다. 결정과정에서의 독자성 여부는 북한과 소련의 외교관계를 가늠할 수 있는 중요한 문제라고 생각된다.

다음으로 미·소의 대한군사정책의 내용과 그에 따른 결과인 남북한 군원, 병력, 장비, 훈련 등을 분석하였다. 미·소의 정책은 미·소의 세계전략에 큰 변화를 가져오게 되는 중국정부 수립과 소련의 핵실험이 성공하게 되는 시점을 중심으로 이전과 이후로 구분하여 분석하고자 하였다.

미·소의 군사원조는 철군정책과 맞물려 경제적 원조와 함께 군사적 원조의 일환으로 제공된 장비 이양과 방위 원조로 이루어져 있다. 이러한 미·소의 정책구조가 냉전의 심화과정에 따라 한반도에 구체적으로 어떤 변화된 영향을 미치고 있는가 그리고 미·소가 당시의 내전적인 사태에 대해 어떻게 반응하고 있었는가 하는 문제에 유의하였다.

이 시기 미국은 남한정부가 외침에 의해 붕괴될 가능성과 함께 내부의 불안정으로 인해 스스로 붕괴되지 않을까 상당히 염려하였다는 사실에 주목할 필요가 있다. 미국은 한국군을 정규군이라기보다는 내부의 안정을 위한 '치안군'의 수준에서 유지할 것을 결정하였다. 이것이 NSC 8 시리즈에 나타난 한국군의 규모와 장비의 규정이 보여주는 성격이라고 할 수 있다.

이러한 점들을 고려할 때 이 시기 이승만 정권 자체의 운영, 강화과정과 한미 관계의 성격을 파악하는 것이 무엇보다 중요할 것이다. 즉 미국이 한국을 포기한 것인가, 미국은 철군 후 한국군에 대한 군사지원규모와 성격을 어떻게 규정했는가, 미국은 한국의 자체 붕괴 위험을 어떻게 막으려 했는가, 또 NSC 8/2의 개정 논의의 배경과 NSC 48, NSC 68의 대한반도 정책과 그것이 남북한에 미친 영향을 구체적으로 무엇인가 하는 등의 문제이다. 이를 파악하기 위해서는 전쟁이 발발한 시점을 기준으로 한반도를 둘러싼 여러 관계 당사국의 상황을 비교하여 살펴보는 것이 중요하다고 생각한다.

마찬가지로 철군문제와 관련한 소련의 대북 군사정책도 아울러 분석하였다. 1948년 말 개최된 북한, 소련, 중공의 군사 대표자 전략회담의 내용이 무엇인지, 또 이것이 1949년과 1950년 2차에 걸친 '조·소 협정'시 구체적으로 어떻게 협의되었으며, 전쟁 결정과정에서 소련과 중국의 역할이 무엇이었는가 하는 문제와 1949년 5월 조·중 간의 중국군 소속 조선인의 입북 논의와 그 후 전쟁 전까지 북한군의 전력에 얼마나 흡수되는지 등을 중심으로 분석하였다.

또한 미·소의 정책과 관련하여 남북간의 무력통일론의 실현 기반이라 할 수 있는 군사력의 축적 과정, 대내외 명분 확보과정, 정세에 대한 평가와 전략 등을 아울러 분석하였다. 특히 남북한이 무력에 의한 통일방안에 주목함에 따라 미·소의 지원 속에서 각각 내부 안정과 아울러 물리력 확보에 주력하고 있었던 점에 유의하였다.

이러한 분석은 소련이 지원한 공격형 중무기들로 인해 남북간에 초래된 힘의 불균형 과정을 이해할 수 있을 것이라 생각된다. 또 이러한 불균형의 문제를 규명함으로써 한국전쟁의 성격을 이해하는 데 보다 접근할 수 있으리라 생각된다. 결국 이는 한반도에 탄생한 분단국가가 정치적 대결에서 어떻게 군사적 대결로 전화해 나가는가 하는 과정을 보여줄 수 있을 것이다.

남북한 사이의 직접적인 군비경쟁 상황에 대한 분석은 남북한의 군비경쟁 추세를 병력 수, 장비, 훈련 등으로 나누어 분석하였다. 또한 남한에서의 체제의 최대 도전 세력이라고 할 수 있는 군내 좌파와 유격대토벌 과정과 그것이 내부 안정화에 미친 영향을 분석하였고, 북한의 전시 동원을 위한 동원 제도와 조직화 과정 등을 살펴보았다. 이것을 통해 미·소의 정책적인 차이로 인해 야기된 군사 불균형이 전쟁의 직접적인 원인으로 작용하였는지를 살펴볼 수 있을 것이다.

다음으로 당시 38도선에서 격화되고 있던 크고 작은 충돌의 내용과 규모 및 성격을 실증적으로 규명하면서 그것이 남북한의 무력통일정책과 어떤 함수 관계를 갖고 전개되는지 그리고 전쟁발발과 어떤 관계가 있는지를 주목하고자 하였다. 당시 국내 언론은 수차에 걸쳐 내전 발발 가능성에 대해 경고하고 있었다. 38도선을 기준으로 한 분단에 대해서는 남북한 모두가 불만이었으며 따라서 통일에 대한 열망이 매우 높았다. 필자는 그럼에도 불구하고 결국 전쟁으로 이어지는 그 연쇄 고리를 어떻게 찾을 것인가 하는 점에 유의하였다. 38도선 충돌은 내전적 성격의 갈등이 심화된 결과였으며 1950년에 들어 북한과 남한이 자의 반 타의 반으로 소련·중국 그리고 미국을 끌어들임으로써 내전이 국제전으로 확대된 것이었다. 따라서 1948-50년 전쟁으로 가는 과정에서의 남북간의 38도선 충돌은 전쟁의 성격을 해명하는 데 일조할 것이라 보인다.

다음에서는 전쟁 직전의 남북간의 군사 작전계획과 병력의 전선 배치 상황을 분석하였다. 이를 위해 북한의 남침의 기본전략, 작전계획, 전쟁지도 지휘체제 구축과정, 공격집단의 전방 전개, 남침명령의 하달 등과 남한의 북한정세판단, 방어계획, 준비태세(방어선 및 진지준비), 교육훈련수준, 경계태세 등의 문제를 중심으로 살펴보았다.

이상의 작업을 통해서 1948~50년 남북한 무력통일론, 군사정책의 성격 등의 문제가 어느 정도 밝혀지리라고 생각되며, 나아가 남북의 정치적 대결이 어떻게 군사적 대결로 전화되어 나가는지 그리고 전쟁의 배경적 성격이 무엇인지에 대한 설명도 가능해질 것이다.

3) 주요 자료

본 연구에서는 남북한의 군사정책을 비교 분석하기 위해 다음과 같은 자료들을 이용하였다. 우선 기본적인 자료로는 크게 남북한 국문 자료와 미·소·중 외국 자료로 구분된다. 이들 자료 중에는 남북한의 내부 문제와 미·소와의 외교 관계에 관한 중요한 내용들을 담고 있으며, 특히 남한의 국방부 관련 자료와 북한의 소위 '노획문서', 미국의 국가안전보장회의 (NSC) 문서(Progress Report: 진행보고서, 포함), 극동군 정보보고서, 소련의 외교문서, 협정문서 등은 기존의 연구 논문에서 거의 활용되지 않은 기초 자료들이다. 이들 자료의 분석을 통하여 남북한 군사정책과 미·소의 대한군사정책에 관한 구체적 사실들이 복원되고 그것이 전쟁과 어떻게 이어지는가의 과정을 규명할 수 있을 것이다.

본 연구에서 이용된 자료를 구체적으로 소개하면 다음과 같다. 먼저 남한의 자료는 국회 속기록 자료 ①『남조선과도입법의원 속기록』 전5권(남조선과도입법의원, 여강출판사, 1984)과 『국회속기록 1948-50』(국회 사무처, 1948-50) 등이 이용되었다. 이들 자료 중에서 남북, 대미관계 등에 관한 내용이 주로 활용되었다.

정부 기관의 주요 통계 자료로 ②『대한민국 통계요람』(공보처, 1953), 『조선경제년보』(조선은행 조사부, 1948), 『경제년감』(조선은행 조사부, 1949) 등은 당시 미국의 경원, 군원 상황과 국내 경제 상황을 기록하고 있다. 숙군,

게릴라토벌, 좌익사건 등의 내용에 관해서는 ⑥『좌익실록사건』전11권(대검찰 수사국, 1956-75) ⑦『민족의 증언』전6권(중앙일보, 1973)과 ⑧『자료대한민국사』전7권(국사편찬위원회 편, 1968-1974)의 신문자료들을 유용하게 이용하였다. 또한 남한의 통일인식과 통일론의 내용을 분석하는 데 국내외 신문·잡지류의 인터뷰 기사 외에 ⑨『대통령 이승만 박사 담화집』(공보처, 1953),『김구 주석 최근 언론집』(엄항섭, 삼일출판사, 1948),『한국문제 유엔결의문집』(정일형 편, 국제연합한국협회, 1954) 등이 참고되었다.

군사 관련 분야에서는 주로 국방부 관련문서인 ⑫『국방부 특명철』(전사편찬위원회, 1949-50),『증언록』(전사편찬위원회, 1948-50),『한국전란 1년지』(국방부 정훈국, 1951),『작전명령 문서철 1949-50』(육군본부, 1949-50),『육군 역사일지 1949-1950』(육군본부, 1949-50) 등을 참고하였다. 이들 자료를 통해 한국군의 병력·장비·훈련·작전 등 군내 상황을 비교적 소상하게 파악할 수 있다.

북한 관계 자료로는 정부기관에서 영인한 자료집이나 북한에서 편찬된 기관지 등이 이용되었다. 먼저 한국정부기관에서 공간한 자료로는 ①『북한관계사료집』6권(국사편찬위원회, 1988),『북한 최고인민회의 자료집』전3권(통일원 편, 1988) 등이 참고되었으며, 북한에서 간행된 ②『김일성선집』제4-6권(김일성, 노동당출판사, 1978-80),『조국통일민주주의전선 결성대회 문헌집』(조국통일민주주의전선, 조선민보사, 1949),『조선중앙년감』(조선중앙통신사, 1950 및 1951-1952),『조국의 통일독립을 위한 조국통일민주주의전선의 문헌집』(조선중앙노동당출판사, 1951),『해방 후 10년일지 1945-55』(조선중앙통신사, 1955) 등이 활용되었다.

특히 전쟁 당시 미군들에 의한 노획되어 최근 공개된 북한 내부 문서들이 중요하게 활용되었다. 이 문서들은 미국 국립문서보관소(NA, RG.242)에 등록된 것을 군사편찬연구소에서 재수집·정리한 자료로서 기존 논문에서 이용되지 않는 자료들이다. 즉 ③『인제군 인민위원회 당조회의록(1948-50)』,

『인제군 북면 인민위원회 회의록』(1948-50), 『인제군 남면 인민위원회 회의록』(1948-50), 『원산 주재지 사업 보고서』(1949.10), 「38연선 무장 충돌 조사결과에 관한 조국전선 조사위원회 보고서」(조국전선, 1949), 『작전보고』(내무성 경비국, 1949), 『인민군 제238군부대 명령 및 지령철』: 「경비대 전투보고」(내무성, 1949.6.31), 『인민군 제2, 제4, 제6사단 정찰 및 전투 명령철』(1950.6), 『유엔안보리에 제출한 북침증거 문서집』(외무성, 1950) 등이 참고되었다.

미국 측 자료로서는 미국 외교문서 자료집인 ① *Foreign Relations of the United States(FRUS) 1948-50*, Vol. Ⅵ-Ⅷ(Dep. of State, USGPO, 1971)과 최근에 미국 국립문서보관소 등에서 비밀 분류 해제된 문서를 수집하여 영인한 ② Hq. USAFIK, *G-2 Periodic Report(1948-1949.6)*(『주한미군정보일지』 전7권, 한림대 아시아문화연구소, 1988), KMAG, *G-2 Weekly Summary Report(1949.7-50.6)* 및 *KMAG Liaison Office(KLO) Report(1950.1-6)*(『미 군사고문단정보일지』 전2권, 한림대 아시아문화연구소, 1990), Hq. USAFIK, *Intell. Summary North Korea*(『주한미군 북한 정보요약』 전4권, 한림대 아시아문화연구소, 1989)와 주로 미 중앙정보부 정보 평가 자료인 ⑤ 『미국의 대한정책사 자료집』(이길상·정용욱 편, 다락방, 1995), 『미군 CIC정보 보고서』(1-4, 중앙일보 편) 등이 활용되었다.

이 밖에 군사편찬연구소에서 수집하여 영인한 ⑥ 『미국 안전보장회의문서—NSC문서』(전3권, 1996), 『미국 국무부 정책기획실문서—PPS문서』(전10권, 1997)와 마이크로필름의 형태로 있는 ⑦ FEC, *Summary Report (1948-50)·G-3 Report(1949.1.1-10.5)·Intell. Summary Report(1948-50), GHQ, FEC, INCOMING MESSAGE(1948-50), GHQ, FEC, OUTGOING MESSAGE (1948-50)* 등 자료가 이용되었다.

소련과 중국 측 자료는 다음과 같은 것이 활용되었다. ① 『러시아 비밀외교문서집: 1948-53년』 전4권(대한민국 외무부 역, 미간행), 『소련비밀문

서를 통해본 한국전쟁』(Evgeniy P. Bajanov & Natalia Bajanova), 「김일
성-불가닌 회담록」(군사편찬연구소 역, 미간행), 「군 철수 이후 잔류 인
원」(1949.2.18)(소련군총참모부, 러시아국방부중앙문서고), 「모스크바 새 증
언」(서울신문 1995년 5월-6월), 『소련과 북한과의 관계(1945-80)』(국토통
일원, 1988) 등이 이용되었다. 특히 러시아 외교문서는 1993년 12월 14일
비밀 해제되어 외무부에서 총 4권으로 번역한 것으로서 기존 논문에서는
거의 이용되지 않은 자료이다.

중국 측 관련 자료는 아직 공개되지 않고 있기 때문에 ⑤『抗美援朝戰爭』
(當代中國叢書編輯部, 中國社會科學出版社, 1990), 『駕馭朝鮮戰爭的人』, (楊
鳳安·王天成, 中央黨出版部, 1993), 『建國以來毛澤東文稿』 2冊(中央文獻研
究室, 1987~1988), 『抗美援助的英明決策―미국에 대항하고 조선을 지원한
현명한 정책』(姚旭, 한양대 중소연구소(편), 『中蘇研究』 제8권 4호, 1984),
『彭德懷自述』, (彭德懷, 人民出版社, 1981), 『黑雪: 出兵朝鮮實記』(葉雨夢,
안몽필 역, 『朝鮮日報』 1989.8.25-9.5일자) 등 2차 자료가 활용되었다. 이 밖
에 국내외 신문, 잡지, 회고록, 증언 등의 자료가 이용되었는데, 이들 자료
들은 당시 상황에 관한 부분적인 자료들을 담고 있어서 도움이 된다.

제1장 남북한 분단정부 수립과 무력통일론 형성

제1절 남북한의 정부 수립과 분단의 고착

1. 한국문제 유엔이관과 평화통일안의 좌절

1948~50년 남북간의 국제환경은 냉전 성격과 그 변화에 의해 크게 영향을 받고 있었던 시기이다. 본 절에서는 미·소의 국제환경의 성격이 남북관계에 어떻게 영향을 미치는가 하는 점과, 이와 반대로 남북간의 국내적 요인이 미·소의 정책에 어떠한 영향을 미치는가 하는 점에 유의하면서 남북한의 무력통일론의 형성과정을 살펴보고자 한다.

1947년 미·소공동위원회에서 한국문제를 토의하는 동안 국제정세는 급격히 냉전으로 치달았으며 이에 연유하여 한국문제를 유엔에서 다루어야 한다는 주장이 제기되었다.39) 미국은 제1차 미·소공동위원회에 이어 제2차 미·소공동위원회마저 결렬되고 또 소련에 의해 4대국 회담마저 거부되자 한국문제를 유엔에 상정할 것을 구체화시켰다.40)

---

39) 「로베트가 몰로토프에게」, Dept. of State, *Foreign Relations of the United States*(이하 *FRUS*로 약칭) 1947, Vol.Ⅵ, USGPO, 1971, pp.842-843.

40) 미 육군부장관 패터슨은 1947년 1월 초 국무부가 의회에 추가자금의 배정을 요구하든지 아니면 철군 필요성을 인정해야 한다고 주장하였고, 동년 1월 29일 각부 합동회의에서는 모스크바 결정은 포기되어야 하고 '남한공화국을 수립'하는 것이 대안이 되어야 한다고 주장하였다. 또 이것은 거의 같은 시기 국무장관 마샬이 '남한만의 정부를 수립하고 남한경제를 일본경제에 접속시키기 위한 계획을 기초하라'는 지역통합전략과 맥을 같이하는 것이었다. 李鍾元, 「戰後美國の極東政策と韓國の脫植民地化」, 岩波講座, 『近代日本と植民地』 8, 岩波書店, 1993, pp.21-24; 朴璨杓, 『反共體制 樹立과 自由民主主義의 制度化, 1945-48年』, 고려대 정외과 박사학위논문, 1995, pp.280-285.

한국문제의 유엔 상정은 신탁통치를 더 이상 거론치 않고 유엔주도하에 독립정부를 수립한다는 것을 뜻하며, 이는 결국 미국이 유엔의 도움을 얻어 소련의 한반도 독점의도를 차단한다는 것이었다. 이 시기 미국은 대한반도 정책에서 지역통합전략, 미·소공위 결렬을 예상한 단정 수립안 검토, 한국문제 유엔이관, 단정 수립, 주한미군 철수 등의 문제를 모두 같은 맥락에서 논의하고 있었다.

미 국무장관 마샬은 1947년 9월 17일 유엔총회에서 "지난 2년 동안 미국은 소련과 협력하여 모스크바 협정에 따라 한국문제를 해결하려고 노력하였으나 전혀 진전이 없었다. 소련과의 더 이상의 공동노력은 시간낭비일 뿐이며 그로 말미암아 한국인들의 독립에 대한 정당한 요구를 더 이상 지연시킬 수 없다"고 한국문제의 유엔 상정 이유를 설명하면서 신탁통치를 거치지 않고 한국을 독립시키는 방안이 강구되기를 바란다고 제안하였다.[41]

소련의 강력한 반대에도 불구하고 앞의 제안이 의제로 채택되었다. 10월 16일 미국은 "남북한이 1948년 3월 31일 이전에 유엔감시 아래 총선거를 실시하여 유엔임시위원단이 선거를 감시하고 정부 수립을 감독하여 통일정부 수립 후 모든 외국군은 철수한다"는 요지의 결의안 초안을 제출하였다.[42]

유엔에서 미국 측 결의안을 심의하는 동안 소련대표는 "유엔은 한국에 대한 관할권이 없으며 외국군은 통일정부 수립 전에 철수해야 한다"고 주장하면서 점령국은 즉시 군대를 철수시킨다는 대안을 내놓았으나 토의안건으로는 채택되지 않았다.[43] 결국 유엔총회는 1947년 11월 14일 미국 측 초안을 지지하고 유엔한국임시위원단 설치를 규정한 결의안을 가결하였다.[44]

---

41) US Dept. of State, *Department of State Bulletin* 17(1947.9.28), USGPO, p.620.

42) Dept. of State, *The Conflict in Korea*, USGPO, 1951, pp.7-8.

43) 소련은 미·소공위 결렬 직후인 1947년 9월 26일 스티코프가 "미·소 양군이 1948년 초 철군하자"는 미·소 양군 철수안을 제안한 이래 지속적으로 조기철군을 주장해 왔다. 張浚翼, 『北韓人民軍隊史』, 서문당, pp.484-487.

44) 외무부, 『韓國外交 20年 附錄』, 1966, pp.285-287.

이로써 한국문제는 미·소공동위원회의 신탁통치안으로부터 유엔관리하의 정부 수립이라는 방침 아래 다루어지게 되었다.

2. 단독정부 수립과 분단의 고착

1) 한국정부의 수립

유엔의 결의에 따라 인도의 메논(K. P. S Menon)을 의장으로 한 유엔 한국임시위원단(UN. Temporary Commission on Korea)이 설치되어 활동을 시작하였으나 소련과 북한의 반대로 북한지역으로는 들어갈 수 없었고 남한 지역에서만 그 활동이 가능하였다.[45] 유엔한국임시위원단은 정부 수립에 관하여 남한의 정치지도자들과 협의에 들어갔다.

당시 남한 정치지도자들은 이승만을 중심으로 하는 단독정부 수립 지지 세력과 김구·김규식을 중심으로 하는 남북협상을 통한 통일정부 수립 지지 세력으로 크게 나뉘어져 정부 수립 방안에 대한 정견을 달리하고 있었다.

이승만은 입법의원에서 보통선거법이 통과된 직후인 7월 6일 우익 88개 단체의 회합을 개최하여 보통선거법에 의한 남한만의 총선 실시를 결의하고 총선 추진을 위한 독자기구로서 '한국민족대표자회의'를 결성하는 등 총선에 대비한 준비를 시작하였다. 또한 한민당도 통일정부 수립 이전이라도 남조선 입법의원에서 통과된 보통선거법을 실시하여 조선인 자주의 민주정부를 수립할 것을 촉구하였다.[46] 이에 유엔한국임시위원단은 다음과 같은 4가지 방안을 만들어 유엔이 실행할 방안을 선택해 줄 것을 유엔 소총회에 요청하였다.

---

45) 박찬표, 앞의 논문, p.338.
46) 도진순, 『1945-48년 우익의 동향과 민족통일정부 수립운동』, 서울대 국사학과 박사학위논문, 1993, p.124.

① 총선거는 가능한 지역인 남한에서만 추진한다.

② 협의대상이 될 수 있는 인민대표를 선출하는 선거를 실시한다.

③ 한국 민족적 독립을 위한 남북지도자 회담 같은 종류의 가능성을 모색한다.

④ 유엔한국임시위원단의 업무수행을 중단하고 총회에서 문제를 처리한다.47)

1948년 2월 26일 유엔소총회는 제1안을 채택하였으며 동년 3월 18일부로 과도 입법의원이 제정한 5월 10일 총선거 실시법이 미군정청에 의해 공포되었다.48) 이 법은 인구비례에 따라 북한지역에 100석의 의석을 할당하고 있으며 유엔한국임시위원단의 감시 아래 선거 가능지역인 남한에서만 실시한 제헌선거인 5·10선거에서 198명의 제헌 국회의원이 선출되었다.49)

제헌국회는 5월 31일 개원되어 이승만을 초대의장으로 선출하였다. 그리고 7월 17일에는 전문 10장 103조의 헌법과 12개 행정부서를 둔 정부조직법으로 법률 제1호를 공포하였다. 이 건국헌법의 전문에는 "유구한 역사와 전통에 빛나는 우리 대한민국은 기미 3·1운동으로 대한민국을 건립하여 세계에 선포한 위대한 독립정신을 계승하여 이제 민주독립 국가를 재건함"50)이라고 선언하여 대한민국 임시정부의 독립정신을 계승하였음을 명시하고 민족사의 정통성을 부여하려 하였다.

이 헌법에 의거 대통령에 이승만, 부통령에 이시영을 선출하고, 8월 15일

---

47) U.N., *U.N. Official Record-Third Session(Supply* No.9), N.Y. Norton & Company, 1984, p.26.

48) 선거구는 소선거구제와 법정선거구 획정주의를 채택하였다. 이는 각 선거구마다 1인의 국회의원을 선거하는 제도였고 인구 15만 미만은 1개구, 25만 미만은 2개구, 35만 미만은 4개구로 하여 모두 200개의 선거구를 획정하였다.

49) 강정구, 「5·10선거와 5·30선거의 비교연구」, 『한국과 국제정치』 제9권 1호, 1993. 제헌국회의원 선거에서 이승만의 독립촉성중앙협의회와 한민당은 연합하여 한민당이 70석, 독촉이 60석을 각각 확보하여 상대적 진보세력인 중간파에 비해 130:50석으로 압승하였다.

50) 대한민국 공보처, 「官報」 제1호(1948.9.1); 국방부 법제위원회, 『國防關係法令集』(1), 국방부, 1960, pp.1-4.

대한민국의 수립을 내외에 선포하였다. 내각에는 국무총리에 이범석, 외무 장택상, 내무 윤치영, 재무 김도연, 법무 이인, 국방 이범석, 문교 안호상, 농림 조봉암, 상공 임영신, 사회 전진한, 교통 민희식, 체신 윤석구, 무임소 이청천이 각각 임명되었다.[51] 윤치영과 임영신은 측근이었고, 이범석·이청천·조봉암은 독립운동계열의 인물이었다. 이인·안호상·전진한은 비교적 전문성이 인정된 인물이었으며, 김도연은 한민당 인물이었다. 따라서 초기 내각은 연립 내각적 성격을 띠긴 하였으나 반대연합이나 참여거부세력까지 포괄하는 연립내각은 아니었다.

유엔한국임시위원단은 유엔총회에 이를 보고하고 총회는 12월 12일 대한민국이 한국에 있어서의 유일한 합법정부임을 다음과 같이 선언하였다. 즉 "유엔한국임시위원단의 감시와 협의가 가능했으며 또한 전 한국인의 대다수가 거주하고 있는 지역에 효과적인 통치권을 보유하는 합법적인 대한민국 정부가 수립되었다", 이 정부는 "임시위원단의 감시 아래 한국의 해당 지역 선거권자의 유효한 자유의사 표시에 근거를 두었으며, 한반도에서 유일한 합법정부이다"[52]라고 선언하였다. 이에 이승만은 제헌국회에서 "이 국회는 전 민족을 대표한 국회이며 이 국회에서 탄생되는 대한민국정부는 완전한 한국 전체를 대표한 중앙정부임을 이에 또한 공포한다"고 주장하였다.[53]

2) 북한정부의 수립

북한에서 정부가 수립된 것은 사실상 도별 인민위원회가 구성되고 1946년 2월 8일 북조선임시인민위원회가 조직되어 김일성이 위원장직에 임명되

---

51) 동아일보(편), 『秘話 第1共和國』 제1권, 홍우출판사, 1975, pp.96-97; 朴明林, 『한국전쟁의 발발과 기원』, 고려대 정외과 박사학위논문, 1994, p.365.
52) 戰史編纂委員會, 『國防條約集』 제1집, 1988, pp.592-595; U.N, *Year Book of the U.N, 1948-49*, N.Y. Norton & Company, 1964, pp.288-289.
53) 國史編纂委員會, 『資料 大韓民國史』 제7권, 1974, p.194.

었을 때이다. 북한 내에서는 소련계 공산주의자들을 중심으로 한 정치세력이 권력을 장악하였다. 중앙정부의 정권을 장악한 김일성은 1946년 11월에는 각 도·시·군 단위의 제1차 인민위원회 선거를 실시하고 곧이어 부락 단위 인민위원회 선거까지 실시하였다. 이때 모든 선거구에서는 단일후보가 추천되어 투표를 실시하였다. 이 선거에 의해 인민위원들이 선출되어 1947년 2월 17일 북조선 인민위원회를 구성하였다.

1947년 2차 미·소공동위원회가 최종 결렬되고, 11월에 유엔에서의 미국의 주장이 관철되면서 북한 지도부는 임시정부를 수립하는 방향으로 나아가기 위한 헌법제정 작업에 착수하였다. 그리고 1947년 11월 헌법제정을 위한 기구를 마련하여 북조선인민회의 제3차 회의에서 '조선 임시헌법 제정 준비에 관한 결정'을 채택하였으며, 4월 남북연석회의가 끝난 직후 열린 인민회의 특별회의에서 최종적으로 소련 공산주의 식을 모방한 인민헌법 초안이 가결되었다.[54]

국가의 골격을 제도화시키는 헌법이 마련되자 이해 7월에 남조선인민대표자 선거를 남한에서 비밀리에 실시하여 '전조선이 통일될 때까지 동 헌법을 북한지역에서 실시할 것'과 '동법에 의거 최고인민회의 선거를 실시할 것'을 결정하고, 1948년 8월 25일 북한 전역에서 최고인민회의 대의원선거를 실시할 것을 공표하였다. 그리고 이날 북한 전역의 212개 선거구에서 공개투표로 단독정부 수립을 위한 최고인민회의 대의원선거가 실시되었으며,[55] 투표 참가율은 99.7%로, 후보자 지지율은 98.5%에 이르렀다고 발표되었다.[56]

최고인민회의 의장에 허헌, 부의장에 천도교 청우당 위원장 김달현과 남한의 군소정당인 근로인민당 위원장 이영이 각각 선출되었으며, 북로당 위

---

54) 중앙일보사, 『비록 조선민주주의인민공화국』(하), 1993, pp.299-304.
55) 중앙통신사, 『조선중앙년감』, 중앙통신사, 1949, p.43.
56) 「툰킨의 전보」(1949.9.14), 『러시아 外交文書』 제3권, p.39. 본 자료는 1993년 12월 14일 비밀 해제되었으며, 한국전쟁 관련 부분은 대한민국 외무부에서 총 4권으로 번역된 미발간 자료이다.

원장인 김두봉은 최고인민회의 상임위원장을 겸임하게 되었으며, 홍남표와 조선민주당의 홍기황은 부위원장에 그리고 조선민주당 간부 강양욱은 상임위원회 서기장을 맡게 되었다. 김일성을 수상으로 하고, 그 아래에 박헌영(외무상 겸임)과 홍명희, 김책(산업상 겸임) 등이 부수상으로 임명되었고, 민족보위상에는 최용건이 입각하였다.[57]

이 선거에 대하여 공산주의자들은 남한 전역에서 비밀 지하 선거를 동시에 실시하였다고 선전하면서 9월 9일 '조선민주주의 인민공화국'이라는 북한정권의 수립을 공표하였다.[58] 후일 북한정권 수립의 국제법적 불법성과 관련하여 유엔한국임시위원단은 "북한정권은 소련군의 창조물에 불과하며 소련으로부터 단순히 권력을 위임받아 지배하고 있다. 따라서 이 집단은 그의 지배권에 대해 공정한 국제기관의 감시 아래 국민들에게 자유로운 분위기 속에서 동정권의 통치권 요구에 대한 의사표시를 할 수 있는 기회를 부여하려고 한 적이 없다"[59]라고 지적하였다.

북한은 1948년 9월 8일 공포된 헌법 제103에 "조선민주주의인민공화국의 수부는 서울시이다"고 규정하고 있다. 북한은 이를 근거로 남한을 공화국 북반부로 지칭하면서 전 한반도에 대한 통치권을 주장하였다.[60]

북한은 정부 수립 직후 김일성이 스탈린에게 소련과 외교관계를 설정하기를 희망한다는 서한을 보냈으며,[61] 이에 1948년 10월 12일 스탈린이 '인민공화국과 외교관계를 맺고 싶다는 의사를 표명함으로써 소련의 승인에 뒤이어 10월 15일 몽골인민공화국, 17일에 폴란드, 22일에 체코 기타 유고·루마니아·헝가리 등 동유럽 국가들의 승인이 이어졌다.[62]

이리하여 한민족은 해방과 함께 통일국가를 건설할 기회를 갖게 되었으

57) 이종석, 『조선로동당연구』, 역사비평사, 1995, p.207.
58) 「헌법승인과 그 실시에 관한 결정」, 『北韓法令集』 제1권, pp.2-13.
59) 외무부, 『韓國外交 20年 附錄』, pp.301-302.
60) 「헌법승인과 그 실시에 관한 결정」, 『北韓法令集』 제1권, p.2.
61) 중앙통신사, 『조선중앙년감』(1949), p.69.
62) 고려대 아세아문제연구소(편), 『北韓關係資料集』 제1집, 1969, p.472.

나 강대국의 전후처리 방침에 의한 38도선의 획정과 그 후 미·소 냉전으로 인한 미·소의 대한정책, 남북한 정치세력의 분열 등으로 인해 결국은 38도선을 경계로 남에는 대한민국, 북에는 조선민주주의인민공화국이란 정부가 수립됨으로써 민족과 국토의 분단을 고착화시키고 말았다.

제2절 남한의 무력통일정책과 실지회복론 형성

1. 국내 제 정치세력의 통일론의 좌절

본 절에서는 미·소 냉전의 갈등 상황에서 남북간 상반된 이데올로기에 의한 무력통일정책의 확대과정을 살펴보고자 한다. 한국전쟁은 분단정권이 동서 냉전의 기류에 편승하여 지나친 상호 이데올로기적 경쟁과 배타적인 체제 구축에 의한 무력통일을 추구하려 한 데 비롯된 것이었다고 보고 두 분단정권의 정치지도자들의 대립 확대과정을 추적하려 한다.

민족 분단을 앞둔 민족사의 결정적 시점에서 김구·김규식이 남북연석회의에 참여하여 민족 단결과 통일된 정부 수립에 관한 남북의 합의를 도출하려고 한 것은 의미 있는 역사적 경험이었다.[63] 그러나 1948년 단정 수립을 전후하여 남한의 정치세력 재편의 방향은 이승만 권력의 강화와 중도파의 분해와 몰락으로 이어졌다.

반공연합세력인 이승만과 한민당은 5·10선거에서 우위를 장악하였지만, 신생공화국의 정부 형태(내각책임제와 대통령제)를 둘러싸고 분열되었다.[64] 대통령제 정부형태로의 귀결로 한민당이 야당으로 전환하였으며,[65]

---

63) 都珍淳, 앞의 논문, p.254.
64) 김일영, 「農地改革, 5·30選擧, 韓國戰爭」, 『韓國과 國際政治』 제11-1호, 1995, p.308.
65) 당시 국무총리로 예상되던 김성수, 신익희, 조소앙이 배제되고 정치적 영향력

김구 계열도 역시 내각에서 배제되었다. 결국 이후의 정치는 주로 이승만 세력과 민국당의 양대 축으로 대립되었다.66)

즉 1948년 12월 말 내각개편(내무장관 신성모, 사회장관 이윤영)67)과 1949년 3월 일부 개편(외무장관 임병직, 국방장관 신성모) 역시 당시 거론 되던 김구·김규식과의 3영수 합작과는 거리가 먼 이승만 체제를 강화하는 것이었다. 당시 3영수 합작론은 여론 안정을 위한 정계와 국민의 요구로 인한 것이었지만, 중도우파인 김구·김규식은 남북연석회의와 평화통일노 선 쪽으로, 이승만은 자기 체제를 강화하는 쪽으로 나아갔다.68)

이러한 방향은 유엔임시한국위원단이 내한한 후 한반도의 분단과 통일을 가름할 기로에서 유엔이 주도하는 총선거에의 참여 여부를 놓고 이미 한반 도 내의 정치 세력들은 대립되는 두 진영으로 뚜렷이 재편된 결과를 의미 하는 것이었다.

김구를 비롯한 조완구·엄항섭 등 한독당은 남·북의 두 정부를 모두 부 정하고 통일정부를 세울 것을 역설하여 5·10선거 이후에도 동족상잔과 국 토양단의 방지, 자주, 민주의 원칙하에 독립을 촉구하였고, 제헌국회 성립 이후에도 전 민족의 역량을 총집결하여 미·소 양군을 즉시 철퇴시키고 자 유·민주적 통일독립정부를 세우자고 주장하였다. 김규식을 비롯한 홍명희 ·안재홍·원세훈 등 민족자주연맹도 기본적으로 남과 북의 정부 대신 하 루빨리 통일정부가 들어서야 우리 민족이 살 수 있다는 입장이었으며, 자 주·민주 평화를 통일의 원칙으로 내세우고 있는 점은 김구와 같았다.69)

이 없는 이윤영이 지명되었으며, 이승만이 그를 지명한 이유는 남한정권이 북 한까지 포함한 유일한 합법정부임을 나타내려는 의도가 강하였기 때문이었다. 국회에서 이윤영이 거부되자 이범석이 지명되었다. 내각에서 한민당 출신은 재무 김도연 한 사람이었다. 동아일보 편, 『秘話 第1共和國』 제1권, pp.96-97.

66) 김일영, 앞의 논문, p.312. 정부 수립 직후 반이승만으로 전환한 한민당은 신익 희와 지청천 세력을 흡수, 반이승만 보유세력을 결집 1949년 2월 10일 민주국 민당을 창당하여 이승만과 연대 또는 대립하였다.

67) 『中央日報』 1948년 12월 25일.

68) 『자유신문』 1949년 2월 19일 및 3월 22일.

김구 등의 통일운동에 대한 민중의 지지는 열광적인 것이었으며 그것은 이 승만 정부에 대한 불만 때문에 더욱 증폭되고 있었다.

그러나 1949년 6월 김구의 암살은 중간파와 그들 통일안의 최종적인 몰 락을 의미하는 것이었으며, 동시에 친일세력의 제거와 처벌을 둘러싸고 전 개된 반민법과 반민족행위특별조사위원회(반민특위)의 해체는 이승만 체제 의 강화를 의미하는 것이었다.[70] 특히 김구의 암살은 통일론의 관점에서는 평화통일과 무력통일론의 교체점이었다고 할 수 있다.

그 후 이승만은 국회프락치사건을 통해 국회 내 반대세력이던 소장파 의 원들을 대량 구속시킴으로써 체제를 더욱 강화하였다.[71] 이제 친일세력의 청산문제나 협상·평화통일의 문제는 주요 정치의제에서 배제되었으며, 이 승만식의 반공체제와 '실지회복'적 인식의 통일론이 형성 강화되었다.

---

69) 서중석, 『한국현대민족운동연구』2, pp.62-65.
70) 이승만은 1949년 4월 16일 직접 반민특위 활동의 중지와 특경대의 해산을 지 시하였다. 李承晩, 「反民特警隊는 解散」, 대한민국 공보처, 『李承晩博士談話集』, 1953, pp.17-18. 1949년 6월 반민특위사건과 김구 암살사건을 계기로 친일파가 득세하였으며, 좌파와 협동전선의 역사도 친공적으로 치부당하였고 그러한 경 험만 있어도 공산주의자로 몰렸다. 趙東杰, 「韓國現代史의 研究 成果와 課題」, 앞의 논문, pp.107-108.
71) 국회프락치사건으로 김약수, 노일환, 이문원 등 13명의 의원이 구속되었다. 1948 년 9월 4일부터 이듬해 4월 30일까지 남한에서 80,710명 이상이 체포·구금되었 다. 1949년 10월까지 국회의원의 7%가량이 투옥되었다. Gregory Henderson, *Korea: The Politics of the Vortex*, Cambridge: Harvard University Press, 1968, p.163.

2. 이승만의 실지회복론의 형성과 대미외교

1) 실지회복론 형성의 배경

해방 이후 미·소 양군의 분할 점령과 국내 정치세력들의 대립은 통일된 신국가 건설에 장애가 되었으며, 단정 이후 무력통일의 가능성이 내면화되고 있었다. 당시 남한 내에서는 정치·경제적 위기 상황이 각 분야에서 표출되고 있었다.

정치적으로 5·10선거를 거부하였던 중도 온건세력이 어느 정도 세력을 확보한 상태에서 당시 행정부에 대한 비판적 투쟁을 전개하였고,[72] 물가가 폭등하면서 심각한 경제위기를 초래하였다.[73] 당시의 심각한 인플레이션은 정부의 막대한 적자재정에 기인한 것이었다. 또한 군사적으로 남북간 군비경쟁을 비롯하여 분계선 충돌을 야기하고 있었으며, 남한 내에서의 토착 게릴라와의 교전횟수가 급격히 증가되고 있었다.[74] 이러한 상황은 당시 뉴욕 헤럴드사 기자인 스틸이 평가하고 있는 것이 참고된다.

> 미·소 간의 사실상 전쟁이 38도선 전역에서 실제로 벌어지고 있다. (중략) 미국의 돈과 무기 그리고 기술지원만이 공화국의 수명을 몇 시간 더 연장시켜 줄 수 있을 뿐이다.(중략) 한국은 자유주의 국가임에도 불구하고 경찰국가로서 운영되는 꽉 짜인 독재국가이다.(중략) 미국이라는 버팀목이 빠져나가는 즉시 남한은 아시아의 공산주의의 발밑으로 떨어질 판이었다.[75]

---

72) 崔光寧, 「韓國戰爭의 原因에 관한 研究」, 서울대 정치학과 석사논문, 1984, p.144.
73) 李昊宰, 『韓國外交政策의 理想과 現實』, 법문사, 1969, p.364.
74) 金點坤, 『韓國戰爭과 勞動黨戰略』, 박영사, 1983, pp.205-244.
75) Bruce Cumings, *The Origin of the Korean War Vol. II*(The Roaring of the Contract 1947-1950), Princeton Univ. Press, 1990, op.cit., p.399. 커밍스는 미국이 이승만 정권의 내부위협에 대한 진압능력을 보아 그들에 대한 지지 여부

당시 이승만은 미·소 냉전의 조류를 적극 수용함으로써 자신의 정치적 활로를 찾으려 하였다. 그의 정치기반은 일제하의 타협주의자와 부일협력자들과 기회주의자들의 연합세력이 주류를 형성하고 있었다. 이승만을 중심으로 한 이들은 반공을 전면에 내세우고 있었으며, 공산당과 연립정부를 세우는 식의 해결방식은 도저히 받아들일 수 없는 조건이었다.[76] 그는 해방 이전부터 소련과 관련된 것은 무조건 배척하였으며, 공개적으로 소련을 비방, 비난하였다.[77]

당시 이승만은 소련이 전 한반도를 얻게 될 기회가 보장되지 않는 한 38도선을 철폐할 의도가 전혀 없으며, 어떤 형태로든 소련을 남한에 발을 붙이게 하면 그것은 결국 전 국토를 그들에게 넘겨주는 결과를 가져온다고 인식하고 있었다. 그는 애초 소련과의 협상으로 한국의 통일정부를 수립하는 데 철저히 반대하였다. 또한 그와 같이 협상으로 통일된 정부는 소련의 지배하에 넘겨질 것이라고 믿었다.[78]

그러한 생각을 구체적으로 실천하기 위해 그는 미국에 로비활동을 벌여 꾸준히 '한국은 내란 직전에 있다', '북괴군이 남침을 준비 중이다', '하지가 한국을 소련에 팔아넘기려 한다', '미국은 즉시 독립을 주든가 소련과 함께 물러가라'는 등의 주장을 펼쳐 나갔다.[79] 이렇듯 이승만은 한반도가 남북으로 분할되어 미·소 양 세력의 영향력을 받고 있는 이상 그들과의 협상이나 타협으로 한국의 통일문제가 해결될 수 있다고 믿지 않았다.

다른 한편, 이승만 정부는 정부 수립 이전부터 북한·소련에 대해 실제 큰 위기감을 가지고 있었다. 당시 남한의 대북위기에 관해서는 미 정보보고서에 자주 지적되고 있는 것이지만,[80] 남한정부요인들에 의해서도 확인

를 가늠하는 리트머스시험으로 보았다고 하였다. 브루스 커밍스·존 할리데이, 차성수·양동주(역),『한국전쟁의 전개과정』, 태암, 1989, p.52.

76) 宋建鎬,「解放의 民族史的 認識」,『解放前後史의 認識』, 한길사, 1980, p.29.
77) 홍순권,「李承晩의 權力掌握에 관한 硏究」, 서울대 정치학과 석사논문, 1985, p.69.
78) 위의 논문, pp.79-80.
79) 임홍빈,「이승만, 김구, 하지」,『신동아』1983.12, pp.220-221.

된다.

이범석은 이미 1947년 8월 남한을 방문한 웨이드마이어에게 소련이 만주와 북한을 공산화한 다음에는 남한을 침공할 것이라고 하였다.[81] 또한 그는 1948년 11월 국회 답변에서 소련이 3차대전을 준비하고 있으며 북한군의 양성도 그 계획의 하나로 이루어진 것이라고 하였다.[82] 이승만도 공산주의에 대한 자신의 단호함 때문에 소련이 침략 명령을 못 내렸으며, 그결과 소련병력 철수명령이 떨어졌다고 인식하고 있었다.[83] 이를 통해 우리는 이승만 정부가 단정 직후 소련 사주에 의한 남침을 우려하고 있었음을 엿볼 수 있다.

이러한 분위기는 다소 정도의 차이는 있지만 1949년에 들어서도 마찬가지였다. 그것은 2월경 내무장관이 이북 무장군의 침입은 게릴라 행동이 아니라 남북간의 본격적 전투를 의미하는 것이며 그것은 이미 국제적 문제라고 하였다.[84] 이승만도 올리버에 보낸 편지에 우리가 침략전쟁을 시작할 의도는 없지만 적어도 자신을 지킬 권리는 갖고 싶다고 한 데서 그 사실을 엿볼 수 있다.[85]

그러한 위기감은 미군 철수설과 관련하여 더욱 가중되고 있었다.[86] 철수설이 전해진 직후인 1949년 4월 신성모 국방장관은 미군이 철퇴해도 국군

---

80) 「주한특사가 국무장관에게」, *FRUS 1948*, Vol.Ⅵ, pp.1325-1327. 이러한 사실은 기타 극동군사령부, CIA 등 정보보고서에 많이 지적되고 있다.

81) 金徹凡(편), 『韓國戰爭을 보는 視覺』, 을유문화사, 1990, p.65.

82) 대한민국, 『國會速記錄』 제1회 109호(1948.11.20).

83) 로버트 티. 올리버, 박일영(역), 『李承晩秘錄』, 한국문화출판사, 1982, pp.288-292.

84) 『朝鮮日報』 1949년 2월 4일자.

85) 올리버, 박일영(역), 『李承晩秘錄』, pp.288-292; 1949년 4월 18일에는 "유엔결의안에 포함된 것 중에는 한국 국방군을 조직케 하는 조항이 있는바 우리 국군조직이 날로 진척되어 가므로 외군이 침략하기 전에는 우리가 우리의 안전을 보장할 수 있을 만한 지위에 도달케 될 것이다"라고 하였다. 『朝鮮日報』 1949년 4월 19일자.

86) 曺二鉉, 「1948-1949년 駐韓美軍의 撤收와 駐韓美軍事顧問團(KMAG)의 活動」, 『韓國史論』 35, 1996.6, 서울대, pp.286-289.

의 수비는 강력하다는 내용의 성명을 내었다.[87] 총참모장도 최근 소문은 미국 철수 후 북한에 정복될 것이라 하는데 미군 철수 후 어떠한 상황에도 대처할 수 있고, 군은 오랫동안 훈련해 왔으며 이 대통령의 명령만 있으면 즉각 행동할 수 있다는 성명을 발표하였다.[88] 이범석은 국회에서 정부가 소련의 책략을 의심하여 미군 철수에 반대하였다고 설명하고 있었다.[89] 일련의 이와 같은 성명은 미군의 철수 후에 나타날지 모르는 힘의 불균형과 남침위기에 대한 대응적 조치였다.[90] 그 일환으로 남침위기설이 팽배하던 1949년 8월 이승만은 트루먼에게 북한 위협에 관련한 다음과 같은 요지의 서한을 전달하였다.

　원조를 받지 못하면 피로 물들 것이고, 미 고문관은 침공이 없을 것이라 하지만, 침공이 일어나면 한국인이 대가를 받게 될 것이다. 미군은 두 달간 전투탄약이 있다고 말하지만 나의 장교들은 이틀분밖에 없다고 한다. 한국정부는 결코 북침하지 않을 것이다.[91]

이승만은 얼마 후의 기자회견에서도 북한이 중공과 합세하여 공격해도 제어 가능하며, 소련의 북한 지원에 대해서도 준비가 되어 있다고 하였다.

---

87) 『朝鮮日報』 1949년 4월 20일자, 4월 28일자.
88) FEC, Intell. Summary NO.2479(1949.6.13), SN.223(SN은 국방군사연구소 소장 자료번호, 이하 같음).
89) 『國會速記錄』 제2회 24호(1949.2.7). 외무장관과 국방장관은 미군 철수에 앞서 1949년 5월 19일 공동성명을 통해 "미국이 38도선을 만들었으므로 소련이 지원하는 북한정권과 한국이 군사적 균형을 유지하도록 할 도덕적 의무를 지고 있다"고 주장하였다. 『서울신문』 1949년 5월 20일자.
90) 서중석은 1949년 6월 소위 이승만의 6월 공세를 전후하여 반민특위 습격테러와 친일파 득세, 국회프락치사건과 소장파의 몰락, 김구의 암살과 민족공동체 형성 희망의 좌초 등으로 이승만 정권의 극우반공체제가 강화되었음을 지적하였다. 서중석, 앞의 책 제2권, pp.201-287.
91) 「이승만 대통령이 트루먼 대통령에게」(1949.8.20), FRUS, 1949, Vol.Ⅶ, pp.1075-1076.

이것은 남침을 억지하기 위한 일환으로 발표된 내용이지만 내면에는 강한 위기감을 가지고 있었음을 알 수 있다. 왜냐하면 그로부터 불과 3일 후 올리버에게 보낸 편지에서 미국의 도덕적 지원 없이는 아무것도 할 수 없다고 토로하고 있기 때문이다.[92]

이러한 위기감은 전쟁 직전까지 계속되고 있었다. 6월 19일 이승만은 중국에서 공산당이 기반을 강화하기 전에 38도선에 의한 한국분단은 철폐되어야 하며, 또 적극적인 행동에 대한 자신의 요구가 반드시 폭력적인 행동을 의미하는 것은 아니지만, 어떤 조치가 취해지지 않으면 냉전에서 패배할 것이라고 전망하고 있다.[93]

따라서 1948~50년 이승만 정부의 대북 위기인식은 양면적 측면에서 평가될 수 있을 것이다. 즉 북한의 군사력이 강화되면 자신의 방식에 의한 통일가능성이 멀어지게 될 것이라는 점을 전제하고, 대북우위를 위한 노력의 일환으로 북한의 위협을 과대평가하거나 때로는 부분적으로 위기를 조장하는 측면이 있었다. 다른 한편, 북한에 의해 남한이 실제 정복될지도 모른다는 강력한 위기감을 동시에 안고 있었다.

2) 안보공약 확보를 위한 대미 노력

이승만은 미국의 소극적 대한정책에 불만을 갖고 한반도를 냉전의 전초로 삼고자 노력을 지속적으로 전개하고 있었다.[94] 그는 북진통일 의욕을 강하게 지니고 있으면서 다른 한편 그것을 견제하는 미국에 대해서 군사

---

92) 朴明林, 앞의 논문, pp.443-444. 이승만은 1949년 11월 25일 올리버에 보낸 편지에서 "육군 정보보고는 탄약이 5일 정도분의 탄약밖에 없다고 한다. 미군은 5개월분의 탄약이라고 하며 또 공산군의 전면공세는 없을 것이라 주장하고 있으나 만약의 사태에 대비해야 한다"고 하였다.

93) 「동북아실장이 보낸 대화 비망록」(1950.6.19), *FRUS, 1949*, Vol.Ⅶ, pp.107-108.

94) 미국의 대한군사지원정책은 이승만의 호전성에 대한 경계, 한반도의 군사전략상 저가치, 미국원조액의 한계 등에 연유한 것이었다. Sawyer, op.cit., pp.100-101.

원조와 안보공약의 강화를 요구하는 이중적인 측면도 지니고 있었다. 따라서 이승만은 북진욕구를 표출하면서도 미국과 유엔의 입장을 고려하여 유보한다는 입장을 계속 피력하였다.

그 일환으로 우선 1949년 2월 올리버에게 보낸 비망록에 "우리는 당장 넘어가서 파괴분자들을 벌하고 질서와 평화를 확립할 수 있으나, 미국이 국제전쟁으로 번질까 두려워하기 때문에 자제하고 있다"[95]라고 하였으며, 기자회견에서도 군비강화를 미국과 교섭하는 것은 통일 후 만주의 중공군에 대비하기 위한 것이라 밝히고 있다.[96] 결국 이것은 남한이 원하는 미국의 군원이 북진을 위하여 사용하려는 것이 아님을 강조하려는 것이었다.

그러나 주한미군 철수가 결정되자, 이승만은 무기원조와 안보공약 강화 교섭에 보다 적극적인 모습을 보이고 있었다. 이승만은 5월 7일 철군문제와 관련하여 자신의 입장을 분명히 하였다.

> 한국정부가 알고 싶은 것은 미국이 한국을 방위선에 포함시키고 있는지 여부이며, 한국이 외부로부터 침공을 받을 경우 미국의 대한공약이 어느 정도인지의 문제가 철군문제보다 더 중요하고, 그렇다고 북한과 전쟁을 하려는 것은 아니며 평화적 방법에 의해 통일을 이룩하도록 계속 노력할 것이다.[97]

---

95) 올리버, 박일영(역), 『李承晚秘錄』, pp.288-292.
96) 『朝鮮日報』 1949년 4월 29일자.
97) 「주한 미대사 무초가 국무장관에게 보낸 전문」(1949.5.7), *FRUS 1949*, Vol. Ⅶ, pp.1011-1012; 5월 19일 외무장관 임병직과 국방장관 신성모는 한국 및 외국 특파원 기자회견에서 "미국 군대 철수 보도가 있는데 미군은 철수 후에도 한국안보에 관한 충분한 조치가 없이 미군 철수를 의미하는 것은 아니다. 소식통에 의하면 소련과 북한은 6개 보병사단과 3개 기갑사단 등을 전진배치하고 경찰력을 완전무장할 것이라 하는데, 미국도 상응조치를 취해야 할 것"임이라 주장하였다. 러시아 외무성, 대한민국 외무부(역), 「스티코프의 전문보고」(1949.5.21), 『러시아 外交文書』 제4권, 미간행, p.27.

   같은 날 이승만은 무초와의 대담에서도 한국군은 결코 침략적인 방법에 호소하지 않을 것이고 북진이나 분계선 충돌을 야기하지 않을 것이며, 한국군은 모두 침략에 대해 자신을 방위할 것이라는 입장을 재삼 강조하였다.[98] 그러나 당시 이승만의 요구와는 달리 미국은 이미 한반도를 군사 방위선에서 제외하고 있었기에(NSC 8/2), 그와 같은 요구는 당연히 미국의 군사전략 범위를 넘어서는 것이었다.

   이승만은 기자회견에서 38도선 문제뿐 아니라 이북 전체 문제를 해결 못하는 것은 국제적 관련을 가진 문제이며, 만일 이쪽에서 적극적 행동을 취한다면 우리로 인해 세계대전이 또 일어난다고들 떠들 터이니 이것이 듣기 싫어 평화적으로 해결하려고 기다리고 있는 것이라 하였다. 그는 결코 힘이 모자라서 못하고 있는 것은 아니라고 하여[99] 통일문제가 유엔과 미국에 달려 있음을 강조하였다. 그럼에도 불구하고 이승만 정권은 실제로 미국으로부터 북진 규제를 강력히 받고 있었다.

   이러한 분위기는 8월 무초가 국군 지휘관의 머릿속은 북한을 정복하여 되찾겠다는 생각으로 가득 차 있다고 지적한 것에서도 나타나 있다. 그는 미국의 모든 원조를 중단시킬 것이라는 미대사관의 단호한 경고만이 38도선을 넘어 공격하려는 시도를 막을 수 있을 것이라 하였다.[100] 또 무초는 불과 몇 달 전의 공포심과 신경과민이 새로운 욕구(북진)에 굴복한 것 같다[101]고 지적하였다. 이러한 현상은 남한이 주한미군 철수 시에 강한 위기

---

98) 「주한 미대사 무초의 대화 비망록」(1949.5.10), *FRUS 1949*, Vol.Ⅶ, pp. 1016-1018.
99) 『서울신문』 1949년 7월 30일자.
100) *The Origin of the Korean War Vol. Ⅱ*, op.cit., p.393. 한국의 육군 작전국장 장창국은 한국군은 전적으로 미군의 통제하에 있을 수밖에 없었는데 차량 1대, 포 1문을 움직이는 데에도 어느 것 하나 미 군사고문단의 허락 없이는 하나도 사용할 수 없는 상황에 놓여 있었다고 회고하였다. [중앙일보 편, 『民族의 證言』 제1권, 을유문화사, 1972, p.28.]
101) 위의 같음.

감을 갖고 있었으나, 오히려 북한의 남침설과 옹진공격에 적극적으로 대응하려는 분위기를 반영한 것이라 볼 수 있다. 무초의 지적은 이승만이 한반도를 냉전의 전장으로 부각시켜 미국의 군사원조와 안보공약을 확보하려하고 있다는 것이었다.

한편, 1949년 9월부터 북진과 관련된 발언은 정부 각료들에 의해서도 집중적으로 제기되고 있었다. 이러한 정황은 소련이 핵실험에 성공하고 중국정부가 수립되는 과정과 깊은 관련이 있었다. 미국에서도 이와 관련하여 새로운 대응전략으로 나아갈 것을 재검토하고 있었으며, 결국 대소와 관련하여 한반도를 포함한 어느 지역도 포기할 수 없다는 적극정책(Roll-back)으로의 전환(NSC 68)을 검토하게 되었던 것이다.

이즈음 국방장관 신성모는 힘으로 밀고 넘어갈 준비는 수개월 전에 완료했으나 미국 등과 보조를 맞추기 위해 때를 기다리고 있으며, 중국에서 북한으로 병력이 넘어간 사실도 알고 있다고 하였다. 이승만 역시 10월 초 UP 부사장과 회견에서 3일 내로 평양을 점령할 수 있으나 유엔과 미국의 경고로 자제하고 있다고 하였다.[102] 당시 일련의 북진론에 대해서는 신성모가 11월 초 맥아더와의 회담 후 기자회견에서 밝힌 내용이 특히 주목된다.

> 한국은 북진할 준비가 되어 있으나 미국이 만류 저지하여 목적을 달성하지 못하고 있으며 만약 미국이 한국군으로 하여금 38도선을 넘어 북진하게 내버려만 두었어도 한국은 벌써 확실한 북벌을 단행했을 것이고 한국이 북진을 단행하지 못한 것은 미국이 아직 준비가 안 되었으니 기다리라고 하였기 때문이다.[103]

---

102) 『서울신문』 1949년 10월 8일자. 이승만은 "나는 우리가 3일 이내에 평양을 점령할 수 있다고 확신하지만 행동을 삼가고 있는 이유는 유엔과 미국이 그런 행동은 다시 한번 세계대전을 일으킬지 모른다고 경고했기 때문이다"라고 하였다.
103) 『한국전쟁도발의 내막』, 외국문출판사, 평양, 1960, 李昊宰, 앞의 책, p.352. 재인용.

이러한 발언은 앞에서 언급한 내외적 위기감에 대한 대응전략의 일환으로 나타난 것으로 해석될 수 있다. 신성모의 발언에 뒤이어 이승만도 오늘이나 내일 북진하겠다는 것은 아니지만 한국은 필요하다면 무력으로 통일할 준비를 해야 한다고 말하면서, 이 참을 수 없는 분단상태가 계속되어서는 안 되며 무력에 의해 통일할 준비도 해야 하지만 오늘내일 북진할 계획은 갖고 있지는 않다는 모호하면서도 강도 높은 입장을 강조하였다.104) 이즈음 이승만 정부는 학생과 청년을 동원하여 미대사관 앞에서 '우리에게 무기를 달라'는 플랜카드를 들고 시위케 하였다. 그것은 군사원조를 얻기 위해 정부가 조직한 관제데모였다.105)

1950년에 들어서도 이승만은 한국군이 북진할 경우 북한의 저항을 격퇴하고 유리한 전략적인 방위선을 구축할 수 있다고 하였으며, 그러나 어떠한 공격을 감행할 계획은 가지고 있지 않다고 덧붙였다.106) 4월 기자회견에서도 그는 "누차 말한 바와 같이 지금이라도 당장 가서 공산도배를 소탕하여 합칠 수 있다고 믿고 또 주장하는 사람의 하나이며, 또 그렇게 되어야만 치안이 확보될 것인데 민주우방에서 이러한 행동을 경원하고 있으므로 국제우호 관계상 단독행동을 할 수 없다"107)고 하여 미국과의 공동전선 속에서 대처해 나갈 것임을 밝히고 있으며, 이러한 인식은 전쟁 직전까지 지속되었다.108)

---

104) 「주한 미대사 무초가 국무장관에게 보낸 전문」(1949.11.4), *FRUS 1949*, Vol. Ⅶ, pp.1093-1094; 11월 4일 국내기자와의 회견에서도 이승만은 "현 상황이 한국에게 불리하게 될 경우 몇 가지 결정적인 대항조치가 취해져야 한다. 그러나 그것이 즉각적인 북침을 의미하지 않는다"라고 하였다. 같은 자료.

105) 중앙일보 편, 『民族의 證言』 제1권, pp.225-226.

106) 「필립 C. 조셉대사의 비망록」(1950.1.14), *FRUS 1950*, Vol.Ⅶ, pp.1-7.

107) 『서울신문』 1950년 4월 29일자.

108) 「스티코프가 비신스키에게」(1950.1.28), 『러시아 外交文書』 제4권, pp.44-45.

3. 북진통일론의 전개와 성격

1) 실지회복론적 통일인식

이승만의 통일론은 어떤 경우에든 실지회복이라는 차원을 전제로 한 것이었으며 적어도 그 방식은 평화적이든 무력적이든 모두 채택 가능한 것이었다. 이것은 북한이 평화통일안을 제시하면서 남한이 이를 거부하면 무력통일을 불사한다는 구상을 갖고 있었다는 점과 비교하면 다소 유사함이 발견된다. 본 항에서는 위의 사실을 염두에 두면서 무력통일론, 평화통일론 (실지회복론) 그리고 미국·유엔한국위원단과의 관계 등을 중심으로 하여 이승만 통일론의 시기별 특징을 분석하고자 한다.

이승만이 갖고 있는 평화통일에 관한 입장은 한반도 내의 유일한 합법정부이므로 38도선 이북지역에 대한 법적 권한을 한국정부가 행사해야 한다는 것과 유엔감시하의 선거를 통한 통일정부를 수립한다는 것이었다.[109]

즉 그는 5·10총선으로 한국을 대표하는 자주적인 정부가 탄생되었으며, 북한에 대한 통치권 행사는 당연한 권리라고 생각하였다. 따라서 38도선은 어떠한 의미로서나 법적 근거를 가지는 것이 아니라고 판단하였던 것이다.[110] 이에 부응하여 국회에서도 북한 대표들을 위해 100석의 의석을 공석으로 두었고 이후 북한 도지사들을 임명하기도 하였다.[111]

이승만은 평화통일론을 실지회복론과 같은 선상에서 인식하고 있음을 볼 수 있다. 그것은 1948년 7월 24일 그의 대통령 취임사에서 밝힌 대목에서 분명히 드러나고 있다.

---

109) 徐東九(편역), 『韓半島 緊張과 美國』, 대한공론사, 1977. pp.157-159.
110) 국방부, 『韓國戰亂1年誌』1951, pp.C106-110. 이러한 인식은 김일성에게도 나타난다. 「김일성이 스탈린에게」(1949.9.15), 『러시아 外交文書』제3권, pp.42-43.
111) 이북5도위원회, 『以北5道30年史』, 1981, pp.220-221.

　　남북의 정신통일로 우리강토를 회복해서(중략) 우리끼리 합하여 공산
당이나 무엇이나 민의를 따라 행하는 것이 좋을 것입니다.(중략) 우리는
공산당을 반대하는 것이 아닙니다. 공산당의 매국주의를 반대하는 것이
므로 이북의 공산주의들은 절실히 깨닫고 일제히 회심개과 하여 우리와
같이 보조를 취하여 하루바삐 평화적으로 남북통일해서 모든 복리를 다
같이 누리게 하기를 바라며 부탁합니다.112)

　　그가 밝힌 '우리 강토를 회복'한다는 의미는 기본적으로 실지회복론을 견
지하면서 이른바 '공산당의 매국주의'를 배제한 평화통일론을 실현시키겠다
는 것이었다. 실지회복론이 곧 무력통일은 아니란 점에서 주목할 만하다.
물론 그것은 이승만이 평화통일에 관한 국민적 정서를 고려해야 하고 또
평화통일을 위한 유엔의 중재노력을 무시할 수 없었던 상황과 무관하지 않
을 것이다.

　　유엔을 통한 평화통일에 관한 기대는 이승만의 소련군 철수와 관련된 성
명에서도 확인된다. 그의 입장은 유엔의 평화통일론과 반드시 일치하는 것
은 아니었지만 그것을 노골적으로 반대하지는 못하였다.113) 그러나 유엔이
평화적 방법으로 북한을 병합하지 못하면 군대가 반드시 북조선으로 진군
해서라도 통일을 이루어야 한다114)는 인식을 갖고 있었다. 당시 유엔이 구
상하고 있던 대체적인 평화통일 방안은 1948년 12월 12일 한국에 관한 결
의문에 잘 나타나 있다.

---

112) 공보처, 『李承晩博士談話集』, 1964, p.3.
113) 이승만은 "모스크바 라디오방송에서 소련군이 12월 25일 철수했다고 보도되
　　　었으나 의혹이 있으며, 소련은 이북으로 하여금 철의 장막을 걷고 자유선거
　　　에 참여하도록 해야 하며, 남북한 국민의 동의가 이루어질 때 소련과 한국은
　　　내란을 막을 수 있을 것이다"라고 하였다. 「주한미군사령관이 국무부에게」
　　　(1949.1.4), INCOMING MESSAGE, SN.162.(SN은 國防軍史研究所 소장 자
　　　료번호, 이하 같음).
114) 國史編纂委員會, 『北韓關係資料集』 제6권, pp.319-320.

남북 분단으로 야기된 경제적, 사회적 그리고 우호관계에 장벽 제거를
촉진: 국민의 자유의사에 기초한 대표정부 발전을 관찰 및 자문: 점령
군의 철수를 관찰하고 입증: 두 점령군 군사전문가 지원을 요청하기 위
해 한국에 유엔위원회 설치: 모든 한국인에게 지원과 시설을 제공하도
록 요청: 각 회원국에게 유엔에 의해 성취되고 성취될 결과에 대해 경
멸적인 행동을 자제하도록 요청: 각국에 한국정부는 합법정부로 설립된
유일 정부임을 신중히 받아들이도록 권고함.[115]

이러한 유엔의 평화통일 방안은 이승만이 갖고 있는 방안과 크게 벗어나
는 것이 아님을 볼 수 있다. 그렇지만 국민의 자유의사에 기초한 대표정부
의 발전이라는 면에서는 차이가 있을 수 있는 것이었다. 같은 기간 미국도
남북협상에 의한 평화통일 방안을 검토하고 있었지만, 그 가능성과 가치에
대해서는 대단히 회의적인 입장이었다.[116]

평화통일에 관한 이승만의 발표에 이어 신임 내무장관 신성모도 38도선
시찰한 후 시간이 걸릴지라도 유혈 없는 통일을 기다리자고 밝히고,[117] 총
참모장 이응준도 기자회견에서 유엔을 도와 평화리에 남북을 통일하는 것
이 염원이라는[118] 입장을 밝히고 있지만 이것 역시 실지회복을 전제로 한
평화통일론임은 말할 것도 없다. 왜냐하면 그로부터 얼마 후 이승만이 기

115) 「미 유엔대표 대리가 국무부에게」(1948.12.12), *FRUS 1948*, Vol.Ⅵ, pp.
    1336-1337: 「육군장관이 국방장관에게」(1949.1.25), General Correspondence
    Security Classified July 1947-Dec 1950, SN.623.
116) 「미 육군 참모총장의 비망록」(1949.6.10), 위의 자료, SN.623. 육군부의 입장
    은 "만일 통일이 실현된다면, 38도선에서의 임의적인 분할로 야기된 혼란이
    제거될 것이며 자생적 한국경제와 정치가 가능해질 수 있다. 진정한 대표제
    로 비공산 다수가 독립된 민주한국을 유지할 수 있을 것이다. 그러나 소련으
    로 통제된 북한체제가 공산주의 침투를 용이하게 하고 궁극적으로 완전지배
    를 위해 연합정부라는 이름으로 통일을 받아들인다고는 볼 수 없다"는 것이
    었다.
117) 『朝鮮日報』 1949년 2월 15일.
118) 『朝鮮日報』 1949년 2월 19일.

자회견에서 남북통일은 한국군의 북벌에 의해 할 것이 아니라 이북 애국단
체에 의해 평화적으로 실현될 것이며, 국군의 강화는 만주 중공군에 대비
한 것이라고 밝히고 있기 때문이다.[119] 그의 통일론이 단순히 북한과의 대
결만을 목적으로 한 것은 아니며, 미국과 소련, 북한 사이에서의 생존의 한
방식이라는 평가[120]는 주목할 만하다.

당시 국회에서도 평화통일론이 지배적이었으며 그것이 당시 국민들이 갖
고 있는 일반적 정서였다.[121] 즉 2월 국회에서는 인민군의 남벌을 우려하
여 북벌을 한다는 인사도 있으나 평화가 아닌 무력은 용납할 수 없으며,
우리 힘만으로 전 공산군을 방어할 수가 없으므로 남벌이든 북벌이든 달성
불가능하다는 의견이 제출되었으며 평화통일론이 유일한 방법임을 합의하
고 있다.[122] 당연한 사실이지만, 당시 국회나 국민들이 기대하였던 평화통
일론은 이승만 정부의 실지회복을 조건으로 하는 것과는 차이가 있었다.

한편, 일반국민들은 분단원인을 미·소군의 한반도 분할점령에 있다고
보아 우선적으로 미군이 철수하면 남북간에 통일문제를 협의할 수 있다고
보았다. 이에 따라 1949년 초 통일의욕은 곧 철군요구로서 나타나고 있었
다.[123] 국회에서 미군의 즉각적인 철수에 관해 표결한 결과 96 : 39로 의결
이 이루어졌고,[124] 그 결의안이 채택되었다.

---

119) 『朝鮮日報』 1949년 4월 29일.
120) 朴明林, 앞의 논문, p.457.
121) 예외적으로 일부 군부에서 무력통일론이 제기되고 있었다. 김석원은 여순사
    건이 일어나기 직전에 이승만에게 소총 2만 정만 준다면 북한을 처치하겠다
    고 제안하였으며(8.16일 무초의 비망록), 전 참모총장 채병덕은 1948년 12월
    31일 "우리도 신년도에 실질적인 행동으로 미회복지를 회복하여 조국강토를
    통일하여야 할 것이다"라고 하였다[國史編纂委員會, 앞의 자료, pp.319-320].
122) 『國會速記錄』 제2회 24호(49.2.7).
123) 李昊宰, 앞의 책, p.275.
124) 「육군참모총장의 비망록」, 앞의 자료, SN.623.

민족적 애국진영을 총단결하여 민족역량을 집결하도록 노력할 것. 남
북 화평통일을 실현하기 위하여 유엔결의에 의한 국내주둔 외국군의 즉
시 철퇴를 실천하도록 유엔 신한국위원단에 요청할 것.[125]

이와 같은 국회에서의 평화통일 결의안은 당시 통일론에 대한 일반적인
분위기를 반영하는 것이었다고 볼 수 있으며, 이에 따라 의원들(소장파 중
심)은 유엔 한국위원단과도 접촉하고 있었다.[126]

이러한 분위기에서 4월 18일 미군 철수설이 『United Press』, 『New York
Times』 등 외신에 의해 전해지자 다음날 김구는 미군 철퇴로 남북한 평화
통일이 진일보할 것이라는 성명을 발표하였으며,[127] 김규식도 통일완수를
선언하고 나섰다.[128] 즉 남한 내 정치세력에게 미군 철수와 통일문제는 같
은 것으로 인식되었으며, 평화통일에 관한 여론이 조성되자 38도선 철폐에
관한 범국민대회가 개최되기도 하였다.[129]

그러나 이승만은 유엔 한위의 통일론을 전적으로 받아들이는 것은 아니
었다. 그는 유엔 한위와의 회견에서, 한위가 정부가 아닌 사회조직과 개인
의 자문을 받는다는 사실과 남한정부와 상의 없이 입북하려 한다는 데 불
만을 토로하였으며, 북한이 아니라 소련 당국과 협의해야 한다고 점을 특
별히 강조하였다.[130] 나아가 유엔한위가 일방적으로 북한과 접촉하려는 문
제에 대한 해명을 촉구하고 통일제안을 신중히 검토할 것을 서한으로 전달하

---

125) 『國會速記錄』 제2회 24호(1949.2.7).
126) 『朝鮮日報』 1949년 3월19일자, 1949년 3월 20일자.
127) 『朝鮮日報』 1949년 4월 19일자. 1949년 5월 무렵 유엔 한국위원단에서 남북
    회담을 위한 구체적인 방안으로까지 이어지고 있었다. 즉 남북 민간지도자
    혹은 정당·단체 대표 인물로서 개인 자격에 의한 남북회담을 개최하여 통일
    방안을 강구할 것, 이 회의에서 통일방안에 대하여 초보적 합의가 성립되는
    대로 각기 원 지역에 돌아가서 정식 남북회담이 실현되도록 노력할 것 등이
    었다. 都珍淳, 앞의 논문, p.341.
128) 『朝鮮日報』 1949년 7월 6일자.
129) 『朝鮮日報』 1949년 6월 8일자.
130) 「미국사절단이 국무부에게」(1949.2.19), INCOMING MESSAGE, SN.162.

였다.[131) 이렇듯 이승만이 유엔에 유감 서한을 전달한 것은 그의 평화통일에
관한 계획을 일정하게 반영하고자 하는 의사전달이었다. 그는 북한이 내부적
으로 무력통일론을 구체화시키면서 외부적으로는 '이승만 등 민족반역자를 배
제'를 전제로 한 평화통일안을 제시한 것처럼 공산주의와 협상이 아닌 실지회
복이라는 자신의 방식대로 해야 한다는 점을 표명하고 있는 것이었다.[132)

협상통일의 어려움은 당시 미국에서도 예견하고 있는 일이었다. 미 육군
부장관 비망록에 의하면, "유엔과 미국 지원에 의존한 이승만은 북한과의
협상을 시작함으로써 그의 위치 보장에 만족한다고 볼 수 없으며, 궁극적
으로 중국정부의 운명과 관련시켜 난폭하고 공공연하게 그런 제안을 거부
할 것"[133)이라 하여 이승만이 유엔의 협상노력을 순수하게 받아들이지만
은 않을 것이라는 점을 분명히 평가하고 있었다.

그러나 이승만은 유엔을 통한 평화통일의 가능성을 완전히 부인하지는
않았다. 그는 "이북에 가서 배수의 일전을 할 의사가 없는 것은 아니지만,
미국과 유엔의 지지가 있는 만큼 순리로 해결 가능하며 최후까지 노력할
것"[134)이라 하여 평화통일에 대한 가능성을 완전히 배제하지 않음을 피력
하였다. 11월 26일 외신기자와의 회견에서도 소련과 한국은 우호적인 국가
였으며 돈독한 관계를 유지할 것을 희망하며, 유엔 한위가 소련 당국과 협
의하여 북한을 무장 해제시키고 자유선거를 실시해야 한다는 입장을 밝히
고 있다.[135)

이 시기 남한정부의 통일론에 대해서는 1950년 1월 6일 국무회의 내용이
주목된다.[136) 먼저 국무총리 이범석이 미국을 기대해서는 안 되며 통일전

---

131) 『朝鮮日報』 1949년 5월 20일자.
132) 梁寧祚, 앞의 논문, 「1948-50년 李承晚의 統一論과 그 性格」, pp.284-285.
133) 「육군부장관이 국방부장관에게」(1949.1.25), 앞의 자료, SN.623.
134) 『서울신문』 1949 11월 26일자.
135) 『서울신문』 1949년 11월 27일자.
136) 「스티코프가 비신스키에게」(1950.1.28), 『러시아 外交文書』 제4권, p.44-45. 이
    자료에서 요약된 국무회의 내용이 어떤 경로를 통해 정리되었는지 그리고 그

선을 형성하여 평화통일을 완수해야 한다고 발언하자, 사회부장관 이윤영
이 민족화합의 합의가 없으면 불가하다고 지적하였다. 외무부장관 임병직
도 그것이 현실적으로 북한정부를 승인하는 결과를 초래하기 때문에 불가
능하다고 지적하였다. 법무부장관 권승열은 전쟁이 갈수록 가까이 오고 있
어 미국과 함께 해결해야 한다고 지적하자, 내무부장관 김효석은 미국이
진심으로 도와주지는 않을 것이므로 스스로 군경을 강화해야 한다고 하였
으며, 국방부장관 신성모도 우리 스스로 최종적 결단을 해야 한다는 입장
이었다.

이 자리에서 이승만은 현 정세가 미·소에 달려 있으며 미국이 처음부터
남한의 이익을 위해 싸우는 것이 아니었지만, 다행히 남한이 일본과 가까
워졌으므로 앞으로 일본정부와 미국과 함께 반공운동을 광범하게 전개해야
한다고 주장하였다.

결국 이승만은 전쟁 직전까지 미국과 공동으로 반공전선을 형성하여 통
일을 달성해야 한다는 인식을 강하게 가지고 있었음을 볼 수 있다. 그는
나아가 일본과도 공동안보체제를 강화해야 한다는 정책을 표방 내지는 지
지하고 있었던 것이다.[137]

것이 얼마나 사실과 부합하는지 등에 관해서는 보다 세밀한 자료검증이 있어
야 한다고 생각된다. 당시 1월 6일 현재 내각명단 국무총리 이범석, 외무 임
병직, 내무 김효석, 재무 김도연, 상공 윤보선, 법무 권승열, 국방 신성모, 문
교 안교호, 농림 이종현(유영선), 교통 허정, 체신 장기영, 사회 이윤영, 보건
구영숙 등과는 일치된다. 朴明林, 앞의 논문, p.486.에 의하면, 당시 정부와 군
내에 상당한 수의 '오열'이 있었음을 전제하면서, 특히 김효석을 '위장된 공산
주의자'로 보고 있다.

137) 李鍾元, 「戰後美國の極東政策と韓國の脫植民地化」, 岩波講座, 『近代日本と植民
地』 8, 岩波書店, 1993, pp.21-24.에 의하면 전후 미국의 일본 중심의 지역통
합전략이 1950년에 급진전되었으며, 탈식민지과정에 있던 남한은 통합전략으
로 인하여 그 후 종속적 발전을 겪게 된다고 평가하였다.

2) 무력통일론의 정치적 성격

정부 수립 직후 북진주장은 일부 군부에서 나타나기 시작하였으며, 각
시기별의 정치 상황에 따라 일정한 차이가 있었다. 이승만은 정부 수립 후
당면했던 몇 가지 위기들을 할 수 있었다고 평가된다. 이 과정에서 자신감
을 갖게 된 일부 군부가 곧바로 실지회복에 대한 의지를 표명하고 나섰다.

예컨대, 1여단장 김석원은 이승만에게 "소총 2만 정만 준다면 북한을 처
치하겠다"고 장담하였으며,[138] 전 참모총장 채병덕도 1948년 말 "신년도
실질적인 행동으로 미회복지를 회복하여 조국강토를 통일하여야 할 것"[139]
이라 하여 무력통일 의지를 시사하였다. 이것은 군부일각에서 조심스럽게
표명되고 있었던 것이었다.

그러나 다양한 북진발언은 소련군 철수보도 직후인 1949년 초부터 나타
나기 시작한다. 이승만 정부는 1월부터 미군 철수설이 보도된 4월까지 확
실한 자신감 속에서 북진의사를 표명하기 시작하였다.[140] 그것은 소련군
철수가 곧 통일의 가능성을 열어 주는 것이라는 인식과 어느 정도 연관성
을 가지고 있다고 생각했기 때문이었다.

이에 따라 1월 초 이승만은 군대가 북으로 전진하도록 희망한다는 의사

---

138) Cumings, The Origin of the Korean War Vol. II, p.393.
139) 國史編纂委員會, 앞의 자료, 『北韓關係資料集』 제6권, pp.319-320(합동통신
     1948년 12월 31일자).
140) 이에 대한 기존의 연구는 재고의 여지가 있다. 강경성은 북진주장이 2월경에
     집중되고 그 후 한동안 공백을 두고 다시 9월 이후에 나타났다고 보고 있으
     며(강경성, 앞의 논문, pp.85-86), 최광녕은 1949월 2월 12일-9월 30일까지
     약 6개월 동안 다시 북진통일발언이 나타나고 있지 않으며 이 기간에는 오히
     려 평화통일을 주장하고 있다고 하였다(崔光寧, 앞의 논문, p.121). 또 박명림
     은 1949.9월 총선의 시점을 넘자 이승만은 본격적으로 북진통일을 주장하기
     시작하였으며, 집중적인 것은 49년 가을부터라고 하였다(朴明林, 앞의 논문,
     p.441). 그러나 이승만의 북진주장은 거의 1949년 전 기간 동안 나타나고 있
     으며, 다만 시기별 성격의 차이가 있을 뿐이다.

를 피력하였다.[141] 국회발언에서도 공산당이 이남에 내려오는 것은 다 조처할 수 있으며 이북에 가서라도 점령할 수 있다는 점을 시사하였다.[142] 또 방한한 미 육군부장관 로얄과의 대담에서도 "육군을 증편하고 무기와 장비로 무장시켜 짧은 시간 안에 북진하고 싶다"[143]고 밝혔다. 다시 내외 기자회견에서는 "공산당과 부지깽이라도 들고 싸워야 한다"며 다소 회화적 이지만 강경한 입장의 대공정책을 견지할 것을 언급하였다.[144] 이와 같은 일련의 북진발언은 소련군 철수발표에 고무되어 나타난 것이었다.[145]

한편 이승만은 미국의 지금까지의 대한반도 안보정책에 강한 불만을 가지면서 '트루먼독트린'(봉쇄전략)을 한반도에 확대 적용할 것을 역설하고 있었다.

해방 후 2년간 미국의 모호한 대한정책은 우리의 공산주의와의 투쟁에 거의 도움이 되지 못하였으며, 트루먼에 의한 새로운 정책은 우리에게 새로운 희망을 주고 있으며(중략) 만일 서방 민주국가들이 집단안보에 단합하지 않으면 지난 두 개의 전쟁을 다시 경험하게 될 것이다.[146]

이와 관련한 미 육군부장관 비망록에 의하면, 미국은 주한미군 철수 후 한국에 트루먼독트린을 확대 적용할 것인가에 관해 논의한 결과 적용하지 않기로 결정하였다.[147] 트루먼독트린은 현재 그리스·터키 등에 적용된 안

---

141) 國史編纂委員會, 앞의 자료, 『北韓關係資料集』 제6권, pp.319-320.
142) 『國會速記錄』 제2회 24호(1949.2.7).
143) 「육군부장관 로얄의 대화 비망록」(1949.2.8), *FRUS 1949*, Vol.Ⅶ, pp.956-958.
144) 『朝鮮日報』 1949년 2월 26일자.
145) 1949년 '6월의 전환점' 이전에 이승만이 공개적으로 북진통일의사를 거의 밝히지 않았으며, 6월 이후부터 본격적 대북공세를 실시하였다고 한 분석은 사실과 차이가 있다. 朴明林, 앞의 논문, p.435.
146) 「미사절단이 SCAP에게」(1949.2.28), INCOMING MESSAGE, SN.162.
147) 「육군성장관의 비망록」, 앞의 자료, SN.623; 홍석률, 앞의 논문, p.169.에 의하면, 1950년대 이승만과 미국의 갈등은 냉전전략이라는 차원에서 실질적인 봉쇄정책의 지속을 추구하는 미국의 정책과 롤백을 추구하는 이승만의 대립으

보정책으로서, 자신의 의지로 공산주의 침식을 반대하고 독재자에 위협받는 국가와 사람들을 지원하는 정책내용을 골자로 하는 것이었다.

이때 논의의 부결 이유는 "현재 적자예산에 직면한 미국이 한국에 부가적인 대규모 군사비용과 복구비용을 투입해야 하며, 또 그것은 우선적인 고려대상 국가들의 군사지원의 삭감을 의미하게 되어 군사전략으로 바람직하지 않으며, 또 정치적으로도 국민의 지지가 약한 이승만 정권을 영구화하려 한다는 인식을 줄 수 있다"[148]는 것이었다. 그러나 무엇보다 중요한 이유는 한국이 세계 제2차대전의 승리에 공헌하지 못하였을 뿐 아니라 군사전략상 가치가 없는(JCS 1483/44) 해방지역이기 때문에 예상이익보다 막대한 노력과 비용을 요한다는 데 있었다.[149]

미국의 논의결과와는 달리 국내에서는 이승만의 북진발언 직후 일부 우익인사들도 북진통일을 주장하기 시작하였다. 즉 윤치영은 "소련의 점령으로 야기된 이북 실지를 한국정부의 실력으로 회복할 수 있을 뿐이니 정부가 이러한 실력을 갖도록 협력하는 것이 남북통일을 달성하는 길"[150]이라 하였고, 유엔 한국위원단과의 회견에서 무력으로 통일해야 한다는 의견도 유익하다고 하였다.[151] 또 노기남 주교도 유엔 한위와의 회견에서, "기적이 없으면 전쟁이며(중략) 정부와 국군을 강화하여 최악의 경우 전쟁이라도 할 수밖에 없으며, 이북은 소수 공산주의자들의 괴뢰정권"[152]이라는 강경한 성명을 연이어 발표하였다.

한편, 1949년 3월 이승만은 조병옥을 미국으로 파견하여 국무장관 애치슨

로 보았다.
148) 위의 자료.
149) 위의 자료. 미국은 소련의 핵실험 성공과 중국의 공산정부 수립으로 1949년 12월 아시아 정책(NSC 48)과 세계정책(NSC 22)을 전면적으로 재검토, 적극 전략을 수립하게 된다.
150) 『朝鮮日報』 1949년 3월 10일자.
151) 『朝鮮日報』 1949년 3월 13일자.
152) 『朝鮮日報』 1949년 3월 24일자.

에 군원 요청서를 제출하였다. 이승만은 조병옥에게 보낸 편지에 무기를 얻으
려는 목적이 제한된 자체방위에 있는 것만이 아니고, 그 무기로 전 한국 국민
의 열망을 좇아 남북통일을 달성하는 데 있다는 내용을 강조하고 있었다.[153]

이승만이 조병옥을 파견한 이유가 무력통일을 위한 군원확보에 있었음을
강조하고 있다. 이에 대해 기존의 연구에서는 38도선을 타파하고 북진통일
하려는 침략정책은 미국의 극동정책과 충돌하여 대미외교에 완전히 실패하
였다고 평가하고 있다.[154] 이러한 평가는 이승만의 호전성이 대미외교에
큰 장애가 되었다고 하는 점에서는 일면 타당하지만, 그러한 점을 잘 알고
있었던 그가 왜 같은 주장을 집요하게 반복하고 있는지를 해명할 수 없다.
그것은 곧 이승만의 목적이 단순한 군원에 있었던 것이 아니라 보다 본질
적으로 미국의 안보공약에 있었던 것이라 볼 수 있다.[155] 이승만은 미국이
남한을 포기하지 않을 것이라는 점을 잘 이해하고 있었으며 결국 트루먼독
트린의 대한반도 적용을 확보할 수 있다고 믿었기 때문이었다.

이승만 정부의 북진주장은 미군 철수설이 알려진 이후부터는 다른 의미
로 분석된다. 전술한 바와 같이 정부는 미군 철수설이 보도된 직후 북한의
남침소문에 대하여 강경히 대응할 것이라고 반복하여 발표하고 있었다. 한
걸음 더 나아가 국방장관은 "3일 안에 북한을 정복할 수 있다"[156]고 호언

---

153) 金徹凡(편), 앞의 책, 『韓國戰爭을 보는 視覺』, p.65.
154) 李昊宰, 앞의 책, pp.346-354.
155) 「東亞日報」 1949.4.15일자. 이승만은 20만 군대를 무장시킬 장비와 함께 1백
　　대의 비행기의 지원을 요청하는 동시에, 북으로부터 공격이 있을 때 한국의
　　안전을 보장하는 한·미 간의 협정체결을 요구하였다.
156) FEC, Intell. Summary NO.2464(1949.5.29), SN.223; 이와 관련하여 외무장관
　　임병직과 국방장관 신성모는 5월 19일 서울 라디오방송 내외 특별기자회견에
　　서, "우리는 대통령에 의해 행해진 미군 철수에 대한 합의가 무엇을 의미하
　　는가를 밝히고자 한다. 그것은 소련과 함께 38도선을 만든 미국을 극동지역
　　에서의 정치적 상황에 자신의 도덕적 책임이 무엇인지를 이해해야만 한다는
　　것을 의미한다. 만일 미군이 이 의무를 이행하면 철수해도 될 것이다. 대통령
　　의 동의는 한국의 안전보장에 관한 충분한 조치 없이 미군의 철수를 의미하
　　는 것은 아니다"고 하여 미군 철수 동의의 조건으로 한미방위공약을 강조하

하기까지 하였다. 당시 미 극동군사령부의 정보 분석에 의하면, 5월 1일부
터 동월 31일 동안 국경충돌이 31%나 증가하고 있었던 사실이 파악된
다.[157] 그것은 미군 철수설과 관련하여 북한이 공세적 입장을 취한 것이
원인이지만 남한도 미군 철수 후 더 많은 군원을 확보하기 위한 입장을 가
지고 있었을 것이라는 것이다.[158] 이러한 평가는 당시 상황을 비교적 정확
히 분석한 것이라고 생각된다. 이는 김석원이 '현재 38도선상은 전쟁상태'
라고 발표한 데 대해 미 정보평가가 "김의 진술은 사실인 듯하지만 미국의
지원을 받으려는 계획된 것"[159]이라고 평가한 데서도 알 수 있다.

그 후 8~9월부터 이승만 정부의 강경한 대북태도는 남침위기설과 북의
공격에 의한 국경충돌에 의하여 더욱 증폭되기 시작하였다. 국방부장관 신
성모는 대한청년단 인천분단 훈련시범대회에서 "국군은 대통령의 명령만
기다리고 있으며 어느 때라도 명령만 있으면 이북의 평양·원산까지라도
하루 내에 완전 점령할 자신과 실력이 있다"고 호언하고 있었다.[160] 이 무
렵 이승만은 "북벌할 것인가 자중할 것인가 의견대립도 멀지 않아 해소될
것"[161]이라 발표하는데, 그것 역시 미국의 군원 확대, 대한공약 강화의 기
대 속에서 나타난 것으로 해석될 수 있다.

이러한 상황은 8월 초 옹진지역의 한국군이 북한군의 공격을 받아 큰 손
실을 입게 되자 이승만과 이범석이 철원지역으로 보복공격을 했어야만 했
다고 신성모 국방장관을 질책한 데서도 잘 나타나고 있다.[162]

고 있다. 「스티코프의 보고」(1949.5.21), 『러시아 外交文書』 제4권, pp.26-27.
157) FEC, *Intell. Summary* NO.2474(1949.6.8). 제3장 참조.
158) FEC, *Intell. Summary* NO.2471(1949.6.5); 이승만 대통령은 현재 인가된 병
     력 6만 5천을 10만으로 증가할 것을 인정하였다. 국군조직법은 평시에 10만
     을 초과할 수 없다고 규정하였다. FEC, *Intell. Summary* NO.2474(1949.6.8).
159) FEC, *Intell. Summary* NO.2479(1949.6.13).
160) 國史編纂委員會, 앞의 자료, 『北韓關係資料集』 제6권, p.380(합동통신 1949.
     7.18일자).
161) 『朝鮮日報』 1949년 3월 8일자. 이승만은 대북조치를 불원간 착수할 것이며
     민주진영은 단결해야 함을 역설하였다(『朝鮮日報』 1949년 8월 20일자).

이 무렵 이승만 정부의 적극적인 대북 강경책은 다음의 사실에서도 확인
된다. 한국군은 8월 23일 해군 초계정 몇 척을 몽금포까지 올려 보내 북한
어선 4대를 침몰시켰으며, 북한의 반격에 대비하여 인천항의 무장을 강화
하였다. 그러나 예상과는 달리 반격은 없었다.163) 반면, 당시 북한은 제한
공격을 통한 옹진점령이나 삼척지역에 해방구 설치문제 등을 소련과 협의
하고 있었다. 주북한 소련대사 스티코프의 남한 정세보고서에 의하면, 북측
도발에 대비하여 미군은 남한에 방어원조를 하고 있으며 미군 철수 후 좌
익 진압과 빨치산 토벌을 강화하고 있고 또한 남한의 북침가능성이 있다고
평가하였다. 이를 보면 소련은 북한의 입장과는 달리 미국의 지원을 받고
있는 남한전력을 높게 평가하고 있었음을 알 수 있다.164)

따라서 미군 철수 이후의 이승만 정부의 북진발언은 '비현실적 공갈'의
의미를 지니는 것이었으나, 그 의도는 대미 안보공약 확보와 대북 남침 억
지라는 이중적 목적을 동시에 내포하고 있는 것이었다.

이 시기 이승만은 외교공세도 병행하여 반공 블록을 강화하기 위해 필리
핀, 대만 등과 태평양동맹 결성을 적극적으로 주장하고 나섰다. 물론 그것
은 중국에서 장개석을 포기하고 한국에도 깊이 말려들지 않으려는 미국을
끌어들이려는 적극적 전략이었다.165)

같은 해 9월 말 외국기자와의 회견에서 이승만은 남한은 북한의 실지를
회복할 수 있으며 북한 동포들이 남한이 공산주의자들을 소탕해 줄 것을
희망하고 있으므로 이 같은 조치는 늦으면 늦을수록 곤란하다166)고 피력
하였다. 같은 날 그가 올리버에게 보낸 다음의 편지를 보면 비슷한 내용을
언급하고 있음을 알 수 있다.

---

162) Bruce Cumings, 앞의 책, *The Origin of the Korean War Vol.2*, p.393.
163) 커밍스·할리데이, 차성수·양동주(역), 『한국전쟁의 전개과정』, 태암, 1989,
pp.55-56.
164) 「스티코프가 스탈린에게」(1949.9.15), 『러시아 外交文書』 제3권, pp.33-43.
165) 李昊宰, 앞의 책, pp.301-305.
166) 『서울신문』 1949년 10월 2일자.

나는 지금이 우리가 공격적인 수단을 취하여 북한에서 우리 쪽에 충성하는 공산군과 연합해 나머지 일당을 일소하기에 심리적으로 가장 적당한 계기라고 강하게 느낍니다. 그러면 우리의 방어선은 압록강과 두만강을 따라, 즉 한·만 국경선을 따라 강화될 것임에 틀림없습니다.[167]

이러한 이승만의 북진발언은 10월에 이르러 최고조에 달하고 있다. 그는 실지회복에 자신 있음을 밝혔으며,[168] 북한 공산정권을 처리하고 만주와 국경을 해야 한다는 내용을 발표하였다.[169] 이승만이 북한 옹진공격과 관련하여, 무초가 극동군사령부에 보낸 문서에 의하면, "미국이 싸움을 도와줄 것을 기대하지 않으며 우리 자체로 싸울 것이다"[170]라는 사실이 파악된다. 또 그는 세인트폴 호 환영연설에서 "우리가 전쟁으로서 사태를 해결하여야 할 때는 필요한 모든 전투는 우리가 행할 것이며, 대이념 냉전에서 공산주의를 저지할 것"을 강조하였으며,[171] "만부득이하면 무력통일도 불가피"[172]함을 재삼 강조하고 있다.

이 무렵 북진발언은 북한의 집중공세와 무관하지 않을 것이다. 소련외교문서에 의하면, 스탈린이 스티코프에게 북한의 옹진공격 등을 보고하지 않은 것에 질책전문을 보내는 한편 38도선상의 심각성을 간과하지 않도록 특별히 강조하고 있으며,[173] 이러한 사실에서 북의 공세적 태도를 읽을 수 있다.

따라서 당연히 이승만 정부에서는 이에 대응하는 조치가 마련되고 있었을 것이며, 그것은 북진발언의 집중과 분계선상에서의 적극적 대응, 태평양

---

167) 올리버, 박일영(역), 앞의 책, 『李承晩秘錄』, pp.324-326.
168) 『朝鮮日報』 1949년 10월 2일자.
169) 『서울신문』 1949년 10월 15일자 ; 『朝鮮日報』 1949년 10월 16일자.
170) 「무초가 맥아더에게」(1949.10.22), GHQ FEC, OUTGOING MESSAGE, SN.309.
171) 「주한 미대사가 국무장관에게」(1949.11.4) FRUS 1949, Vol.Ⅶ, pp.1093-1094.
172) 『朝鮮日報』 1949년 11월 5일자.
173) 「그로미코가 스티코프에게 보낸 전문」(1949.10.26) 및 (1949.11.20), 『소련 외교문서』 제3권, pp.54-57.

동맹 결성을 위한 외교 강화, 대미 안보공약 강화 노력으로 나타날 수밖에 없었던 것이다. 이 무렵 이승만 정부의 대북태도는 다음과 같은 무초의 비망록에 잘 나타나 있다.

> 군에는 자신감이 증대하고 있다. 공세적인 공격 정신이 나타나고 있다. 지난 몇 달 동안 소진되고 과민되었던 신경 대신 이제 새로운 정신이 이를 대치하게 될 것이다. 상당수의 군이 전진하기를 고대하고 더욱 많은 사람들이 통일이 이루어질 수 있는 유일한 방법은 무력으로 북진하는 것이라고 느끼고 있다.(중략) 또 개성전투나 옹진전투를 치르게 된다면 반격은 예측하기 어려운 온갖 양상으로 전개될지도 모른다.[174]

이것은 미군 철수 시 남한 내에서는 공포심과 신경과민이 분출되고 있었으나, 불과 몇 달이 지나서는 오히려 공격적인 분위기가 팽배해 있음을 지적하고 있는 것이다. 앞에서 서술한 것처럼 미군 철수 직후 분계선상에는 북한의 공세가 집중됨에 따라 남한은 남침위협에 대한 공포심을 갖고 오히려 적극적으로 대응하고 있었다. 특히 8~10월 사이 집중된 북진발언은 북한의 공세와 남침위협이 최고조에 달했던 데 대응하여 나타난 것이라 볼 수 있다.

따라서 한미관계가 위기를 맞이하였음에도 불구하고 실현가능성과는 상관없이 이승만이 북진통일을 주장한 것은 단순한 정치적 상징조작을 위한 허세만으로 파악할 수 없는 것이다. 그런 점에서 북진통일론은 단독정부 수립론과 마찬가지로 당시 전 세계적 냉전체제에 조응하는 전반적인 정치전략으로서 보다 포괄적인 차원의 의미를 내포하고 있는 것이라는 평가는 주목할 만하다.[175]

이러한 이승만 정부의 태도는 전쟁 직전까지도 지속적으로 표출되고 있

---

174) Bruce Cumings, *The Origin of the Korean War Vol. II*, op.cit., p.394.
175) 洪錫律, 앞의 논문, 『1953-61년 統一論議의 展開와 性格』, p.168.

었다. 이승만은 연두사에서 '38도선을 타개하자'고 하였고,[176] 신성모 국방
장관도 실지회복에 만전을 기울이고 있으며 명령만 있으면 진군할 것이라
하였다.[177] 다시 이승만은 3·1절 기념사에서 북진통일과 관련한 기존의
주장을 되풀이하였다.[178] 그의 주장은 다음의 발표에 잘 나타나고 있다.

> 미국이 북한정권을 공격하지 말라고 충고하고 있지만 우리는 공산치
> 하에서 신음하고 있는 북한 동포를 도저히 방치할 수 없으며 북진을 위
> 해 필요한 비행기·군함·탱크 등 중무기를 공급해 달라고 강경하게 미
> 국에 호소했다.[179]

이승만은 4월 무초와의 대담에서도 한국이 필요하다면 무력으로 통일을
준비해야 한다고 말하면서 참을 수 없는 분단상태를 무한정 계속될 수 없
다고 역설하였다. 이와 관련하여 당시 미 군사고문단장 로버트가 미국과의
관계단절을 우려했고 또 남한에 공격용 무기가 없었기 때문에 이승만이 북
진을 실천하지 못하였다고 한 지적은 주목할 만한 평가이다.[180]
결국 우리는 이승만의 북진주장 내면에는 미국이 남한을 포기하지 않을
것이라는 점을 확신하고 있었으며, 단순한 군원 확보의 차원을 넘어 보다
본질적으로 미국의 군사 안보공약을 얻어 내려는 것이었다고 판단할 수 있
다.[181] 결과적으로 그는 그러한 미국의 적극적 방어정책을 확보할 수 있게
되었으며, 그것은 마치 미국이 적극전략으로 작성 검토 중인 NSC 68을 전

---

176) 『朝鮮日報』 1950년 1월 1일자.
177) 『朝鮮日報』 1950년 1월 25일자.
178) 『朝鮮日報』 1950년 3월 1일자.
179) 『朝鮮日報』 1950년 3월 3일자.
180) 존 메릴, 신성환(역), 앞의 책, p.260.
181) 이승만 정권은 남한의 안보와 정권의 안전을 위해 어떤 형태든 미국 개입을
    몹시 원하고 있었으며, 이승만 정권의 계속된 소위 '자살전략'으로 1953년
    한·미 상호방위조약을 체결하게 된다. 溫暢一, 「休戰을 둘러싼 韓·美 關係」,
    金徹凡, 『韓國戰爭—강대국정치와 남북갈등』, 평민사, 1989, pp.236-237.

쟁 직후의 정책으로 채택하게 된 것과 거의 유사한 과정이라고 할 수 있을 것이다.

제3절 북한의 통일정책과 화전양면론

1. 무력통일론 형성과 조국통일민주주의전선 결성

1) 김일성 정권의 무력통일론 구상

1948년 12월 25일 소련은 북한에 주둔한 군대의 최종 철수를 보도하였다. 그 후 북한 내부에서는 '소련군 철퇴는 전 세계인민의 평화를 실현하고 미 제국주의의 야망을 폭로하는 길'을 주요 주제로 하는 군중집회가 전국적으로 개최되었다.[182] 또한 주북한 소군 철수 보도를 접한 남한의 상당수 지도자들도 미군 철수를 강력하게 주장하고 있었다. 그만큼 남북에 각기 다른 정부가 수립된 이후의 주한외국군 철수문제는 중요한 문제로 부각되고 있었던 것이다.[183]

그러나 최근에 공개된 러시아 국방문서에 의하면 이 문제에 큰 의혹이 제기되고 있다. 이 문서에 의하면 군사고문단과 별도로 북한에 머물면서 전쟁준비를 지원한 소련의 군사전문가나 군무원 숫자는 4천 명을 넘어선 것으로 기록되어 있다. 즉 당시 군사전문가 잔류상황은 소련군 총참모부가

---

182) 「북조선노동당 인제군당 당조회의록」(1949.1-3), SN.849-1.
183) 최초 미·소 양군 철수제의는 1947월 9월 26일 미·소공동위원회에서 소련에 의해서였으며, 1947년 10월 28일 그로미코 외상의 한반도문제에 대한 유엔총회 정치위원회에서, 그리고 11월 13일의 유엔총회 본회의에서 제기되었다. 소련 아카데미 동양학연구소(편), 국토통일원(역), 『蘇聯과 北韓과의 關係, 1945-1980』, 1988, pp.60-86.

작성한 1949년 2월 18일자 보고서 '군 철수 이후 잔류인원'에 총 4,298명이 북한에 남아 있으며, 이들 중 4,020명은 군인이고 나머지 273명은 군무원임을 밝히고 있다.[184] 당시 같은 시점에 남한에 잔류한 미군병력이 1개 연대 전투단임을 고려할 때 이 숫자는 결코 적지 않음을 알 수 있다.

이에 대해서는 북한과 소련 사이에 체결된 의정서에서 북한이 소군이 잔류를 요청하였으며 그들 중 일부가 잔류하고 있음을 알 수 있다. 즉 의정서 제1조에 "소련정부는 남한에 미군군대가 주둔하고 있는 것에 주목하여 해군부대를 청진항에 잠정적으로 주둔시켜 달라는 북한의 요청을 받아들이기로 하였다. 소련정부는 해군부대의 주둔과 관련한 모든 경비를 지불한다"고 되어 있다.[185]

소련군이 북한에 잔류하고 있을 가능성은 미군 보고서에 의해서도 일부 확인되고 있다. 미 육군보고서에 의하면, 소련은 12월 25일 북한으로부터 점령군을 완전히 철수시켰다고 보도하였으나, 2천의 군사고문 요원과 1천여 명의 경비 병력이 북한에 잔류한다는 증거가 있다고 분석하였다.[186] 또 다른 정보보고서에 의하면, 1949년 2월 소련군 1,500명의 존재가 평양에서 확인되고, 이반 메시코프의 지휘를 받는 소련 공군요원 211명이 주둔하고 기타 신천·차령·양양·철원·원산·연포·함흥·나남·청진에서 소련군이 관측되고 있다고 보고되었다.[187]

---

184) 소련군총참모부, 「군 철수 이후 잔류인원 보고」(1949.2.18), 러시아국방부중앙문서고, 자료번호23, 목록번호173346, 문서번호73, 195.

185) 「북한·소련정부 간 의정서」(1949.3), 『러시아 外交文書』 제3권, p.18. 미군철수 다음날 스티코프는 "미군 철수로 소련해군의 청진항과 평양과 강계의 공군사령부 유지가 곤란하고, 이의 철수가 바람직하다"고 보고하고, 아울러 "소련 해군전문가들과 고문관들의 잔류는 필요하며, 항공기술자들과 그 밖의 근무자들은 민간항공기 근무자로 위장시키는 것이 좋다"고 건의하였다. 「스티코프가 비신스키에게」(1949.7.1), 같은 자료, p.24.

186) General Correspondence Security Classified July 1947-Dec 1950, 「육군부장관이 국방부장관에게」(1949.1.25), SN.623.

187) FEC, Intell. Summary NO.2486(1949.6.30), SN.223.

당시 남한 국회에서도 소련군 철수보도는 근거 없는 것이라는 주장이 있었다.[188] 이승만 정부에서도 이에 대한 검증을 강력히 주장하였으며, 월남자들의 진술을 통해서도 일부 소련군 잔류사실을 확인할 수 있다.[189] 그러나 당시 이러한 주장들은 단순한 정치적 비난이며 근거 없는 것으로 받아들여졌다.

한편, 1948년 말 모스크바에서는 인민군 전력증강에 관한 구체적 대책을 마련하기 위하여 소련 국방상 주제하에 북한, 소련, 중공의 군사대표자 전략회담이 개최되었다. 이 회담에서 향후 18개월 내 북한인민군을 강력한 군사력으로 육성하기로 합의하고 있었다.[190] 이러한 사실은 일부 소련군의 잔류가 인민군 전력증강의 일환이라는 점을 방증한다고 볼 수 있다

소군의 북한 잔류문제는 인민군의 전력강화 문제와 직결된 것이기도 하지만 또한 김일성의 통일방안과도 무관하다고 여겨지지 않는다. 왜냐하면 북한은 이미 1949년 3월 5일 스탈린 방문 시 무력통일론을 제기하고 있는 것이 주목되기 때문이다. 즉 김일성은 스탈린 방문을 요청하여 1949년 1월 17일 수락받게 되는데, 이를 통해 김일성은 적어도 그 이전에 무력통일 방안을 구상하고 있었다고 하는 추론이 가능하다.[191]

이는 김일성이 남한의 민중봉기 등을 통하여 전 한반도를 사회주의화한다는 것이 어렵다고 판단하고, 무력통일 달성을 위한 전략으로 전환한 데

---

188) 대한민국국회, 『國會速記錄』 제2회 24호(1949.2.7).
189) 『朝鮮日報』 1949년 7월 1일 및 7월 20일자
190) 戰史編纂委員會, 『解放과 建軍』 제1권, 1976, p.705; 최태환, 『젊은 革命家의 肖像』, 공동체, 1989, p.95. 회담에서 북한대표로는 민족보위상 최용건, 포병사령관 무정, 북한노동당 중앙검찰위원장 방우용, 하얼빈 보안여단정치위원 주덕 등 6명이었다.
191) 「스티코프가 몰로토프에게」(1949.1.19) 및 「스티코프가 몰로토프에게」(1949.2.4), 『러시아 外交文書』 제3권, pp.2-3. 김일성의 북한·소련 상호방위원조조약 체결 제의에 대해 스티코프는 분단된 현재 상황에서는 그러한 조약체결이 바람직하지 않으며 그것은 국가분단을 지속시키려 한다는 비난을 받을 수 있다는 이유로 반대하였다.

서 비롯된 것이었다. 한 연구에서도 소련공산당 내부 자료를 근거로, "1948
년 분단국가 수립 이후 김일성과 지도자들은 평화통일을 위한 가능성에 주
의를 기울이지 않고 군사적 수단에 의해 통일하려고 굳게 결심하고 있었
다"고 지적된 바 있다.[192]

이를 위해 김일성은 민주기지를 굳건히 하여 '국토완정'을 이루어야 함을
강조하고 있다. 즉 그는 민주기지노선과 통일전선을 통해 북한 내의 정치
적 · 경제적 기반을 강화할 것을 강조하면서 조국통일을 위한 국토완정을
보장하자고 다음과 같이 호소하였다.

> 머지않은 장래에 자주독립 국가를 쟁취하며 국토의 완정을 보장하기
> 위하여서는 무엇을 하여야 하겠습니까? 전 조선인민은 조선민주의인
> 민공화국 중앙정부의 주위에 일층 단결하여 국내의 전체 민주역량과 애
> 국적 역량을 더욱 결집함으로써 국토의 완정을 보장하는 거족적 구국투
> 쟁을 일층 맹렬히 전개하여야 하겠습니다. 그리하기 위하여 공화국의 북
> 반부의 인민들은 해방 후 3년 동안에 이미 쟁취한 민주개혁의 성과들을
> 더욱 확고 발전시키며 공화국의 정치경제적 토대를 더욱 굳건히 하며
> 공화국의 철옹성 같은 확고한 강력한 기지를 축성함에 전체인력과 물력
> 을 동원하여야 하겠습니다.[193]

1949년 초부터 이승만 정권에서 표출되는 북진발언에 대하여 "남조선 매
국노 중 어떤 놈들은 하루 강아지 범 무서운 줄 모른다는 격으로 북벌 운
운하고 있다"[194]라고 한 김일성의 언급은 잔류 소군과 인민군 전략증강
계획에 나타난 일정한 자신감에서 비롯된 것이라고 볼 수 있다. 왜냐하면,
이 무렵 김일성은 소련에 무력통일의 가능성에 관하여 조심스럽게 의견을

---

192) 朴明林, 앞의 논문, p.30.
193) 「1949년을 맞이하면서 전국인민에게 보내는 신년사」(1949.1.1), 『北韓硏究資
　　料集』 제1집, pp.474-475.
194) 『김일성저작선집』 2권, 조선노동당출판사, 1953, p.316.

제시하고 있기 때문이다. 이에 관하여 먼저 1949년 3월 초 김일성－스탈린 회담 내용을 구체적으로 검토하기로 한다.

1949년 3월 5일 수상 김일성은 부수상 겸 외무상 박헌영, 부수상 홍명희, 국가계획위원회장 정준택, 상공상 장시우, 교육상 백남운, 체신상 김동주, 주소 북한대사 주영하, 통역 문일 등 수행단을 대동하고 경제지원, 군사력 증강 문제를 논의하기 위해 모스크바로 스탈린을 방문하였다.[195] 이 회담에서 경제협력과 무역, 1949-50년도 무역협정, 기술지원, 문화교육 분야의 협력, 북한 아오지－소련 크라스키노 사이 철도건설, 군사력 건설 등의 협의를 가졌다. 특히 이때 주목되는 것은 김일성이 스탈린에게 무력통일에 관한 의견을 제시하고 있는 사실이다.[196]

이에 대해 스탈린은 북한군이 한국군에 대해 절대적인 우위를 확보하지 못한 상황에서 선제공격을 해서는 안 된다는 입장을 밝히고 있다. 예컨대, 북조선인민군은 남조선군에 대해 확실한 우위를 확보치 못하고 있고 수적으로도 불리하며, 남조선에 아직 미군이 존재하며 남침을 하면 미군이 개입할 것이고, 소련과 미국의 38도선 분할협정이 유효하기 때문에 먼저 위반하면 미군 개입을 막을 명분이 없다는 것이다. 또한 스탈린은 대한 공세적 군사 활동은 남한의 침략을 격퇴하는 경우에만 이루어질 수 있다고 강조하였다. 결국 그의 입장은 북한이 방어에 비중을 두어야 한다는 것이었다.[197]

---

195) 「스탈린·김일성회담 속기록」(1949.3.5), 『러시아 外交文書』 제3권, pp.6-10. 소련 측 배석자는 비신스키, 스티코프, 그리고 통역관 김이었다. 최초 김일성은 북한의 사절단 구성계획에 남한 중도당, 북한 민주당 및 청우당 출신은 제외하였으나, 정치적인 고려에 의해 교육상 백남운(중도당), 체신상 김동주(청우당)를 추가로 합류시켰다.

196) 「중앙위원회 정치국 제68회 회의 의사록」(1949.3.18), 『러시아 外交文書』 제3권, p.15; 「스탈린 동지와 해결해야 할 김일성의 질문」, 같은 자료, p.11. 김일성은 "남북의 통일의 길과 방법에 대하여 무력통일의 방법이 세워졌음"이라고 하였다.

197) 김일성은 3월 5일 모스크바에서 개최된 스탈린과의 회담 시 남한에 대한 무력침공과 무력에 의한 조선통일에 관해 소련지도부의 의견을 문의하였다. 스

이러한 사실은 북한이 비록 스탈린으로부터는 무력통일론에 관한 합의를 얻지 못하였으나, 그것은 내부적으로 군과 내각 일부에서 일찍부터 구상·논의되었음을 짐작케 한다. 김일성은 적어도 방소 이전에 북한지도자들과 무력통일론에 관하여 심각하게 논의하였으며, 특히 동석한 박헌영과도 사전에 합의가 이루어졌음을 의미한다.[198]

김일성·스탈린 회담에서 북한은 소련으로부터 경제부흥발전 계획지원을 위해 4,000만 달러의 차관, 기술지원, 전문가 파견 등을 합의하였으며, 이때의 차관은 상당 부분 인민군의 무기 및 장비수입에 사용되었다.[199]

회담에서 김일성, 박헌영은 스탈린으로부터 남한의 군사력, 주한미군, 38도선 무력충돌 등에 관해 질문을 받았으며, 북한의 해군과 공군 지원, 북한군 중 일부를 소련군사학교에 위탁 교육시킬 것 등을 약속받았다.[200] 여기에서 합의된 구체적인 지원사항은 곧이어 3월 12일 개최된 김일성과 국방

탈린은 북한군이 한국군에 대해 절대적인 우위를 확보하지 못하는 한 공격해서는 안 된다고 답변하고 공세작전은 남한의 공세 시 반격시키는 경우에만 이루어질 수 있다고 강조하였다. 「스티코프 보고」, 『러시아 外交文書』 제2권, p.3; 모스크바의 새 증언(1), 『서울신문』 1995년 5월 15일자.

198) 기존 연구에서는 남로당 간부들이 한국전쟁 발발 시까지도 평화통일의 원칙을 고수했다고 주장하지만, 전쟁개시와 관련하여 박헌영은 시종일관 김일성과 의견을 같이하고 있었던 것으로 드러난다. 앞의 문서. 1950년 1월 남로당의 이승엽이 『근로자』 1호에 기고한 바에 따르면, "평화적인 방법으로서는 도저히 인민의 의사관철이 불능가지이므로 최후의 승리는 오직 무장투쟁이라는 결론에 당한다"고 하여 이미 박헌영이나 이승엽이 무력통일을 지지하고 나섰음을 보여주고 있다.

199) 「스티코프가 몰로토프에게」(1949.2.4), 『러시아 外交文書』 제3권, pp.2-8; 「스티코프와 골로빈에게」(1949.6.4), 같은 자료 제4권, pp.28-31.

200) 「김일성·스탈린 회담 속기록」(1949.3.5), 『러시아 外交文書』 제3권, pp.9-10; 「모스크바가 스티코프에게」(1949.6.4), 같은 자료 제4권, pp.28-31. 그 내용은 6개 보병사단과 3개 기계화 부대 편성에 필요한 무기 및 장비의 추가원조, 7개 기동보안대대 편성에 필요한 장비의 추가 원조, 공군이 충분히 훈련되었을 시 정찰기 20대, 전투기 100대, 폭격기 30대를 추가원조, 120명의 특별군사고문단을 1949년 5월 20일까지 파견, 동일까지 10억 원에 해당하는 물자지원 등이다.

상 불가닌과의 회담에서 논의되었음이 확인되고 있다.[201]

이와 같은 합의 내용을 골격으로 3월 17일에는 소위 '전쟁지원의 성격, 소련에서의 북한군 교육 및 경제관계의 발전과 기타 문제들에 관한 조·소 협정'이 체결되었다. 그러나 일반에서는 단지 '경제·문화협정'이 체결된 것으로 공식 발표되었을 뿐이었다. 이에 따라 지금까지 학계에서는 일부에서 당시 군사비밀협정도 체결되었을 것이라는 막연한 추론만 있었다. 그러나 이번에 공개된 크레믈린 문서에 의해 당시 회담과 협정의 중점이 군사력 지원에 있었음이 명백히 밝혀졌다.[202]

이후 북한은 소련으로부터 소총 15,000정, 각종 포 139문, T-34 전차 87 대, 항공기 94대 등 많은 군사 장비를 인도받게 되었으며 특히 항공기와 전차의 지원은 이미 남한과 현격한 전력격차를 보이고 있었다. 1949년 후 반기부터 김일성이 대남전력을 낮게 평가하고 있었던 것[203]도 이러한 군사 장비를 보유하게 된 자신감에서 비롯된 것이었다.

1949년 4월 7일 모스크바 방문을 마치고 평양에 돌아온 김일성은 "우리 정부대표단은 소비에트 동맹과 경제 문화협조에 관한 모든 교섭을 성공하고 돌아왔습니다. 공화국 남반부로부터의 외국군대의 철거와 조속한 조국

---

201) 「김일성 - 불가닌 회담록」(1949.3.12), 군사편찬연구소 소장(사본).
202) 「김일성·스탈린 회담 속기록」(1949.3.5), 『러시아 外交文書』 제3권, pp.8-11. 북한과 소련과의 협정에 의해 지원된 군사장비의 내역은 다음과 같다. 항공기 및 공군장비로는 일류신 -10 30대, 일류신 연습기 -10 4대, 야크 -9 30대, 야크 -11 6대, 야크 -18 24대, PO-2 4대, 예비모터 AM-42 6대, 낙하산 250 개, 예비부품 가격 350,000루블 등이며, 기갑장비로는 전차 T-34 87대, 자주 포 SU-76 102대, 장갑차 BA-64 57대, 사이드카 M-72 122대, 예비부품 가격 200,000루블이며, 소총 및 포병화기로는 7.62mm 소총 10,000정, 7.62mm 저격 소총 1,000정, 7.62mm 칼빈소총 4,000정, 45mm 대전차포 48문, 76mm ZIS-3 포 73문, 122mm 포 18문 등이다. 「스티코프에게」(1949.6.4), 『러시아 外交文書』 제4권, pp.28-31.
203) 「툰킨의 암호전보, 남한군대의 상황」(1949.9.14), 『러시아 外交文書』 제3권, pp.28-32. 이에 의하면 한국군의 상황은 남한 내무부의 북한 첩자에 의해 소상하게 파악되었으며, 그에 의해 김일성은 남한전력을 낮게 평가하고 있었다.

통일과 완전독립을 얻기 위한 애국투쟁을 더욱 광범하게 전개할 것을 나는 전 조선인민들에게 호소"한다고 발표하였다.[204)]

한편 김일성-스탈린 회담에서 조·중 문제는 양국 간의 회담을 통해 논의하기로 합의하였다. 이에 관한 내용은 스티코프가 스탈린에 보낸 보고서에서 구체적으로 확인되며, 북한-중국과의 회담에서도 무력통일론이 협의되고 있음을 볼 수 있다.[205)] 즉 1949년 4월 28일 북한 노동당 중앙위원회 대표 겸 북한인민군 정치지도부 대표자 김일이 중국을 방문하였다. 그는 고강, 주덕, 주은래뿐만 아니라 모택동과 3월의 스탈린과의 합의 내용 및 북한의 무력통일 방안 등에 대하여 협의하고 중공군 내의 한인사단의 북한 인민군 편입문제를 확정지었다.

이때 모택동은 한반도 정세에 대하여 "한국에서의 전쟁은 언제든지 일어날 수 있으며 빨리 끝날 수도 오래 끌 수도 있다. 지구전은 북한에 유리하지 않을 것이다. 일본이 끼어들어 남한정부를 지원해 줄 수도 있기 때문이다. 그러나 당신들 바로 곁에 소련이 있고 우리들이 만주에 있으므로 걱정할 필요 없다"라고 말하고, 이 경우 "중공군을 파병하여 일본군을 격퇴시킬 것이다"라고 하였다. 또한 그는 당시 국제정세가 별로 유리한 상황이 아니며, 중국공산당이 국민당 군과 전투 중에 있으므로 행동을 유보하도록 김일성에게 권고하였다. 한인사단에 대하여는 2개 사단의 이관에 동의하였으며 나머지 1개 사단은 중국남부에서 국민당과 전투 중에 있으므로 후에 인계할 것을 약속하였다.

모택동으로부터 회담 내용을 통고받은 주중 소련대사 코발료프가 스탈린에게 보낸 비밀전문에 의하면, 김일과의 회담에서 모택동은 "병력과 장비가 필요하면 한인병력과 장비를 지원해 줄 것이고, 아직 남침 시기는 기다려야 할 것이며 만약 1950년 초 국제정세가 유리해지면 남침가능성을 배제

---

204) 김일성, 『조국의 통일독립과 민주화를 위하여』 제2권, 1949, pp.339-342.
205) 「스티코프가 스탈린에게」(1949.5.15), 『러시아 外交文書』 제3권, pp.19-22.

하지 않고 있다"고 하였다.[206] 이 회담은 만약 일본군이 투입된다면 이에 대응하여 중국군도 파병하겠다는 결연한 의지가 천명된 점에 특히 중요한 의미를 갖는다.[207]

이때의 회담 내용은 모택동과 김일성이 각각 5월 14일과 17일에 소련 대사를 통하여 스탈린에게 전달되었다. 이로써 북한, 소련, 중국 간에는 1949년 3-4월 일찍부터 한반도 무력통일 방안이 논의되고 있었음을 알 수 있다. 따라서 조국전선이 창설된 직후인 1949년 6월~7월 집중적인 북한의 평화통일 제의는 군사적 공격을 위한 명분의 축적이었다는 분석은 보다 설득력을 가진다고 평가된다.[208]

이후 김일성의 무력통일 주장은 대내적으로 변함없이 지속되고 있음을 볼 수 있다. 그것은 1949년 6월 25일부터 4일간 개최된 '조국통일민주주의 전선' 결성 대회에서 있었던 김일성의 연설 해프닝 속에서도 찾아볼 수 있다. 즉 26일 김일성은 통일계획에 관해 성명을 발표하자, 예상 밖으로 조국전선 중앙위원회 위원들이 당혹감을 보였으며, 김일성의 적절한 해명 후에야 비로소 이 제의는 만장일치로 채택되었다는 것이다. 이 자료만 가지고는 김일성이 중앙위원회 위원들과 통일론에 있어 어떤 견해차가 있었는지

---

206) 「코발료프가 필리포프에게」(1949.5.18), 『러시아 外交文書』 제3권, pp.20-21. 모택동은 "병력과 군 장비에 대한 지원을 요청하면 지원이 있을 것이며, 만일 1950년 초 국제정세가 유리하게 돌아간다면 우리는 북한에 의한 남한 공격개시 가능성도 배제하지 않고 있다"고 하였으며, "일본군대가 한국의 상황에 개입한다면 우리도 가능한 한 빨리 우리 군대를 한국에 보내어 일본군대를 격퇴시킬 것"이라고 하였다.
207) 한국전쟁 시 일본군의 실제 지원에 관하여는 梁寧祚, 앞의 논문, 「韓國戰爭時 日本의 軍事的 役割」, 참조.
208) 朴明林, 앞의 논문, p.41. 6월 6일 스티코프 대사는 북한이 조국전선을 창설하여 남북한 동시 선거실시를 촉구할 것이라고 보고하였으며, 또한 김일성과 박헌영이 진정한 자유민주 환경하에서 선거가 치러질 경우 좌파조직이 남북한에서 모두 승리할 것이라고 언급했다는 내용을 보고하였다. 「스티코프의 보고」(1949.6.6), 『러시아 外交文書』 제2권, p.3.

는 구체적으로 알 수는 없다. 그렇지만 그의 통일구상이 조국전선의 각 정당 사회단체의 대표들과 일정한 괴리가 있었음은 명백하다.[209]

김일성은 적어도 1949년 초부터 무력통일론을 전제로 꾸준히 군사력을 강화하였으면서도 오히려 대외적 명분을 축적하기 위해 평화통일 문제를 제기하고 있었다. 상대적으로 이는 유엔 및 미국의 입장과 국민들의 정서를 고려하여 평화통일을 제기하는 한편, 미국으로부터 군원을 제한받고 있었음에도 불구하고 공공연하게 무력통일론을 내외신에 공언하고 있었던 이승만과 대조된다고 할 수 있다.

1949년 3월 모스크바회담 이후 인민군의 전력은 크게 증강되고 있었다. 이에 고무된 김일성은 1949년 8월 12일 일시 귀국하는 스티코프 대사에게 대남선제공격을 준비해야겠다는 의지를 표명하였다. 그것은 먼저 미군이 철수함으로써 38도선은 더 이상 의미가 없고 또 분계선 충돌로 인해 인민군의 전력이 우세하다는 것이 입증되었다는 것이다. 더욱이 남한이 조국전선의 평화제의를 거부하고 있으므로 무력침공을 할 수밖에 없다는 주장이었다.[210]

이때 김일성에 의해 제시된 구체적인 작전은 다음과 같다. 즉 옹진반도의 한국군을 격파하고 그곳에 주둔한 2개 연대를 격파하고 옹진반도를 점거하며 그 지역을 기점으로 동쪽 개성까지 영토를 차지한다는 계획이었다. 그런데 만약 남한 측 군대가 북한 측의 기습으로 사기가 저하되어 있다면 남쪽으로 계속 진격해도 무방할 것이고, 그렇지 않다면 방어선을 단축하고 경계선의 방비를 더욱 굳건히 한다는 것이었다.[211]

그러나 소련은 이에 반대의 입장이었다. 즉 스탈린은 "다음은 8월 12일 면담에서 당신들이 제기했던 문제에 관한 모스크바의 입장이다. 현 상태로

---

209) 「스티코프가 비신스키에게」(1949.6.28), 『러시아 外交文書』 제4권, pp.38-39.
210) 「스티코프의 보고」(1949.8.12), 『러시아 外交文書』 제2권, pp.10-11; 「툰킨의 전보」(1949.9.14), 같은 자료 제3권, pp.31-32.
211) 위의 자료.

는 북한은 남한과 비교해 볼 때 남침에 필요불가결한 우월한 군사력을 보유하지 못하고 있는바 현재 남침은 준비되지 않았음을 인정해야 한다. 그러므로 전투적인 시각에서 이를 승인하기 어렵다", 따라서 "한국의 통일투쟁을 위한 현안의 과제는 첫째, 반동체제의 파괴와 전 한국의 통일과제 달성을 위한 남한에서의 전 인민 무장봉기 확산전개, 둘째, 향후 북한인민군의 강화에 최대한의 힘을 집중시켜야 한다"고 스티코프 대사에게 지시하였다.[212]

김일성은 대남공격이 소련의 반대로 실현될 수 없게 되자 38도선에 가까운 강원도 삼척에 '해방구' 건설 문제를 제기하였다. 이 문제 역시 소련의 반대에 부딪치자, 다시 옹진반도 점령 계획을 제시하였다.[213] 옹진지역의 확보는 장차 공격작전에 유리한 발판이 될 뿐만 아니라 전선을 120㎞나 축소할 수 있다는 것이었다.

이 문제 역시 북한의 전력이 아직 미비하다는 소련의 반대에 부딪쳐 무산되었다. 그 구체적인 이유는 "첫째, 현재 한반도에는 2개의 국가가 존재하며 그중 남한은 미국 및 기타 국가에 의해 승인되어 북의 공격 시 미국이 남한에 무기 탄약 공급뿐 아니라 일본군의 파견을 통해 남을 지원할 가능성이 있으며, 둘째, 북의 대남공격은 미국에 의해 대소련 모험전에 이용될 수 있고, 셋째, 정치적 측면에서 북의 공격은 남북한 인민 대다수의 지지를 얻을 수 있으나 군사적 측면에서 볼 때 북은 아직 남에 대해 압도적 군사력을 갖추지 못하고 있으며, 넷째, 남한은 이미 상당히 강한 군대와 경찰을 창설하였다"는 것이었다.[214] 또 작전 면에서 전쟁이 지구전이 될 경우 미군의 개입 동기를 제공하게 된다는 점에 유의하였다. 스탈린은 스티코프 대사를 통하여 소위 민주기지를 강화, 즉 남한 내에 빨치산 활동을

---

212) 「주한 소련대사에게 보내는 지시」, 같은 자료 제3권, pp.51-52.
213) 「스티코프 보고」, 『러시아 外交文書』 제2권, p.4.
214) 「툰킨의 보고」(1949.9.12), 『러시아 外交文書』 제3권, p.32. 툰킨은 아직 내전이 시기적으로 부적절하고 인민군 또한 승리할 만큼 강하지 않다고 분석하였던 반면 김일성은 남한전력을 높지 않게 평가하고 있었음을 알 수 있다.

강화하고 '반동체제'의 파괴와 남한에서 인민봉기의 확산, 인민군의 증강에 최대한 힘을 집중하도록 지령하였다.[215] 이와 동시에 소련은 내부적으로 전쟁에 대비한 다음과 같은 행동지침을 준비하고 있었다.

　　전쟁이 시작될 경우에 대비해 북조선에 있는 해군기지와 공군부대를 폐쇄할 것. 우리가 전쟁을 원치 않는다는 것을 전 세계에 과시하고 또한 적을 심리적으로 무장 해제시키며 전쟁이 시작될 경우 우리의 개입을 방지하기 위해서이다.[216]

　　소련공산당 중앙인민위원회는 9월 24일 남한공격 시기가 적절하지 못함을 지적하면서 평화통일의 가능성을 너무 도외시하지 말 것을 강조하고 있다.[217] 이러한 사실은 소련이 1949년 9월까지도 미·소공동위원회에서 합의된 사항에 관하여 대단히 조심스런 입장이었으며 특히 미국을 자극하지 않으려는 입장이었음을 엿볼 수 있다. 이러한 소련의 태도에도 불구하고 김일성, 박헌영은 미군 철수 후 장애물은 존재하지 않고 평화통일의 가능성은 없으므로 무력통일만이 유일한 수단이라는 점을 반복적으로 강조하고 있었다.[218]

---

215) 「모스크바가 스티코프에게」, 『러시아 外交文書』 제3권, pp.51-53. 1949년 9월 24일자 공산당 중앙위의 지침에서는 "북한의 공격은 미국이 북한의 침략문제를 유엔총회에 제의하여 유엔으로부터 미군의 남한파병에 대한 승인을 받아낼 수 있는 구실을 제공할 수 있을 것"으로 반대이유를 제시하였다. 스티코프는 8월 12일에서 10월 4일까지 모스크바에 체류하고 있었음이 확인된다(위의 자료 제2권, pp.4-6). 스티코프의 모스크바 체류는 중국공산정부의 수립, 소련의 원폭실험과 관련한 소련의 중요 정책 토의의 목적이 아니었는가 생각된다.

216) 「모스크바 새 증언」(1), 『서울신문』 1995.5.15일.

217) 「소연방공산당 중앙위원회 회의록」(1949.9.24), 『러시아 外交文書』 제3권, pp.50-52.

218) 「스티코프 보고」, 『러시아 外交文書』 제2권, pp.5-6. 스티코프는 10월 4일 스탈린과 중앙위의 '평화적인 통일방안을 너무 도외시하지 말라'는 지시를 김일성과 박헌영에게 통보하였으나, 북한 지도부는 이를 소극적으로 받아들였으며,

이러한 의지는 하부 기관에도 간접적으로 전달되고 있었음이 확인된다. 1949년 10월경 북한의 주재지 사업(대남공작 사업)에 관하여 '평화체제에서 전시체제로 이행을 강화'하는 데 그들의 임무가 있음을 밝히고 있다. 이 주재지는 1949년 초부터 출범하여 활동하였으나 동년 10월경부터 원산·양양·화천·인제·양구·부산·진해·포항·묵호·주문진 등의 루트확보 강화와 정세탐지 공작이 강화되고 있음이 확인된다.[219] 연천주재지의 보고서에 의하면, "적진에 침투하여 진보적인 인사들을 규합하며 반동분자들을 분열 와해시키고 납치함으로써 국토완정의 결정적 역할을 높일 임무"를 명시하고 있다.[220]

소련의 합의와 무관하게 김일성은 1949년 10월 14일 대규모 병력을 동원하여 옹진을 공격하였다. 그런데 이 사태처리에 대해서는 미국보다 소련이 훨씬 더 조심스런 입장을 갖고 있었다. 모스크바 당국은 스티코프 대사에게 옹진공격의 사전계획과 행동에 관하여 보고하지 않은 사실을 두 차례나 강도 높게 질책하고 있다.[221] 스티코프는 "내무상 박일의 지령에 따라 제3국경경비여단장이 남한이 점령하고 있는 38도 이북에 위치한 주요 두 개의 고지를 탈취할 준비 중"이라는 사실을 보자긴 대령으로부터 보고받았다고 하였으며, 또 10월 31일 보자긴 대령이 감제고지이며 38도선으로의 유일한 연락로인 은파산을 탈취할 필요가 있다고 하였다고 보고하였다. 이에 모스

남한 내 빨치산 운동을 강화하라는 스탈린의 제의에 대해 박헌영은 김일성보다는 훨씬 적극적으로 받아들였다. 스티코프는 이와 관련한 조치가 이미 시행되어 빨치산 활동의 지도를 위해 800여 명이 파견되었다는 통보를 받았다.
219) 「북한주재지사업에 관하여」, 「원산주재지 사업보고서」(1949.10), SN.02.
220) 「연천주재지 사업보고서」(1949.8), SN.02.
221) 「모스크바(스탈린: 필자 주)가 스티코프에게」(1949.10.26), 『러시아 外交文書』 제3권, p.54. 스탈린은 스티코프에게 "귀 직에게는 중앙의 허가 없이 북한정부에게 남한에 대항하는 적극적인 활동을 추천하는 것이 금지되어 있으며, 38도선에서 일어나는 사건과 계획된 모든 활동에 대해 본부에 바로 보고서를 제출하도록 지시하였으나, 이러한 지시들이 제대로 이행되지 않고 있다"고 경고하였다.

크바는 11월 20일 재차 스티코프에게 "38도선상의 충돌을 일으키지 말라는 본부의 명령을 충실히 이행할 것"을 강조하였다.[222]

요컨대 김일성은 1949년 초부터 무력통일론에 관한 분명한 입장을 갖고 있었으며, 이의 실천을 위해 북한군 군사력 증강과 아울러 북한 내부와 소련, 중국으로부터 지원 내지는 합의를 얻기 위해 노력하고 있었음을 알 수 있다.

2) 조국통일민주주의전선 결성과의 관계

여기에서는 1949년 6월 결성된 조국통일민주주의전선(이하 조국전선)이 제시한 평화통일론에 관해 살펴보고 그것이 김일성·박헌영의 구상과 차이점 및 공통점을 알아보고자 한다. 북한은 인민정권을 수립한 이후 이를 혁명의 근거지로써 정치·경제·군사적으로 강화한다는 입장을 갖고 있었으며, 그 일환으로 남북한의 정치세력을 정비한다는 것이었다. 그것은 결국 조국전선의 결성으로 표출되었다.

이러한 제의는 먼저 1949년 5월 12일 남로당, 민주독립당, 조선인민공화당, 근민당, 남조선청우당, 사회민주당, 남조선민주녀성동맹, 전국로동조합평의회 등 8개의 정당 및 사회단체의 명의로 제기되었다.

즉 이들은 "민족적 중대한 당면과업인 조국통일과 외군철퇴를 위하여 싸

---

222) 「그로미코가 스티코프에게」(1949.11.20), 『러시아 外交文書』제3권, p.57. 김일성의 무력통일론에 관한 평가에서 "김일성이 1949년부터 전쟁을 구상하고 추진하였지만, 그는 아직 9월까지는 전쟁을 적극적으로 시도하려고 하지 않았다고 평가하고 북한 리더십은 내부적으로 1949년 말에 전쟁에 대한 합의나 결정이 이루어졌다고 추정되고 있다"는 분석이 있다(朴明林, 앞의 논문, p.57, p.93). 그러나 김일성과 박헌영이 적어도 1949년 1월 17일 이전부터 입장을 분명히 갖고 있었으며 다만 선제공격에 관한 스탈린의 합의를 얻지 못하고 있었으며, 그 이후 지속적으로 합의를 얻어내기 위하여 노력하고 있음을 간과하고 있다.

우는 모든 정당·사회단체들은 자기들의 역량을 총집결하여 일층 광범한 전 조선적 민족통일전선을 결성"을 역설하였다. 이어 "민족적 과업에 조응하여 북조선 급 남조선 제 정당 사회단체들에 대하여 단일한 조국통일민주주의전선을 결성하고 미군철퇴와 조국의 통일을 위한 투쟁에 더욱 조직적으로 일치 협력할 것을 제안"하였다.[223]

이에 지지를 표명한 북조선 민주주의민족전선은 다시 조국전선결성준비위원회를 구성할 것과 1차 회의를 5월 25일 평양에서 개최할 것을 제의함으로써 남한 민주주의민족전선이 이를 수락하는 형식을 갖추도록 하였다.[224]

조국전선결성준비위원회는 북조선 민주주의민족전선의 제의대로 1차로 평양에서 5월 25일 회의를 가졌다. 이날 회의에는 51개 정당 사회단체 대표 68명이 참여하였으며, 준비위원회 위원장에 김두봉, 부위원장에 허헌·홍명희·김달현·이영 등이 선출되었으며, 이어 6월 7일 2차 회의에서 결성안이 결정되었다.[225]

2차에 걸친 준비회의에 이어 조국전선결성대회는 1949년 6월 25일부터 28일까지 평양에서 개최되었으며, 남북한의 71개 정당 및 사회단체의 대표 704명이 선출되었고 그중 676명이 참석하였다.[226] 이 무렵 『로동신문』은

---

223) 중앙통신사, 『조선중앙년감』, 1950, pp.86-88.
224) 남한 민주주의민족전선이 결성준비위원으로 선정한 인물은 다음과 같다. 남조선노동당 허헌·박헌영·김삼룡·이기석, 조선인민공화당 김원봉·성주식, 조선노동조합전국평의회 허성택, 전국농민총연맹 이구훈, 남조선민주여성동맹 유영준, 남조선민주애국청년동맹 조희영, 조선문화단체총연맹 김남천, 기독교민주동맹 김창준, 유교연맹 김응섭, 전국협동조합중앙협의회 박경수, 반일운동자구원회 정홍석, 반팟쇼투쟁위원회 정운영, 재일본조선인연맹 송성철 등이었다. 조국통일민주주의전선, 『조국통일민주주의전선결성대회문헌집』, 조선민보사, 1949, pp.159-160.
225) 國史編纂委員會, 『北韓關係史料集』 제6권, p.311; 중앙통신사, 『조선중앙년감』, 1950, p.233.
226) 「스티코프가 비신스키에게」(1948.6.28), 『러시아 外交文書』 제4권, pp.38-39. 대표 중 남한대표 80명이 참석하고 28명은 참석하지 못하였다. 남한의 조국전선의 창설과 때를 맞추어 북한은 1949년 6월 남로당과 북로당이 합당되어

조국전선의 결성을 지지하는 성명과 집회의 보도로 가득 메워졌다. 전국의 단체와 기업들은 이를 지지하고 실천을 위해 투쟁하자는 궐기대회에 참여하였다. 조국전선의 공식적인 창설대회는 6월 말에 열렸으나 이미 6월 초부터 북한의 매체들은 조국전선의 창설을 선전하기 시작하였다. 거기에는 북한의 정당, 사회단체, 유력한 개인들의 기고가 실렸으며 남한의 정당과 사회단체들의 지지표명도 잇따랐다.

참가자 중 몇몇은 남쪽에서의 선거실시에 관해 부정적인 생각을 나타내고 있었다. 또 "현재의 조건하에서는 그 선거는 북한정부로 하여금 이승만 정부를 남한의 합법적인 국가로 인정하는 것과 같지 않는가" 하는 질문이 제기되기도 하였다.[227]

조국전선에 가입하지 않은 남한의 정당과 사회단체에게는 "오늘 이 형편에서 수수방관이란 무엇인가? 그것은 미제와 리승만 매국도당에게 대한 원조이며 봉사"라는 공개서한을 보내어 참여와 지지를 호소하였다.[228] 각 기업가·상인·수공업자에게는 각기 궐기대회를 열어 참여할 것을 호소하였으며 이를 공개서한 형식으로 발표하였다. 당시 남한에서는 좌익 정당·사회단체 대표들의 월북을 저지하기 위해 단호한 조치를 취하고 있었음에도 불구하고 대표 80여 명이 월북하였다. 그 밖에 남로당을 비롯한 정당·사회 대표들은 1948년 이래 북한정권에 참여 중이거나 활동 중이었다.[229]

조선로동당이 창립됨으로써 전국적인 정당체계를 갖추었다. 합당대회에서 새로 조직된 당의 정치위원회 위원은 김일성, 박헌영, 김책, 박일우, 허가이, 이승엽, 김삼룡, 김두봉, 허헌 등이었다. 이들 중 빨치산 출신은 김일성, 김책, 연안계 박일우, 김두봉, 소련계 허가이, 남로계 박헌영, 이승엽, 김삼룡, 허헌 등이었다. 朴明林, 앞의 논문, pp.211-212.

227) 「스티코프가 비신스키에게」(1949.6.28), 『러시아 外交文書』 제4권, pp.38-39.
228) 『로동신문』 1949년 7년 27일자.
229) 「스티코프 보고」(1949.6.28), 『러시아 外交文書』 제4권, p.38. 1949년 6월 10일 결정서에서 남한의 민족자주통일청년단은 "민족 자주 통일을 위하여 궐기한 지 오래인 우리 청년들은 남조선으로부터 미제국주의자의 군대를 철퇴시키고 리승만 괴뢰정부를 타도 분쇄함으로써만이 우리 3천만 인민의 숙망인 남북완

결성대회에서 채택된 문제는 '현하 국내외 정치정세와 우리의 임무' 보고, 조국전선 계획에 관한 보고, 조국전선의 조선인민에 대한 관심표명, 위원회의 보고, 중앙위원 선출 등이었다.[230] 준비위원장 김두봉은 개회사에서 투쟁목표로 '미군을 즉시 철수'시키며 '남한정부를 타도하고 국토완정과 통일독립을 쟁취'하는 것이라고 강조하였다. 개회사에 이어 41명의 주석을 선출하였다.[231]

조국전선결성대회는 27일 강령 초안을 통과시키고 중앙위원회 의장단으로 김두봉·허헌·김달현·이영·유영준·정노식·이극로 등을, 조국전선 중앙상무위원으로 김일성·김두봉·허헌·박헌영 등 27명을 선출하였다. 중앙위원회 위원으로 김일성·김두봉 등 99명이 구성되었다.[232] 조국전선 의결기관으로 조국전선대회·중앙위원회·중앙확대위원회·상무위원회·의장단회의가 중심이었으며, 의결사항은 지방의 각 도 위원회와 시군 위원회

전통일은 비로소 완성될 것이라고 확신한다. 금번 전 조선의 애국적 정당 및 사회단체의 역량을 총집결하는 조국전선 결성에 대한 제의를 전적으로 지지하면서 우리 민족자주통일청년단은 조국전선 깃발 아래 공동 투쟁할 것을 결의한다"고 주장하였다. 『로동신문』 1949년 6월 23일자.

230) 「스티코프 보고」(1949.6.28), 『러시아 外交文書』 제4권, pp.38-39.

231) 주석 41명의 명단은 다음과 같다. 김일성(북조선노동당), 김두봉(북조선노동당), 허헌(남조선노동당), 박헌영(남조선노동당), 김책(북조선노동당), 홍명희(민주독립당), 최용건(북조선민주당), 김달현(북조선청우당), 김원봉(조선인민공화당), 이영(근로인민당), 최경덕(북조선직업총동맹), 강진건(북조선농민동맹), 장권(사회민주당), 박정채(북조선민주여성동맹), 김병제(남조선청우당), 강순(근로대중당), 이용(신진당), 나승규(민중동맹), 헌정민(북조선민주청년동맹), 한설야(북조선문화예술동맹), 이극로(건민회), 박세영(전평), 이구훈(전농), 유영준(남조선여성동맹), 조희영(민주애국청년동맹), 김남천(남조선문화단체총연맹), 김량욱(북조선기독교도연맹), 김창준(남조선기독교도연맹), 김세률(북조선불교연맹), 김룡담(남조선불교연맹), 전운영(반팟쇼투쟁위원회), 이두산(조선대중당), 이용선(민족자주연맹), 이기석(남조선노동당), 임기준(신생회), 김익두(북조선기독교도연맹), 구제창(민족공화당준비위원회), 이병호(사회당), 정노식(남조선협동조합), 이종만(조선산업건설협의회), 박승병(민족대동회). 國史編纂委員會, 『北韓關係史料集』 제6권, pp.312-313.

232) 중앙통신사, 『조선중앙년감』, 1950, p.237.

를 통해 하달되었다.[233]

조국전선은 미군과 유엔 한국위원단의 철수, 조국통일, 민주개혁 강화, 인민공화국 절대지지 등을 그 주요 내용으로 하는 13가지의 기본강령을 발표하였다.[234] 그 내용을 요약하면 다음과 같다.

1. 남조선으로부터 미군을 즉시 철거케 하며 소위 '유엔위원단'을 물러가게 하고 조국의 완전독립을 위하여 투쟁. 2. 통일을 방해하는 조국의 반역자들을 반대하며 조국의 통일을 급속히 달성하기 위한 투쟁에 인민들의 총력량을 동원. 3. 우리조국의 북반부에서 이미 실시된 민주개혁들을 일층 확고 발전시키기 위하여 투쟁. 4. 1948년 8월 25일 총선거의 결과 수립된 조선민주주의인민공화국 정부를 지지하며 복리향상을 위한 공화국 정부의 활동을 협조. 5. 전 조선적으로 광범한 민주개혁을 실시. 6. 인민들의 자치기관인 인민위원회를 부활시키며 그 합법화를 위하여 투쟁. 7. 일본인 및 반역자 소유 토지를 무상몰수 무상분배 토지개혁 실시. 8. 일본 또는 조선인 반역자 산업 기타 기업소들의 국유화. 9. 투옥된 애국자들의 석방. 10. 소련과 민주주의 중국과 인민민주주의 제 국가들과 기타 자유애호 국가들과의 친선관계 발전강화 등.

조국전선이 제시한 강령은 미군과 유엔 한국위원단의 철수, 조국의 반역자 반대, 조국통일, 민주개혁 강화, 인민공화국 지지 협조, 반제노선 등이 중요한 실천 강령이었다. 즉 조국전선은 북한정부를 적극 지지하여야 한다는 것을 전제로 조국통일이라는 공동목표로 모든 정당 사회단체들을 결집시킬 것을 강조하였다.

조국전선은 결성대회의 보고에서 "어느 당과 단체이고 조국전선에 참가하였다고 해서 자기들의 독자적 활동에 있어 조국전선으로부터 간섭을 받는 것이 결코 아니다"라고 천명하였지만,[235] 강령에서 나타나듯이 조국전

---

233) 李信澈, 앞의 논문, p.55.
234) 중앙통신사, 『조선중앙년감』, 1950, pp.88-89.

선에 참가한 정당 사회단체는 북한정부를 지지해야만 한다는 것이었다.

따라서 조국전선의 결성은 남북한의 모든 진보적 정당과 사회단체들이 북한정권 지도부의 통제하에 놓이게 되었다는 것을 의미하는 것이었다. 그의 강령은 직접적으로 북한정부의 정강 실현과 연결되어 그것과 분리하여 이해될 수 없는 것이었으며, 대남 제의는 사실상 북한정권에게 남한의 주권을 포기하도록 요구하는 것이었다고 평가된다.

한편, 조국전선은 결성 당시 총선거를 통한 평화통일안을 남한 측에 제시하였다. 이와는 달리 정당 사회단체 대표들 중에 일부는 현재의 조건하에서는 남쪽에서의 자유선거는 불가능하다고 지적하거나, 다른 한편으로는 이것이 인민과 북한정부로 하여금 이승만 정부를 남한의 합법적인 국가로 인정하는 것과 같지 않는가 하는 의구심을 표명하기도 하였다. 그렇지만, 최종적으로 만장일치로 합의되었다.[236] 여기에서 제시된 통일안의 내용은 다음과 같다.[237]

> 1. 조국의 평화적 통일사업을 우리 인민 자체로 실천. 2. 미군 즉시 철퇴 요구. 3. '유엔조선위원단'이 즉시 철퇴. 4. 남북조선을 통하여 통일적 입법기관 선거를 동시에 실시. 5. 민주주의 제 정당·사회단체 대표들로 구성된 위원회의 지도하에 선거 실시. 6. 남북조선제정당·사회단체 대표자들의 협의회를 소집 선거지도위원회 구성. 7. 입법기관 선거는 1949년 9월에 실시 선거는 일반적 평등적 비밀투표. 열성 친일자 선거권 박탈. 8. 선거 자유 보장. 9. 선거지도위원회 권한. 10. 총선거지도위원회의 구성과 함께 남북조선에 현존하여 있는 경찰 보안기관들을 선거지도위원회의 직접 관할. 11. 총선거의 결과에 수립된 최고 립법기관은 조선공화국의 헌법을 채택하여 그 헌법에 기초하여 정부를 구성하며 정부는 남북조선에 지금 현존하여 있는 정부들로부터 정권을 접수하며 그 정부들

235) 조국전선, 『조국통일민주주의전선결성대회문헌집』, p.61.
236) 「스티코프가 비신스키에게」(1949.6.28), 『러시아 外交文書』 제4권, pp.38-39.
237) 중앙통신사, 『조선중앙년감』, 1950, p.93.

은 해산. 12. 남북조선에 현존하여 있는 군대들은 민주주의 기초 위에서
조선공화국정부가 연합.

이 제의는 요점은 조국의 평화적 통일사업을 우리인민 자체로 실천, 주
한미군철퇴, 유엔조선위원단 철수, 남북 통일적 입법기관 선거 동시실시,
평화적 통일을 원하는 민주주의 제 정당·사회단체 대표들로 구성된 위원
회의 지도하에 선거 실시 등에 있다.

물론 전술적 의미였지만, 이 제의는 남북한 정부와 기관들이 선거준비를
지원하되, 결과에 따라 기존 정부는 해체하고 신정부를 구성하자는 것이었
다. 이것은 선거가 끝날 때가지 남북한 정부의 실체를 인정하자는 의미로
해석될 수 있다. 또한 여기에는 '민족반역자의 배제' 조건이 들어 있지 않
다. 이는 북한이 4월 최고인민회의 제3차 회의에서 내부적으로 '반동매국노
들의 정권타도'를 선언하고 있음을 고려할 때 다소 의외의 제안이었다. 그
것은 보다 많은 지지 세력을 확보하면서 대외 정당성을 얻기 위한 전술적
고려였을 것이다.

북한 정치지도자들은 남한이 그들의 제의를 거부할 것으로 예상하고 있
었다. 또 그로 인하여 자신들이 정치적으로 승리할 것이라는 양면적인 목
적을 갖고 있었다. 당시 북한이 자체 내에서는 북한에서 80%, 남한에서
70%의 득표를 통한 좌파의 승리가 가능하다고 평가하고 있었음은 이 같은
사실을 잘 보여주고 있다.[238] 또 김구와 김규식 세력을 조국전선 내에 끌
어들이지 못더라도 평화적 통일과 협상이라는 틀 속으로 끌어들이기는
보다 쉬운 일일 것이므로 북한 지도부는 낙관적으로 생각할 수 있었던 것
이다.[239]

238) 「주북한 소련대사 스티코프 보고」, 『러시아 外交文書』 제2권, p.8.
239) 李信澈, 앞의 논문, p.67. 허헌은 김구·김규식에 대해, "양 씨는 작년 남북
    제정당 사회단체 연석회의에서 자기들의 손으로 서명한 모든 결의를 한 가지
    도 실천하지 아니하였습니다.(중략) 양 씨가 리승만을 반대하는 것은 이승만

조국전선은 중앙 상무위원회 서기국 명의로 "민주적이며 평화적인 이 방책을 방해하는 자가 있다면 결코 그들을 용서하지 않을 것"을 역설하고, 또 "평화의 방법으로서 조국의 통일을 해결하지 못할 때에는 투쟁의 방법으로서 이것을 해결하지 아니하면 안 될 것"이라 주장하였다.[240] 조국전선이 결성된 후 북한은 한편으로는 평화통일에 대한 선전공세를 대대적으로 벌이고 다른 한편으로는 남한에서의 무장유격투쟁을 본격적으로 전개시키는 길에 들어섰다.[241] 당시 북한이 남파한 유격대는 1948월 11월 4일 - 1950년 3월 28일까지 10여 차례에 걸쳐 2천 4백여 명에 달하고 있었으며, 그중 2천여 명이 사살 또는 생포된 것으로 나타났다.[242]

이와 같이 북한이 각 정당 사회단체를 결합하여 정치세력으로 만들었다는 것은 여러 가지 측면에서 새로운 차원의 투쟁을 전개하려 했다고 볼 수 있다. 즉 조국전선의 결성은 북한의 평화통일안 제안과 남한의 거부로 이어지는 결과인 대외 정당성을 확보하면서 무력통일을 위한 대내 명분확보 및 전시 동원체제강화를 위한 이중의 목적을 지닌 것이라 이해된다.

조국전선의 활동목적은 평화통일안의 제안과 실천에 있었으나, 그것이 실현되기 위해서는 무엇보다도 역시 북한정권으로부터 자유로울 수가 있어야 했다. 그러나 앞에서 살펴본 바와 같이 조국전선의 독자성이 얼마나 보장되었겠는가 하는 것은 대단히 회의적일 수밖에 없다.

내각수상인 김일성은 조국전선 결성식에서부터 그 후 참석하여 지지발언

매국정권을 반대하는 것이 아니라 리승만이가 틀어쥐고 있는 그 정권을 자기들의 것으로 탈취하기 위하여 반대하는 것입니다"고 비난하였다. 조국전선, 『조국통일민주주의전선결성대회문헌집』, pp.36-37.

240) 조국전선, 『조국통일민주주의전선결성대회문헌집』, p.62.

241) 沈之淵, 「祖國統一民主主義戰線과 韓國戰爭─金科奉의 活動과 役割을 중심으로」, 경남대학교 극동문제연구소, 『韓國戰爭과 北韓社會主義體制建設』, 1992, p.86.

242) 戰史編纂委員會, 『解放과 建軍』1, 1967, pp.94-95; 한국홍보협회, 『韓國動亂』, 1973, pp.148-149. 강동정치학원에서는 대남공작요원으로 파견할 정치요원과 유격훈련을 받고 유격대로 파견할 군사요원, 지하조직과 유격활동을 겸할 혼합요원 등으로 나누어 훈련시켰다.

을 표명하고, 또 1949년 8월 북한정부가 조국전선의 선언서를 전적으로 지지찬동하며 평화적 통일방책을 실현함에 있어 제 정당·사회단체들에게 온갖 협조를 다하여 줄 것이라고 약속한 바 있다.[243] 그러나 앞에서 살펴보았듯이 이 무렵 김일성은 박헌영과 함께 평화통일론 가능성을 주목하지 않은 채 무력통일론을 견지하고 그것을 실현하기 위한 군사력 확보뿐 아니라 소련으로부터의 합의를 위해 모든 노력을 경주하고 있었던 것이다.

그러나 이와는 달리 남한에서는 조국전선의 제의에 대해 반응을 보일 만한 세력들이 월북했거나 아니면 조직이 와해된 상태였기 때문에 별 반응이 없었다.[244] 또한 조국전선이 북한정권 절대 지지 강령을 전면에 내세우는 한 그 실현가능성이 애초부터 고려될 수 없었던 것이다. 그럼에도 불구하고 북한 내부에서는 조국전선 호소문 지지운동에 대하여 군중대회를 대대적으로 개최하고 있었다. 북노당 인제군당 회의록에 의하면, 이들은 결의문을 채택하여 각 면에 33명을 파견하여 선전활동을 전개하는 한편 출판사업을 보다 강화하고 있었다.[245]

2. 무력통일 결정과 화전양면론의 성격

1) 무력통일의 결정과정에서의 대소·대중 관계

김일성은 1949년 10월 중국이 내전에 승리하여 정부를 수립하게 되자 '이제 남조선 해방의 차례'라고 하며 중국과 소련을 설득하는 작업에 박차를 가하였다. 그는 1950년 1월 17일 외상 박헌영 주재 만찬에서 선제공격

---

243) 國史編纂委員會, 『北韓關係史料集』 제6권, p.314.
244) 沈之淵, 앞의 논문, 「祖國統一民主主義戰線과 韓國戰爭」, p.91. 남한 내 좌익당 조직은 현실적으로 조직적인 세력이 와해된 상황이었으며 1950년 3월 27일 서울지도부의 김삼룡·이주하 등이 체포됨으로써 최종적으로 파괴되었다.
245) 「북조선로동당 인제군당 상무위원회 회의록」 제71호(1949.12.10), SN.887-8.

에 관한 소련의 승인을 얻기 위해 스티코프 대사와 참사관들에게 스탈린과의 회담을 주선해 주도록 요청하였다. 이 자리에서 제기된 다음과 같은 김일성의 발언은 대단히 중요한 의미를 지닌다고 생각된다.[246]

> 남한 인민은 나를 믿고 있으므로 우리의 군사적 지원을 원하고 있다. 빨치산 문제로 해결할 수 없다. 남한 인민은 우리에게 좋은 군대가 있다는 것을 안다. 나는 최근 아주 고심하고 있으며 밤잠을 못 이루며 통일문제를 생각한다. 북침 시 남침은 불필요하며, 이승만이 북침하지 않기 때문에 인민군 공격행동을 허락받기 위해 방문(소련: 필자 주)이 필요하다.

이와 같은 김일성의 발언은 북한이 소련의 '북침 시에만 반격 허용'이라는 제한적 공세허용을 받은 이후부터 남한이 북침하기를 학수고대하고 있었음을 알 수 있다. 또 그러한 기대의 내면에는 대남전력에 자신감이 있었음을 잘 보여주고 있는 것이다.

이 무렵 소련도 내부적으로 전쟁에 대비하는 한편 이를 중국과 협의하고 있음을 알 수 있다. 즉 스탈린은 스티코프에게 "모택동 동지와의 회담에서 우리는 북조선의 군사력과 방어능력을 증대시키기 위해 이를 도울 필요성과 방안에 대해 논의했음을 통보했다"고 하였다.[247]

결국 김일성과 박헌영은 1949년의 회담과는 달리 거의 수행원도 없이 스티코프의 주선으로 1950년 3월 30일에 비밀리에 다시 스탈린을 방문하여 남북한 통일의 방법, 북한 경제개발의 전망, 그리고 공산당 내부문제 등에 관하여 협의를 하였다. 이 회담에서 스탈린은 비로소 국제환경이 유리하게 변하고 있음을 언급하고 북한의 통일과업을 위한 선제남침을 개시하는 데 동의하였다. 이 문제의 최종 결정은 북한과 중국에 의해 공동으로 이루어지도록 합의하였다.[248]

---

246) 「스티코프 보고」(1950.1.19), 『러시아 外交文書』 제2권, p.20.
247) 「스티코프가 비신스키에게」(1950.1.19), 『러시아 外交文書』 제3권, pp.60-62.

이에 앞서 1949년 12월 16일 중국 모택동은 모스크바를 방문하여 1950년 2월 17일까지 2개월 동안 스탈린을 비롯한 소련의 수뇌들과 회담을 가지고 '중소우호동맹상호조약', '장춘 철도·여순 및 대련에 관한 협정', '차관협정'을 체결하고 귀국하였다.[249] 스탈린·모택동 회담은 표면적으로는 발표된 바와 같이 '중·소' 양국 간 문제에 국한된 것 같으나, 당시 국제 및 동아시아 정세로 보아 냉전체제하의 양국 간 결속 다짐은 물론 세계 공산화를 위한 역할 분담이 협의되었을 것이라고 추정되고 있다. 김일성의 발언으로 미루어 북한의 남침전쟁지원 문제가 심도 있게 다루어졌음을 알 수 있다.

1950년 3월 27일자 『프라우다』지에 실린 북한 부주석 박헌영은 공산주의자들의 당면과제를 "북조선에서의 평화적 민주건설, 남조선에서의 대중 내 정치활동 및 식민지수탈자에 대한 무장투쟁―이것은 통일독립민주건설의 수립이라고 하는 동일한 목적을 추구하는 것"이라고 주장하여, 북로당의 무력통일정책에 편승하고 남한 내 빨치산 활동의 약화에도 불구하고 남로당의 적극적이고 모험적인 투쟁을 강요하고 있었다.[250]

---

248) 「이그나체프가 비신스키에게」(1950.4.10), 『러시아 外交文書』 제3권, pp.66-67; 「스티코프 보고」, 같은 자료 제2권, p.9, pp.23-24. 스탈린은 미국의 개입을 막을 명분으로서 "적들이 조만간 먼저 공격해 올 것이오, 그러면 절호의 반격 기회가 생깁니다. 그때는 모든 사람이 동지의 행동을 이해하고 지원할 것이오"라고 하였으며(「모스크바의 새 증언」(1), 『서울신문』, 1995.5.15일자), 소련의 미국개입에 대한 우려는 한국보다 월등한 군사력을 확보하여 '남조선 해방이 앞당겨질수록 미국의 개입 기회는 그만큼 줄어든다'는 1950년 7월 1일자 전문에서 밝혀졌다. 「모스크바의 새 증언」(9), 『서울신문』, 1995년 6월 2일자.

249) 國防軍史研究所(역), 『中共軍의 韓國戰爭』, 1994, p.93; 모택동 자신도 대만해방이 북한에 대한 군사지원과 아주 밀접히 관련 있음을 강조하였다. 미국의 한국침략은 대만·베트남 및 아시아에서의 침략활동의 일부분으로 연결되었기 때문에 미국의 침략을 조선에서 저지시킬 수 없을 때 그 마수가 대만에까지 뻗어 해방이 어려워진다는 것이다. 姚旭, 「抗美援助的英明決策―미국에 대항하고 조선을 지원한 현명한 정책」, 1980; 한양대 중소연구소 편, 『中蘇研究』 제8권 4호, 1984, p.22.

250) 박헌영, 「조국통일과 독립을 위한 남한사람들의 영웅적 투쟁」, 『프라우다』

1950년 4월 25일 모스크바로부터 귀환한 김일성과 박헌영은 모스크바회담 결과에 따라 5월 13일 북경의 모택동을 방문하였다. 이날 김일성 일행은 회담 결과를 설명하자, 모택동은 스탈린에게 직접 설명을 듣고 싶다고 요청하였다.[251] 모택동의 요청을 받은 스탈린은 다음과 같이 전하였다.

> 북한 동지들과의 회담에서 필로포프(스탈린의 가명: 필자 주) 동지와 그의 측근들은 현 국제 상황이 변하였으므로 남북한 통일사업에 착수하겠다는 북한 동지들의 제안에 동의하였음. 이와 관련하여 이 문제는 중국 동지와 북한 동지 간에 사전에 합의가 되어야 하며, 만약 북한과 중국 측이 문제 해결방법에 있어 이견을 보일 경우 문제 해결을 위한 새로운 논의가 이루어질 때까지 미루어 두어야 함. 회담 내용에 관한 사항은 북한 측에서 귀하에게 자세히 설명할 것임.[252]

스탈린은 국제정세의 변화에 따라 통일을 착수하자는 조선 사람들의 제창에 동의하지만, 중국이 동의하지 않을 경우 다시 검토할 때까지 연기되어야 한다는 입장이었던 것이다.

이러한 사실은 기존의 연구 성과와는 일정한 차이가 있음이 발견된다. 커밍스 교수는, "흐루시초프 회고록에는 김일성이 1949년 3월과 1950년 6월 사이 다시 한번 그 논제를 논의하기 위해 모스크바로 갔다고 밝히고 있지만 사실이라는 증거가 없다"고 하여 회고록 자체의 사실 여부에 관해 큰 의문을 제기하면서 북한과 소련과의 협의사실과 소련으로부터의 군사장비 지원에 관하여 문제를 제기한 바 있다.[253] 그러나 앞에서 살펴본 바와 같

1950년 3월 27일자, 神谷不二(編), 『朝鮮問題戰後資料』 제1권(1945-1953), 日本國際問題硏究所, 1996, p.300.

251) 「주중 대사 로신이 필로포프에게」(1950.5.13), 『러시아 外交文書』 제3권, p.70.
252) 「필로포프가 모택동에게」(1950.5.14), 『러시아 外交文書』 제3권, p.72.
253) Bruce Comings, *The Origin of the Korean War Vol. II*, pp.439-465. 커밍스는 이에 대해 소련결정에 관한 모든 논의가 내부 자료가 없는 가운데 사변적일 수밖에 없다고 스스로의 한계를 지적하고 있다. 그의 소련과 대북관계에

이 현재까지 공개된 러시아 외교문서에 의해서도 그러한 문제제기는 사실
과는 큰 괴리가 있음이 분명하다.

한편, 1950년 5월 모택동은 스탈린의 메시지를 받은 후 5월 15일 김일성
및 박헌영과 구체적으로 의견을 교환하였다. 여기에서 김일성은 북한이 전
쟁계획을 '군사력 증강→평화통일 제의→전투행위'의 3단계 전략을 수립했
다고 언급하고 있음을 볼 수 있다.[254] 이 자리에서 김일성은 모택동과 전
쟁을 위한 구체적인 행동지침, 미군과 일본군의 참전가능성 문제 등에 관
하여 토의하였으며, 그 밖에 우호동맹상호원조 조약은 통일 후에 체결하기
로 합의하고 5월 16일 평양으로 돌아왔다.[255]

이보다 앞서 이미 모택동은 주중 북한대사 이주연을 만난 자리에서 "조선
의 통일은 평화로운 방법으로는 불가능하며 전쟁을 통하는 길밖에 없다"고
하였으며, 미국에 대해서는 "이렇게 작은 영토를 위해 미국은 제3차세계대
전을 일으키지 않을 것이므로 두려워할 필요가 없다"고 한 바 있었다.[256]

김일성은 모스크바에서 돌아온 후 곧 남침공격 작전계획을 구체적으로
수립하도록 총참모부에 지시하였고, 결국 총참모장 강건과 새로 부임한 바
실리예프 고문단장이 중심이 되어 5월 29일에 이를 완성하였다. 이 계획은
1개월 기간으로 3단계로 구성되었다.[257] 마지막으로 6월 16일 스티코프를

서의 가설은 『러시아 外交文書』에 의해 많은 부분이 사실과 차이가 있음이
발견된다. 한편, 중국과의 관계에 있어서도, 화이팅에 의하면, 북한과 중공과
의 관계가 전쟁 전 몇 개월 동안에 특별히 밀접하지는 않았다고 논증하고 모
택동은 아마 침략계획과정에서 거의 역할을 하지 않았을 것이라고 결론내리
고 있지만(Allen S. Whiting, *China Crosses the Yalu*, 1960, pp.34-36), 이 역
시 사실과는 다름을 알 수 있다.

254) 「주중 대사 로신이 스탈린에게」(1950.5.15), 『러시아 外交文書』 제2권, p.26.
255) 위의 자료, pp.24-27.
256) 「스티코프가 비신스키에게」(1950.5.12), 『러시아 外交文書』 제3권, pp.68-69.
　　주중국 대사 이주연이 김일성·박헌영의 회담 필요성에 관해 모택동과 주은
　　래와 면담한 결과, 모택동은 가까운 시일 내에 남한을 상대로 전쟁을 시작하
　　길 원한다면, 면담은 공식적이 아닌 비공식적인 것이 되어야 한다고 하였다.
257) 「주중 대사 로신 보고」(1950.5.15), 『러시아 外交文書』 제2권, p.26. 김일성은

통해 스탈린의 동의를 받은 후 남침 일자는 6월 25일로 정해졌다.[258]

이상에서 김일성과 박헌영은 1949년 초 이전부터 무력통일론을 구상하고 있었으며, 오히려 소련으로부터의 평화통일론 가능성을 너무 도외시하지 말라는 경고성 주의에도 불구하고 지속적으로 무력통일을 제안하고 있었다. 또 북한과 소련, 중국의 일련의 회담 내용을 통해 남침을 제안한 것은 바로 김일성과 박헌영 등 북한정권이었으며, 그의 무력통일론과 남침계획에 대해 스탈린과 모택동은 신중하게 협의하여 최종적으로 동의하였음을 알수 있다.

2) 조국통일민주주의전선의 평화통일론의 성격

앞에서 김일성·박헌영 등 북한정권의 무력통일결정 과정에 관하여 살펴보았다. 여기에서는 이 문제와 관련하여 같은 시기 조국전선에서 제안한 평화통일론의 내용과 성격을 비교하여 살펴보고자 한다.

당시 조국전선은 남한의 5·30선거와 그 결과를 주목하고 있었다. 선거 전부터 무소속후보와 중간파후보들이 대거 진출할 것으로 예측되었기 때문이었다. 5·30선거에는 무소속후보들이 대거 등록하였으며, 이들의 득표는

모택동에게 제1단계에서는 군사력을 준비하고 이를 증강하는 것이고, 제2단계는 평화적 통일에 관해 대남 제의를 하고, 제3단계는 남한 측의 평화통의 제의 거부 후 전투행위를 개시하는 것이라 설명하였고, 모택동이 이에 찬성을 표명하였다.

258) 「스티코프가 스탈린에게」(1950.6.21), 『러시아 外交文書』 제2권, p.29; 전략문제연구소(역), 볼고코노프, 『스탈린』, 세경사, 1993, pp.372-373. 전투개시 일자에 관해 5월 29일 스티코프는 김일성과 면담 후 바실리예프 장군 및 포스크니코프 장군과 협의하여 6월 말로 의견을 교환하였다. 이때 소련 군사고문단은 7월로 주장하였으나 김일성이 장마가 오기 전에 개시하여야 한다는 주장에 따라 6월로 결정되었다. 김일성은 6월 21일 스탈린에게 6월 25일 작전개시를 알렸고 스탈린의 최종적인 동의를 받았다. Evgeniy P. Bajanov & Natalia Bajanova, 『소련비밀문서를 통해본 한국전쟁』(미간행), p.60.

예상대로 전체의 60%에 해당하는 126명이 당선되었다.[259] 또 중간파 인사
로 김규식·조소앙·여운홍·장건상·원세훈·안재홍이 출마하여 이들 가
운데 조소앙·원세훈·장건상 등이 당선되었다. 특히 남북협상에 참여했던
조소앙은 서울 성북에서 미군정 경무부장 조병옥을 전국 최다득표로 눌러
압도적으로 승리하였다. 민족자주연맹의 원세훈이 윤치영과, 장건상이 경찰
국장 출신 김국태와 대결하여 당선되었다. 중간파의 후보들이 조국전선에
서 주장한 소위 민족반역자라고 지칭한 후보들을 꺾고 당선된 것이다.

조국전선의 정치적 의도는 5·10선거를 거부하였던 무소속 내지 중간파
인사들이 대거 참여하였기 때문에 이들이 원내에 진출할 경우 제휴하려 했
던 것이다.[260] 또 이들을 조국전선 틀 안으로 포섭하지 못하더라도 협상의
대상으로 가능하다고 판단하고 있었다.

이리하여 조국전선은 6월 5일 제5차 중앙위원회 회의에 이어 7일 다시
거의 1년 만에 중앙확대위원회를 소집하여 평화통일을 제의하는 호소문 등
을 결정하였다. 중앙위원회는 조국전선의 통일안의 정당성을 강조하면서
'조국의 평화적 통일을 급속히 실현할 목적으로' 다음과 같은 요지의 호소
문을 발표하였다.[261]

> 조국통일민주주의전선 중앙위원회는 전 민주 정당·사회단체들과 애국
> 인사들에게 제의함. 1. 8월 5일－8일에 조국 남북반부의 전 지역 총선거를
> 실시하고 통일적 최고입법기관을 창설. 2. 8월 15일 최고입법기관 회의를
> 서울에서 소집. 3. 6월 15일－17일에 남북반부의 전체 민주주의 정당사회
> 단체 대표자 협의회를 38연선 해주시 혹은 개성시에서 소집하고 제 문제
> 들을 채택. 4. 조국전선 중앙위원회는 대표자 협의회 참가조건으로 (가)
> 조국의 통일을 파탄시킨 범죄자들인 이승만, 이범석, 김성수, 신성모, 조
> 병옥, 채병덕, 백성욱, 윤치영, 신흥우 등 민족반역자들을 남북대표자 협

---

259) 대한민국중앙선거관리위원회, 『大韓民國選擧集』 제1집, 1973, p.626.
260) 沈之淵, 앞의 논문, 「祖國統一民主主義戰線과 韓國戰爭」, p.91.
261) 중앙통신사, 『조선중앙년감』(국내편), 1951-1952, p.142.

의회에 참가시키지 말 것. (나) 조국통일 사업에 유엔조선위원단의 간섭을 용허하지 말 것. 5. 총선거 실시 기간에 양 정권은 사회질서 보장.

이 호소문에서는 1949년 6월 결성 당시 평화통일제의와는 약간의 격차가 있음이 발견된다. 이때의 주장은 1949년 6월 회의에서 주장한 것과 비교하여 내용 면에서 크게 달라진 것은 없다. 그러나 이승만 등 9명에 대해 보다 강도 높게 비난하고 있지만 다른 한편으로 남한 국회와의 타협의 가능성을 일정하게 열어 놓고 있다는 데 그 차이가 있었다.

즉 먼저 해방5주년을 통일로서 기념하자고 하였으며, 총선을 위한 정당 사회단체 대표자협의회를 소집하자고 제안했다. 그러나 이것은 남북간 평화통일을 제시하면서 다른 한편으로는 그 실현가능성을 애초부터 막아버리는 것과 같았다. 당시로서 남한의 중요 정치세력으로서 실권을 장악하고 있던 이들을 제외하고서는 통일문제는 진전될 수 없었기 때문이다. 이들의 배제와 역할을 동시에 요구한 것은 실현가능성을 스스로 차단한 것에 다름 아니었던 것이다.[262]

한편, 조국전선은 허헌의 보고를 통하여 남북협상에 참여한 조소앙·여운홍·원세훈 등이 5·30선거에 참여하여 국회의원이 된 것에 대하여 비난하면서 그들의 태도를 표명하도록 촉구하였다.[263] 그러나 이들 소위 중간파들은 이미 선거출마 이전부터 조국전선의 정치적 기대와는 입장을 달리하고 있었다. 조소앙은 "대한민국은 5천년 독립민족의 적자이며 장래 통일정부에로 돌진할 유일무이한 원동체"라는 입장을 갖고 있었으며, "민족진

---

262) 沈之淵, 앞의 논문, 「祖國統一民主主義戰線과 韓國戰爭」, p.92; 李信澈, 앞의 논문, p.76. 이승만은 6월 16일 조국전선의 평화통일안을 거부하는 담화를 통해 오히려 북한에서 유엔감시하에 인구비례에 의한 자유보통선거를 실시하여 국회의원을 선출하여 대한민국 국회에 합류할 것을 발표하였다. 『東亞日報』 1950년 6월 18일자.
263) 조선노동당출판사, 『조국의 통일독립을 위한 조국통일민주주의전선의 문헌집』, 1951, p.185.

영의 존망, 한민족의 민족적 운명은 대한민국의 육성 강화"에 있음을 분명히 하고 있었다.[264] 때문에 이들이 조국전선의 제의에 관심을 보이지 않은 것은 지극히 당연한 것이었다.

이에 조국전선은 최고인민회의 상임위원회(위원장 김두봉)에 평화통일에 대책을 문의하였고, 상임위원회는 그 가능성 문제를 토의하기 위해 1950년 6월 19일 회의를 갖고 다음과 같은 '평화적 조국통일 추진에 관하여'라는 8개 항으로 된 북한 최고인민회의 상임위원회 결정서를 제시했다.[265]

> 1. 북조선 최고인민회의와 남조선 국회를 단일입법기관으로 연합하는 방법으로써 조국의 평화적 통일을 실천할 것. 2. 이 조선입법기관은 공화국의 헌법을 채택하고 공화국 정부를 구성. 3. 채택된 공화국 헌법에 기초하여 입법기관 총선거를 실시. 4. 필요한 조건으로 (가)평화적 조국통일을 방해하는 원흉들이며 원쑤들인 이승만, 김성수, 이범석, 신성모, 채병덕, 백성욱. 조병옥. 윤치영. 신흥우 등 민족반역자들을 체포할 것. 5. 입법기관에 의하여 구성된 정부는 남북조선에 현존한 군대와 경찰 혹은 보안력을 민주주의 기초위에서 단일한 군대와 경찰 혹은 보안대로 개편할 것. 6. 미제의 침략도구인 '유엔조선위원단' 즉시 철수. 자기의 힘으로 조국의 평화적 통일문제를 해결. 7. 평화적 조국통일과 관련된 모든 대책들은 금년 8월 15일까지 실천. 8. 남조선 국회가 교섭에 동의 시 북조선 최고인민회의 상임위원회는 1950년 6월 21일에 자기의 대표단을 서울로 파송한다든지 혹은 남조선 국회대표단을 평양에서 접견.

이 결정서는 북한 최고인민회의와 남한 국회를 단일 입법기관으로 연합하고, 입법기관은 공화국의 헌법과 공화국 정부를 구성하며, 입법기관 총선

---

264) 趙素昻, 「次期總選擧와 余의 政局觀」『素昻先生文集』(下), pp.126-133.
265) 중앙통신사, 『조선중앙년감』(국내편), 1951-1952, p.81. 조국전선에서 선정한 호소문의 전달대상은 이승만·김성수 계열 정당을 제외한 각 정당·사회단체이며, 이승만 등 9명을 제외한 남한 과학·문화·교육·종교 및 사회활동가들, 언론·출판·교육·문화·종교 기관 혹은 단체들, 유엔총회 및 유엔조선위원단이었다. 같은 자료, p.140.

실시를 주장하고, 그 실천조건으로 민족반역자 체포 등의 조국전선확대중앙위원회 호소문의 내용보다 강도 높은 조건을 제시한 것이었다. 여기에서는 소위 민족반역자들을 대표자협의에서 단순히 제외시키는 것에서 나아가 '체포'할 것을 제안하였다. 또 남한정부 자체를 인정하지 않고 쌍방 간 통일문제에 관한 협의의 주체를 '국회' 차원에서 하자고 주장하였다.

이는 적어도 외형적으로는 "6월 21일 자기 대표단을 서울로 파송한다든지 혹은 남조선 국회 대표단을 평양에서 접견하기에 준비되어 있다"고 하듯이 국회와의 협상가능성을 열어 놓은 것처럼 보이는 것이다. 이 무렵 북한 내부에서는 남한 국회가 조국전선의 제의를 받아들이게 하고자 다음의 내용을 촉구하고 있었다.

> 만일 남조선 국회에 조금이라도 의원들의 의사표시의 자유가 있다면 거기에서는 평화적 조국통일에 관한 조국통일민주주의전선의 제의가 응당 상정되어야 할 것이며 전 조선민족의 거족적 지망인 이 평화적 통일을 파탄시키는 이승만 역도들에게 대한 규탄과 처벌이 반드시 있어야 할 것이다. 오늘날 조선인민들은 남조선 국회 내의 일부 인사들의 거취를 아주 신중하게 주시하고 있다.[266]

그러나 조국전선의 제안은 후일 자체 내에서 지적되었듯이 소위 '이승만 김성수 도당보다 덜 나쁜 자들을 선택한 것에 불과'한 것이었으며, 최종적으로 이들을 조국전선 내로 끌어들이지는 못하더라도 협상의 대상으로 이승만보다는 용이하다고 판단한 때문이었다.

상임위원회의 통일방안에 대해 국회로부터 아무런 구체적인 반응이 없었다. 그러자 김두봉은 6월 23일 기자회견을 갖고 남한에서 전쟁을 준비하고 있다고 주장했다. 즉 평화적 통일을 위해 조국전선이 꾸준히 노력해 왔으나 남한에서 이를 전면적으로 거부하고 북침을 위한 전쟁준비를 하고 있다

---

266) 『투사신문』 1950.6.15일.

는 내용이었다.[267] 그러나 사실은 그 정반대의 경우였다. 김두봉이 당일 소집한 내부비밀회의에서의 발언 내용에서 그 사실이 확인된다.

> 이제 부득이 해방전쟁을 개시하게 되는데 일주일 동안만 서울을 해방시킬 것입니다. 서울은 남조선의 심장입니다. 그러므로 심장을 장악하게 되면 전체를 장악하는 것이나 다를 바가 없습니다. 거기서 남조선국회를 소집하여 대통령을 새로이 선출하고 인민공화국과 대한민국정부가 통일이 되었음을 세계만방에 알리면 어느 외국도 우리를 간섭, 침범하지 못할 것입니다.

또한 상임위원회가 통일방안을 제시한 때에 맞추어 인민군 총사령부는 공격부대의 이동과 동시에 극비리에 남침명령을 차례로 해당 부대에 하달하고 있었다. 우선 각 부대가 전방으로 진출 중이던 6월 18일에 인민군 참모부가 발행한 정찰명령 제1호가 공격부대에 하달되었다. 이 명령은 공격부대 정면의 적에 대한 상황을 설명하고 공격을 위한 지점에 진입한 다음 공격개시 전까지, 그리고 공격개시 후 단계별로 수집해야 할 정보를 대단히 구체적으로 기술하고 있다.[268] 정찰명령에 이어 부대이동이 완료될 무

---

267) 중앙통신사, 『조선중앙년감』(국내편), 1951-1952, p.82. 이에 대해 심지연은 앞의 논문, p.95.에서 "조국전선이나 최고인민회의 상임위원회를 통해 평화통일 제의를 하면서도 다른 한편으로는 정찰명령 1호, 전투명령 1호 등 攻擊作戰命令을 계속 내리고 38도선에 무력을 계속 집중시키고 있었기에 김두봉의 기자회견은 전쟁도발을 은폐하기 위한 최종적인 의례에 불과한 것이었다"고 하였고, 또 『許憲研究』(역사비평사, 1994, pp.222-223)에서는 "김두봉은 북한에 설정된 민주제도를 수호하고 이를 남한에까지 설정하기 위하여 이승만을 반대하는 투쟁에 총궐기할 것이라고 밝혔는데, 이는 무력침공의 불가피성을 암시한 것이라 볼 수 있다"고 평가하였으며, "북한은 정부 수립 이래 민주기지론에 입각하여 남한 내의 혁명을 적극 추진하게 되었고 결국 전쟁도발로 이어졌다고" 평가하였다.

268) 정찰명령의 원본은 러시아어 필사체로 작성되었으며, 전쟁 중인 1950년 10월 4일에 서울에서 노획되었다. 이 무렵 예하 부대에는 1950.6.20-30일까지의 구체적인 야영훈련계획이 하달되었다. 『인민군 제238군부대 명령 및 지령철』, SN.501.

렵 인민군의 공격부대에 준비된 전투명령 제1호가 하달되었다.[269]

그러나 남침이 개시된 다음날인 26일 최고인민회의는 상임위원장 김두봉의 명의로 군사위원회 조직 정령에서, "남조선 이승만 정부의 소위 국방군들이 38도선 이북 전 지역에 대한 불의의 침공으로 말미암아 국내에 조성된 비상한 정세와 관련하여 또는 동족상잔의 내란을 일으킨 이승만 매국역도들을 소탕하기 위한 전쟁"으로 규정하였다.[270] 조국전선에서도 중앙위원회를 소집하여 전쟁을 '미제 지시에 의한 동족상잔의 내란'으로 규정하는 호소문을 발표하였다.[271]

따라서 조국전선은 결의문이라는 형식으로 총선실시를 주장하고, 6월 19일 다시 대한민국 국회가 동의한다면 국회에 의한 통일방법을 협의할 용의가 있다고 제의하였지만, 실제로 그것은 남한의 평화제의 거부라는 명분을 얻기 위한 것이었고 나아가 전쟁계획의 한 수단으로 활용되고 있었다.

269) 인민군 제2·제4·제6사단 「전투명령」 제1호(1950.6.22), 군사편찬연구소 소장 사본.
270) 중앙통신사, 『조선중앙년감』(국내편), 1951-1952, p.82.
271) 「민주조선」, 1950.8.31일.

제2장 남북한 분단체제강화와 군사력의 증강

제1절 미 · 소의 대한반도 군사정책

1. 미국의 NSC 68과 대한정책의 의미

1948-50년 남북간의 국제환경은 냉전 구조의 성격과 그 변화에 의해 크게 영향을 받고 있었던 시기이다. 본장에서는 주로 미 · 소의 국제환경의 성격과 그 변화가 남북 관계에 어떻게 영향을 미치는가 하는 점과, 이와 반대로 남북간의 국내적 요인이 미 · 소의 정책에 구체적으로 어떠한 영향을 끼치고 있었는가 하는 점에 유의하면서 미 · 소의 대한정책을 살펴보고자 한다.

미국은 한반도를 소련의 지배하에 들어가게 하지 않는 범위 내에서, 주한미군을 철수시킨다는 기본 구상하에 경제 · 군사적인 지원을 수립하고 있었다.[272] 남한정부가 외침에 의해 붕괴할 가능성과 함께 내부 불안정으로 인한 자체 붕괴의 가능성에 대해 상당히 우려하고 있었기 때문이다.

이것은 일찍이 1947년 1월 미 국무장관 마샬의 "남한만의 정부를 수립하고 남한경제를 일본경제에 접속시키기 위한 계획을 기초하라"는 지시에 따라 제시된 것이었다.[273] 그러므로 이 시기 미 · 소공위의 결렬, 한국문제 유

---

272) 커밍스는 미국의 대한정책이 이승만의 호전성을 경계하고 공산화 방지라는 이중적 성격을 갖고 있었다고 평가하였으며, 미국이 이승만 정부의 내부위협에 대한 진압능력을 지지할 것인가의 여부를 결정하기 위한 리트머스실험으로 보았다고 하였다. 커밍스 · 할리데이, 차동수 · 양동주(역), 『韓國戰爭의 展開過程』, 태암, 1989, p.52.
273) 「빈센트가 국무부에게」(1947.1.27), *FRUS 1947*, Vol.Ⅵ, p.603, Footnote.

엔 이관, 그리고 단정 수립, 미군 철수 등의 과정은 일련의 맥락 속에서 추진된 것이었다.

1947년 3월에 개최된 모스크바 외상회담은, 3월 12일 트루먼독트린 발표에서 상징되듯이 이미 전 세계적 주준에서 냉전이 본격화·공식화되는 상황에서 개최되었고, 외상회담의 실패는 각국에서 국제냉전의 국내화가 시작되는 기점을 이루고 있었다.[274] 미국의 단정안이 가시화된 이후부터 미군부 측은 "군사안보적인 차원에서 한국에 부대와 기지를 계속 유지한다는 것은 미국에 전략적 가치가 거의 없다"[275]고 평가하면서 조기 철군론을 본격적으로 거론하기 시작하였다.

단독정부 수립이 결정된 이후 미국이 가장 걱정했던 것은 외침뿐만 아니라 민중항쟁과 인플레 현상 등 내부불안을 통한 자체 붕괴의 가능성까지 포함되어 있었다. 따라서 미 행정부는 웨이드마이어 군사사절단 등의 보고 결과에 따라 그동안 한국문제에 관련하여 논의되던 '1) 한국에서의 즉각 철수, 2) 불확실한 주둔 계속, 3) 소련군과 동시철수 및 남한경비대 창설'

---

274) 朴瓚杓, 『反共體制 樹立과 自由民主主義의 制度化, 1945-48年』, 고대 정외과 박사학위논문, 1995, p.283: 미 국무성정치고문 제이콥스는 대한정책에 있어 냉전의 영향을 다음과 같이 기술하고 있다. 즉 "현 상황은 지금까지 우리를 지지해 왔고 또 우리가 지지할 가치가 있었던 온건파에게는 불운한 것이다. 그들의 영향력은 심하게 훼손되고 있으며, 한편에서는 공산주의자들 그리고 다른 한편에서는 이승만, 김구의 반동적 우파 사이에서 해체될 것임을 스스로 감지하고 있으며, 일부는 좌파로 일부는 우파진영으로 이탈하고 있다. 불운하지만 우리는 어쩔 수 없이 소련에 대한 반대라는 편의주의 때문에 이승만이나 김구 같은 극우파지도자를 지지해야만 하는 상황으로 빠지고 있다". 「정치고문 제이콥스가 국무성에게」(1947.7.21), *FRUS 1947*, Vol.Ⅵ, p.711.

275) 미 합동참모본부는 "현재 미국의 군사인력이 심각하게 부족하다는 관점에 비추어 볼 때, 지금 남한에 유지하고 있는 약 45,000명 규모의 2개 사단으로 된 군단은 다른 곳에서 훨씬 더 유용하므로 조기에 철군해야 한다"고 주장하고 있었다(「미 합동참모본부 각서」(1947.9.25), SN.623). 미국에 의한 한반도 문제 유엔 이관 이후 유엔에서의 결정사항은 한반도에서 외국군의 철수와 그에 대한 유엔 한국위원단의 철군 감시를 포함하고 있었다.

등 세 가지 안 가운데 마지막 안인 "주한미군 철수로 인한 악영향을 극소화하면서 가능한 빨리 한국을 떠날 수 있도록 한국문제 해결에 모든 노력을 기울여야 한다"는 것을 결정하였다.[276]

따라서 미 국무부는 1948년 1월 미군 철수를 전제로 "남한을 보호할 수 있도록 경비대를 증강·무장·훈련시킨다"는 내용을 검토하였다.[277] 이를 기초로 결정된 NSC 8(1948.4.2)은 "1948년 12월까지 주한미군을 한국으로부터 철수시키며, 한국이 내부안정과 북한의 침략에 대처하도록 한국의 경비대를 확대, 훈련, 무장시킬 것, 그러나 미국이 전쟁상태에 붙잡혀서는 안된다"고 전제하고 경비대 2만 4천, 해안경비대 3천, 경찰 3만 등 5만 7천명의 무장력을 갖추도록 규정하고 있다.[278]

이후 미국의 대한군사정책의 골간이 된 이 정책은 미군 철수로 인한 악영향을 최소화하기 위해 한국군을 원조하겠다는 것이었으나, 보다 근본적으로 한국군의 공격력이나 외부침공을 격퇴할 수 있는 정도의 방어력을 보장하는 것은 아니었다.

육군부 로얄 장관에 의하면 이 무렵 미 육군(군정)의 입장은 "현재 미군정은 새로운 정부에게 책임을 이양할 때까지 기능을 지속하고 한국군을 지속적으로 훈련 무장시키는 데 필요한 충분한 병력을 갖고 있으며, 육군은 지시받은 대로 8월 15일을 철군개시일로 그리고 9월 2일을 주한 미 외교사절단에게 철군을 제외한 모든 권한을 이양할 계획을 작성해 놓고 있었으며, 만약 별다른 지시가 없다면 1948년 12월 말까지 철군을 완료할 계획이었

---

276) 「웨이드마이어의 보고」(1947.9), *FRUS 1947*, Vol.Ⅵ, pp.796-803. 파울리 특사는 "미군 철수는 한국을 소련에 포기하는 것이 아닌 형태로 한국문제에 대해 어떤 해결방법을 얻어야 한다"고 제시하였다. 이들 부대의 철수는 그 후에 소련이 일본에 대한 공격을 감행할 수 있는 군사기지를 남한에 설치하지 않는 한 극동군사령부의 군사적 입장에 손상을 초래하지 않을 것이며, 미국의 안정보장에 보다 긴요한 타 지역으로 전용해야 한다는 것이었다.
277) 「버터워쓰가 국무장관에게」(1948.3.4), *FRUS 1948*, Vol.Ⅵ, p.1139.
278) 「NSC 8」(1948.4.2), *FRUS 1948*, Vol.Ⅵ, p.1168.

다"[279]는 것이다.

그러므로 남북한의 분단정부가 수립되고 주북한 소군이 철수한 상황에서 미국은 한국에 군대를 주둔시킬 명분도 없었지만, 미 국무부의 제안에 의해 결국 철군이 연기된 것은 한국의 내부안정화에 큰 비중을 두고 있었기 때문이었다.[280] 일례로 남한 내에서 10월 19일 미국이 가장 우려하고 있던 내부반란이 발생한 것이다. 즉 한국군 제14연대가 여수-순천에서 반란을 일으켜 크게 확산되고 있었다. 반란군들에 의해 5개 마을이 점령당하여 해방구가 형성되었으며 이에 조응한 게릴라들이 전국적으로 치안불안을 야기하였다.[281]

그 결과 미국은 NSC 8의 결론을 재검토하지 않을 수 없게 되었다. 여순사건으로 인하여 재검토된 미국의 대한정책은 미군 철수를 1949년 6월 30일까지 연기시킨다는 것을 골자로 NSC 8/2(한국에 관한 미국의 기본입장)로 결정되었다. 이는 미국이 남한에 대하여 경제 기술 및 군사원조뿐만 아니라 정치적 지원을 계속해야 하며, 내부적 질서와 국경 수비를 유지할 수 있도록 6만 5천 명의 한국군에 대한 군사원조를 제공한다는 것, 미 군사고문단 설치 등을 규정하는 것이었으며, 해·공군에 대한 지원은 역시 제외되었다.[282] NSC 8/2는 사태발전을 고려하여 NSC 8보다 다소 지원이 강화된 것이었으며 철군이 대한지원의 축소를 의미하는 것이 아님을 분명히 하고 있지만, 전면적 무력침공에 대비한 공약이나 군사력 증강을 규정하는 것은 아니었음을 알 수 있다.

즉 미국은 여전히 북한 침공 시 군사적 안보공약이나 또는 자체 군사력

279) 「로얄이 마샬에게」(1948.6.23), FRUS 1948, Vol.Ⅵ, pp.1225-1226.
280) 「무초가 마샬에게」(1948.11.19), FRUS 1948, Vol.Ⅵ, pp.1331-1332. 무초는 주한미군이 한국문제 해결의 최선은 아니지만 지금의 상황에서는 한국의 안전에 최소한의 보장책이라고 지적하였다.
281) 「무초가 마샬에게」(1948.10.28), FRUS 1948, Vol.Ⅵ, pp.1317-1318.
282) 「NSC 8/2」(1949.3.22), FRUS 1949, Vol.Ⅶ, p.978.

증강을 지원하지 않으면서 내부 전복기도에 대해서는 안정화를 유지할 수 있도록 하는 정책을 추구하고 있었던 것으로 평가된다. 미국은 한국군을 정규군이라기보다는 내부의 안정을 도모하기 위한 '치안군'의 수준에서 유지할 것을 결정하였으며, 남한에서의 군사적 성장의 제한은 이승만의 돌출행동을 막을 수 있는 중요한 수단이 될 수도 있다고 분석하고 있었다.

이와는 달리 미군 철수 직전 미 육군참모총장 브래들리가 작성한 보고서는 북한의 남침이 있을 경우 미국이 취할 수 있는 방안에 대해 시사해 주고 있다. 이것은 NSC 8/2에서 미국이 북한의 전면적 침공이 있을 경우 구체적인 지침을 마련하고 있지 않음으로써 자칫 남한이 공산화될 수도 있다는 것을 전제하고 그 대안으로서 작성된 것이었다.[283]

이 보고서의 핵심은 1) 현재 한국정부에 파견되어 있는 미국인들을 탈출시키기 위한 비상 후송계획을 실시하는 것,[284] 2) 남침을 전체 평화에 대한 위협으로써 고려하도록 유엔안보리에 제출하는 것,[285] 3) 유엔군의 경찰활동과 제재로 38도선 국경을 회복하고 법과 질서를 회복하는 것,[286] 4) 남한정부의 요청에 따라 연합특수임무부대를 구성하여 해결하는 것,[287] 5) 트루먼독트린을 연장하여 한반도에 적용하는 것[288] 등이었다.

그러나 이것은 결국 합참의 반대로 NSC 8/2의 개정을 이끌어 내지는 못하였다. 당시 합참의 평가로서는 1)안은 미국의 개입을 최소화하고 가장 위급한 상황에만 취할 수 있는 것이었으며, 2), 3)안은 유엔의 인정이 필요하고 실제 소련 등에 의해 지연될 가능성이 크다는, 그리고 4)안은 북·소·중간의 동맹과 소련의 북한 재진주를 합리화시킨다는 것, 5)안은 국민에 신뢰받지 못하는 이승만 정부를 영구화하려 한다는 비난과 아울러 미국의 예산지출

---

283) 「육군부가 국무부에게」(1949.6.27), *FRUS 1949*, Vol.Ⅶ, pp.1046-1055.
284) 위의 자료, p.1053.
285) 위의 자료, pp.1053-1054.
286) 위의 자료, p.1054.
287) 위의 자료, p.1055.
288) 위의 자료, p.1056

이 막대하다는 등의 이유로 인하여 채택되기 어렵다는 것이었다.[289]

그러나 이 제안은 전쟁이 실제 발발하였을 때 대부분 미국의 참전정책으로 수용되고 있었다. 이로 미루어 보아 이미 1949년 후반 미·소대립의 격화로 인해 대한정책을 재검토하게 될 때 브래들리의 제안은 크게 참고가 되었을 것은 자명하다. 또한 그것은 당시 상황으로는 미 정책부서가 채택하기 어려운 것이었지만 적어도 한반도에 봉쇄정책을 적용할 가능성을 고려하고 있었다는 점은 중요한 문제를 시사해 주고 있다. 이것은 한국정부 수립 이후 미국의 책임 있는 정책담당자가 자국의 참전가능성을 가장 처음으로 보여준 것이라 하겠다.

결국 미국은 주한미군을 철수시킨 후 "주둔군의 철수 문제와는 별도로 신생 대한민국 정부의 경제적, 정치적 안정에 필수적인 경제적, 기술적, 군사적, 그리고 기타의 지원을 계속할 것이다"[290]라고 표명함으로써 내부안정화를 위한 NSC 8/2를 재확인하고 있다.

당시 미국은 NSC 8/2 수준을 넘는 한국정부의 군사력 확산 시도에 대해 크게 우려를 표시하고 있었다. 이에 미 국무부는 "지나치게 급속한 방위력의 확장을 경계하고 한국에서 필요한 것은 소규모의 정예로 훈련된 충직한 무장군"이라는 입장과 "경제적인 인플레의 안정화에 최대한 노력해야 할 것"이라는 입장을 한국정부에 전달하였다.[291] 반면 이승만은 재차 트루먼에게 한국군이 필요한 무기 및 군수품 목록을 첨부하여 충분한 무기와 탄약을 지원해 줄 것을 요청하였다. 그러나 이 주문은 미국 측이 받아들이지 않았다.[292] 이승만의 편지를 보면, 그는 미국이 우려하는 것처럼 한국이 절

---

289) 위의 자료, pp.1046-1055. 합동참모본부는 유엔규제하의 유엔군에 가입한다는 것은 만일 유엔헌장 제43조에 명시된 그 군이 존재할 경우 가능할 것이라고 부기하였다.

290) 「무초가 이승만에게」(1949.4.14), *FRUS 1949*, Vol.Ⅶ, p.989.

291) 「무초가 동북아 차장 본드에게」(1949.7.13), *FRUS 1949*, Vol.Ⅶ, pp.1060-1061.

292) 「이승만이 트루먼에게 보내는 편지」(1949.8.20), *FRUS 1949*, Vol.Ⅶ, pp.1075-1076.

대로 이북 지역을 침공하지는 않을 것임을 다짐하고 있다.

한편 1949년 후반에 접어들면서부터 미국의 대외정책은 재무장과 적극전략으로 선회하게 된다. 미국은 소련의 원폭 보유, 중국공산정부 수립, 중·소 회담 등에 큰 위기감을 갖고 이에 대처하기 위해 급격히 재무장정책과 대소 강경책을 검토하는 가운데 군사원조 계획으로서 상호 방위원조안을 확정하였다. 이것이 한국에도 적용됨으로써 교부금의 형태로 직접적인 군사원조를 받게 되었다.

이 시점에서 미국이 대외정책을 재검토하게 된 가장 큰 이유는 역시 소련의 원자폭탄 개발 때문이었다. 미국은 1949년 9월 3일 공군정찰 편대가 일본에서 알레스카까지 정찰하여 소련의 방사능실험 흔적을 탐지하였고, 그 실험은 8월 29일 무렵 실시된 것으로 분석되었다.[293]

이것은 미국이 더 이상 핵무기의 독점국이 아님을 의미하는 것이었으며, 그 결과 전면적인 재무장정책을 고려하게 되었다. 당시 한국 주재 미대사관이나 군사고문단에서도 미·소 간의 상황변화를 어느 정도 인지하면서 남한의 방위력 강화의 필요성을 강조하고 있었다.

미국의 동북아 및 세계전략의 재편 양상은 NSC 48과 NSC 68에서 분명하게 보이고 있다. 미 국방장관 존슨은 아시아에서의 사태발전, 특히 중국공산주의자들의 성공에 관해 크게 우려하고 있다는 각서를 NSC에 보냈는데, 여기서 미국이 아시아에서 취할 일련의 행동지침을 준비해 주기를 요청하였다. 그 요청결과가 12월 30일 대통령이 채택한 NSC 48/2였다. '미국의 아시아에 대한 입장'이란 제목이 붙은 이 문서는 아시아에서의 기본 안보목표를 4가지로 상정하고 있다.[294]

---

293) Richard G Hewlett & Francis Duncan, *A History of US Atomic Energy Commission*, Vol.2,(Univ. Park, Pennsylvania, The Pennsylvania State Univ., 1969), pp.362-363.

294) 「NSC 48/2」(1949.12.30), *FRUS 1949*, Vol.Ⅶ, p.1215-1220. NSC 48 시리즈는 미국의 대아시아정책으로서 48/1은 1949년 12월 23일 작성되어 12월 29일

그것은, 즉 1) 유엔헌장의 원칙에 따라 아시아 국가들을 개발하는 것, 2) 일부 비공산 아시아 국가들이 내부치안을 유지하고 공산주의자들의 확장을 막을 수 있도록 군사력을 강화하는 것, 3) 아시아에서 미국이나 미국의 동맹국을 위협할 수 없도록 우세한 소련의 힘과 영향력을 점차 감소시키다가 종국에는 제거하는 것, 4) 미국 안보를 위협하는 아시아의 세력관계가 형성되지 못하도록 막는 것 등이었다.

아시아에서의 군사전략적 방어는 필리핀, 오키나와, 일본을 연결하는 소위 '도서방위전략'을 구성하여 일본을 동북아시아의 중심으로 삼으며, 이를 위해 일본의 재무장과 부흥을 도모한다는 것이 핵심적인 내용이었다.

따라서 NSC 48은 미국의 군사적 수단의 한계 때문에 아시아 중에서도 핵심지역, 즉 방어에 유리한 도서방위선까지 군사적 공약을 확대하겠다는 것이었다. 이것은 대한지원의 약화나 포기의 의미가 아니고 오히려 동아지역에서의 군사적 방어공약 확대라는 의미를 갖는 것이었다.

즉 NSC 48/2는 아시아에서 공산주의의 봉쇄를 목표로 하고 있는 것이었고 공산화에 대한 반격 전략이었다. 비록 한국이 침공을 받을 경우 미국이 취할 특별한 행동과정을 구체적으로 언급하고 있지는 않았지만, 전체적인 정책 기조는 무력개입의 가능성을 배제하지 않고 있는 것이었다.

NSC 68은 핵무기를 보유한 소련에 대응한 전 세계에 걸친 미국의 정치·경제·군사·안보의 적극적 전략(롤백정책)이었으며, '무력침략이나 정치적 혹은 전복적 수단에 의해서든 유라시아에 대한 소련의 지배는 미국이 전략적으로나 정치적으로 수용할 수 없다'는 점에서 한반도도 예외가 아니었다. 이것은 소련의 핵 보유에 따라 트루먼이 1950년 1월 30일 수소폭탄

48/1의 결론인 48/2의 형태로 대통령의 승인을 얻었다. NSC 48/1은 NSC 8/2의 목표를 재확인하고 나아가 공산주의 팽창을 성공적으로 봉쇄할 수 있고 평화적인 통일을 달성하는 데 중추적인 역할을 할 수 있도록 한국정부를 강화할 것을 규정하고 있으며, NSC 48/2는 몇 개의 선택된 주요 국가에만 한정해서 군사적 안전보장을 공약하고 있다.

개발을 승인하면서 세계안보정책을 재검토할 것을 지시한 데 따라 4월 7일 작성된 것이었으나 전쟁발발 전까지 대통령의 재가를 받지 못하여 정책으로 채택되지 못하고 있었다.[295]

이 문서에 의하면, 비록 한국이 군사적으로는 그렇지 못할지라도 냉전에서는 큰 정치적 가치를 갖고 있다는 것이었으며, 이 문서가 작성되기 이전부터 이미 미국 행정부 내에는 한반도 개입에 대한 인식이 충분히 공유되고 있었다는 것을 반영해 주고 있다.

이와 같이 미국은 소련과 중국의 영향력이 크게 증대될 것을 예상하였고, 특히 당시 한국에 파견된 미국 당국자들은 커다란 위기로 인식하고 있었다. 또한 소련이 북한에서 철군한 후인 1949년 9~10월경 전차나 항공기를 북한에 제공하고 있었던 상황을 이들은 더욱더 민감하게 받아들였다.

이러한 상황변화에 따라 1949년 10월 이후 한국에 추가군원을 지원해야 한다는 무초와 로버츠 등의 건의가 집중되었다. 그 가운데 핵심적인 문제는 한국 공군지원 문제였다.[296] 이것은 NSC 8/2의 수정까지도 고려해야 한다는 것이었으며, 내부의 위기보다는 중국공산화와 북한군이 증강 때문에 나타난 현상이었다.

군사고문단장은 1천 1백만 달러로 확정(1949.9.24일)된 대한 군원액으로서는 한국군을 지원할 수 없으므로 상호원조법의 중국 원조액인 7천 5백만

295) 「NSC 68」(1950.4.18), *FRUS 1950*, Vol.1, pp.237-255. 이것의 결론은 1950년 9월 NSC68/2(1950.9.30)의 형태로 수정 없이 대통령의 재가를 받아 정책으로 채택된다.

296) 로버츠 고문단장은 1949년 10월 26일 국무부에 제출한 보고서에서 "현재 북한 공산주의자들이 보유하고 있는 소련제 고성능 전투기와 야포가 한국군의 사기에 심각한 영향을 주고 있다"고 전제하고 이에 대비하기 위한 군사지원을 요청하였다. 그 내용은 15개의 4.2 ″박격포 중대와 3개의 105㎜ 곡사포 대대의 추가지원, F-51 전투기와 F-6 연습기의 장비 지원, 해안경비대에 적절한 장비 지원 등이었다. 「무초가 국무장관에게」(1949.11.8), *FRUS 1949*, Vol.Ⅶ, p.1094; 「무초가 국무장관에게」(1949.7.26), *FRUS 1949*, Vol.Ⅶ, pp.1066-1067; 「무초가 국무장관에게」(1949.10.19), *FRUS 1949*, Vol.Ⅶ, pp.1088-1089.

달러 중 일부를 한국으로 전용할 수 있도록 대통령에게 요청하였다.[297] 그는 최소 1950 회계연도에서 대한 군사원조가 2천만 달러는 할당되어야 한다고 판단하였다.

이에 미 국무부는 현지의 정세보고를 감안하여 제한적이나마 남한의 군원을 강화해야 한다는 문제를 검토하였으며,[298] 한·미 상호 군사원조협정(1950.1.26)[299]이 체결된 직후 '전투기 항목을 제외하고 남한에 대한 추가 군원자금을 당장에 배정하는 문제'를 승인받기 위해 미 의회 내 대외군원협력위원회에 제출하기도 하였다. 그러나 이 제안은 전쟁발발까지 동 위원회에서 구체적으로 검토되지 못하였다.[300]

전쟁 직전 CIA 쪽에서도 북한의 군사작전의 능력은 훨씬 증강되고 있다고 분석하고 있었다. 즉 북한군은 "기갑 중포 그리고 항공기 분야에서 우위를 점하고 있다", 따라서 "수도 서울을 점령하는 것을 포함하여 제한적인 목표를 달성할 능력을 보유하고 있다"고 경고하였다. 그러나 이들의 최종적인 평가는 북한의 우세에도 불구하고, "북한이 소련이나 중국군의 적극적인 참여 없이도 한반도 전력을 통제할 수 있을지는 불확실하며", "소련이 북한군에게 남침을 고무시키지는 않을 것"이라는 것이었다.[301] 오히려 남한이 북한·소련·중국의 외부적인 침공보다는 오히려 내부적인 전복

297) 「무초가 국무장관에게」(1949.12.19), FRUS 1949, Vol.Ⅶ, p.1112. 1949년 12월 17일에 원조조사팀이 한국을 방문, 1950년 3월 15일에야 비로소 미군사조정위원회에 의해 한국 원조계획이 승인되었고, 한국 군원액이 1,097만 달러로 확정되었다.
298) NSC8/2 Progress Report 3(1950.2.10), 國防軍史研究所, 앞의 자료.
299) 戰史編纂委員會, 『國防條約集』 제1집, 1981, pp.64-69. '한미 상호방위원조 협정'에서 미국은 한국에 대한 침략에 대항하는 "효율적인 자위력을 발전시킬 목적으로 군사지원을 제공한다는 것"으로, 한국에 제공되는 장비 물자의 종류와 제공 방법은 미국 측의 판단에 따라야 하며, 원조물자의 이용상태도 미국의 감독을 받도록 되어 있었다.
300) 「MDAP 처장서리가 러스크에게」(1950.5.10), 美國務部, 徐東九(편역), 『韓半島 緊張과 美國』, 대한공론사, 1977, pp.102-103.
301) 「CIA 각서」(1950.6.19), FRUS 1950, Vol.Ⅶ, pp.109-111.

기도에 의해 무너질 가능성이 크다고 평가하였다.

  이러한 한반도의 군사적 저평가에도 불구하고 미국이 정치적으로 한국을 포기하지 않고 있었으며 남침이 있을 경우 미국이 개입하게 될 것이라는 사실은 남침 약 한 달 전 덜레스가 니츠와 러스크에 보낸 보고서에서 찾아진다. 1950년 5월 18일 덜레스는 미국의 행동이 지속적으로 후퇴하고 다른 지역을 소련 통제에 들어가는 것을 허용하는 것같이 비춰진다면, 미국의 영향력은 지중해, 동북아, 태평양지역 등에서 필연적으로 약화될 것이라는 것이었다. 덜레스는 "만약 어떠한 의심스런 지역에서 미국의 확산과 결의를 보여줄 수 있는 강력하고 즉단적인 방어조치를 신속히 취한다면 일련의 손실을 막을 수 있다"고 판단하고 있었다.[302] 이러한 사고는 앞에서 언급된 NSC 68의 정책 기조였으며, 남침 직전의 미국 관료들의 지배적인 것이었다. 미국은 이념의 전초기지의 역할을 맡고 있는 남한의 몰락을 허용하지 않을 것이라는 것이었다.

  그러나 결과적으로 대소전략 또는 대북전략에서 남북간의 힘의 균형을 유지시키지 못하게 되어 대한 미국은 실책을 자초하게 된다. 이에 관해서도 전쟁발발 직후 덜레스가 제출한 보고서가 참고된다. 그는 미국의 실책은 첫째 북한군의 전투력 증강에 대해서 알고 있었음에도 불구하고 한국군에게 전투력을 보강해 주지 못하였고, 둘째 북한군의 전선배치에 대한 정보를 정확하게 평가하지 못한 점, 셋째 한국군의 사기에 대해 지나치게 낙관하고 있었던 점 등을 들고 있다.[303]

  물론 미국의 근본적인 실책은 한반도의 위기를 제대로 평가하지 못하고 세계전략상 소련의 공격능력이 앞으로 4년 후인 1954년에나 가능하게 될

---

302) 「덜레스가 니츠와 러스크에게」, (1950.5.18), *FRUS 1950*, vol. I, pp.314-316.
303) 「덜레스의 각서」, (1950.6.29), *FRUS 1950*, Vol.Ⅶ, pp.237-238. 에치슨에 의하면, 1950년 3월 15일에야 비로소 대한군원 계획이 가동되기 시작하였으며, 따라서 전쟁발발까지는 90여 일의 짧은 시간적인 여유밖에 없기 때문에 확정된 군원이 충분히 전달될 수 없었음을 지적하고 있다.

것이라는 가정을 수립하고 있는 것이었지만,[304] 적어도 덜레스의 평가는 전쟁 직전까지 대한군사정책에서의 실책을 잘 지적한 것이라 보인다.

미국은 정치적으로 중요한 한반도를 포기하거나 포기할 것처럼 보이려고 하지 않았다. 당시의 자료들을 검토할 때 침략의 주체였던 북한 쪽에서도 이러한 점을 인지하고 있었으며, 전쟁 직후 미군의 신속한 참전 역시 이를 뒷받침해 주고 있다.

따라서 미국은 한국의 생존을 위해 내부 안정화, 즉 경제적 안정과 내부 반란의 진압문제에 비중을 두고 있었다고 할 수 있다. 또 외부적인 침공이 있을 경우 유엔군을 통한 대비안을 마련하고 있었던 점[305] 등을 고려할 때 미국의 참전은 예측 가능한 것이었으며 그들의 입장에서는 당연한 것으로 보인다.

2. 소련의 대북지원과 무력통일 지지

해방 직후 소위 '확보한 지역에서의 사회주의 구축'[306]이라는 차원에서 북한 주둔 소련군이 미군보다 먼저 행동을 취하기 시작하였다. 즉 1945년 9월 20일 스탈린의 지시에 의하면, "북한의 민간행정에 대한 지도는 연해주 군관구 군사평의회에서 수행"[307]하도록 하였는데, 이는 북한에 독자적인 정권을 수립하는 것을 최우선 과제로 하는 소련군의 대북한 정책을 명확히

---

304) 「NSC 68」(1950.4.18), *FRUS 1950*, Vol.1, pp.237-255.
305) 「무초가 애치슨에게」(1949.8.20), *FRUS 1949*, Vol.Ⅶ, p.1068. 미국은 한국에 대한 유엔의 도덕적 책임을 시사하는 것과 별도로 유엔한국위원단과 같은 종류의 기구가 한국에 주둔하기를 원하였으며, 유엔의 남한에 대한 보호는 남북한에 큰 영향을 미치고 있고 북한·소련이 한국에 침공할 수 없도록 억제 역할을 하고 있다고 보았다.
306) 朴明林, 『韓國戰爭의 勃發과 起源』 제1권, p.190.
307) 田鉉秀, 「蘇聯軍의 北韓 進駐와 對北韓政策」, 『한국독립운동사연구』 9집, 1995, p.13.

한 것이라 할 수 있다.

이에 따라 소군정은 1945년 10월 모든 사설 군사단체를 해산하고 2,000
여 명의 보안대를 창설하였는데, 같은 시점 남한에서는 아직 군대 창설의
기미는 보이지 않고 있었다.[308] 소련은 미국과 마찬가지로 모스크바 삼상
회의를 전후하여 '한반도 내 우호적인 국가수립'이라는 기본목표를 이행하
게 되는데 그것은 이미 2차 세계대전 종전 직전에 구상된 것이었다.

> 한국이 장차 일본만이 아니라 극동으로부터 소련에 압박을 가하려는
> 임의의 다른 강대국이 소련을 공격하는 전초기지로 전환되는 것을 저지
> 할 수 있을 만큼 한국의 독립은 효과적이어야 된다. 소련과 한국의 우호
> 적이고 긴밀한 관계를 확립하는 것이야말로 한국과 소련 극동지역의 안
> 전을 보증하는 보다 현실적이고 올바른 방향이 될 것이다.[309]

즉 한반도의 전략적 가치는 소련을 공격하기 위한 전초기지가 되어서는
안 되며 장차 수립될 정부는 소련에 우호적이어야 한다는 것이 기본적인
목표였던 것이다.

그러나 모스크바 삼상회의에서의 한반도 문제를 구체화하려는 미·소 간
의 제1·2차 미·소공동위원회가 결렬되면서 미국이 한반도 문제를 유엔에
상정하게 되었다.[310] 미국의 한국문제 유엔 상정은 신탁통치를 더 이상 거

---

308) 「하지가 맥아더에게」(1945.11.2), 김국태(역), 앞의 자료, p.120.
309) 소련 외무성 극동과, 「한국의 조사보고」(1945.6.29), 田鉉秀, 앞의 논문, p.10.
   재인용.
310) 육군부장관 패터슨은 1947년 1월 초 국무부가 의회에 추가 자금의 배정을 요
   구하든지 아니면 철군의 필요성을 인정해야 한다고 주장하였고, 1947년 1월
   29일 각부 합동회의에서는 모스크바 결정은 포기되어야 하고 '남한공화국을
   수립'하는 것이 대안이 되어야 한다고 주장하였다. 또 이것은 거의 같은 시기
   국무장관 마샬이 "남한만의 정부를 수립하고 남한경제를 일본경제에 접속시
   키기 위한 계획을 기초하라"는 지역통합전략과 맥을 같이하는 것이었다. 李
   鍾元, 「戰後美國の極東政策と韓國の脫植民地化」, 岩波講座, 『近代日本と植民
   地』 8, 岩波書店, 1993, pp.21-24; 朴瓚杓, 『韓國의 國家形成—反共體制樹立과

론하지 않고 유엔주도하에 독립정부를 수립한다는 것을 뜻하며 미국은 유
엔의 도움을 얻어 소련의 한반도 독점의도를 차단한다는 것이었다. 이에
소련은 "유엔은 한국에 대한 관할권이 없으며 외국군은 통일정부 수립 전
에 철수해야 한다"고 주장하면서 점령국 모두는 '즉시 군대를 철수시킨다'
는 대안으로 응수하였다.[311]

한국문제의 유엔이관과 단정안이 가시화되자 소군정은 1948년 2월 8일
정규군 창설 선언과 함께 '조선인민군'으로 개편하고 인민군 총사령부의 설
치를 발표하였다.[312] 인민군 창설 발표와 연이은 북한의 헌법에 대한 발표
는 미국으로 하여금 남한의 단독선거 실시 의지를 더욱 가속화시키는 계기
가 되었다.

소련은 인민군 건설 초기부터 군사물자와 장비지원은 물론 군 수뇌부,
각 부대 및 학교기관을 지도하였다. 각 사단에는 대좌 급 사단장 고문관을
비롯하여 중대 급까지 150명을 배치하고 전차·항공부대에도 전문 고문관
을 파견하였는데, 이들은 전술훈련과 장비교환에서부터 정비 분야까지 담
당하고 있었다. 군사고문관은 평양의 소련대사관에서 각 부문사절단을 통
제하며 본부역할을 수행하였다. 또한 북한의 정책결정기구인 정치위원회까
지 영향력을 행사하였다.[313]

自由民主主義의 制度化, 1945-1948』, 고려대 정치외교학과 박사학위논문,
1995, pp.280-285.

311) 소련은 미·소공위 결렬 직후인 1947년 9월 26일 스티코프가 '미·소 양군이
1948년 초 철군하자'는 미·소 양군 철수안을 제안한 이래 지속적으로 조기
철군을 주장해 왔다. 張浚翼, 『北韓人民軍隊史』, 서문당, pp.484-487. 소련은
미·소공위가 진행되는 동안 이미 1947년 7월부터 북한의 38경비대에 경비임
무를 인계하기 시작하였고 1948년 말까지 전술상의 요지를 장악하고 강력한
진지를 구축하였다.

312) 육군본부, 『北傀의 6.25 南侵分析』, 1970, p.39-41.

313) USFIK, G-2 Rept 7, p.138; 소련 군사고문단의 총지휘는 미 군사고문단의
형태와 마찬가지로 고문단장(스미르노프)에 있는 것이 아니라 주북한 소련대
사인 스티코프에게 있었다. 「바실리예프스키가 스티코프에게」(1949.4.21), 『러
시아 外交文書』 제4권, p.15. 스티코프는 제1극동전선군 군사회의 위원, 미·

남한의 정부 수립 직후 북한은 1948년 9월 9일 '조선민주주의인민공화국' 수립과 더불어 인민군총사령부를 민족보위성으로 격상시키고 그 산하에 작전국 등 11개국을 편성하여 각 군의 업무를 관장하였다.[314]

남북에 각기 다른 정부가 수립되자 이후 주한 외국군 철수문제는 중요한 문제로 부각되었다.[315] 소련은 1948년 9월 북한정권의 외국군 철수요구를 받아들이는 형식으로 소련군이 12월 말까지 철군 완료할 것이라 발표하였다. 이에 상응하여 미국도 조치를 취할 것을 요청하였고 10월 19일부터 스스로 철수하기 시작하였다.

소련군은 철수 시 인민군에게 장비를 이양하였다. 인민군 보병사단은 1948년 9월 이후 4개 사단으로 증편하고 소련군 전차사단의 지원을 받아 제105전차대대를 창설하였다.[316] 또한 민족보위성 산하의 항공대대를 항공

소공동위원회 소련 수석대표를 역임하였으며, 주북한 소련대사가 되었다. 그는 스탈린을 대신하여 북한 김일성 정권을 창출하였으며 북한의 남침준비에 결정적 역할을 하였다.

314) 북한의 「경비대예산」에 의하면, 1947년에는 병력 2만 5천, 총예산 1,566,133, 140원이었으며, 1948년에는 기정 예산 1,989,854,000원으로 확대되었으며, 1948년 5월부터 병력으로 5만 명으로 증가하여 추가예산 3,577,497,342원으로 대폭 확대되고 있었다. 「조선경비대 예산」(1948), SN.1(SN은 國防軍史研究所 소장 자료등록번호, 이하 같음).

315) 최초의 주한 미·소 양군 철수제의는 1947년 9월 26일 미·소공동위원회에서 소련에 의해서였으며, 1947년 10월 28일 그로미코 외상의 한반도 문제에 대한 유엔총회 정치위원회에서, 그리고 11월 13일의 유엔총회 본회의에서 제기되었다. 소련아카데미 동양학연구소(편), 국토통일원(역), 앞의 책, 『蘇聯과 北韓과의 關係, 1945-1980』, pp.60-86.

316) 북한에서의 전차부대의 발전은 1947년 5월 인민집단군 편성 시부터 시작되어 자질이 우수한 병력을 선발하여 교육훈련을 실시하는 한편 1948년 초 소련군 전차사단의 철수 시 잔류한 뾰돌 중령이 지휘하는 소련군 전차부대(전차 150대, 병력 300명) 한인계 소련군 병력의 도움으로 급속히 전술기량을 익혔다. 1948년 11월 뾰돌 중령과 그의 병력은 전차 60대, 자주포 30문, 사이드카 60대, 차량 40대를 남겨 놓고 철수하였으며 이를 바탕으로 1948년 12월 인민군 제115전차연대가 유경수를 연대장으로 평양 부근 사동에서 창설되었다. 이 전차연대는 2개 전차대대, 자주포병대대, 공병중대, 정찰중대, 수송중대, 의무

연대로 증편하였다.

　이때 북한은 이원화된 군사 체제를 유지하였다. 즉 인민군은 민족보위성에서, 보안대와 국경경비대는 내무성에서 각기 관장하였다. 그러나 어느 것을 막론하고 소련군의 철수 때까지 소련군 정치사령부에서 주요한 역할을 담당하였으며 이후에는 소련군사사절단이 북한의 군사업무에 관여하였다. 이렇게 군사업무 체계를 정비한 북한은 소련군의 장비를 인수받고 이어 중국으로부터도 군사지원을 받아 급속히 군비를 확장해 나갈 수 있었다.[317]

　소련 군사고문관은 1948년 말 2천 명 정도까지 증강되었으나, 소련군 철수와 동시에 대대 급까지만 고문관을 유지함으로써 1949년부터 군사고문관은 크게 감소하였으며 그 대신 특별군사사절단이 파견되어 인민군의 전력 증강을 지도하였다.[318]

　한편 소련은 1948년 12월 25일 북한 주둔군의 최종 철수를 보도하면서 미군 철수를 압박하였다. 그러나 모스크바에서는 인민군 전력증강에 관한 구체적 대책을 마련하고 있었다. 즉 소련 국방상 주제하에 북한·소련·중국의 군사대표자 전략회담을 개최하였는데, 이 회담에서 향후 18개월 내 북한인민군을 강력한 군대로 양성할 것을 합의하였다.[319]

　이에 따라 소련은 초대 주북한 대사로 임명된 스티코프 대장을 단장으로 5명의 장성과 12명의 대령 그리고 20여 명의 중령·소령·대위 등 총 40여 명으로 구성된 군사사절단을 12월 말에 북한에 파견하였다. 이때 파견된 소련군 장군들 대부분은 기갑전문가였다. 이 사절단은 도중에 하얼빈에서 북한과 중국의 실무진과 만나 동북의용군의 귀국가능성을 확인한 뒤 1949

　　파견대로 구성되었다. 戰史編纂委員會, 앞의 책, 『韓國戰爭史』 제1권, p.95.
317) 위의 자료.
318) USFIK, *G-2 Rept 7*, p.138.
319) 戰史編纂委員會, 『解放과 建軍』 제1권, 1976, p.705; 최태환, 『젊은 革命家의 肖像』, 공동체, 1989, p.95. 동 회담에서 북한대표로서 민족보위상 최용건, 포병사령관 무정, 북한노동당 중앙검찰위원장 방우용, 하얼빈 보안여단정치위원 주덕 등 6명이었다.

년 1월에 평양에 도착하였다.[320] 이들과 함께 제2차 세계대전의 참전경험
이 있는 소련군 출신 한인병력 약 2,500명이 귀국하여 민족보위성과 북한
인민군 사단에 배치되었다.[321]

이러한 사실은 소련의 대북군사정책이, 같은 시점 미국의 대남한정책의
목표가 전형적인 국내 치안확보에 있었던 점과는 달리, 북한군의 상대적인
우세 또는 적어도 열세하지 않는 전력을 보유하도록 지원하는 데 있음을
잘 보여준다. 이러한 점은 군사고문단과 별도로 북한에 머물면서 군사력
강화를 지원한 소련의 군 병력과 군사전문가의 숫자는 4천 명을 넘어선다
는 사실에서도 확인된다.[322] 그 숫자는 이 무렵 주한미군 잔류 병력이 1개
연대전투단임을 고려할 때 결코 적지 않음을 알 수 있다.

1949년 3월 5일 스탈린은 모스크바를 방문한 김일성 등 북한대표들과 북
한경제지원, 군사력 증강 문제를 논의하였다.[323] 이 회담에서 경제협력과 무
역, 1949-50년도 무역협정, 기술지원, 문화교육 분야의 협력, 북한의 아오지
에서 소련의 크라스키노 사이 철도 건설, 군사력 건설 등에 관해 협의하였다.

---

320) Kyrio Kalinov, *How Russia Built The North Korea Army*, The Reporter,
September. 26. 1950, 「蘇聯은 어떻게 北韓人民軍을 建設했는가」 『北韓』 1988
년 6월호, pp.51-65. 1949년 초 평양에 파견된 약 35명의 소련특별군사고문단
의 구성은 기갑병기의 권위자인 4명의 장군을 포함, 상륙작전의 전문가 및
정보, 포병, 수송, 보급의 전문가들이었다. 張浚翼, 앞의 책, pp.199-200. 이들
은 인민군 기계화 부대가 사용할 유류문제 해결을 검토하여, 소련으로부터
원유수송이 용이한 원산 부근에 연 10만 톤의 정유공장을 건설하고 또 함흥
항으로부터 수송이 용이한 장진호 부근 지하에 연 12만 4천 톤의 정유공장을
건설할 것을 협의하였다.
321) Kyrio Kalinov, 위의 논문, p.62.
322) 소련군총참모부, 「군 철수 이후 잔류인원 보고」(1949.2.18), 러시아국방부중앙
문서고, 자료번호23, 목록번호173346, 문서번호73, 195.
323) 수행단 구성은 외상 박헌영, 부총리 홍명희, 국가계획위원장 정준택, 교육상
백남운, 통신상 김연주, 상업상 장시우, 주소 대사 주영하 등이었다. 유문화
(편), 『해방후 4년간의 국내외 중요일지』, 민주조선사, 1949, p.237; 볼코고노
프, 한국전략문제연구소(역), 『스탈린』 세경사, 1993, pp.365-369.

특히 이때 김일성의 무력통일안에 대한 스탈린의 태도가 주목된다.[324]

스탈린은 북한군이 한국군에 대해 절대적인 우위를 확보하지 못한 상황에서 '선제'공격을 해서는 안 된다는 입장을 밝히고 있다. 그 이유로 북조선인민군은 남조선군에 대해 확실한 우위를 확보치 못하고 있고 수적으로도 불리하며, 남조선에 아직 미군이 존재하며 남침을 하면 미군이 개입할 것이고, 소련과 미국의 38도선 분할협정이 유효하기 때문에 먼저 위반하면 미군 개입을 막을 명분이 없다는 것을 들었다.[325] 또한 스탈린은 남한에 대한 공세적 군사 활동은 남한의 침략을 격퇴하는 경우에만 이루어질 수 있다는 점을 재삼 강조하였다. 즉 북한이 북침에 대비한 방어력에 비중을 두어야 한다는 것이었다.

이 회담에서 소련은 북한의 경제부흥발전 계획을 위해 북한에 4,000만 달러의 차관 및 기술지원, 전문가 파견 등의 문제에 합의하였다. 당시 차관액 거의 대부분은 무기 및 장비구입에 사용되었다.[326]

스탈린은 회담에서 남한의 군사력, 주한미군, 38도선 무력충돌 등에 관해 많은 관심을 가졌으며, 북한의 해군과 공군 지원, 북한군 중 일부를 소련군 사학교에 위탁 교육할 것을 약속하였다.[327] 합의된 구체적인 지원사항은 곧이어 3월 12일 개최된 김일성과 국방상 불가닌과의 회담에서 구체적으로

---

324) 「중앙위원회 정치국 제68회 회의 의사록」(1949.3.18), 『러시아 外交文書』 제3권, p.15: 「스탈린 동지와 해결해야 할 김일성의 질문」(수기로 기록), 같은 자료 제3권, p.11.

325) 「모스크바의 새증언」(1), 『서울신문』 1995.5.15일자.

326) 「김일성·스탈린회담 속기록」(1949.3.5), 『러시아 外交文書』 제3권, pp.6-12.

327) 「김일성·스탈린 회담 속기록」(1949.3.5), 『러시아 外交文書』 제3권, pp.9-10: 「모스크바가 스티코프에게」(1949.6.4), 같은 자료 제4권, pp.28-31. 그 내용은 6개 보병사단과 3개 기계화부대편성에 필요한 무기 및 장비의 추가원조, 7개 기동보안대대편성에 필요한 장비의 추가 원조, 공군이 충분히 훈련되었을 시 정찰기 20대, 전투기 100대, 폭격기 30대를 추가원조, 120명의 특별군사고문단을 1949년 5월 20일까지 파견하고, 10억 원에 해당하는 물자를 지원한다는 등이었다.

논의되었다.[328]

이와 같은 합의 내용을 골격으로 3월 17일 소위 '지원의 성격, 소련에서의 북한군 교육 및 경제관계의 발전과 기타 문제들에 관한 조·소 협정'이 체결되었다. 그러나 당시 이들 간에는 '경제·문화협정'이 체결된 것으로 공식 발표되었을 뿐이었다. 그러나 아직 학계 일부에서는 당시 군사비밀협정도 체결되었을 것이라는 추론하고 있었으나, 당시 협정의 중점이 군사력 지원에 있었음이 확인되었다.[329]

한편 소련 측은 주한미군 철수 직후인 1949년 8월 김일성으로부터 "미군이 철수한 이후 38도선은 의미가 없고 인민군의 전력이 우세하며, 더욱이 남한이 조국전선의 평화제의를 거부하고 있으므로 우세한 인민군의 전력을 바탕으로 공격할 수밖에 없다"는 요지의 계획을 듣고 다음과 같은 반대 입장을 표명하였다.[330]

> 현 상태로는 북한은 남한과 비교해 볼 때 남침에 필요불가결한 우월한 군사력을 보유하지 못하고 있는바 현재 남침은 준비되지 않았음을 인정해야 한다. 그러므로 전투적인 시각에서 이를 승인하기 어렵다. 따라서 한국의 통일투쟁을 위한 현안의 과제는 반동체제의 파괴와 전 한국의 통일과제 달성을 위한 남한에서의 전 인민 무장봉기 확산전개와 향후 북한인민군의 강화에 최대한의 힘을 집중시켜야 한다.[331]

이어 소련 측은 북한의 삼척 '해방구' 건설 문제와 옹진반도 점령 계획 등 제한적인 공격계획에 대해서도 반대의 입장을 분명히 하였다.[332] 그 구체적인 이유는 "현재 한반도에는 2개의 국가가 존재하며 그중 남한은 미국

---

328) 「김일성·불가닌 회담록」(1949.3.12), 國防軍史硏究所 소장(사본).
329) 「김일성·스탈린 회담 속기록」(1949.3.5), 『러시아 外交文書』 제3권, pp.8-11.
330) 「스티코프의 보고」(1949.8.12), 『러시아 外交文書』 제2권, pp.10-11; 「툰킨의 전보」(1949.9.14), 같은 자료 제3권, pp.31-32.
331) 「주한 소련대사에게 보내는 지시」, 위의 자료 제3권, pp.51-52.
332) 「스티코프 보고」, 『러시아 外交文書』 제2권, p.4.

및 기타 국가에 의해 승인되어 북의 공격 시 미국이 남한에 무기 탄약 공급뿐 아니라 일본군의 파견을 통해 남을 지원할 가능성이 있으며, 또 북한의 대남공격은 미국에 의해 대소련 모험전에 이용될 수 있고, 정치적 측면에서 북의 공격은 남북한 인민 대다수의 지지를 얻을 수 있으나 군사적 측면에서 볼 때 북은 아직 남에 대해 압도적 군사력을 갖추지 못하고 있으며, 남한은 이미 상당히 강한 군대와 경찰을 창설하였다"는 것이었다.[333]

즉 자칫 대남공격이 장기화될 경우 미군 개입의 빌미를 제공하게 된다는 점에 소련은 유의하였다. 9월 24일 스탈린은 스티코프 대사를 통해 소위 민주기지를 강화, 즉 남한 내에 빨치산 활동을 강화하고 '반동체제'의 파괴와 남한에서 인민봉기의 확산, 인민군의 증강에 최대한 힘을 집중하도록 전달하였다.[334]

소련공산당 중앙위는 1949년 9월 24일 남한공격 시기가 적절하지 못함을 지적하면서 평화통일 가능성을 너무 도외시하지 말 것을 강조하고 있다.[335] 이러한 사실은 적어도 소련이 이때까지도 미·소공위에서 합의된 사항에 관하여 대단히 조심스런 입장이었으며 특히 미국을 자극하지 않으려는 입장을 가지고 있었음을 알 수 있다.

김일성이 소련의 방침과 무관하게 1949년 10월 14일 대규모 병력을 동원

---

333) 「툰킨의 보고」(1949.9.12), 『러시아 外交文書』 제3권, p.32. 툰킨은 아직 내전이 시기적으로 부적절하고 인민군 또한 승리할 만큼 강하지 않다고 분석한 반면 김일성은 남한전력을 높지 않게 평가하고 있었음을 짐작할 수 있다.

334) 「모스크바가 스티코프에게」(1949.9), 『러시아 外交文書』 제3권, pp.51-53. 1949년 9월 24일자 공산당 중앙위의 지침에서는 "북한의 공격은 미국이 북한의 침략문제를 유엔총회에 제의하여 유엔으로부터 미군의 남한파병에 대한 승인을 받아낼 수 있는 구실을 제공할 수 있을 것"으로 반대이유를 제시하였다. 스티코프는 8월 12일에서 10월 4일까지 모스크바에 체류하고 있었다(위의 자료 제2권, pp.4-6). 아마 그것은 중국 공산당정부의 수립, 소련의 원폭실험과 관련한 소련의 중요 정책 토의의 목적이 아니었는가라고 추론된다.

335) 「소 연방공산당 중앙위원회 회의록」(1949.9.24), 『러시아 外交文書』 제3권, pp.50-52.

하여 옹진을 공격하자, 소련은 이 사태처리에 대해서 미국보다 훨씬 더 조심스런 입장을 갖고 있었다. 스티코프에게 북측의 옹진공격의 사전계획과 행동에 관하여 보고하지 않은 사실에 대해 소련 중앙인민위원회는 "38도선상의 충돌을 일으키지 말라는 본부의 명령을 충실히 이행할 것"이라고 주의를 하달하였다.[336]

그럼에도 불구하고 소련은 이와 같이 북한의 공세적 행동을 견제하고 있었던 태도와는 달리 이미 내부적으로는 장차 다가올지도 모를 전쟁에 대비한 다음과 같은 행동지침을 마련하고 있었다.

> 전쟁이 시작될 경우에 대비해 북조선에 있는 해군기지와 공군부대를 폐쇄할 것. 우리가 전쟁을 원치 않는다는 것을 전 세계에 과시하고 또한 적을 심리적으로 무장 해제시키며 전쟁이 시작될 경우 우리의 개입을 방지하기 위해서이다[337]

이와 같이 소련은 전쟁의 가능성을 예상하고 전쟁이 발발할 경우 대외명분상 자국의 개입흔적을 남기지 않는다는 것이었다. 다른 한편 중국과도 이와 같은 문제를 협의하였다. 스탈린은 1949년 12월 16일 모스크바를 방

---

336) 「모스크바(스탈린: 필자 주)가 스티코프에게」(1949.10.26), 『러시아 外交文書』 제3권, p.54. 스탈린은 스티코프에게 "귀 직에게는 중앙의 허가 없이 북한정부에게 남한에 대항하는 적극적인 활동을 추천하는 것이 금지되어 있으며, 38도선에서 일어나는 사건과 계획된 모든 활동에 대해 본부에 바로 보고서를 제출하도록 지시하였으나, 이러한 지지들이 제대로 이행되지 않고 있다"고 경고하였다. 「그로미코가 스티코프에게」(1949.11.20), 『러시아 外交文書』 제3권, p.57. 김일성의 무력통일론에 관한 평가에서 "김일성이 1949년부터 전쟁을 구상하고 추진하였지만, 그는 아직 9월까지는 전쟁을 적극적으로 시도하려고 하지 않았다고 평가하고 북한리더십은 내부적으로 1949년 말에 전쟁에 대한 합의나 결정이 이루어졌다고 추정되고 있다"는 분석이 있다(朴明林, 앞의 논문, p.57, p.93). 그러나 이는 김일성과 박헌영이 적어도 1949년 1월 17일 이전부터 입장을 분명히 갖고 있었으며 다만 선제공격에 관한 스탈린으로부터 합의를 얻지 못하였고, 그 이후 지속적으로 합의를 얻어내기 위하여 노력하고 있음을 간과하고 있다.
337) 「모스크바 새증언」(1), 『서울신문』 1995년 5월 15일자.

문한 중국 모택동과 1950년 2월 17일까지 2개여 월 동안 회담을 가지고 '중·소 우호동맹상호조약', '장춘 철도·여순 및 대련에 관한 협정', '차관협정'을 체결하였다.[338]

스탈린·모택동 회담은 발표된 바와 같이 표면적으로는 '중·소' 양국 간 문제에 국한된 것 같으나, 당시 국제 및 동아시아 정세로 보아 냉전체제 하의 양국 간 결속 다짐은 물론 세계 공산화를 위한 역할 분담을 협의하였을 것이라고 추정되고 있다. 뿐만 아니라 김일성의 발언으로 미루어 북한의 남침전쟁지원 문제가 심도 있게 다루었음도 알 수 있다. 1949년 말의 스탈린·모택동 회담은 소련의 핵실험 성공과 중국 공산정부 수립에 따른 세계전략 재편과 깊은 관련이 있는 것이었다.

소·중 회담 직후 "모택동 동지와의 회담에서 우리는 북조선의 군사력과 방어능력을 증대시키기 위해 이를 도울 필요성과 방안에 대해 논의했음을 통보했다"[339]는 스탈린이 스티코프에 하달한 전문으로 보아 소·중 간에 북한군의 병력 증강에 대해 긴밀한 협의가 있었음을 알 수 있다.

이와 관련하여 소련은 1950년 2월 북한의 추가 3개 사단을 조직할 각종 장비, 탄약, 기자재 등을 도입하기 위하여 1951년도 차관분 1억 3,000만 루블을 1년 앞당겨 집행할 수 있도록 하는 데 합의하였다.[340] 이들 장비의 도입은 1950년 4월 김일성의 모스크바 비밀회담을 계기로 더욱 촉진되었다.[341]

1950년 4월 스탈린은 김일성과의 비밀회담에서 남북한 통일의 방법, 북

---

338) 國防軍史硏究所(역), 『中共軍의 韓國戰爭』, 1994, p.93. 모택동 자신도 대만해방이 북한에 대한 군사지원과 밀접히 관련되었음을 강조하였다. 미국의 한국침략은 대만, 베트남 및 아시아 침략활동의 일부분으로 연결되었기 때문에 미국을 조선에서 저지시킬 수 없을 때 마수가 대만에까지 뻗어 해방이 어려워진다는 것이다(姚旭, 「抗美援助的英明決」, 한양대 중소연구소 편, 『中蘇硏究』 제8권 4호, 1984, p.22).

339) 「스티코프가 비신스키에게」(1950.1.19), 『러시아 外交文書』 제3권, pp.60-62.

340) 「스티코프의 보고」(1950.2.7), 위의 자료 제4권, pp.46-48; 「스티코프가 비신스키에게」, 같은 자료, p.49.

341) 朱榮福, 『朝鮮人民軍의 南侵의 敗退』, ユリア評論社, 1979, pp.212-232.

한 경제개발의 전망, 그리고 공산당 내부문제 등에 관하여 협의하였다. 이
때 스탈린의 입장은 "국제환경이 유리하게 변하고 있음을 언급하고 북한의
통일과업을 위한 선제남침을 개시하는 데 동의"하였다. 그러나 이 문제의
최종결정은 "북한과 중국에 의해 공동으로 이루어져야 하며 만일 중국 측
의 의견이 부정적이면 새로운 협의가 이루어질 때까지 결정을 연기"하기로
합의한다는 것이었다.[342]

스탈린의 조건부 수용방침을 고려한 김일성은 다음 달인 5월 13일 모택
동을 방문하여 전쟁을 위한 구체적인 행동지침, 미군과 일본군의 참전가능
성 문제 등에 관하여 토의하였다. 그 밖에 우호동맹상호원조 조약은 통일
후에 체결하기로 합의하고 5월 16일 평양으로 돌아왔다.[343]

한편 북한수뇌와 가진 회담에서 공군력의 지원을 강조한 북한의 요구를
수용한 소련 군사전문가들은 항공기를 추가로 공급하기로 결정하였다. 반면
지형을 고려하여 전차부대는 1개 사단으로 축소 조정하는 등 현지 실정에
부합되게 조정하면서 김일성·스탈린 회담의 합의사항의 이행에 착수하였
다.[344] 4월부터 소련에서 도입된 신형장비의 조작훈련 및 대부대훈련에서
나타난 결점을 보충하면서 소련고문단은 북한군의 부대훈련을 실시하였다.

이렇게 소련군 장교들에 의해 편성 훈련되고 소련 공급 장비로 무장하는
등 그들의 강력한 지원을 받은 인민군은 1950년 전쟁 직전까지 육군 10개
보병사단, 해군 3개 위수사령부, 공군 1개 비행사단 규모의 군대로 성장하

---

342) 『러시아 外交文書』 제2권, p.9, pp.23-24. 스탈린은 미국의 개입을 막을 명분
    으로서 "적들이 조만간 먼저 공격해 올 것이오, 그러면 절호의 반격기회가
    생깁니다. 그때는 모든 사람이 동지의 행동을 이해하고 지원할 것이오"(「모
    스크바의 새증언」(1), 『서울신문』 1995년 5월 15일자)라고 하여 소련의 미국
    개입에 대한 우려는 한국보다 월등한 군사력을 확보하여 '남조선 해방이 앞
    당겨질수록 미국의 개입기회는 그만큼 줄어든다'는 1950년 7월 1일자 전문에
    서 밝혀졌다.(「모스크바의 새증언」(9), 『서울신문』 1995년 6월 2일자).
343) 「주중 대사 로신이 스탈린에게」(1950.5.15), 『러시아 外交文書』 제2권, pp.24-27.
344) Kyrio Kalinov, 앞의 논문, p.64.

였다.[345]

이 무렵 작성된 남침공격 작전계획은 북한군 총참모부(강건)와 소련 군사고문단(바실리예프)이 중심이 되어 완성된 것이었다. 이 계획은 1개월 기간으로 3단계로 구성되었고,[346] 마지막으로 스탈린은 6월 16일 스티코프를 통해 동의하였고 남침 일자는 6월 25일로 정해졌다.[347] 이 결정과정은 바로 북한이 왜 1950년 6월에 공격하기로 하였는가를 시사해 주는 대목이다. 소련과 중국의 입장에서는 핵의 보유, 중국과의 유대강화문제 이외에도 당시 논의되던 미국과 일본 사이의 평화조약에 자극을 받았을 것이며, 전 한반도로의 공산통제 확대로 미·일 동맹체제의 전략적 가치를 상쇄하려고 의도하였을 가능성은 크다고 보인다.[348]

소련이 북한·중국과 전쟁계획을 최종적으로 결정할 때 가장 우려한 사항은 미군의 개입가능성 여부였다. 북한정권과 소련고문관들은 8월 15일 해방 5주년 기념일까지 서울에 새 공산정부를 수립하는 데 시기적으로 알맞게 남한 점령을 완료하고 선거를 마칠 수 있을 것으로 예상하였다. 즉

---

345) 주북한 소련 군사고문단은 1948년에는 북한군 각 사단에 150여 명씩 총 3,000명 정도가 있었으며, 1949년에는 각 사단에 20여 명으로 감소되고 1950년에 들어 각 사단 3-8명 정도가 잔류하고 있었다. U.S. Department of State, *North Korea*, USGPO, 1961, p.114. 1950년 3월 1일 현재 북한군에 배속된 소 군사고문단의 총수는 239명이었으나 148명만이 북한에 잔류해 있었다. 『東亞日報』 1995년 6월 20일자.

346) 「주중 대사 로신 보고」(1950.5.15), 『러시아 外交文書』 제2권, p.26.

347) 「스티코프가 스틸린에게」(1950.6.21), 『러시아 外交文書』 제2권, p.29; 볼코고노프, 전략문제연구소(역), 『스탈린』, 세경사, 1993, pp.372-373.

348) 梁寧祚, 앞의 논문, 「韓國戰爭과 日本의 軍事的 役割」, p.34. 이 무렵 극동지역에 대한 미국의 관심은 미일평화협정에 집중되고 있었다. 1950년 6월 중순 미 국방장관 존슨 일행은 합동참모의장 브래들리와 함께 극동과 태평양 군사시설을 확인하기 위해 순회하였으며 도쿄에서 맥아더와 광범한 토의를 가졌다. 이 토의의 주제는 주로 대일 평화협정에 관한 것이었지만 대만의 중요성도 아울러 강조되고 있었다. James F. Schnabel·Robert J. Watson, *The History of the Joint Chiefs of Staff*(Joint Chiefs Staff: 1978), 戰史編纂委員會 역, 『美合同參謀本部史 韓國戰爭』(상), 1990, pp.44-45.

1950년 6월 말에 전면 공격으로 신속히 서울을 점령하고, 인민봉기를 유발하여 한국정부를 전복하는 한편 인민군이 신속히 남해안까지 진격하여 증원되는 미군의 한반도 상륙을 막아 1개월 내에 전쟁을 종결시키며, 8월 15일 해방 5주년 기념일까지 서울에 통일된 인민정부 수립을 목표로 설정하였던 것이다.349)

따라서 바실리예프 중장을 비롯하여 소련 군사고문관들은 개전 직전까지 북한군에 배속되어 전쟁준비에 참여하다가 북한군의 공격작전이 예정대로 진행되는 것을 확인하고 소련의 개입흔적을 지우기 위해 후방으로 잠적하였다. 아울러 모스크바는 주북한 소련대사관의 암호전문도 기밀유지상 바람직하지 못하므로 향후 일체의 암호전문을 사용하지 않도록 지시하였다.350)

따라서 소련의 한반도의 군사정책은 미·소공위가 최종적으로 결렬되기 이전까지는 한반도가 소련을 공격하기 위한 전초기지가 되어서는 안 되며 장차 소련에 우호적인 정부를 구성한다는 것이었다. 그러나 미국에 의한 남한만의 단정이 가시화되면서 소련은 남한의 '반동체제' 파괴와 전 한국의 통일과제 달성을 위한 전 인민 무장봉기 확산, 북한인민군의 강화 등에 비중을 두고 북한을 지원하였다. 그 후 소련은 자국의 핵실험 성공과 중국공산정부의 수립으로 국제정세가 유리하다고 평가하면서 1949년 말—50년 초 북한과 선제남침에 의한 통일된 인민정부 수립문제를 최종 합의하고 전쟁준비를 적극 지원하였다.

---

349) FEC GHQ, *History of North Korean Army*, 1952(미간행), p.4.
350) 『러시아 外交文書』 제2권, p.29; 『東亞日報』, 1995년 6월 20일자.

제2절 남한의 군사력 증강과 반공체제 강화

1. 군사력 증강과 대미 관계

1) 한국군의 증강

단정 수립 전후 남북한의 군비증강은 해방 직후부터 계속된 것이었으며, 그것은 전술한 바와 같이 미·소의 대한정책과 깊은 관련 속에서 이루어져 왔다. 본 절에서는 미·소정책과 관련하여 남북한 군사력의 불균형 과정과 그 실태를 중심으로 살펴보고자 한다.

해방 직후 북한에서는 1945년 10월 모든 사설 군사단체를 해산하고 2,000여 명의 보안대를 창설하였다. 반면 같은 시점 남한에서는 군대 창설의 기미는 나타나지 않았다.[351] 북한 주둔 소련군이 먼저 행동을 취하기 시작한 것이었다.

남한 측에서는 1946년에 들어 1월 15일 사설 군사단체가 해체되고 남조선국방경비대가 창설되었다. 이것은 정규 육군을 예상한 조치였으며 다만 모스크바삼상회의의 협정 내용을 고려하여 정규군 창설계획을 보류한 것이었다.[352] 경비대 병력은 1946년 말 현재 5,000명 수준에 도달하였다. 북한 측에서는 철도보안대(북조선철도경비사령부)가 조직되었고, 1946년 8월 15일에는 정규 육군인 인민군의 전신으로서 보안간부훈련대대가 창설되었다.[353] 경찰병력을 제외한 지상군 병력이 1946년 말 현재 20,000여 명에 이르고 있다.

351) 「하지가 맥아더에게」(1945.11.2), 미국무성, 김국태(역), 『解放 3年과 美國』, 돌베개, 1984, p.120.
352) Sawyer, *Miltary As Visors in Korea*, USGPO, 1962, pp.12-17.
353) 전사편찬위원회, 『한국전쟁사 제1권』, pp.87-91.

남한 측에서는 1947년에 들어 조직이나 구성에는 변화가 없었으나 조선경비대 병력은 20,000명으로 증가되었다. 북한 측에서 보안간부훈련대대부가 인민집단군으로 개편되어 2개 보병사단과 1개 독립혼성여단의 편제를 갖춤으로써 정규 육군으로 발전하였다.[354] 또 1947년 7월 38도선 경비대를 조직하여 보안대 병력에 추가시키는 등 대체로 1947년에도 북한의 병력 수가 앞서고 있었다. 소련 점령군의 병력은 1947년 10월 2개 사단 병력으로 감축되었으며, 미 점령군의 병력은 1947년 9월 현재 역시 2개 사단(45,000)이었다.[355]

1948년에 들어 남한의 병력추세는 2배로 확장되어 총 88,490명에 이르고 있다. 북한의 경우 2월 8일 정규 육군인 '조선인민군'을 창설하고 9월에는 조선 만주국경경비대를 조직하여 보안대의 병력에 추가시켰다. 그리하여 1949년 2월 3일 현재 총 병력이 86,040명에 이르고 있었는데 이는 1948년 한 해 동안 2배 이상 증강되었음을 보여주고 있다.[356]

1948년 8월 15일 남한정부의 수립과 더불어 한국군은 헌법 제6조 "대한민국은 모든 침략적인 전쟁을 부인하며 국군은 국토방위의 신성한 의무를 수행함을 그 사명으로 한다"[357]는 내용에 따라 조선경비대는 국군으로서의 사명을 갖게 되었다. 정부조직법에 따라 국방부가 육·해·공군의 군정을 담당하였다. 초대 국방부장관으로 광복군계 이범석이 취임하여 광복군·일본군·만주군 출신 등의 다양한 군사경력자들을 확충하기 시작하였다.

따라서 조선경비대는 육군으로, 해안경비대는 해군으로 각각 개칭되어 정일권, 신응균 등에 의해 기초된 국군조직법(11월 30일 법률 공포)에 따

354) 위의 책, pp.91-92.
355) 「제이콥스가 국무부에게 보낸 전문」(1947.10.8), FRUS 1947, Vol.Ⅶ, pp.948-950;
「포레스탈이 국무부에게 보낸 전문」(1947.9.29), FRUS 1947, Vol.Ⅵ, p.825.
356) NSC8/2(1949.3.22), FRUS 1949, Vol.Ⅶ, p.974; 「무초가 국무성에 보낸 전문」, FRUS 1948, Vol.Ⅵ, p.1333.
357) 戰史編纂委員會, 『國防部史』 제1집, p.399.

라 국방군으로서의 체계를 갖추게 되었다.[358] 국군조직법에 따라 군은 기능에 따라 육군과 해군으로 조직하되 통수권을 대통령이 장악하고, 역종에 따라 정규군과 호국군(예비군)으로 구분하였다. 미국의 대한정책(NSC 8/2)상 지원불가 원칙에 따라 공군은 창설되지 못하고 육군에 항공부대로 두었다가 독립시킬 수 있도록 하였다.[359]

국방장관이 군정권을 행사하고 참모총장이 전군에 대한 군령권을 행사하였으며 참모총장의 명령을 받아 총참모장이 각 군을 지휘 감독하였다. 당시 육군은 소화기로 장비한 5개 여단에 15개 연대를 보유하였으며 해군은 2개 특무정대에 대소 함정 105척이었다.[360]

곧이어 제정된 직제령에 따라 국방부는 최초 5개국(1-4국, 항공국)으로 편성하고 참모총장을 의장으로 하는 연합참모회의를 구성하였으며 각 군 본부에는 필요한 참모부와 감실을 둠으로써 국방부와 각 군 본부의 조직을 완료하였다.[361] 단정 수립 직후 당시 한국정부가 판단한 방위전력의 규모는 북한과 만주로부터의 위협까지 고려하여 총 23만으로 추정하고 있었다.[362]

[표 1] 한국군의 전력 소요 통계표(1949.1월)

육군	상비군	100,000명
	예비군	100,000명
해군	상비군	10,000명
	예비군	10,000명
공군	육군으로부터 분리 독립된 군으로 유지 전략 부대: 1개 비행사단 해공군 파견대: 소규모 부대	

---

358) 「國軍組織法」 法律 第9號」(1948.11.30), 『國防關係法令集』(1), pp.47-490.
359) 위의 자료, pp.49-50.
360) 戰史編纂委員會, 앞의 책, 『國防部史』 제1집, p.401.
361) 위의 책, pp.399-402.
362) 「내무장관 신성모가 미 육군장관 로얄에게」(1949.2.8), 위의 책.

이와 같이 한국군은 정부 수립 직후 국방군으로서 조직과 편제를 갖추고
안보를 강화하고 있었으나 당시 예상소요 전력의 확보에는 크게 미치지 못
하고 있는 편이었다. 이는 전술한 바와 같이 미국이 한국군 기능의 중점을
내부안정화를 위한 '치안유지'에 두었기 때문이었다. 뿐만 아니라 여순사건
과 21개월에 걸친 숙군작업 등을 통해 사상대립의 진통과정을 겪지 않을
수 없었다.[363] 또한 이 시기에 미군의 철수도 동시에 이루어짐에 따라 대
북 위기감도 크게 증가되고 있었다.

2. 내부 안정화와 자위력 확보 노력

1) 주한미군 철수와 대응

1947년 9월 26일의 미·소공동위원회 회담 시 한반도에서의 외국군을
1948년 초에 동시 철수시키자는 소련의 주장에 따라 점령군의 철수문제는
공식적으로 제기되었다. 이러한 일방적인 주장은 통일임시정부의 수립과
신탁통치에 대한 논의라는 미·소공동위원회의 본래의 목적에서 벗어난 것
이었다.[364] 소련은 이미 북한에 남한보다 강력한 정권과 군사력을 설치해
놓았으므로 점령군이 철수하더라도 자신들의 목표가 달성될 수 있다고 판
단하고 자신들의 의도대로 한반도 문제를 처리하려는 것이었다.

이 무렵 미국은 트루먼 대통령의 특사 웨이드마이어의 보고서를 기초로

---

363) 예컨대, 경상남도 일대에서는 오덕준이 현지 국군준비대 대원을 이끌고 경비
    대에 참가하였으며, 경상북도에서는 하재팔이 '전원 공산주의자들'이라고 불
    린 그의 추종세력들을 데리고 가입하였다. 戰史編纂委員會, 『韓國戰爭史』 제1
    권, p.292. 1949년 7월까지 총 4,800여 명의 육군 장교, 사병들이 숙군되었는
    데, 이는 군의 총규모 7만에 비해 대단히 높은 수치이다.
364) 戰史編纂委員會 역, 『美合同參謀本部史』(상), pp.30-36; 鄭一亨, 『유엔과 韓國
    問題』, 신명문화사, 1961, pp.2-6.

철수문제를 검토하면서 한반도에 '부대나 기지를 유지할 전략적 이점이 없고' 미군은 오히려 다른 지역에 필요하다는 판단하에 한반도가 소련의 지배 아래 놓이지 않도록 한다는 전제로 '악영향을 최소화하면서 가능한 빨리' 철수할 수 있는 해결방안을 모색 중이었다.[365]

소련이 제기한 외국군의 철수는 한국문제가 미·소공동위원회에서 유엔으로 이관되면서 한반도에 통일정부를 수립하려는 논의에 포함되어 총회에서 격론이 벌어졌다. 1947년 10월에 유엔한국임시위원단 설치 결의안을 통해 미국은 한국에 통일정부가 수립되면 모든 외국군은 철수한다는 제안을 내놓았다. 이에 대해 소련대표들이 정부 수립 전 외국군의 철수를 주장하였다. 그러나 유엔은 같은 해 11월 14일 미국 안을 채택하여 "독립정부가 가급적 조속히, 가능하다면 90일 이내에 점령군이 한국에서 완전히 철수하도록 점령당사국과 협정한다"는 것을 결의하였다.[366]

이에 따라 미국은 1948년 4월 8일 향후 수립될 대한민국 정부와의 관계 설정에 있어 기존의 방침대로 미군의 철수를 가능하게 하는 수단으로써 실행 가능한 범위 내의 지원을 한다는 방안을 채택하고 이해 말까지 군사력을 철수시킬 수 있는 모든 조건을 만들어 나갈 것을 결정하였다. 따라서 미국은 한국정부를 지원하며 경제원조를 제공하고, 전면전이 아닌 외부의 침략에 대응할 수 있도록 미군 철수 전에 경비대를 증강하되 철수는 1948년 8월 15일에 개시하여 12월 31일까지 종료하도록 계획하였다.[367]

이렇게 한반도에서 소련군 및 미군의 철수문제가 제기되어 그 이행이 기정사실화되어 가는 시기에 신생공화국 정부와 국회는 미군 철수 반대 내지 연기라는 입장을 주장하였다.[368] 당시 북한이 사단 급의 부대를 보유한 데 비하여 한국군은 연대 급 부대밖에 편성하지 못한 상황이었으므로 주한미

---

365) 「웨이드마이어의 보고」(1947.9), *FRUS 1947*, Vol.Ⅵ, pp.796-803.
366) 외무부, 앞의 책, 「韓國外交 20年 附錄」, pp.279-285.
367) 「NSC 8」(1948.4.2), *FRUS 1948*, Vol.Ⅵ, p.1168.
368) 『國會速記錄』 제2회 제24호(1949.2.7).

군의 철수는 국가안보상 위기로 인식하고 있었다. 따라서 미군 철수의 대
안으로 방위력의 증강을 위한 군사원조 획득에 주안점을 두게 되었다. 미
국정부도 주한미군이 담당하였던 역할을 군사원조로써 대체하려는 계획을
세워놓고 있었다. 우선 1948년 8월 24일 '한·미 간에 잠정적 군사안전에
관한 행정협정' 체결을 통하여 주한미군의 철수절차를 협의하고 철수완료
시까지의 한국의 안전을 유지하며 편성 중에 있는 한국군의 조직·훈련 및
무장을 계속한다는 합의를 얻어 내었다.369)

소련군은 1948년 9월 북한정권의 외국군 철수요구를 받아들이는 형식으
로 12월 말까지 철군을 완료할 것이라 발표하고, 미국도 이에 상응한 조치
를 취할 것을 요청하면서 10월 19일부터 철수하기 시작하였다.370) 그러나
주한미군의 철군이 시작될 무렵 여순사건이 발생하였다. 당시 북한이 소련
의 지원하에 군사력을 강화하는 한편 남한 내 게릴라활동을 통해 남한 정
국을 불안하게 하였는데, 한국군이 이에 대처하기엔 열세한 상태에 있었다.
이에 이승만은 트루먼에게 한국군이 충성심으로 단결되고 어떠한 대내외적
인 위협에도 대처할 수 있을 때까지 미군의 철수를 유보해 달라는 요청을
하였다.371)

이범석 국방장관은 1948년 11월 20일 국회에서 미군 철수에 관한 정부의
입장과 전략적 문제점을 지적하고 소련의 동시철군 저의를 폭로하면서 미
군의 계속 주둔 결의안을 채택해 주도록 요청하였다. 이에 국회는 "현하

369) 戰史編纂委員會, 『國防條約集』 제1집, 1988, p.34. 이 협정은 주한미군 철수까
   지 효력을 가지며, 그 내용은 미군이 국방군을 설치하고 훈련시킴에 있어서
   신정부를 원조하고 그것을 수립한 이후 미군의 철수, 군사원조와 한국군의
   훈련, 장비와 보급품 지원, 신생한국이 생존할 수 있는 경제로 발전할 수 있
   기 위한 경제적 원조의 형성 등을 설정하고 있다. Dept. of State, *US Policy
   Regarding Korea*, part3, USGPO, 1976, p.20.
370) 張浚翼, 앞의 책, 『北韓人民軍隊史』, pp.484-487.
371) James F. Schnabel, *Policy and Direction: The First Year*, OCMH, US
   Department of Army, 1972, 육군본부(역), 『정책과 지도』, 1974, p.52.

국내정세에 비추어 대한민국의 방어태세가 정비될 때까지 미군의 남한 주둔이 필요함을 결정함"이라는 결의를 하였다.[372]

이에 앞서 이승만 정부는 유엔임시한국위원단으로 하여금 남북한 사이에 평화교섭이 달성될 때까지 주한미군의 철수연기보고서를 내도록 교섭을 벌였고, 그 결과 10월 30일 보고서가 유엔총회에 제출되었다. 이때 미국으로서는 소련과 보조를 맞추어 이해 말까지 철수해서는 안 된다는 판단하에 그와 같은 문제를 유엔총회의 조치에 위임하겠다는 결정을 해두고 있었다.[373]

1948년 12월 12일 파리 유엔총회의 '대한민국의 수립과 점령군의 철수결의'에서 "점령국들은 가능한 한 빨리 한국으로부터 그들의 점령군을 철수시킬 것을 권고한다"고 결의하였다.[374] 이로써 미군은 철수일정의 융통성을 확보하게 되었으나, 유엔 결의 직후인 12월 25일 한반도에서 소련군 철수가 완료되었음이 발표되자 더 이상의 주둔 명분을 유지하기는 어려운 상황이었다.[375]

따라서 주한미군은 1949년 1월 15일 제24군단을 해체하고 7,500명 정도의 1개 연대전투단과 임시군사고문단(PMAG)만 잔류시킨 채 철수하였다. 연대전투단도 6개월 뒤인 1949년 6월 30일에 철수를 완료하였다. 임시군사고문단은 미군의 철수가 끝나자 1949년 7월 1일부로 군사고문단(KMAG)이 되었다. 이 고문단의 주요 임무는 한국군의 편성과 훈련에 관한 자문과 미 군사원조의 효율성을 보장하는 것이었다.[376]

---

372) 『國會速記錄』 제1회 113호(1948.11.20).
373) 로버트티, 박일영(역), 앞의 책, 『李承晩秘錄』, pp.282-288.
374) 외무부, 『韓國外交 20年 附錄』, pp.292-293.
375) 1948년 12월 25일 주북한 소군의 최종 철수가 보도됨과 동시에 북한에서는 '소련군 철퇴는 전 세계인민의 평화를 실현하고 미 제국주의의 야망을 폭로하는 길'이라는 주제의 전국적인 군중집회가 개최되었다. 「북조선노동당 인제군당 당조회의록」(1949.1~3), SN.849-1
376) Sawyer, 앞의 책, p.249; 安貞愛, 앞의 논문, pp.112-116. 미국의 군사고문단 설치 이유는 대한 군사원조의 효율성 유지와 한국군의 훈련 이외에도 남한이 북쪽에 대한 도발을 하지 못하도록 군비를 축소 통제하여 위기가 발생하지

2) 자위력의 확보노력

남한정부는 국방경비대 병력을 한국군으로 출범시켜야 하는 국면에서 미군 철수가 시작됨에 따라 스스로의 힘으로 방어 전력을 마련해야 하였다. 국방부는 방위전력을 확보하기 위하여 발족 2개월 후인 1948년 10월부터 우선 보병연대의 증편에 주력한 결과 1949년 1월까지 총 6개 여단, 20개 연대를 편성하였다.[377] 그리고 이때 주한미군으로부터 38도선 경비임무를 인수함으로써 비로소 국방군으로서의 성격을 띠게 되었다. 당시 '한·미 잠정행정협정'에 의거 철수하는 미군으로부터 5천 6백만 달러에 해당하는 5만 명분의 소총과 소총탄환, 2천 문의 로켓포, 각종 차량 4만 대, 다수의 경포와 박격포, 포탄 70만 발 등 무기와 장비를 인수할 수 있었다.[378]

그러나 인수한 장비들은 대부분 낡고 성능이 좋지 못한 것들이었다. 즉 장비 중 최대 구경인 105mm M3 곡사포는 구형으로써 북한군의 122mm 야포에 비하여 사거리가 짧았으며, 57mm·37mm 대전차포는 전차를 파괴할 수 없는 것이었다. 현실적으로 이러한 원조 장비로써는 북한과의 군사적 불균형을 극복할 수 없었다. 이는 당시 미국의 군원 기본정책인 "한국군의 조직을 다만 대내적 소요를 다스려 국내치안을 유지하는 한편 38도선 이북으로부터의 공격을 억제할 수 있도록 발전시킨다"[379]고 하는 방침의 결과였다.

뿐만 아니라 5만 명의 인가병력은 1년 전 1948년 3월에 책정된 당시 경비대 병력 수에 근거한 것이었다. 1년이 지난 1949년 3월 경찰병력을 포함한 한국군 병력은 104,000명(육군 65,000명·해군 4,000명·경찰 35,000명) 선을 상회하고 있었으나 장비부족으로 추가증편은 어려운 상황이었다.[380]

　　　　않도록 하는 것이었다.
377) 戰史編纂委員會, 『國防史』 제1집, p.321.
378) 戰史編纂委員會, 『國防條約集』 제1집, p.34.
379) 「NSC 8」(1948.4.2), *FRUS 1948*, Vol.Ⅵ, p.1168.

이때부터 군사적 불균형의 해소를 위한 정부의 대미 군사지원의 획득 노력
이 강화되기 시작하였다. 그 결과 3월 말 육군의 지원병력 수준을 상향조
정하고, 해군에도 약간의 무기와 함정을 제공하며, 6개월분의 수리부속품을
인수받는다는 내용으로 합의를 보게 되었다.[381] 이들 장비와 수리부속품은
1949년 말까지 단계적으로 인도되었다.

그 후 주한미군의 잔류부대 철수에 대비한 남한정부의 방위력 증강은 계
속되어 철군이 완료되었다. 군사고문단이 활동을 시작한 1949년 7월경에는
한국군의 상비군 병력은 10만 명에 이르렀다.[382]

주한 미 군사고문단은 한국군의 모든 대대에 고문단 요원들을 배속시
킬 수 없었다. 왜냐하면 미국이 장비를 제공하기로 한 상한선으로서 3월
에 책정한 65,000명 병력의 한계선에 아랑곳하지 않고 군사고문단의 반대
를 무릅쓰면서 한국정부는 징집을 계속해서 가속시켰기 때문이다. 주한군
사고문단이 창설된 1949년 7월 1일 현재 한국 육군은 81,000명을 상회할
정도로 증강되었고 한 달 후에는 거의 100,000명을 육박하고 있었다.

이때 국방부는 중·소의 지원하에 확장되고 있는 인민군의 위협에 대비
하여 방위전력의 규모를 상비군 10만, 예비군 5만, 경찰 5만, 보충병 20만
등 모두 40만으로 설정하고 소요 장비 획득을 위한 군사외교활동을 강화하
였다.[383] 주한 미대사 무초에 의하면 6월 말 이후 "북한뿐 아니라 남한도

380) 「NSC 8/2(1949.3.22)」, *FRUS 1949*, Vol. Ⅶ, p.978.
381) 戰史編纂委員會, 『國防史』 제1집, pp.321-322.
382) Sawyer, 앞의 책, p.58. 주한미군 철수 시 무기이양에 관한 미군의 입장은
   「東亞日報」 1949년 5월 7일자, 15일자, 17일자, 6월 30일자. 미국은 철수 시
   미군장비의 95%를 이양할 것이라고 하였으며, 철수종료 성명에서 미군이 한
   국에 이양한 장비와 탄약은 5천 6백만 불 상당의 가치가 나가고 5만 명의 한
   국군을 무장시키는 데 충분하다고 발표하였다. 그러나 주한미군이 철수 전에
   보유하고 있던 장비와 또 5천 6백만 불이라는 수치는 현재 확인할 자료가 발
   견되지 않고 있다.
383) 「국무장관의 대화비망록」(49.7.11), *FRUS 1949*, Vol. Ⅵ, pp.1058-1059. 「무초

군사력 증강에 거의 열광적이다"라고 보고하고 있었다.[384]

이러한 정황과 결부되어 이승만은 1949년 8월 20일 트루먼 대통령에게 보낸 서한에서 "미국 관리들은 대한민국이 2개월간의 전투에 충분한 군수품을 보유하고 있다고 하나 대한민국의 각료들은 불과 2일간의 전투에나 충족될 수 있다고 판단하고 있다. 전쟁이 발발할 경우 대규모이고 전면전이 될 것이다. 따라서 다음에 첨부한 목록대로 필요한 무기와 탄약을 보유해야 한다"고 미국의 군사원조가 절대적으로 필요함을 강조하였는데, 이때 제시한 무기 소요 목록을 도표화하면 다음과 같다.[385]

가 미 국무부장관에게」(1949.7.26), *FRUS 1949*, Vol. VI, pp.1066-1067. 이승만은 조병옥 대사에게 세 가지를 거론하도록 지시하였다. 즉 군사력을 6만 5천에서 10만으로 증강하고 별도로 5만 예비대를 확보하는 것, 미국의 군사공약, 그리고 태평양동맹을 보장할 것 등이었다.

384) 「무초가 동북아차장에게」(1949.7.13), *FRUS 1949*, Vol. VI, pp.1060-1061. 이 무렵 북한군의 상황에 대한 스티코프의 보고에 의하면, "평양 방향으로 집중된 인민군 부대는 불충분하다. 왜냐하면 남한 측이 전투를 개시할 경우 3-4개 사단을 집중 배치할 것이기 때문이다"라고 하여 남북한의 군비경쟁이 한층 가속화되었음을 알 수 있다(「스티코프가 비신스키에게」(1949.6.22), 『러시아 外交文書』 제4권, pp.34-37).

385) 戰史編纂委員會, 『국방사』 제1권, pp.527-528; *NSC 8/2 Progress Report*(1949.6.8), 國防軍史硏究所, 『Documents of NSC』 1권, p.58.

[표 2] 한국군 측이 제시한 무기소요 내역표(1949.8.20)

무기명	10만 정규군 소요			30만 예비군 소요		
	필수량	현보유	과부족	필수량	현보유	과부족
M-2 105mm 곡사포	12	0	-12	4	0	-4
M-3 105mm 곡사포	192	85	-107	64	0	-64
M-1 81mm 박격포	684	275	-409	228	0	-228
M-2 60mm 박격포	962	373	-589	321	0	-321
57mm 대전차포	204	117	-87	68	0	-68
37mm 대전차포	72	21	-51	24	0	-24
50구경 중기관총(공냉식)	400	443	+43	135	43	-92
45구경 권총	6,080	4,199	-1881	2,027	0	-2,027
45구경 기관단총	752	692	-60	274	0	-274
30구경 경기관총(공냉식)	618	352	-266	206	0	-206
30구경 경기관총(수냉식)	791	291	-500	264	0	-264
30구경 M1 소총	82,320	40,050	-42,270	17,440	0	-17,440
30구경 카빈소총	33,183	14,746	-18,477	11,061	0	-11,061
30구경 자동소총	2,333	1,091	-1,242	500	0	-779
M1 소총 대검	82,320	27,415	-54,905	17,440	0	-17,440
카빈소총 대검	33,183	14,736	-18,477	11,061	0	-11,061
쌍안 망원경	1,500	913	-587	500	0	-500
2.36″ 로켓트발사기	3,264	1,961	-1,003	1,088	0	-1,088
M1 소총 유탄발사기	-	-	-	-	-	-
카빈소총 유탄발사기	-	-	-	-	-	-
M9 투광수타기	-	-	-	-	-	-

　이와 같이 이승만 정부는 군원확보에 전력을 기울이면서 한편으로 한국군 조직법상의 기본조직인 육군의 사단편성과 해군의 함대 조직 및 공군의 독립을 추진하고 있었다. 육군은 주한미군 본대의 철수 시에 인수한 장비로써 3개 연대를 증편하면서 1949년 5월 12일에 6개 여단을 사단으로 개편하였다. 6월 10일에 다시 제8사단과 수도경비사령부를 창설함으로써 다음의 총 8개 사단을 확보하였다.[386]

386) 육군본부, 『陸軍發展史』(상), pp.206-208.

[표 3] 한국군 사단의 창설과정표(1949.5.12-6.20)

사 단	1949.5.12	사단장	예속연대	위 치	비 고
제1사단	1949.5.12	대령 김석원	제11,12,13연대	수 색	제1여단의 승격
제2사단	1949.5.12	대령 유승렬	제5,16,25연대	대 전	제2여단의 승격
제3사단	1949.5.12	소장 이응준	제22,23연대	대 구	제3여단의 승격
제5사단	1949.5.12	준장 송호성	제15,20연대	광 주	제5여단의 승격
제6사단	1949.5.12	대령 유재흥	제2,7,9연대	원 주	제6여단의 승격
제7사단	1949.5.12	대령 이준식	제1,19연대	의정부	수도사단을 개칭
제8사단	1949.6.20	준장 이형근	제10,21연대	강 릉	
수경사	1949.6.20	대령 권준	제3,8,기갑연대	서 울	

이와 같이 최초의 사단은 3개 연대를 주축으로 본부 및 본부중대·포병대대·공병중대·통신중대·병기중대·병참중대·의무연대로 편제되었다. 그러나 당시 8개 사단 중 4개 사단만이 3개 연대를 갖추고 나머지는 2개 연대로써 편성되었다. 이 중 제1·제7·제6·제8사단과 제17연대가 38도선 경비를 담당하였고 그 밖의 사단은 후방지역 방어 특히 빨치산 토벌작전에 투입되었다.[387] 이들 보병사단의 지원부대 증편에도 유의하여 군정 시기의의 대대급 후방지원부대를 포병단 등 단급 병과부대로 발전시켰다. 그러나 중요한 장비의 부족으로 기능면에서 제약을 받고 있는 편이었다.

한편 국군조직법과 대통령령(1948.11.20)에 근거, 예비군의 편성에도 착수하여 1949년 육군본부에 호국군사령부(송호성 준장)를 두고 같은 해 1월부터 7월까지 지역별로 모두 7개 여단 18개 연대를 편성하였다.[388] 호국군은 생업에 종사하면서 거주지에 주둔한 연대에 소속되어 소정의 군사훈련을 받았다. 그러나 정부는 1949년 8월 6일 "대한민국의 남자는 만 20세에서 만 40세까지 병역의무를 진다"는 국민개병주의를 채택한 병역법의 제정을

---

387) 육군본부, 『陸軍兵站史』 제1집, p.54.
388) 국방부, 앞의 책, 『國防關係法令集』(1), pp.50-51. 국군조직법 제12조에는 "육군과 해군은 정규군과 호국군으로 조직한다"라고 규정되어 있다.

계기로 지원병제에서 의무병제로 전환하면서 8월 31일부로 호국군 제도를 폐지하였다.[389] 그 대신 육군본부에 청년방위국을 신설하면서 대한청년단 조직을 중심으로 청년방위대를 도·시·군·면·동·리 단위로 조직하였으나 훈련이 되지 않아 유명무실하였다. 그 밖에 육군은 북한에서 탈출한 청년들과 귀순 장병들로 수색학교(독립제1대대), 호림부대(영등포학원), 보국대대(제803독립대대) 등 특수부대도 창설하여 남파시킨 유격대와 빨치산 소탕작전에 동원하는 한편 일부는 대북공작에 참여시켰다.[390]

해군은 정부 수립 후 발발한 여·순 사건 진압을 위해 출동하여 해상봉쇄작전과 지상군 지원 작전을 실시하면서 작전경험을 축적하는 한편 해상력을 1949년 2월 1일부로 훈련정대를 포함, 4개 정대로 확대 개편하고 작전해역을 분담하여 해상방위체제를 정비하였다.[391] 당시 해군은 해안경비대 시점 도입된 함정이 대부분 소해정이었는데 그나마 노후하여 근대식 해상장비를 갖춘 전투함의 획득이 절실히 요구되었다. 정부는 미국에 군원을 요청할 때마다 함정지원을 요구하였고, 이에 미국은 약간의 함정과 무기 및 수리부속품의 지원을 약속하였다. 그럼에도 불구하고 1949년 하반기에 이르기까지도 수척의 낡은 함정만 추가 도입되고 각 함정에 37mm 포와 기관총을 겨우 구비할 정도로 현실은 열악하였다.[392]

이에 해군에서는 함정건조 모금운동을 전개하기 시작하였는데 이것이 전국에 확산되어 목표액이 달성되자 손원일 제독 등이 미국으로 건너가 구잠함(PC) 4척을 구매하였다. 그중 1척이 1950년 4월 1일에 진해항에 도착함으로써 해군은 비로소 3인치 포를 장착하고 대잠장비를 갖춘 전투함을 갖

---

389) 「兵力法 法律 第41號」(1949.8.6일 공포), 위의 자료.
390) 戰史編纂委員會, 『國防史』 제1권, pp.354-355. 1948년 12월 19일 그동안 난립하던 청년단체 중 대동청년단, 청년조선총연맹, 국민회청년회, 대한독립청년단, 서북청년회 등 5개 단체와 기타 군소 20여 개의 청년단체를 합하여 대한청년단(단장 신성모)을 구성하였다.
391) 해군본부, 『大韓民國 海軍史』(行政篇), pp.31-32.
392) 위의 책, pp.68-70.

게 되었다.[393] 이에 병행하여 해상작전체제를 구축하고 기지부대의 정비에
도 착수하여 해군은 1949년 6월 25일부로 진해에 통제부를 설치하고 각 기
지를 경비부로 승격시켜 작전 지원체제를 갖추어 나갔다.[394]

또한 해군은 여·순사건 진압지원 작전에서 육전대가 없어 상륙작전을
실시하지 못한 문제점 해결책으로 논의되기 시작한 해병대를 1949년 4월
15일에 진해에서 1개 대대 규모로 창설하였다. 해병대는 곧 진주지구의 빨
치산 토벌작전에 나섰으며 그 후 12월 28일에 제주도로 이동하여 빨치산
토벌작전을 속행하면서 부대의 증편에 주력하였다.[395]

한편 육군의 항공기지부대로 있던 공군은 1948년 9월 1일에 김포비행장으
로 기지를 이동하고 미군으로부터 9월 4일 L-4형 연락기 10대의 인수를 계
기로 9월 13일 육군 항공기지사령부로 개편하였다.[396] 이 항공기는 시속
160.9Km, 항속거리 483Km의 구형 기종이지만 한국공군 역사상 최초의 항공
기였다. 또한 이 항공기는 도입되자마자 곧 여순사건 진압작전에 동원되어
정찰·연락·지휘관 수송임무를 수행하였다.[397] 이 과정에서 항속거리가 긴
항공기가 필요함에 따라 곧 L-5형 연락기 10대를 추가로 인수하였다. 이와
아울러 최용덕, 김정렬 등 항공부대의 지휘관들은 공군의 독립을 위한 준비
를 하였고 그 과정에서 1948년 12월 항공기지사령부는 육군항공사령부로 개
편하고 항공기지부대, 항공비행부대 및 항공사관학교로 전문화하였다.[398]

항공사령부는 1949년 초 이승만 대통령에게 북한공군의 현황을 분석 보
고하고 전투기 확보를 위한 군원을 요청해 주도록 건의하였는데, 이에 대
통령은 무초와 로버츠 고문단장을 통하여 미국정부에 전투기를 포함한 무
기지원을 요청하는 한편,[399] 주미 대사 장면과 특사 조병옥으로 하여금 관

393) 戰史編纂委員會, 앞의 책, 『國防史』 제1권, pp.364-365.
394) 위의 책.
395) 海兵隊司令部, 『海兵發展史』, 1961, pp.221-233.
396) 공군본부, 앞의 책, 『空軍史』 제1집, p.66.
397) 戰史編纂委員會, 앞의 책, 『對非正規戰史』, p.5.
398) 戰史編纂委員會, 앞의 책, 『韓國戰史』 제1권, pp.83-84.

계관들을 이해시키도록 하여 4월 10일 전투기 75대, 폭격기 12대, 연락기 및 정찰기 30대, 수송기 5대 등 3,000명의 병력 육성을 위한 장비를 원조해 줄 것을 요구하였다.[400] 그러나 미국은 이러한 요청을 수용하지 않았으며 공군의 독립에도 여전히 반대하였다. 이렇듯 이 시기 한·미 간의 군사원조 논의에서 쟁점이 되었던 것은 바로 한국공군에 대한 지원문제였다. 공군지원 문제는 정부 수립 직후부터 한국정부가 지속적으로 제기하였다. 그러나 동아시아 도서방위전략에 따라 미국 군부는 한국에는 공군을 배치할 필요성을 인정하지 않았다. 다만 현지에 있던 군사고문단과 대사관 측에서는 이 문제에 대해 본국 정부에 지원을 요청하는 입장으로 바뀌고 있었다. 중국공산군의 조선인 부대의 입북과 북한의 공군력 증강을 위해 소련이 전투기 등을 북한에 지원하고 있던 상황이 한국정부와 남한의 현지 미군관계자들에게는 커다란 위협으로 인식되었던 것이다.

1949년 10월 26일 국무부에 제출한 보고서에서 로버츠 고문단장은 "현재 북한공산주의자들이 보유하고 있는 소련제 고성능 전투기와 야포가 한국군의 사기에 심각한 영향을 주고 있다"고 전제하고 군사지원을 요청하였다.[401] 그 내용은 15개의 4.2″박격포 중대와 3개의 105mm 곡사포 대대의 추가지원, F-51 전투기와 F-6 연습기의 장비 지원, 해안경비대에 적절한 장비 지원 등이었다. 북한의 지속적인 공군력 강화를 확인한 군사고문단은 육군부에 "고문단이 한국공군을 지원하도록 승인할 것과 현재보다 더 많은

399) 『朝鮮日報』 1949년 4월 29일자. 「주한 미대사가 국무장관에게 보낸 전문」, FRUS 1949, Vol.Ⅶ, pp.1011-1012.

400) 「이승만이 트루먼에게」(1949.4.10); 戰史編纂委員會, 『韓國戰爭史』 제1권, p.85. 재인용. 미극동군사령관 맥아더도 "국내질서를 유지하기 위해, 그처럼 큰 군사력을 보유한다는 것은 남북한 간의 전면전쟁을 유발할 가능성을 증가시킬 뿐이며, 또 이러한 군사력은 공산세계로 하여금 남북한 간의 무장분쟁을 일으킨다는 인상을 조성하게 된다"고 하여 반대입장을 표명하고 있었다.

401) 「고문단장 서리 베어드 대령이 국무부에 보낸 서한」(1949.10.26); 安貞愛, 앞의 논문, pp.118-119. 재인용.

비행기의 지원이 필요하다"고 제안하였다.402)

한국정부에서는 1949년 9월 10대의 AT-6 훈련기를 구입하기 위해 20만 달러의 지출을 이미 승인하였으며, 약간의 고성능 비행기와 AT-6 훈련기 및 L형 비행기의 지원을 미국에 요청하고 있었다. 이러한 일련의 정지과정을 거쳐 드디어 그해 10월 1일 한국공군이 공식적으로 창설되었다. 이 기간 이승만은 미국정부에 공군지원을 요청하면서 "한국의 공군력을 절대로 공격 목적에 사용하지 않을 것"임을 분명하게 밝히고 있다.403) 그러나 미국이 소극적인 반응을 보이자, 그는 독자적으로 비행기 구입까지 구상하였다. 한편으로는 미국의 퇴역군인 랜달(Randall)을 고문으로 고용할 것을 고려하였다. 랜달은 이승만의 요청에 따라 한국 공군에 필요한 비행기 대수는 99대라고 제시하였다.404) 이승만은 미국이 공군지원 요청을 거부할 경우 대외무역을 통해 59대의 비행기를 확보할 계획도 세우고 있었다.

이승만 정부는 10월 1일 공군을 육군에서부터 독립시켜 비로소 지금과 같은 육·해·공군 3군 체제로 출발할 수 있게 되었다. 이때 공군은 비행단, 항공기지사령부, 여자항공대, 공군사관학교, 공군병원 및 보급창으로 증편되었다.405) 아울러 이승만은 '애국기헌납운동'을 범국민운동 차원으로 확대시켜 모금운동을 벌였다. 그 결과 1950년 5월 목표액 2억 원을 훨씬 넘는 3억 5천만 원을 모금하여 0.5〃 기관총 2정씩을 장착한 캐나다형 AT-6형 10대를 구입하기도 했다.406) 그런데 이 비행기는 애국심을 고향시키기 위하여 '건국기'라는 명칭이 부쳐졌다. 기지도 종래의 여의도와 김포에서 수원·군산·광주·대구·제주도로 각각 확대해 갔다.

이승만은 미국으로부터 지원 요청을 위해 기회 있을 때마다 계속 문제를

---

402) 「무초가 국무장관에게」(1949.11.8), *FRUS 1949*, Vol.Ⅶ, p.1094.
403) 위의 자료, pp.1093-1094.
404) 「무초가 국무장관에게」(1949.12.1), *FRUS 1949*, Vol.Ⅶ, pp.1102-1103.
405) 「大統領令」第254號, 국방부, 앞의 책, 『國防關係法令集』(1), p.53.
406) 戰史編纂委員會, 앞의 책, 『解放과 建軍』, pp.605-608.

제기하였다. 무초도 20~40대의 F-51 전투기의 지원을 요청했으며, 부득이 여의치 않더라도 한국인들의 사기를 살리기 위해서는 상징적으로 몇 대의 전투기라도 마련해 주어야 한다고 건의하였다.[407] 그러나 이러한 요청에 대하여 미 국무부는 한국문제에 대한 최종 정책교서인 국가안보회의 1949년 3월 23일자 결정문(NSC 8/2)을 근거로 하여 부정적인 입장을 표명하였다.[408] 이러한 부정적인 반응에는 공군력의 확보문제와 더불어 유지비 충당 문제도 고려되고 있었다.

한편 국방부는 정부 수립 후 부대의 증편에 따라 늘어나는 군수수요를 군사원조만으로 충당할 수 없었으므로 초보적인 자체조달과 생산을 위한 방안도 마련하고 있었다. 이러한 가운데 1948년 11월 조달본부를 설치하여 해외에서 소요 물자를 구매하는 동시에 국내생산품도 조달하여 군 소요품의 일부를 충당하였다. 1949년 1월 15일에는 병기 제1·제2공장을 지정하고 동년 5월에는 제3공장을 지정하여 총·포의 수리 및 수류탄과 소화기 부품 생산을 시작하였다. 아울러 1949년 6월부터 전투복과 군화 등을 생산하였으며 유류를 제외한 양곡 및 소모품은 전량 국내에서 조달하였다.[409]

이와 같이 한국군이 3군 체제로 정립하고 초보적이나마 군수지원체제 기반구축을 위해 노력을 기울이고 있을 때, 미국에서는 1950년 회계연도 대한 군사지원으로 약 1천 2십만 달러를 할당하였다. 이는 이미 미군으로부터 인도받은 구형장비의 정비물자와 수리부속품의 구매에 필요한 규모이며, 한국정부가 요청한 추가장비는 반영되지 않은 것이었다. 이에 지금까지 추가원조요청에 소극적 태도로 일관해 온 미 고문단 측에서도 대한군원은 최소 2천만 달러는 되어야 한다고 지적하고 약 9백 8십만 달러 상당을 추가

---

407) 「상호방위원조계획 처장 서리가 러스크 차관보에게」(1950.5.10); 徐東九(역), 앞의 자료, pp.102-103.
408) 「본드 한국과장의 회담 비망록」(1950.5.10), 위의 자료, pp.99-102.
409) 戰史編纂委員會, 앞의 책, 『解放과 建軍』 제1권, pp.393-394; 戰史編纂委員會, 앞의 책, 『國防部史』 제1집, pp.221-222.

로 요청하였다.[410] 여기에는 정부가 요구해 온 지상군용 105mm(M2) 곡사
포, 4.2 ″ 박격포, 해군용 3 ″ 함포, 공군의 F-51, T-6, C-47 등 주요 장비
가 포함되어 있었다. 그러나 한국지형에 적합지 않다는 이유로 전차는 여
전히 누락되어 있었다. 고문단장이 이 원조는 한국군이 스스로 방위태세를
갖추게 되는 최소 수준의 것이라고 강조한 점으로 보아 우리는 당시 남북
한 군사력의 불균형이 심각했음을 인식할 수 있다.

그러나 이 무렵인 1950년 1월 5일 트루먼 대통령의 대만 불개입선언과
같은 달 12일 애치슨의 극동 방위선 발표 등 극동 및 대한정책의 변경이
있었다. 이에 1월 26일 한·미 상호방위원조조약의 체결에도 불구하고 대
한군사원조액은 3월 15일 최종적으로 1천 97만 불로 확정되고 말았다. 결
국 추가 원조안은 거의 수용되지 않았고, 그나마 이 원조액 중 남침 시까
지 도착한 것은 1,000달러 상당의 통신장비뿐이었다.[411] 따라서 미 군사고
문단은 1950년 5월 한국군의 군수체계를 효율적으로 운영하기 위하여 다음
과 같은 개혁안을 마련하고 있었다.

1) 건실한 병참제도의 바탕을 만들기 위한 규정, 교본, 회보, 수당표,
명령, 부대규정의 필요성에 대한 검토. 2) 최근에 설정된 병기정비제도의
시행을 보장하기 위한 계획. 3) 한국인에게 보급기강의 의미와 한계 및
중요성에 대한 건전한 인식을 불어넣고 고도의 보급기강을 확립하며 그
실천을 보장하기 위한 계획. 4) 자금, 보급품 및 장비의 최대한의 경제적
인 사용을 보장하고 예산범위 안에서 꾸려 나가도록 하기 위한 절약계
획. 5) 보급품, 장비 및 자금이 규정대로 취급되도록 보장하기 위한 계
획. 6) 보급품과 장비가 균형 있게 분배되고 충분한 전투예비품이 확보
되도록 하기 위한 보급품 및 장비의 재분배계획. 7) 병참사항에 관한 정

410) 「무초가 국무장관에게」(1949.12.19), *FRUS 1949*, Vol.Ⅶ, p.1112.
411) James F. Schnabel, *Policy and Direction: The First Year*(OCMH, US
Department of Army, USGPO, 1972, p.36; Sawyer, 앞의 책, *KMAG*,
pp.96-104.

확한 통계자료와 정확을 기한 병참보고제도를 확립하며 정확한 보고의
적절한 활용을 보장하기 위한 계획. 8) 학교에서 가르치기 위한 병참원
칙의 계속적인 형성과 적절한 기능상의 절차와 계획수립의 방법 및 기
술에 대한 한국군 장교들의 교육. 9)육군의 병사를 위한 계획. 10) 육군
의 방위계획을 병참 면에서 지원하기 위한 계획412)

  고문단의 이러한 군사체계 계획은 당시 극도로 악화된 한국군의 병참상
황을 정비하고자 한 것이었으며 군의 정비라고 하는 면에서는 의미 있는
것이었지만, 이미 미국의 대한군사원조 상황은 한국군이 방위력을 갖추는
데 큰 장애가 되었다. 주한 미 군사고문단은 전쟁 직전 한국군의 보급상태
는 악화되어 전투부대에 대한 보급과 정비는 필요한 최저한도에 그치고 있
으며, 모든 종류의 부품은 떨어지고 한국군 무기의 15%, 수송수단의 35%
는 사용할 수 없어 이상으로는 북한군이 남침한다면 15일 이상 지탱하기
불가능하다고 판단하고 있었다.413) 한국군의 전쟁 직전의 병력 수와 보유
장비는 다음과 같다.414)

[표 4] 한국군의 병력과 장비 통계표(1950.6.25)

육군	8개 사단(22개 연대)	67,416명
	지원 및 특과부대	27,558명
해군	3개 정대, 7개 경비부	7,715명
해병대	2개 대대	1,166명
공군	1개 비행단, 7개 기지	1,897명

412) 「로버츠가 군사고문단에게」(1950.5.5), *FRUS 1950*. Vol.Ⅶ, pp.93-96.
413) 군사고문단 보고에 의하면, 1950년 전쟁 직전 한국군은 모든 종류의 예비부속
      품이 소모되었고 군무기의 15%, 차량의 35%가 쓸모없는 것이었으며, 남한은
      중국이 붕괴된 것처럼 재난의 위협을 받고 있다고 하였다. 위의 자료. pp.93-96.
414) 戰史編纂委員會, 앞의 책, 『解放과 建軍』 제1권, pp.393-394; 戰史編纂委員會,
      앞의 책, 『國防部史』 제1집, pp.221-222; 육군본부, 앞의 책, 『陸軍發展史』(상),
      pp.207-223.

장비명	구분	수량
전차·장갑차	장갑차	27대
자주포	·	·
곡사포	105mm M3	91문
박격포	81mm	384문
	60mm	576문
대전차포	57mm	140문
	2.36″	1,900문
고사포	·	·
항공기	L-4	8대
	L-5	4대
	T-6	10대
함정	경비함	28척
	보조함	43척

따라서 한국군은 소련의 집중적인 지원을 받은 인민군에 비해 상대적으로 대단히 열세한 군사력을 보유할 수밖에 없었다. 특히 공군력의 열세가 두드러졌으며 지상 전력에 있어서는 전차와 대전차 화기를 전혀 보유하지 못한 채 전쟁을 맞게 되었다.

제3절 북한의 군사력 증강과 전시 동원체제

1. 군사력 증강과 대소·대중 관계

1) 조선인민군으로의 개편

북한은 보안간부훈련대대부를 설치한 후 1947년 5월에 미·소공위의 결렬로 미·소의 대립이 심화되어 가자 보안간부훈련대대부를 인민집단군(사

령관 최용건)으로 재편하였다. 뿐만 아니라 보안간부훈련 제1소를 보병 제1
사단, 제2소를 보병 제2사단, 제3소를 제3독립혼성여단으로 승격시키고 집
단군 총사령부를 설치하였다.[415] 이때부터 북한은 본격적으로 군사력 강화
와 군사원조의 획득에 박차를 가하였는데, 이들 사단은 소련군으로부터 지
원받은 76mm 곡사포, 82mm 박격포, 120mm 중박격포, 45mm 대전차포와
각종 기관총과 다발총, 소총 등을 장비하였다.[416]

[표 5] 북한군 사단의 창설표(1947.5.17)[417]

부대병	사령부	지휘관	창설 경위 및 예하 부대
보병제1사단	개천	소장 전승화	개천 보안간부훈련소(제1소) 병력을 기간으로 창설, 제1, 제2, 제3연대, 포병연대
보병제2사단	나남	소장 강건	나남 보안간부훈련소(제2소) 병력을 기간으로 창설, 제4, 제5, 제6연대, 포병연대
제3독립혼성여단	평양	소장 최민철	원산 보안간부훈련소(제3소) 병력을 기간으로 창설, 제7, 제8, 제9연대, 포병연대

인민집단군의 편성 시 각 사단의 병력은 1만 400명 정도이고 제3독립 혼
성여단은 3천 400명 정도로 총 병력은 약 3만 명 정도에 달하였으며 약 1
만 7천 명의 훈련병이 있었다.[418] 이때 계급제도를 도입하고 소련 군사고
문관들의 주도로 전술훈련 등을 실시하다가 1948년 2월 8일 정규군 창설
선언과 함께 '조선인민군'으로 개편하고 인민군 총사령부를 설치하였다.[419]
조선인민군의 창설은 북한정권의 수립을 공식화하기 7개월 전의 일이었

415) FEC, 앞의 자료, *History of North Korean Army*, pp.94-95.
416) 위의 자료, p.95.
417) 戰史編纂委員會, 앞의 책, 『解放과 建軍』 제1권, pp.684-689; 육군본부 정보참모
　　부, 『北傀 6·25南侵分析』, 1970, pp.39-41. 1948년 3월 24에 전투훈련국장 김웅
　　이 제1사단장으로, 1947년 8월에 김책이 제3여단장으로 보직되었다. 위의 자료.
418) 戰史編纂委員會, 앞의 책, 『韓國戰爭史』 제1권, pp.92-93.
419) 육군본부, 앞의 책, 『北傀 6·25 南侵分析』, pp.39-41.

다. 따라서 조선인민군은 하나의 무장단에 불과한 것이었다. 그러나 김일성은 "1947년 말~48년 초에 조성된 정세와 혁명발전의 절박한 요구에 의해 조선인민군을 창설한다"고 선포하였다.[420] 즉 북한은 "오늘 조선인민군은 우리조국과 인민을 방위하는 성벽으로 되고 있을 뿐만 아니라 남조선정부 타도와 조국통일을 위한 인민들의 투쟁에 희망을 줌과 동시에 원쑤들의 침공을 미연에 방지하며 그들에게 커다란 타격을 주는 거대한 힘으로 되고 있다"고 하여 "도발에 대응하고 통일을 위한 인민정권의 무력기관"이라고 창설취지를 밝히고 있다.[421] 이것은 북한 헌법에도 반영되어 "조국의 보위는 공민의 최대 의무인 동시에 최대 영예다"[422]고 규정, 인민군에의 복무가 가장 영예로운 것으로 선전되었다.

인민군의 해·공군은 육군에 비해 상대적으로 열세에 있었다. 해군의 모태는 1946년 7월 원산 동해안 수상보안대와 진남포 서해안 수상보안대로 나누어 편성된 수상보안대인데 12월에 해안경비대로 바뀌었다. 이 해안경비대는 내무국의 관할 아래 놓여 있었으며 1948년 2월 조선인민군의 창설 시 6천여 명으로 증강되었다. 교육기관으로는 1947년 6월에 해안경비대 간부학교가 설치되었으나 조선인민군이 창설되면서 인민군 해군군관학교로 개칭되었다.[423]

북한 공군은 1945년 10월 발족한 신의주 항공대로 출발하였다. 신의주 항공대는 순수 민간단체 성격의 항공교육기관에 불과하였는데 1946년 6월 평양학원에 편입되면서 군사조직인 항공 중대로 변모하였다. 1947년 인민집단군 창설 시에는 항공대대로 독립하여 존속하였다.[424]

---

420) 김일성, 「조선인민군 창건에 제하여」, 『조국의 통일독립과 민주화를 위하여』 제2권, 1949, pp.76-77.
421) 김일성은 조선인민군의 창건목적에 대해 다음과 같이 연설하였다. "오늘 조선 인민 앞에는 자기의 손으로 자기의 군대를 준비함으로써 통일적인 자주독립 국가건설을 촉진시킬 중대한 민족적 과업이 나서게 되는 것입니다." 위의 자료.
422) 중앙통신사, 『조선중앙년감』(1949), p.4.
423) 張浚翼, 앞의 책, 『北韓人民軍隊史』, p.81.

인민군 창설 시 김일성은 "우리 인민군대는 북조선의 민주건설의 성과를 확고히 하며 인민위원회를 사수하고 조국의 완전독립을 쟁취하기 위한 고귀한 사명을 가지고 있습니다. 우리 조국을 방위하기 위하여 전체 인민과 국가가 요구할 때 어느 때를 막론하고 다 동원될 수 있도록 항상 준비되어야 합니다"[425)]라는 연설을 하였다. 그것은 인민군의 주요한 목표가 무력통일을 위한 기반강화에 있음을 분명히 시사하는 것이었다. 뿐만 아니라 이는 북한지역 공산주의 체제의 건설이라는 목표가 달성됨에 따라 '민주기지'를 토대로 한반도의 무력통일을 이루겠다는 의지의 표명이었다. 이것은 소련의 전략과도 일치하는 것으로써 이후 소련의 군사지원 역시 더욱 강화되었다.

따라서 북한은 1948년 9월 9일 '조선민주주의인민공화국' 수립의 공포와 더불어 인민군총사령부를 민족보위성으로 격상시키고 작전국 등 11개국을 편성하여 각 군의 업무를 관장하였다.[426)] 이렇게 군사업무 체계를 정비한 북한은 소련군의 장비를 인수받고 이어 중·소의 군사지원을 받아 급속히 군비를 확장해 나갔다.

특히 소련은 전쟁물자와 장비지원은 물론 인민군 건설 초기부터 군 수뇌부, 각 부대 및 학교기관을 지도하였으며 각 사단에는 대좌 급 사단장 고문관을 비롯하여 중대 급까지 150명을 배치하고 전차부대, 항공부대에도 전문고문관을 파견하여 전술훈련과 장비교환에서부터 정비 분야까지 담당

---

424) 戰史編纂委員會, 앞의 책, 『韓國戰爭史』 제1권, p.91.

425) 인문과학사, 『김일성선집』 1, 1961, pp.481-486.

426) 북한의 군사업무는 이원화 체제를 유지하였다. 인민군은 민족보위성에서, 보안대와 국경경비대는 내무성에서 관장하였다. 어느 것을 막론하고 소련군의 철수 때까지 소련군 정치사령부에서 주요한 역할을 담당하였으며 이후에는 소련군사사절단이 북한의 군사업무에 관여하였다. 북한의 '경비대예산' 자료에 의하면, 1947년에는 병력 2만 5천, 총 예산 1,566,133,140원이었으나, 1948년에는 1,989,854,000원으로 확대되었으며, 1948년 5월부터 병력으로 5만 명으로 증가하여 추가예산 3,577,497,342원으로 대폭 확대되고 있었다. 「조선경비대 예산」(1948), SN.1(노획문서).

하였다.[427] 이들 군사고문관들은 평양의 소련대사관에서 각 부문사절단을 통제하며 본부 역할을 수행하였으며 북한 정책결정기구인 정치위원회에까지 영향력을 행사하였다. 소련 군사고문관은 1948년 말 2천 명 정도까지 증강되었으나, 소련군 철수와 동시에 대대 급까지만 고문관을 유지함으로써 1949년부터 군사고문관은 대폭 감소되었다. 대신 특별군사사절단이 파견되어 인민군 전력증강을 직접 지도하였다.[428]

인민군은 소련군 철수 시 인수한 장비로써 1948년 9월 9일 제3혼성여단을 제3사단으로 완편하고 또 제4독립혼성여단을 창설하여 4개 사단으로 증편시킬 수 있었다. 나아가 소련군 전차사단의 지원하에 제105전차대대를 창설하고 소련군 철수 시 T-34 전차 60대·자주포·사이드카·차량 등을 인수하여 제115전차연대로 증편하였다. 또한 민족보위성 산하의 항공대대도 소련군 철수 시 인수한 IL-10 폭격기와 YAK-9 전투기 등 100기로써 항공연대로 증편하였다.[429]

이렇게 군사력을 증강해 나가는 중 소련군이 철군을 완료한 1948년 12월 중순에 모스크바에서 소련 국방상 불가닌 원수의 주재로 5명의 소련군장성, 중국, 북한대표가 참석한 가운데 인민군의 전력 강화를 위한 회담이 개최되

---

427) USFIK, G-2 Rept 7, p.138.
428) 미 군사고문단의 형태와 마찬가지로 소련 군사고문단의 총지휘는 고문단장(스미프노프 장군)이 하는 것이 아니라 주북한 소련대사인 스티코프에게 있었다. 「바실리예프스키가 스티코프에게」(1949.4.21), 『러시아 外交文書』 제4권, p.15.
429) 북한에서의 전차부대의 발전은 1947년 5월 인민집단군 편성 시부터 시작되어 자질이 우수한 병력을 선발하여 교육훈련을 실시하는 한편 1948년 초 소련군 전차사단의 철수 시 잔류한 뾰돌 중령 지휘하의 소련군 전차부대(전차 150대, 병력 300명) 한인계 소련군 병력의 도움으로 급속히 전기를 익혔다. 48년 11월 뾰돌 중령과 그의 병력은 전차 60대, 자주포 30문, 사이드카 60대, 차량 40대를 남겨 놓고 철수하였으며 이를 바탕으로 1948년 12월 인민군 제115전차연대가 유경수를 연대장으로 평양부근 사동에서 창설되었다. 이 전차연대는 2개 전차대대, 1개 자주포병대대, 1개 공병중대, 1개 정찰중대, 1개 수송중대, 1개 의무파견대로 구성되었다. 戰史編纂委員會, 앞의 책, 『韓國戰爭史』 제1권, p.95.

었다. 이 회담에서 3국 군사대표들은 18개월 내에 인민군을 남한 침략에 충분하게끔 증강시킨다는 목표를 설정하고, 다음과 같은 내용의 비밀군사협정에 합의하는 한편 소련군특별사절단의 파견 등에 관한 문제를 결정하였다.[430]

① 6개 보병사단을 돌격사단으로 편성한다.
② 돌격사단 편성을 위하여 중공은 한인계 중공군 20,000-25,000명을 입북시켜 인민군의 기간요원으로 제공한다.
③ 돌격사단 외 8개 전투사단과 8개 예비사단을 편성한다.
④ 기갑부대는 소련이 제공하는 500대의 전차로써 2개의 기갑사단을 편성한다.
⑤ 공군은 국제적인 문제점을 감안하여 필요한 시기까지 당분간 보류한다.

이에 따라 초대 주북한 대사로 임명된 스티코프 대장을 단장으로 5명의 장성과 12명의 대령, 그리고 20명가량의 중령·소령·대위 등 40여 명으로 구성된 군사사절단이 12월 말에 북한에 파견되었다. 이때 파견된 소련군 장군의 대부분은 기갑전문가였다. 이 사절단은 도중에 하얼빈에서 조·중 실무진과 만나 동북의용군의 입북가능성을 확인하고 1949년 1월에 평양에 도착하였다.[431] 이들과 함께 제2차 세계대전 당시 스탈린그라드, 레닌그라드 공방전에 참전경험이 있는 소련군 출신 한인 약 2,500명이 귀국하여 민족보위성과 인민군 사단에 배치되었다.[432] 이를 통해 이 무렵 소련은 남한

---

430) Kyrio Kalinov, 앞의 논문, p.58; 戰史編纂委員會, 앞의 책, 『解放과 建軍』, p.705. 북한군 보병사단 증강안에 관한 협의는 『프라우다』 1949년 3월 21일자; *Soviet Press Translation*, 1949년 5월 1일자, p.267.에서도 부분적으로 확인된다.
431) Kyrio Kalinov, 앞의 논문, pp.51-65. 1949년 초 평양에 파견된 약 35명의 소련특별군사고문단의 구성은 기갑병기의 권위자인 4명의 장군을 포함, 상륙작전의 전문가 및 정보, 포병, 수송, 보급의 전문가들이었다.
432) 대에 대한 평가, 조선인민군을 지원하기 위한 북한 경제 평가 그리고 이에 기초한 북한군 증강계획, 스미르노프 소장이 이끄는 소련 군사고문단을 보강하는 것 등이었다.

주둔 미군과는 달리 북한에서 표준화된 정규군을 육성하는 데 최우선권을 두고 있었음을 알 수 있다.

소련군사전문가들은 북한수뇌와 가진 회담에서 공군력의 지원을 강조한 북측의 요구를 수용하여 항공기 150여 기를 추가로 공급하기로 확정하였다. 반면 지형을 고려하여 전차를 1개 사단으로 축소 조정하는 등 모스크바 합의사항을 현지 실정에 맞게 조정하면서 이의 시행에 들어갔다.[433] 비류조프 장군의 전문에 의하면, 2월 4일 스티코프 대사가 요청한 소총탄 250만 발, TT-3용 탄약 320만 발, 82mm 박격포탄 1만 5천 발, 소총 1,500정, 자동소총 1,200정, 권총 400정, 중기관총 100문, 82mm 박격포 40문을 적재한 태평양함대 소속 함정이 북한으로 향발하고 있었다.[434]

북한의 군사력 강화는 1949년 3월 5일 김일성·스탈린 모스크바의 회담을 계기로 급진전되었다. 이 회담에서 양자가 경제원조·군사물자 공급·문화교류 증진을 위해 소련이 북한에 1949년 6월부터 1952년 6월까지 3개년에 걸쳐 약 2억 루블(4,000만 달러)의 차관을 제공한다고 협의를 보았다.[435] 북한은 이 차관으로 군사 장비를 도입하고자 하였다.

당시 스티코프 대사는 5월 3일 김일성의 서한을 모스크바에 송부하면서 김일성의 요청을 지지한다는 메모를 첨부했다. 김일성의 요청은 "북한 측이 2개 탱크연대(각 탱크 33대)와 자주포대대(SU-76 16문)로 구성된 기존

---

433) 위의 논문, p.64.
434) 「비류조프가 스티코프에게」(1949.2.4), 『러시아 外交文書』 제4권, p.10. 그로미코는 스티코프의 요청을 고려하여 속달로 블라디보스토크에서 기선 편으로 5톤의 장비와 탄약을 발송하며, 나머지 장비는 운송선이 허용되면 보낼 것이라고 덧붙였다.
435) 「김일성·스탈린 회담 속기록」(1949.3.5), 『러시아 外交文書』 제3권, pp.6-12. 북한은 경제재건과 군대무장을 위한 차관에 대해서는 1951년부터 시작하여 3년간 채무 상환할 것을 제시하였다. 제공된 차관에 대해서 스탈린은 연 2%의 이자를 제시하였다. 북한은 차관 상환과 이자지불은 소련정부에 흑색금속, 화학제품 및 기타 물품을 포함하는 상품을 공급할 것을 제의하였다(「김일성·불가닌회담록」, 國防軍史硏究所 소장 사본).

의 기계화 여단과 별도로 대전차사단, 기동보병연대 외 모터싸이클 대대를
창설하고자 하며, 각 보병사단에 별도의 탱크연대(각 탱크 33대)와 자주포
대를 소속시키고 24문의 ZIS-3 대포로 구성된 포병연대, 폭격기와 전투기
(각43대)로 구성된 비행사단을 창설하고자 한다"는 것이었다.[436]

북한은 조·소 협정에 따라 1차년도 분으로 소총·전차·야포 등 지상
장비와 함정, 항공기 그리고 탄약, 무전기 등 각종 전쟁물자 110여 종의 구
체적인 지원을 요청하였다. 이는 6월 4일에 승인되었다. 지원의 비용지불로
북한 측은 김일성이 불가닌에게 보낸 서한에 명기된 대로, 금년 9-10월까
지 소련에 정미쌀 3만 톤을 공급할 것을 제시하였다. 이때 주요 품목의 승
인 내역은 아래 표와 같다.[437]

---

436) 「김일성의 서한과 스티코프의 보고」, 『러시아 外交文書』 제4권, pp.17-25. 스
　　 티코프의 보고에 의하면, "스탈린 동지의 지시에 따라 본인은 김일성과 기계
　　 화 편대, 항공사단 및 포병부대를 편성하는 것에 관해 협의하였으며, 그 결과
　　 김일성과 박헌영이 편성계획을 수립하였다"고 하였다.
437) 「모스크바(스탈린: 필자 주)가 김일성에게」(1949.6.4), 『러시아 外交文書』 제4
　　 권, pp.28-31. 여기에는 각종 품목의 명세서가 구체적으로 명기되어 있다.
　　 「소연방과 조선인민주주의공화국 간의 물품거래 및 대금결제에 관한 의정
　　 서」(1949.3.17), 같은 자료, p.32; 1949년 8월 1일 현재 북한군의 탄약 보유량
　　 의 상황은 같은 자료 제3권, p.47. 참조.

[표 6] 조·소협정에 의한 1차년도 지원장비 통계표(1949.6.4 승인)

장비의 종류		단위	수량
공군 장비	일류신-10	대	30
	일류신 연습기-10	대	4
	야크-9	대	30
	야크-11	대	6
	야크-18	대	24
	PO-2	대	4
	예비모터 AM-42	대	6
	낙하산	개	250
	예비부품가격	천 루블	350
기갑 장비	전차 T-34	대	87
	자주포 SU-76	대	102
	장갑차 BA-64	대	57
	사이드카 M-72	대	122
	예비부품가격	천 루블	200
소총 및 포 장비	7.62mm 소총	정	10,000
	7.62mm 저격소총	정	1,000
	7.62mm 카빈소총	정	4,000
	45mm 대전차포	정	48
	76mm ZIS-3포	문	73
	122mm 포	문	18

따라서 북한은 1949년 9월 현재 육해공 병력 97,500명, 경비대 병력 42,000명, 전차 64대, 장갑차 59대, 비행기 75대 등을 보유하였으며, 1949년 말까지 소련으로부터 소총 15,000정, 각종 포 139문, T-34 전차 87대, 항공기 94대 등 많은 장비를 인도받게 되었다.[438]

---

438) 「툰킨이 전보」(1949.9.14), 『러시아 外交文書』 제3권, p.30, p.39. 1949년 8월 1 일 현재 북한 전차보유는 33대로 집계되었으나 9월 소군의 지원으로 크게 증가 된 것이었다. 또 북한 총 병력도 80,000명으로 집계되었으나 9월 크게 증가된

또한 1949년 4월 조·중 회담에 따라 그동안 중국 국공내전에 참전하고 있었던 제166사단(방호산)·제164사단(김창덕) 그리고 독립 제15사단(전우)과 중국 각지의 한인의용군 약 50,000명이 1949년 7월부터 50년 5월까지 입북하였다.[439] 방호산이 지휘하는 제166사가 도착한 직후 크게 고무된 김일성은 1949년 7월 27일 신의주의 사단사령부를 방문하여 "제655부대 장병들은 프로레타리아 제국주의에 참으로 충실하였으며 조·중 두 나라 인민들의 전투적 단결을 강화하는 데 크게 이바지하고 조국으로 돌아왔습니다"라고 하여 중국과의 군사적 유대를 강조하였다.[440]

이와 같이 中·蘇의 지원에 따라 북한은 1949년 말까지 제4독립혼성여단을 완편 하고, 제5, 제6사단을 추가 창설하여 6개 사단으로 증편하였으며, 제115전차연대도 제105전차여단(1949.5.16)으로 개편하였다. 전차여단은 3개 전차연대(1개 연대 40대), 기계화보병연대, 교도연대, SU-76대대 등으로 편

것은 중국군 의용군이 대거 입북하였기 때문이었다. 1949년 8월 현재 북한군 장비는 45mm 대전차용 기관총 192정, 76mm 박격포 45문, 122mm 포 119문, 122mm 유탄포 50문, 122mm 야포 18문, 37mm 박격포 46문, 85mm 박격포 12문, 120mm 포 84문, 전차 T-34 64대, 자주포 SU-76 16대, 유탄포 장갑차-67 2대, 전투기 YAK-9 24대, 지상공격기 IL-10 24대, YAK & YIL 18대, YAK-18 8대 등이었다. 또 소련 각료회의 결정에 따라 공급받을 총 무기와 장비는 T-34 전차 87대, CY-76 102대, 유탄포 장갑차-67 57대, IL-10 30대, YAK-9 30대, YAK-18 16대, YIL & YAK 10대 등이었다(같은 자료 부록 2, pp.45-46). 북한군 출신 최태환에 의하면, 1949년 8월 13일 흥남부두를 통해 소련의 경기관총, 탄약, 무전기, 모터싸이클, 탱크, 군용차량 등에 이르는 엄청난 군수물자가 유입되었고 이는 새로이 편성되는 부대를 위해 필요한 물자들이었다고 하였다 (최태환, 앞의 책, 『젊은 革命家의 肖像』, pp.94-96).

439) 북한군은 중국 팔로군 산하 조선의용군의 입북을 포함하여 15만-18만으로 추산된다(Sawyer, 앞의 책, pp.105-106, 張浚翼, 『北韓人民軍隊史』, p.176). 김일성은 중공군 내 한인사단을 북한으로 이동시키기로 결정하고 목단 사단은 신의주로, 장춘 사단은 노농지역으로 이동할 것을 언급하였다(「스티코프가 비신스키에게」(1949.7.13), 『러시아 外交文書』 제3권, p.26).

440) 김일성, 「인민군대는 현대적 정규무력으로 강화발전되어야 한다. 제655군부대 군관회의에서 한 연설」(1949.7.29), 『김일성저작집』 제5권, 1980, p.201.

성되어 사실상 사단 급의 전력을 보유하였다.[441]

당시 북한군의 창군 주역은 운동의 계열별로 구분하면, 만주빨치산 출신과 조선의용군(연안파)으로 대분된다. 김일성이 이끄는 항일빨치산 출신은 최용건 · 김책 · 강건 · 안길 · 최현 · 김광협 · 이영호 · 유경수 · 오진우 · 최충국 · 최광 · 박성철 등인데,[442] 이들은 전쟁발발 당시 최고사령관 민족보위상, 총참모장, 제2군단장 및 사단장 등의 직책을 맡고 있었으며, 적은 인원에도 불구하고 북한권력의 핵심을 이루고 있었다.

무정을 필두로 한 조선의용군 출신은 김웅 · 방호산 · 이권무 · 김창덕 · 박일우 · 장평산 · 박훈일 · 김창만 · 이상조 · 박효삼 · 이익성 · 김강 · 전우 등이었다.[443] 이들은 중국 국공내전 시 풍부한 실전경험을 쌓았으며 한국전쟁시 거의 대부분 핵심사단의 사단장 직에 있었다. 이 밖에 김일로 대표되는 소련파 한인계열로써 유성철 · 박길남 · 김열 · 이춘백 · 한일무 · 김봉열 · 기석봉 등이 군의 요직에서 활동하였다.[444] 이들 대부분은 주로 소련군의 일부로써 군사고문단들과 함께 교관이나 참모로서 역할하였다.

이들 중 전쟁수행을 위한 총동원체제하의 군사위원회의 위원은 총 7명으로 구성되어 있었다. 수상 김일성, 부수상 겸 외무상 박헌영, 부수상 홍명희, 부수상 겸 상공상 김책, 국가계획위원회장 정준택, 민족보위상 최용건, 내무상 박일우 등이었다. 김책과 최용건은 김일성의 측근이며, 박헌영은 남

---

441) 중국군 출신 한인부대인 제5 · 제6 · 제12사단 · 제4사단 18연대 등 5만여 명의 병력은 부대검열 시 일반전투훈련, 즉 사격, 소대공격, 백병전 등의 전술을 포함하여 결함이 없는 좋은 성적을 거두었으며, 이 시기 실전이 없는 사단과는 비교가 될 수 없는 것으로 평가되었다.(주영복, 『내가 겪은 조선전쟁』 제1권, p.167).

442) 이정식 · 스칼라피노, 한홍구(역), 『韓國共産主義運動史』 1, 돌베개, 1986, pp.505-510.

443) 廉仁鎬, 『朝鮮義勇軍 硏究 ―民族運動을 중심으로―』, 국민대 국사학과 박사학위논문, 1994, pp.175-194; FEC, History of North Korean Army, pp.41-52.

444) 이정식 · 스칼라피노, 한홍구(역), 앞의 자료집, pp.3-11; FEC, History of North Korean Army, pp.41-48.

로당, 박일우는 연안파 중 최고의 권좌에 있었던 인물이며, 홍명희와 정준택은 사상과 기술 부분의 지식계급을 대표하는 인물이었다. 이러한 군사위원회의 구성은 전쟁 전까지 김일성 빨치산파가 독자적인 힘으로 국가를 운영할 만한 역량을 갖추지 못했음을 반증하는 것이다.

북한은 사단의 증편과 함께 1949년 초부터는 전국적으로 총동원령을 발동하여 군 병력 충원제도를 지원에서 징병제도로 바꾸었다. 고급 중학 및 대학생들에게 군사훈련을 실시하는가 하면 각 도에는 민주청년 훈련소를 설치하여 병력보충이 즉시 가능하도록 하였다. 청년들에게도 군사훈련을 실시하여 제2보충 병력을 확보하는 등 거국적 전쟁준비 체제를 갖추었다.[445] 신의주의 제1훈련소(이익성)는 평북의 제1·제2·제3 민청을, 숙천의 제2훈련소(최용진)는 평남의 제4·제5·제6 민청을, 회령의 제3훈련소(박성철)는 함북의 제7·제8·제9 민청을 흡수하여 각각 설치하였다. 이들은 사실상 조선인민군의 예비사단들이었다. 각 훈련소에는 3개의 보병연대와 자체 포병 및 지원부대들을 갖고 있었다.[446]

1950년에 접어들어 북한의 전쟁준비는 더욱 본격화되었다. 스티코프 대사는 김일성의 12월 29일자 메시지를 얼마 후인 이듬해 1월 7일 모스크바에 전달하였다. 이 메시지에는 1950년 중 1억 2천만 달러 상당의 무기를 북한에 원조해 달라는 요청이 포함되었으며, 그 대가로 비철금속을 공급하는 방안이 제시되었다.[447]

김일성은 2월 4일 지상군을 10개 사단으로 증편할 계획을 수립하는 한편

---

445) 중앙통신사, 『조선중앙연감』(1950), p.208.
446) FEC, *History of North Korean Army*, pp.21-25, pp.69-75. 민천훈련소의 사단화에 대한 시기에 대해서는 논란이 있다. 그러나 1950년 6월 13일 민족보위성 부상 겸 포병사령관 무정이 인민군 사단에 하달한 지시문에는 '민청훈련소'라는 명칭이 분명히 나타나고 있다. 따라서 이 훈련소가 사단으로 지정된 시기는 그 이후부터 전쟁 이전 사이(6월 18일 무렵)라고 생각되며, 그 후 제1·제2·제3 민청훈련소는 제13·제10·제15사단으로 각각 승격되었다.
447) 「스티코프의 보고」(1950.1.7), 『러시아 外交文書』 제2권, p.7.

이를 소련에 요청하여 승인받았다.448) 2월 23일에는 실전경험이 풍부한 바실리예프스키 중장이 도착하여 조선인민군 수석군사고문의 임무를 수행하기 시작하였다. 그의 도착으로 대사 겸 수석군사고문인 고문직을 인계하였다.449) 바실리예프스키 중장 예하의 새로운 고문단은 전쟁계획 수립과 인민군 운용을 위해 투입된 것이었다. 스티코프의 보고에 의하면, 군사고문단장 바실리예프스키를 비롯하여 소련 군사고문단들이 인민군 전선사령부와 함께 서울에 입성하여 전쟁을 지도하고 있음을 확인할 수 있다.450)

북한은 소련정부의 차관형식을 통한 1억 3천만 루블어치의 추가 장비·탄약·기자재 등에 대한 상환은 1950년 말까지 금 9톤(53,662,900루블), 은 40톤(4,887,600루블), 모나자이트 정광 15,000톤(79,500,000루블) 등 비금속 철로로 갚기로 하였다.451)

이들 장비의 구입은 1950년 4월 김일성의 모스크바 비밀방문을 계기로 촉진되어 4~5월에 청진항에는 T-34전차·SU-76자주포, 수백문의 박격포·곡사포·고사포·무전기 등 통신장비, 도하장비 1조 등 공병장비, 탄약 등 하역능력을 초과할 정도로 각종 전쟁 물자를 실은 소련선박이 입항하였다.452)

---

448) 「비신스키가 스티코프에게」(1950.2.9), 위의 자료 제4권, p.47. 이것의 골자는 "첫째, 공채발행에 대한 중앙위원회의 결정을 채택하도록 한다. 둘째, 보충적으로 3개 사단 편성에 착수할 수 있다. 셋째, 1951년분 차관을 1950년에 이용하는 데 대한 요청을 제기해도 된다"는 것이었다.

449) 「스티코프가 바실리예프스키에게」(1950.2.23), 같은 자료, p.48.

450) 「스티코프가 핀시에게」(1950.7.4), 같은 자료 제3권, pp.76-78. 김일성은 전쟁 직후 전선사령부와 군단참모부의 참모진을 보강하기 위해 특별히 25-35명의 소련군사고문을 투입해 주도록 스탈린에게 요청하였다. 「김일성이 스탈린에게」(1950.7.8), 같은 자료 제4권, p.50.

451) 「스티코프의 보고」(1950.2.7), 위의 자료 제4권, pp.46-48; 「스티코프가 비신스키에게」, 같은 자료, p.49.

452) 「스티코프 보고」(1950.2.7), 위의 자료, pp.46-49; 朱榮福, 『朝鮮人民軍の南侵の敗退』, pp.212-232. 북한은 1964년 9월에 "소련은 우리에게 군사장비와 물자를 국제시장 가격보다 훨씬 비싼 가격으로 제공하였고 그 대가로 20톤의 금과 기타 비금속과 원자재를 국제시장보다 낮은 가격으로 빼앗아 갔다. 그

5월 29일 김일성은 스티코프 대사에게 4월 모스크바회담 시 합의된 무기와 장비가 이미 대부분 북한에 도착했음을 통보하였다.[453]

한편, 이 무렵 중국군 내 한인병력의 추가 입북도 구체화되었다. 중국의 임표가 소련대사에게 보낸 전문에 의하면, 현재 중국 인민해방군 내에는 1만 6천 명 이상의 한인(4개 대대·27개 중대·9개 소대)이 있고, 이들 중 사단장 2명, 대령 5명, 대대장 87명, 중대장 598명, 소대장 1,400명, 분대장 1,900명이 있다고 하였다. 이어 모택동은 정부가 수립된 것과 관련하여 조선인 병사들이 동요되기 시작하여 1개 사단 혹은 4-5개 여단의 한인을 북한으로 복귀시킬 것을 생각하고 있다는 점을 피력하였다 한다.[454] 이들 병력은 1950년 3-6월 사이 입북하여 한인계 중공군 제15사단으로 제12사단이 창설되었다.

이어 북한군은 3개의 민청훈련소를 주축으로 3개 사단(제10, 제13, 제15사단)을 편성함으로써 모두 10개 사단을 보유하게 되었다.[455] 뿐만 아니라 이때 도입된 전차로 독립전차연대를 추가로 편성함으로써 기갑능력을 1개 여단과 1개 연대로 증강시켰고, 총 240여 대의 T-34를 보유하게 되었다.[456]

럼에도 불구하고 당신들이 우리를 원조해 주었다고 말한다면 그것은 합당치 않다"고 하여 소련이 장비판매를 통해 폭리를 취하였음을 비난하였다(『로동신문』 1963년 6월 24일자). 이러한 사실은 1949년 당시 스티코프의 보고에 의해서도 확인된다. 즉 "조선 공군의 결정적 결함은 신형가격을 지불했음에도 불구하고 제9비행단에 의해 조선 측에 전달된 항공기는 노후된 것이라는 점이다"고 하였다.(「스티코프가 비신스키에게」(1949.6.22), 『러시아 外交文書』 제4권, p.35).

453) 「스티코프의 보고」(1950.5.29), 『러시아 外交文書』 제2권, p.11.
454) 「임표가 스티코프 소련대사에게」, 위의 자료 제3권, p.58.
455) 육군본부(역), 앞의 책, 『政策과 指導』, p.59.
456) 오기완, 「평양·모스크바·서울」, 『신동아』 1966년 5월호, p.342. 제105전차여단 예하에는 제107·제109·제203연대·제208교도연대 등의 4개 전차연대로 편성하고 1개 연대에 36대의 전차를 장비하였다. 또한 64대의 자주포로 장비된 대대와 모터부대인 제206연대, 경기관총으로 무장된 모터찌크 200여 대를 장비하고 있는 제303기동정찰대·제506통신대대·공병대대·운수대대 등이

인민군 보병사단은 제5·제6·제12사단 외에도 중공군이나 소련군에서
입국한 병력들이 보충되었다. 그런데 이들 전체병력 중 1/3가량이 전투 유
경험자들이었으며, 북한사단의 완전 편성은 11,000명이었다. 이들은 소련제
82mm·122mm 박격포, 76.2mm·122mm 야포, 45mm 대전차포, SU-76 자
주포 등으로 장비되어 강력한 화력을 보유하였다.[457] 전쟁 전까지 인민군
의 사단 증편 상황을 정리하면 아래 표와 같다.

[표 7] 북한군 사단의 증편표(1948.10-50.6)

부 대	사령부	지휘관	창설 시기	창설 경위	예속 부대
제4사단	진남포	이권무	1948.10	총사령부직할부대	제16·17·18연대
제5사단	나남	마상철	1949.8	중국 제164사	제10·11·12연대
제6사단	신의주	방호산	1949.10	중국 제166사	제13·14·15연대
제12사단	원산	전우	1950.5	중국제15사 동북의용군	제20·31·32연대
제10사단	숙천	이익성	1950.3	숙천 제2민청훈련소와 평남지역 병력	제25·27연대· 제107전차연대
제13사단	신의주	최용진	1950.6	신의주 제1민청훈련소와 평북지역 병력	제19·21·23연대
제15사단	화천	박성철	1950.6	회령 제3민청훈련소와 함북지역 병력	제45·49·50연대

내무성 관장의 보안대도 증강하여 치안은 물론 38도선의 국경경비도 강
화하였다. 1947년 7월 보안대를 중심으로 사리원에 38경비대를 창설하여 38
도선 경비를 강화하였다. 이들은 1948년 초 38보안여단으로 증편되었고,
1949년에 38도선 경비부대를 3개 여단으로 증편하여 죽천(제3여단), 시변
리(제7여단), 간성(제1여단)에 배치하고 38도선 경비를 분담시켰다.[458] 또

배속되어 있었다.
457) FEC, *History of North Korean Army*, pp.69-75.
458) 인민군 제12사단은 38경비 제7여단을 기초로 증편된 인민군 제7사단과는 구
   분된다. 따라서 전쟁발발 당시는 인민군 제7사단은 존재하지 않았으며 개전

한 철도보안대 후신으로 창설된 철도경비대대는 철도경비 제5여단으로 증
편되어 철도경비를 담당하였고, 압록강·두만강변의 국경경비를 전담하는
국경경비 제5여단도 편성되었다.[459] 이들 경비여단들도 소련제 기관총·박
격포 등으로 장비하였고 소련군 장교가 편성·훈련·감독을 담당하였다.
특별히 이들에게는 정치교육이 특별히 강조되었다. 경비여단의 창설과정을
간략히 정리하면 아래의 표와 같다.

[표 8] 북한 경비여단의 창설(1949.5~49.9)

부대구분	사령부	창설시기	병력
38경비 제1여단	간성	1949.5	5,000
38경비 제3여단	죽천	1948.9	4,000
38경비 제7여단	시변리	1949.1	4,000
철도경비 제5여단	평양	1949.1	3,000
한·만 국경경비 제2여단	·	1949.9	2,600

그 외에 특수임무를 수행하도록 하기 위하여 1949년 4월 회령에 제766부
대를 편성하여 유격대를 육성하고 1950년 4월 청진에서 기동정찰용 제12
모터싸이클연대를 창설하였다.[460]

조선인민군 창설 시의 항공대대(전신은 1946년 6월 평양학원 예하 비행
중대)는 1949년 1월에 비행연대로 증편되면서 그해 3월 소련으로부터
IL-10, YAK-9 등 프로펠러 식 전투기 30대를 원조받았다. 이 연대는 다시
그해 12월에 다시 항공사단으로 증편되어 예하에 추격기연대, 습격기연대,
교도연대, 공병대대 등을 편성하였다. 사단은 1950년 4월 소련으로부터 약
60대의 IL-10, YAK-9 등을 지원받았으며, 남침 직전 소련조종사들이 직접

직후인 7월 초 제7사단이 창설된다(「여정수기」, 『東亞日報』 1990년 4월 29일
자). 3개의 국경경비여단이 개전 직후 3개의 사단으로 각각 증편되었다.
459) 戰史編纂委員會, 앞의 책, 『韓國戰爭史』, 제1권, pp.98-99.
460) FEC, *History of North Korean Army*, pp.69-75.

몰고 온 IL-10 60대를 다시 지원받음으로써 총 항공기 210여 대를 보유하였다.[461] 1950년 4월에 들어서 북한의 비행사단에 소련제 작전용 항공기가 대거 지원되었다는 사실은 중요한 의미를 갖는 것이었다. 전술한 바와 같이 소련은 1949년 3월 '김일성-스탈린 회담'에서는 공군전력 지원에 대단히 소극적이었다. 따라서 북한 공군은 1950년 봄까지 편제상의 변화를 제외하고는 답보상태에 머물러 있었다고 할 수 있다. 북한 공군병력 역시 소련의 고문관에 의해 훈련되었다. 조종사와 정비사 등이 소련의 공군기지와 군사학교에서 교육을 이수하였다. 당시 이들은 평양을 비롯하여 신의주·안주·청진·연포·평강·신막 등 10여 개 기지를 운용하였다.[462]

북한의 해군은 1949년 12월 내무성에서 민족보위성으로 소속이 변경되면서 뒤늦게 인민군 해군(총장 한일무)으로 정식 발족되었다. 이에 따라 약 1만 5천의 병력으로 증강되어 제1(청진, 4,000명)·제2(원산, 4,800명)·제3(진남포, 5,000명) 위수사령부를 설치하고 소련의 지원으로 30여 척의 대·소형 함정을 보유하게 되었다. 1950년에는 각 위수사령부에 각각 1개 대대 규모의 육전대를 편성하였으며, 남침 직전에는 동해안 상륙작전에 투입할 새로운 육전대로 제549부대를 창설하였다.[463]

이렇게 소련군 장교 및 고문관들에 의해 훈련되고 그들로부터 공급받은 장비로 무장하는 등 소련의 강력한 지원을 받은 인민군은 전쟁이 되면 육군 10개 보병사단, 해군 3개 위수사령부, 공군 1개 비행사단을 주축으로 하는 군대로 성장하였다.[464]

---

461) 戰史編纂委員會, 앞의 책, 『解放과 建軍』, pp.697-700.
462) 「모스크바가 소련대사에게」(1949.6.4), 『러시아 外交文書』 제4권, p.28; Sawyer, 앞의 책, p.105. 북한공군은 1950년 6월 25일 현재 IL-10 62대, Yak-3 Yak-7B 70여 대, 전투기 132대, 수송기 30여 대를 보유하고 있었다.
463) FEC, *History of North Korean Army*, p.20. 북한 해군 함대는 1949년 12월 소련으로부터 지원된 4척의 어뢰정을 제외하고는 모두 소형 초계정과 수송선들이었으며, 병력도 해안선을 따라 배치된 보병대대 병력들이었다.
464) 위의 자료, pp.69-75; 주북한 소련 군사고문단은 1948년에는 북한군 각 사단

[표 9] 북한군 병력과 장비 현황표(1950.6.25)

육 군	10개 사단	120,880명
	지원 및 특수부대	61,820명
해군 및 해병대	3개 위수사령부	4,700명
	육전대	9,000명
공군	1개 비행 사단	2,000명

무기명	구 분	수 량
전차·장갑차	T-34(85mm)	242대
	장갑차	54대
자주포	SU-76	176문
곡사포	122mm	172문
	76mm	380문
박격포	120mm	226문
	82mm	1,142문
	61mm	360문
대전차포	45mm	550문
고사포	85mm	12문
	37mm	24문
항공기	YAK-9 전투기	
	IL-10 전투기	
	IL-2 전투기	
	연습 및 정찰기	211대
함정	경기함	30척
	보조함	80척

에 150여 명씩 총 3,000명 정도가 있었으며, 1949년에는 각 사단에 20여 명으로 감소되고 1950년에 들어 각사단 3-8명 정도가 잔류하고 있었다(U.S. Department of State, *North Korea*, USGPO, 1961, p.114). 1950년 3월 1일 현재 북한군에 배속된 소 군사고문단의 총수는 239명이었으나 148명만이 북한에 잔류해 있었다(『東亞日報』 1995년 6월 20일자).

따라서 그 수적인 측면에서 북한군은 2단계에 걸쳐 급격히 팽창하였다고 볼 수 있다. 제1단계는 1948년 후반부터 1949년 8월 사이로 약 2배로, 제2단계인 1949년 후반부터 1950년 3월까지는 약 50%가량 각각 증강되었다. 이는 한국군의 병력 수와 비교해 보면 1949년까지 대체로 비슷한 숫자를 유지하다가 전쟁 직전에 접어들면 198,380명까지 증강시켜 우위를 확보한 것으로 나타났다. 특히 장비 면에서 북한은 1949년 8월 무렵부터 남한에 비해 우위를 확보하고 있었으며, 1950년 4월 소련으로부터 막대한 양의 장비를 지원받음으로써 현격한 전력 우세를 보이고 있었다.

2. 무력통일론의 확대와 동원체제

1) 인민유격대의 남파와 빨치산 활동

북한은 소위 '민주기지론'의 차원에서 남한의 '적화'를 군사력 증강과 병행하여 유격대를 계획적으로 양성 남파하고 있었다. 북한은 소련군이 진주한 직후부터 일정 기간 동안 월북자들을 공작요원으로 훈련 남파시켰다.

그러한 가운데 1946년 평양학원이 설립되자 대남반을 설치하고 월북한 남로당원을 공산주의 정치교육과 대남공작요원으로 훈련하여 남한에 침투시켰다.[465] 이들은 주로 좌파세력 또는 남로당원과 연계하여 대남공작을 전개하였는데 일부는 정부기관과 군 내부에까지 침투하였다.[466] 그러나 이들은 지하활동도 병행하였으나 유격요원으로 양성된 것은 아니었다. 1948년 1월에 강동정치학원이 설치되고 난 후 인민유격대라 불린 유격대원들이

---

465) 戰史編纂委員會, 앞의 책, 『解放과 建軍』, pp.498-499.
466) 북한 공작원은 남한 군대뿐 아니라 내무부 등 정부기관에도 투입되고 있었음을 알 수 있다. 「평양 툰킨의 암호전보, 남한군대의 상황」(1949.9.14), 『러시아 外交文書』 제3권, pp.28-32. 참조.

양성되었다.467) 강동정치학원에서 양성된 유격대원들은 남파되기 직전 양양 인민유격대 훈련소에서 재교육을 받았는데 전쟁발발 전까지 양성된 유격대원은 약 3천 명이었다. 북한은 강동정치학원 폐쇄 직전인 1949년 4월 회령에 제3군관학교를 설치하여 남침 시 투입할 비정규전 부대(제766부대)를 양성하였다.468)

인민유격대는 여순사건 발생으로 토벌부대가 호남 및 경남지역에 집중되어 후방 경비가 허술해지고 남한의 사회가 혼란해지자 본격적으로 침투하기 시작하였다. 이 유격대는 제1차로 약 180명이 1948년 11월 14일 양양 오대산 지구로 침투하였다.469) 이들은 산맥을 따라 태기산 부근까지 남하하였으나 한국군 토벌대에 의해 대부분이 소탕되고 잔여 병력은 충북 제천방향으로 도주하였다. 북한은 제1차 침투에서 실패하게 되자 그 원인을 분석한 후 1949년 6월 1일 약 400명의 유격대를 재차 오대산으로 침투시켰다. 그러나 1차 침투와 마찬가지로 대부분이 섬멸되었다. 같은 해 7월 6일 세 번째로 약 200명의 유격대가 또 한 번 오대산까지 침투하였으나 토벌대에 쫓겨 사살되고 나머지 30여 명만이 중봉산 방면으로 도주하였다.470)

북한은 3차에 걸친 침투가 모두 실패하자 4차로 유격부대 중 정예인 김달삼 부대(제주) 약 300명을 1949년 8월 4일 일월산으로 침투시켰다가 더 이상 진출할 수 없게 되자 영일군 지경리로 재침투하였다. 이들은 경북 보현산에 거점을 구축한 후 동해연단을 편성하여 본격적인 유격전을 전개하

---

467) 중앙일보(편), 『비록 조선민주주의인민공화국』(하), p.129. 강동정치학원에서는 대남공작요원으로 파견할 정치요원과 유격훈련을 받고 유격대로 파견될 군사요원, 지하공작과 유격활동을 겸할 혼합요원 등으로 나누어 훈련시켰다. 이들에게는 소련공산당사를 비롯한 일반학, 유격전술, 남한적화공작 교육 등이 교육되었다. 강동정치학원 초대원장 박병률에 의하면, "남한에서 좌익이 불법화되어 남한 내에서 간부양성이 어려워져 북쪽지역에 혁명간부양성학교를 세울 게 필요해짐에 만들어졌다"고 하였다.
468) 한국홍보협회, 「韓國動亂」, 1973, pp.148-149.
469) 戰史編纂委員會, 앞의 책, 『對非正規戰史』, pp.44-45.
470) 金點坤, 앞의 책, 『韓國戰爭과 南勞黨戰略』, pp.205-223.

다가 토벌되었다. 이후 철원지구에 새로운 유격대 근거지를 설치하고 1949
년 8월 12일 선발대 15명을 용문산까지 남파하였으나 실패하였다. 그리고
본대 40여 명이 1949년 8월 15일 명지산을 거쳐 용문산으로 침투하였으나
군경토벌대에 포착되어 20여 명이 사살되고 나머지 병력은 도주하였다.[471]
이렇게 계속 비정규군의 침투작전이 실패하게 되자 7차로 1949년 8월 17일
당시 강동정치학원 원장인 이호제가 직접 지휘하는 인민유격대 약 360명을
태백산으로 남파시켰다. 이들 병력의 대부분은 토벌되었으나 100여 명이
김달삼 부대와 합류하여 경북 일원에서 활동하였다.[472]

이 무렵 김일성과 박헌영은 스티코프에게 8월 12일 남한이 조국전선의
평화적 통일안을 거부하고 있으므로 북한이 대남공격을 준비할 수밖에 없
으며, 그렇게 되면 남한에서는 이승만 정권에 대한 대규모 민중봉기가 분
명히 뒤따를 것이라고 판단하고 있었다.[473] 또한 9월 11일 툰킨 공사와의
대화에서 김일성은 "남한군의 거의 모든 부대에 북한요원들이 침투되어 있
다"고 강조하고, "남한에 1,500-2,000여 명의 빨치산들이 활동 중이며 최근
들어 그 활동이 증대되고 있다"고 한 것으로 보아 빨치산 활동에 어느 정
도는 기대하고 있었던 것으로 보인다.[474]

이후에도 1949년 9월 28일 약 50명의 유격대를 양양군 금옥치리로 침투

---

471) 위의 책.
472) 1949년 9월 24일 스탈린이 북측에 전한 지침내용에서는 남한 내 빨치산 활동
    강화계획을 승인하면서 빨치산 활동 강화는 남한 내 인민의 불만을 표출시켜,
    이승만 정권을 전복시킬 수 있는 여건을 조성할 수 있다는 것이라고 하였다
    (『러시아 外交文書』 제1권, pp17-18).
473) 「스티코프의 보고」(1949.8.12), 『러시아 外交文書』 제2권, p.3.
474) 「툰킨공사의 보고」(1949.9.11), 위의 자료, p.5. 이 무렵 김일성과 박헌영은 빨
    치산 활동에 다소 이견이 있었다. 김일성은 빨치산 활동으로부터 커다란 도
    움을 기대할 수 없다고 생각하고 있었으며, 박헌영은 빨치산 게릴라 활동을
    통해 상대편에 큰 영향을 줄 수 있다고 생각하였다. 그러나 김일성도 기본적
    으로는 북한군의 남한 진출 시 성대한 지원이 있을 것으로 평가하고 있었다.
    「툰킨 공사의 보고」(1949.9.14), 위의 자료 제3권, p.29.

시켰으나 한국군에 의해 저지되어 북상 도주하였으며, 같은 해 11월 6일에
는 약 100명의 유격대가 영일군 지경리로 해상 침투하여 보현산의 김달삼
부대와 합류하였다.[475] 이 무렵 북한 지도부는 스티코프 대사에게 약 800여
명의 빨치산을 이미 투입하였다고 통보하였다.[476] 이후 유격대의 침투는 잠
시 중단되었다가 10차로 1950년 3월 28일 양양 · 인제 · 양구에서 대기 중이
던 김상호, 김무현 부대 약 700명이 오대산과 방대산으로 침투하였다. 이들
은 강력한 화력을 지닌 정예부대였으나 역시 토벌작전으로 소탕되었다.[477]

남침 시 후방에서의 대대적인 교란작전 수행을 목표로 한 북한유격대는
1948년 11월부터 1950년 3월까지 모두 10회에 걸쳐 2천 4백 명가량이 침투하
였으나 한국군과 경찰의 토벌작전에 의해 2천여 명이 사살 또는 생포되었다.
따라서 수치상으로는 4백여 명의 유격대만이 잔존한 것으로 나타났다.[478]

1950년 3-4월간 미국은 한국군의 게릴라토벌에 관해 성공적인 것으로 평
가하고 있다. 이는 "지난 주말 한국군은 3월 25일경 오대산 지역으로 침투
한 600명 이상의 게릴라를 토벌하였다. 그리고 4월 21일부터 이틀간 게릴
라 70명을 사살하고 지도급 인사 김무현 등을 포함한 24명을 체포하였다.
같은 기간 강릉지역에서 38도선을 넘어 침투한 대규모 부대도 격퇴하였으
며, 남으로 침투해 온 600명 이상의 게릴라들은 거의 대대분이 토벌되었다.
현재 38도선 북쪽에 500여 명의 게릴라들이 주둔 중에 있다"[479]고 평가한

---

475) 金點坤, 앞의 책, 『韓國戰爭과 南勞黨戰略』, pp.205-223.
476) 「스티코프가 스탈린에게」, 위의 자료 제3권, p.53.
477) 戰史編纂委員會, 앞의 책, 『對非正規戰史』, pp.44-46; 「스티코프가 스탈린에게」,
     『러시아 外交文書』 제3권, p.53. 남한 내 빨치산 운동을 강화하라는 스탈린의
     제의에 대해 박헌영은 김일성보다는 훨씬 적극적으로 받아들였다. 스티코프
     는 이와 관련한 조치가 이미 시행되어 빨치산 활동의 지도를 위해 남한으로
     800여 명이 파견되었다는 통보를 받았다고 하였다. 이로써 북한지도부는 소
     련에 대해 빨치산들이 대부분 토벌되고 있는 실제 상황과는 달리 크게 과장
     하고 있음을 알 수 있다.
478) 金點坤, 앞의 책, 『韓國戰爭과 南勞黨戰略』, pp.235-237.
479) 「드럼라이트 대리대사가 국무장관에게」(1950.4.20), 徐東九(역), 앞의 자료,

사실에서도 잘 알 수 있다.

그 반면 빨치산 활동으로 인하여 한국군은 그 토벌작전에 전방사단의 일부와 후방의 3개 사단 등 4개 사단 규모와 경찰병력 일부가 투입되어 대비정규전을 수행할 수밖에 없었는데, 그 결과 38도선의 방어력과 후방경계가 약화되는 현상을 초래하게 되었다. 이에 유엔한국위원단은 제4차 유엔총회에 점차 북한에서 파견하는 유격대의 수가 증가하고 있으며 이에 따라 선전공작도 증가하고 있다고 보고하였다.[480]

인민유격대의 남파는 인민군이 특히 강조한 배합전술을 실현하기 위한 기도에서 나온 것이었다. 이 전술은 주 전선에서의 전투와 병행하여 후방지역에서 비정규전에 의한 또 다른 전투를 강요함으로써 배후에 제2전선을 형성하여 적의 동원 및 증원을 방해하는 등 전후방을 동시에 전장화하여 전의를 상실케 하고 적을 격멸한다는 것이다.[481] 이는 결국 정규군의 남침을 앞두고 제2전선을 형성하는 데 목적이 있는 것이었다. 이들이 소탕됨으로써 배합전술의 목표달성은 결국 실패하였으나 한국군의 후방전력을 분산시킴으로써 남침전략에는 큰 기여를 하였다.[482] 이 무렵 남로당계 이승엽

---

p.66. 1950년 4월 3일 김달삼이 남한에서 평양으로 갔음이 확인된다. 김달삼의 목적은 남한 내 빨치산 투쟁의 상황을 보고하고 관련 지시를 받고자 월북한 것이었다. 그동안 김달삼의 행방에 관해서는 많은 이견이 있어 왔다(「이그나체프가 비신스키에게」(1950.4.10), 『러시아 外交文書』 제3권, pp.66-67).

480) 육군본부, 『6·25事變 陸軍戰史』 제2권(부록), 1953, p.7.
481) 국방부, 『北傀의 軍事政策과 軍事戰略』, 1979, pp.105-109. 박헌영은 소련 툰킨 공사와의 면담에서 남한의 빨치산부대가 이승만 정권의 전복과 북한군의 남침 시 국군의 퇴로 및 통신 차단과 같은 임무를 수행할 수 있다고 보고하였다.
482) 金點坤, 앞의 책, 『韓國戰爭과 南勞黨戰略』, pp.239-258. 1948-50년 초까지의 남한 내 게릴라는 남로당에 의해 지도되었으며, 크게 북한으로부터 군사적 교육을 받고 침투한 부류와 남한 내부에서 자생적으로 참여한 부류 등으로 대분될 수 있다. 또 남한 내부의 자생적인 부류도 1946년 10월폭동, 2·7구국투쟁, 4.3제주사건, 여순사건 등에서 활동하다가 입산한 경우와 육군으로부터 탈영하여 입산한 경우로 구분될 수 있다.

은 다음과 같이 호소하고 있었다.

남반부 애국적 인민들이여. 리승만에게 쌀을 줄 것이 아니라 빨찌산에게 쌀을 주라. 리승만에게 세금을 낼 것이 아니라 그 돈으로 약을 사고 신발을 사고 의복을 사서 빨찌산에게 주라. 정보를 더 철저하게 더 세밀하게 더 정확하게 빨찌산들에게 제공하여 주라. 농민들이여. 빨찌산들과 굳게 협조하여 원쑤들이 비싼 값으로 강제 매도하는 토지를 결코 사지 말라. 만약 토지를 살 돈이 있거든 그것으로 빨찌산에게 필요한 물자를 사보내라. 소위 국방군들이여. 모두다 의거를 조직하여 빨찌산편에로 넘어가라. 청년들이여. 리승만 역도들의 징병제를 강력하게 반대하고 모두다 빨찌산에게도 들어가라. 전체 인민들이여. 우리는 영면하신 령도자 김일성수상과 공화국 정부 주위에 더욱 튼튼하게 단결하여 조국의 평화적 통일을 쟁취하는 투쟁에 더욱 힘차게 궐기하라. 영웅적 빨찌산에로 모두다 들어가자.[483]

남로당은 모든 인민들에게 빨치산으로 들어가 조국통일을 쟁취할 수 있도록 지원을 호소하고 있었다. 따라서 유격대 남파를 통한 한국군 전력 약화와 내부 동요 유발, 전쟁준비를 은폐하기 위한 평화운동 전개 및 남북한 교섭 제의 등의 일련의 과정은 모두 전쟁 계획이라는 맥락 속에서 이루어지고 있었음을 알 수 있다.

2) 전쟁동원체제와 평화공세

북한에서의 동원체제 기반은 이미 1945년 말부터 시작된 사회 각 계층의 구성원들의 조직화로부터 시작되었다. 즉 학생 및 청소년 조직을 통합하도록 하였으며 지식인과 문화인들은 선전전과 문화전에 나서도록 하고 각종 대회를 개최하여 주민들을 조직적으로 결속시켰다. 그 결과 주민들은 누구

---

483) 『인민』, 1950년 2월호, p.71.

나 공산당 산하 조직에 편입되어 인민증을 교부받아 인민반에 들어가게 되었다. 이에 따라 북한사회는 하나의 당에 의한 획일적인 지휘 아래 놓이게 되었다.[484]

한편 북한은 군사력 강화를 위해 군사장비와 군수품의 자체생산에 전력하여 1946년 말부터 군수산업기지 건설에 착수하고 무기생산을 독려하였다. 그리하여 1948년 3월에 기관단총을 자체생산하기 시작하였으며 전문 분야별로 군수공장을 건설하고 권총, 박격포 등 여러 가지 화기와 탄약·포탄·수류탄 등도 자체생산하였다. 뿐만 아니라 1949년에는 원산조선소에서 자체생산한 경비함의 진수식을 가졌는데, 이 경험을 토대로 남포조선소에서도 같은 종류의 경비함을 생산하였다.[485] 이와 같이 북한은 경제건설에 우선하여 군수산업에 여러 기술을 동원하여 국가 총동원체제를 갖추어 나갔다.[486]

또한 1949년 7월 15일에는 인민군과 그 가족을 원호한다는 기치 아래 조국보위후원회를 전국적인 규모로 조직하였다.[487] 이 후원회는 도·군의 행정구역에 따라 지도부를 설치하고 리 단위까지 조직에 편성하여 18세부터 45

---

484) 戰史編纂委員會, 앞의 책, 『韓國戰爭史』 제1권, pp.121-124.

485) 사회과학원 역사연구소, 앞의 책, 『조선전사』 제24권, pp.274-278.

486) 북한과 소련 관계는 1949년 3월 '경제·문화 협조 협정'에 기초를 두고 확대되었는데 당시 전체 북한 무역량 가운데 對蘇 비중이 1950년 경우 3/4를 상회하였다. 허문영, 『탈냉전기 북한의 대중국 러시아 관계』, 민족통일원, 1993, p.7; 한편 1949년 1월-6월 동안만 북한 내부에서는 테러 622명, 간첩행위 356명, 군사목표 파괴 212명, 반사회주의행위 11명, 무장봉기 221명, 체제반항 선전선동 1,133명, 반역 66명, 기타 160명으로 정치적 범죄가 증가되고 있었다. 이는 주로 소군 철수 이후 북한 내부에서의 반란과 또 남한의 간첩활동 등으로 야기된 것이었다(「툰킨 공사의 전보」(1949.9.14), 『러시아 外交文書』 제3권, p.41).

487) 전쟁물자의 지원을 담당하기 위해 김일성은 1949년 7월 15일 조국보위후원회를 결성할 것을 지시하고 이 지시에 따라 1949년 8월 말 각 도·시·군·면에 이르기까지 2만 5천여 개의 조국보위후원회가 결성되었고 269만 명의 회원이 가입하였다(중앙통신사, 『조선중앙년감』, 1950, p.208).

세까지의 남녀주민 270여 만 명을 회원에 가입시켰다. 이들은 이른바 조국보
위사업에 대중을 동원하기 위한 공산당의 후원단체로써 인민군 가족의 원
호[488]와 더불어 비행기·탱크·함정 등 인민군의 현대화 장비를 위하여 기
금헌납운동을 대대적으로 전개하여 2억 8천만 원을 모금하기도 하였다.[489]

이렇게 사회를 조직화하는 한편 사회주의 경제개혁을 실시하였다. 제일
먼저 1946년 3월부터 토지개혁을 실시하였다. 지주와 자본가들을 숙청하였
으며 1백만 정보의 토지를 몰수하여 무상 분배하였다. 1946년 8월부터는
주요 산업의 국유화를 시행하여 약 1천 개의 산업시설과 기관을 국유화하
였다. 경제적 기반을 마련한 1947년부터 계획경제를 시작하여 1950년까지 3
차에 걸친 경제계획을 시행하였다. 반면 북한의 지주, 자본가, 종교인 등
공산주의를 반대하는 사람들은 월남하게 되었다.[490]

소련과 중국의 지원 아래 사회의 조직화, 경제개혁의 실시와 군수산업의
육성, 계획경제의 시행을 거쳐 충분한 군사력을 확보한 북한정권은 1949년
4월 세계평화옹호대회에 참가하여 소련이 주도하는 대로 군비경쟁 및 전쟁
예산증가 반대의 구호를 주장하였다.[491] 북한은 1949년 6월 29일에 조국통
일민주주의전선을 결성하고 동년 6월 30일 그들 방식으로 만들어진 평화적
통일의 방안을 남한에 제안했다. 이때 그들은 북한에서는 좌파가 80%, 남
한에서도 65~70%의 득표가 가능하다고 판단하고 있었다.[492] 따라서 남한
이 그들의 제의를 거부할 것으로 예상하고 그로 인한 정치적 승리를 도모

488) 「조선인민군대 전사 및 하사관들의 부양가족 원호에 관한 결정서」(내각결정
    제45호, 1949.5.9), 정경모(편), 『北韓法令集』 제1권, 대륙연구소, 1990,
    pp.2684-2685. 이 결정에 의거 노동자, 사무원으로 있다가 인민군대에 입대한
    전사 및 하사관들의 가족들에게 매달 200-400원을 지급하고 농사짓다가 입대
    한 가족에게는 15-30%의 농업현물세를 면제해 준다고 규정하고 있다.
489) 조국보위후원회의 모금액은 당시 북한의 정부예산 260억 9천만 원의 1%에
    해당하는 것이었다. 한국홍보협회, 앞의 책, 『韓國動亂』, p.127.
490) 戰史編纂委員會, 앞의 책, 『韓國戰爭史』 제1권, p.127.
491) 戰史編纂委員會, 앞의 책, 『解放과 建軍』, pp.724-725.
492) 『러시아 外交文書』 제2권, p.8.

하려는 계획을 가지게 되었다. 이후 1950년 3월 스톡홀름 평화대회에 참가하여 대회에서 상정된 원자무기의 사용금지와 군비축소 주장에 찬성한다면서 위원회를 조직하고 북한 전역에서 서명운동을 전개하였다.[493]

1950년 5월 30일 조국전선은 평화통일의 방안으로서 유엔감시하가 아닌 한국인 자결원칙에 입각한 남북을 통한 총선거를 8월에 실시하자고 제안하였다. 남한정부가 이를 거절하자 또다시 결의문 형식으로 총선거 실시를 주장하였다.[494] 그리고 민족지도자 조만식과 김삼룡, 지주하 등을 교환하자는 방안도 제시하였다. 전쟁 직전인 6월 19일 북한은 다시 남한 국회가 동의한다면 국회에 의한 통일방법을 협의할 용의가 있다는 선전을 전개하였다. 그러나 북한정권의 평화운동과 남북한 교섭제의는 평화회의를 거부하였다는 명분을 얻기 위한 전쟁계획의 제2단계 전술이었다.[495] 결국 이를 증명하듯 인민군은 전력탐색과 유리한 지형지물의 확보를 위해 게릴라부대를 38도선으로 침투시키고 있었다.

493) 戰史編纂委員會, 앞의 책, 『解放과 建軍』, pp.725-726.
494) 「스티코프가 비신스키에게」(1949.6.28), 『러시아 外交文書』 제4권, pp.38-39.
495) 戰史編纂委員會, 앞의 책, 『解放과 建軍』, pp.726-728; 『러시아 外交文書』 제2권, p.26.

제3장 남북한의 미·소 철군 이후 38도선상 대립

제1절 남한의 소군철수 이후 진지구축과 공세

1. 남한의 '실지회복' 의욕과 진지구축

단정 수립 이후 남북한 간의 심각한 갈등은 미·소의 후원하에 체제강화와 군사적인 경쟁의 양상을 띠게 되는데, 본 장에서는 양자 간의 무력충돌의 확대과정 등을 통해 두 분단정권의 정치지도자들의 대립 확대과정을 살펴보고자 하였다.

남북한 경계선의 분쟁소지는 해방 직후인 1945년 9월 말로 거슬러 한반도를 분할 점령한 미·소군이 38도선 일대에 초소를 설치한 데 연유한다. 그 이후 38도선 접경지는 늘 잠재적인 발화점이 되어 왔으나, 미·소군이 대치하고 있던 상황하에서의 분쟁은 우발적인 것이 대부분이었다.

즉 미·소군이 38도선에서 철수하기까지 분쟁은 대체로 청년단체 대원들 간의 충돌이나 또는 초소를 사이에 둔 경찰 간의 총격전과 같은 양상을 띠는 것이었다.[496] 오히려 이 시기에는 38도선을 통해 많은 사람들이 공공연히 남북을 왕래하고 있었다. 그러나 미·소군의 완충 역할이 없어지면 곧

---

[496] 주한 미군정보일지(Hq. USAFIK G-2 P/R)에 의하면, 이 시기 대표적인 분쟁 사건은 다음과 같다. 남한경찰의 월경 소련군 사살사건, 배천경찰서 피습 사건, 연안경찰서 장곡천지서 피습, 배천경찰서 피습, 옹진 서청납치 등이었다. 이러한 사태와 관련하여 코르트코프는 합동조사반을 구성하여 미·소군의 관계증진 및 침범사태를 막기 위해서 확실한 38도선 결정이 이루어져야 한다고 주장하였지만, 하지는 월경 자체가 불법이라는 이유로 거절하였다(USAFIK, *History of the United States Armed Fores in Korea*, Vol.3, 돌베개, 1989, p.10).

바로 분쟁으로 이어질 가능성이 계속 존재하고 있었다. 또 남북간에는 몇 가지 측면에서 커다란 분쟁가능성이 잠재되어 있었다.

먼저 단정 수립을 전후하여 이승만은 '실지회복(失地回復)' 차원에서 통일방안을 강조하고 있었으며, 체제 간의 대결로 구도를 설정하여 북한을 타도대상으로 인식하고 있었다. 이미 그는 1947년 미·소군 동시 철군안이 결정되었을 때 미군주둔 주장을 철회하는 대신 철수 후 북한을 제어할 수 있는 충분한 군사력을 요청하는 방향으로 선회하였다.[497] 이청천, 김석원, 채병덕 등 남한 군사지도자들도 북한군의 위협을 지적하면서 공개적으로 북진을 주장해 왔다.

또한 이승만은 대내 정치·경제위기를 대북위기로 상징 조작하였다. 1948년 말 이승만 정부의 생존 여부는 미군의 주둔과 미국의 대규모 원조 여부에 달려 있다고 일반적으로 평가되고 있었다.[498] 그럼에도 불구하고 이승만은 악성인플레 등 대내적인 문제에 대한 주의를 남북간의 군사적 위기로 돌려 그 정치적 활로를 찾고 있었다.

한편 단정을 전후하여 38도선 접경지에서는 남북한 경찰과 청년단체의 약탈, 납치, 보복 등에 따른 체제 간 대항의식과 경쟁심, 책임감이 가열되고 있었다. 남북한은 서로 게릴라 투입과 월경을 봉쇄하기 위해 경비를 강화하고 있었다. 한편 정부 수립 직후 이승만은 반공청년들로 구성된 특별경비단을 38도선에 배치하여 분쟁가능성을 격화시켰다.[499]

특히 남북 체제 간의 대결양상은 1948년 동안 군사력(병력) 증강으로 나타났다. 북한은 인민군, 국경경비여단을 창설하였으며, 북한주둔 소련군이

---

497) ORE62(1947.11.18), 이길상·정용욱(편), 『美國의 對韓政策史 資料集』, 다락방, 1995.

498) 「무초가 국무장관에게」(1948.11.12), *FRUS 1948*, Vol.Ⅵ, pp.1125-1327; ORE44-48(1948.10.28), 이길상·정용욱(편), 위의 자료집.

499) USAFIK, G-2 Periodic Report NO.911(1948.8.16), NO.925(1948.8.31), NO.935(48.9.13), NO.951(1948.10.1). 이와는 달리 미군 소대와 북한경비대 간의 예외적인 분쟁사건도 가끔 발생하였다. NO.927(1948.9.2).

1948년 10월 12일을 전후하여 북한경비대가 38도선을 인수하여 진지를 구축하고 있었다.[500] 반면 남한도 육군 6개 여단을 증편 또는 창설하였으며, 1948년 말까지 연대전투단을 제외한 미군이 대부분 철수함에 따라 남한 군경은 부분적으로 초소를 인수하기 시작하였다.[501]

앞서 예시한 것처럼 38도선 분쟁소지는 1945년 9월 말 미·소군이 38도선 일대에 초소를 설치한 데 연유하지만, 양군이 대치하고 있던 상황에서의 분쟁은 대체로 청년단체 대원들 간에 충돌이나 또는 초소를 사이에 둔 경찰 간의 총격전과 같은 우발적인 양상을 띠고 있었다. 그러나 북한주둔 소련군이 철군한 이후의 충돌은 다른 의미로 분석된다.[502] 정부 수립 직후 '실지회복'[503]의 입장에 있던 이승만 정부는 유엔의 한국정부 승인, 여순사

---

500) Hq. USAFIK, G-2 P/R N0.1036(1949.1.13). 사북면의 북한경비대는 1948년 12월 18일부터 38진지를 강화하였으며, 다른 지역은 1948년 4월부터 부분적으로 시작되었다.
501) 「국무부차관보가 국방부차관에게」(1949.1.25), *FRUS 1949*, VOL.Ⅷ, pp.944-945.
502) 북한은 1949년 한 해 동안 432여 차례 무장침습을 당하였다고 주장하였으며 (사회과학원, 1983 『현대조선역사』, p.251), 한국은 총 688여 차례 침공을 당하였다고 하였다(육본정보국, 1961 『傀儡軍特報』 제1집, p.30). 미 극동군사령부 G-3이 분석한 자료에 따르면, 1949.1.1~10.5일까지 38도선 접경지의 상황은 다음과 같다. 이 자료는 주로 한국군경보고에 근거하여 작성된 것이므로 사실과는 편차가 있지만 당시 정황을 파악하는 데에는 참고된다(FEC G-3, 「북한의 남한침공」(1949.1.1~10.5), SN.212).

[표 10] 북한의 남한 침공 통계표

	옹진	장단	연백·배천	개성·고량포	춘천	원대리	주문진	합
침범횟수	95	49	41	126	112	42	55	520
북한군	31,637	3,007	2,652	19,729	5,424	4,070	2,106	62,856
한국군	16,518	2,008	1,584	14,130	2,651	5,000	2,119	44,010

503) 1948~50년 이승만의 통일방식은 '실지회복'론이었다. 그는 당시 현실과는 관련 없이 통일방안을 평화적이든 무력적이든 모두 실지회복의 입장에서 채택 가능하다고 인식하고 있었다. 이에 대한 기존의 논의는 무력통일론으로 평가하고 있으나, 이승만이 국내외 정세에 따라 강도를 조절하며 평화통일(실지회복의 입장)과 무력통일을 주장하고 있었던 사실을 간과하고 있다.

건 등의 진압, ECA 계획의 확대, 소련군 철수 발표 등으로 대내외 불안이 어느 정도 해소할 수 있게 되었는데, 그러자마자 김석원·채병덕 등 일부 군부에서 무력통일에 의한 실지회복 의지를 표명하고 나섰다.[504]

38도선 접경지에서 완충의 기능이 사라지게 되자 1948년 말까지 잠재되고 있었던 분쟁가능성이 점차 표면화되기 시작하였다. 실지회복에 대한 인식은 1949년 초 미군으로부터 38도선 초소를 인수한 군경에게도 간접적으로 전달되고 있었다.

주한미군 정보보고서에 의하면, 1949년 1월 초 일부 지역의 한국 군경이 월경함으로써 총격전이 수행되었다고 하였다.[505] 주북한 소련대사 스티코프 보고는 38도선 부근에 남한 군경이 근접하여 1월 15일—25일 사이 월경 사건이 증가되고 있으며, 그 규모는 경찰 소대병력 정도라고 하였다.[506] 특히 2월 4일 동부지역 기사분리 침입의 경우 북한이 보병부대까지 투입하여 반격전을 수행할 정도로 심각해지고 있었다.[507] 38도선 접경지의 북한주민들이 부분적으로 동요하여 후방으로 이동하는가 하면 부락단위별로 자위대를 강화하고 있었던 사실에서도 이러한 분위기가 감지된다.[508]

---

504) 「남한 공산주의자들의 역량」, ORE 32-48(1949.2.21), 이길상·정용욱(편), 『미국의 대한정책사 자료집』, 다락방, 1995; 「무초가 국무장관에게」(1949.1.27), FRUS 1949, Vol.Ⅶ, pp.947-952.

505) Hq, USAFIK, G-2 Periodic Report NO.1031(1949.1.7), NO.1042(1949.1.20), NO.1045(1949.1.24).

506) 「스티코프가 몰로토프에게」(1949.1.27), 『러시아 外交文書』 제4권, pp.1-3. 이 보고는 "지난 10일(1월 15일—25일) 동안 남한 경찰과 군대의 38도선 침범사태가 증가하고 있다"고 하였다.

507) 「스티코프가 몰로토프에게」(1949.2.3), 위의 자료, pp.4-5. 스티코프는 "38도선의 상황은 평온치 않다. 남한경찰과 부대가 매일 38도선을 가로질러 북한 경찰초소를 공격한다. 38도선은 북한군 2개 여단에 의해 방어 중이다. 이 여단은 단지 일본제 소총으로 무장되어 있다. 게다가 자동화기는 없으며 매 소총마다 겨우 3-10여 발의 탄환이 지급되어 있다. 결과적으로 북한경비대는 대한 남한 경찰의 공격에 대해 반격을 가해 퇴치할 처지가 안 된다"고 하여 긴급히 장비를 보내줄 것을 요청하였다.

그와 같은 양상은 3월 중순에 접어들면서부터 더욱 격화되었다. 소군 고문단 보고는 1949년 1월 중순부터 4월 15일까지 총 37건의 충돌 중 3월 15일부터 4월 15일간 24건이 집중되고 있다고 하였다. 이 무렵의 양상은 소규모 경찰 간의 충돌이 대부분이었지만 가끔 보병 대대 규모의 수준으로 이어지는 경우도 있었다.[509] 충돌이 격화된 것은 북한이 대규모 병력을 동원하여 대응하였기 때문이었지만, 전투의 발단은 한국군의 초기 진지 배치와 일정한 관계를 갖는 것이었다. 쌍방의 자료에 의하면, 이 시기의 충돌은 서로에게 발화의 책임이 있다고 전가시키고 있다. 그러나 대부분의 충돌원인은 남한 군경이 전술상 유리한 고지를 차지하기 위해 38도선 너머의 고지 일부를 장악하려 했기 때문에 발화된 것이었다. 따라서 이때의 대체적인 충돌양상은 남한 군경이 주요 고지를 점령할 경우 북한이 경비대와 인민군을 투입하여 이를 격퇴하거나 월남하여 보복전을 수행하는 양상을 띠는 것이었다.[510]

전투가 크게 확대되지 않았던 이유 중의 하나는 남북한군이 보유하고 있던 무기가 빈약하였기 때문이기도 하였다. 북한군의 경우 38도선에 2개 경비여단에 배치되어 있었지만 주로 소총으로 무장되었으며 그나마 개인당

508) 「인제군 인민위원회 당조회의록」 제41호(1949.1.14), SN.847-2 ; 「인제군당 회의록」 제35호(1949.2.4), SN.887-2.

509) 「스티코프가 스탈린에게」(1949.4.20), 위의 자료 제3권, p.17. "북한에서 우리 군대의 철수 이후 38도선상에서의 남측의 질서 파괴 행위는 도발적이고 조직적인 성격을 갖고 있다. 지난달 3월부터 이 파괴 행위의 빈도가 잦아지고 있다. 38도선의 상황이 복잡해짐과 동시에 3, 4월 중 남측은 제1여단을 비롯하여 육군의 일부 병력을 38도선으로 이동시켰다"고 한 것으로 보아 한국군의 배치와 관련이 있는 것임을 알 수 있다.

510) 「김일성·스탈린회담 속기록」(1949.5.5), 위의 자료 제3권, p.9. 김일성이 스탈린에게 "남한인들은 북쪽군대에 자기 사람들을 침투시킬 수 있으며, 그렇게 해서 필요한 것들을 얻어가고 있다. 강원도의 38도선에서 남쪽과의 접전이 발생했을 때 북쪽의 경찰들은 무장이 소홀했었다. 그들은 정규부대가 도착하자 퇴각하였다"고 설명하였다. 『朝鮮日報』 1949년 3월 11일자 및 3월 20일자.

3-10발의 탄환이 지급되는 정도였다.[511] 한국군도 비슷한 상황이었다.

　초기 충돌은 진지구축 과정에서 발생되었고 크게 발전되지는 않았지만 한국군이 38도선에 배치되기 시작하면서부터는 단순한 총격전 이상의 의미를 띠기 시작하였다. 이 무렵 소련정부는 이를 예의주시하면서 스티코프에게 남한의 38도선 경비 상황을 구체적으로 파악하여 보고하도록 지시하였다.[512] 이 무렵의 충돌에 대해 북한 내무상 박일우는 "이 행위는 유엔 신한국위원단의 방문 시 남한에서 미군의 계속 주둔필요성을 정당화하기 위해 38도선상의 불안을 조성하고자 하는 데 그 목적이 있는 것이다"[513]라고 비난하였다.

　이와 반면 이승만 정부는 이를 북한의 공세로 과장함으로써 위기를 조성하는가 하면, 다른 한편으로는 사소한 문제로써 인식하는 등 양면적인 태도를 보여주고 있었다. 즉 내무장관 신성모는 이북 무장군의 침입은 게릴라 행동이 아니라 남북간의 본격적 전투를 의미하는 것이며 그것은 이미 국제적 문제라고 지적하였다.[514] 이승만도 미국의 소극적인 대한정책에 불만을 토로하면서 한·미가 단합해야 공산주의를 격퇴할 수 있다고 강조한 바 있었다. 이 무렵인 1949년 3월 15일 이승만은 미국에 무기를 요청하면

---

511) 「스티코프가 몰로토프에게」(1949.2.3), 위의 자료 제4권, pp.4-5. 스티코프는 이 보고에서 소련정부가 지급하기로 되어 있는 2개 여단 규모의 장비를 시급히 반입해 주도록 요청하고 있다. 이에 비류조프 장군의 전문에 의하면, 2월 4일 스티코프 대사가 요청한 소총탄 250만 발, TT-3용 탄약 320만 발, 82mm 박격포탄 1만 5천 발, 소총 1,500정, 자동소총 1,200정, 권총 400정, 중기관총 100문, 82mm 박격포 40문을 적재한 태평양함대 소속 함정이 북한으로 향발하고 있었다(「비류조프의 보고」(1949.2.4), 위의 자료 제2권, p.3).

512) 「푸르카예프가 스티코프에게」(1949.2.24), 위의 자료 제4권, p.12. 소련은 스티코프 대사에게 "귀하가 현재 파악한 남한의 경찰 편성과 38도선 국경방어 체제, 즉 조직·편성·부대번호·인원·장비 및 전투력, 전투편성과 경비편성 상황 등에 대해 구체적으로 보고 바람"이라고 하여 38도선 상황에 대한 관심을 집중시키고 있음을 알 수 있다.

513) 「스티코프가 몰로토프에게」(1949.2.3), 위의 자료 제4권, pp.4-5.

514) 『朝鮮日報』1949년 2월 4일자.

서 북한을 병합시킬 것을 분명히 밝히고 있었다. 그러나 내무장관은 며칠 후 38도선 분쟁에 대해 "서로 참호를 만들며 사격하고 있었지만 별로 목적이 있는 것 같지는 않았다"고 또 다른 견해를 제시하기도 하였다. 총참모장 이응준도 "북에서 침습하면 정당방위로서 대항할 따름"이라는 입장을 표명하였다.515) 반면 미 고문관들은 남한 군경이 미국으로부터 장비를 획득하기 위해 충돌을 과장 보고하고 있다고 평가하였고,516) 미국의 예측을 당시 38도선을 직접 시찰한 국회의 보고서에 의해서도 실제로 확인되었다.517)

그럼에도 불구하고 충돌은 미국과 유엔의 관심을 끌고 있었다. 결국 일련의 충돌로 인해 유엔한위가 38도선을 시찰하고,518) 미 국무부도 특별성명까지 발표하는 계기가 되었다.519) 마찬가지로 소련도 스티코프에게 38도선 정세를 보고하라는 지시를 하달하고 있을 만큼 이미 38도선은 화약고로서의 잠재적인 위험성이 있었다.520)

이와 같이 이승만은 충돌과정을 통해 한반도를 반공의 전초로서 부각시키려고 하였다. 요컨대 1949년 초기의 충돌은 소련군의 철수가 곧 '실지회복'의 가능성을 열어 주는 것이라는 이승만 정부의 인식과 관련이 있는 것이었다. 이러한 인식은 직·간접적으로 38도선 접경지에 전달되었으며, 이후 크고 작은 충돌은 미군으로부터 초소를 인수한 군경이 38 이북의 몇몇 고지에 진지를 편성하려 한 데서 발단이 된 것이었다.

515) 『朝鮮日報』 1949년 2월 15일자 및 2월 19일자.
516) Hq.USAFIK.G-2 P/R NO.1054.(1949.2.3) ; NO.1060(1949.2.10) ; NO.1066(1949.2.18).
517) 대한민국국회, 『國會速記錄』 제2회 25호(38도선 및 배천경찰서 피습사건, 1949.2.8).
518) 『朝鮮日報』 1949년 2년 20일자. 「주한 미대사 무초가 국무장관에게」(1949.8.20), FRUS 1949, Vol.Ⅶ, pp.1068-1075. 유엔 한국위원단의 임무는 공산주의 침략을 감시하는 역할을 수행하며 또 38도선 충돌과 장차 대규모 충돌가능성을 감시하는 것 등이었다.
519) 『朝鮮日報』 1949년 2월 4일자 및 2월 5일자.
520) 「스티코프가 몰로토프에게」(1949.1.27), 앞의 자료 제4권, pp.1-3.

2. 남한의 미군 철수설과 관련한 공세

주한미군 철수의 반대 입장에 있던 이승만은 1949년 4월 12일 철군문제를 가지고 찾아온 무초와 협의하여 군사원조를 통해 한국군을 강화한다는 전제하에 철수에 동의하였다.[521] 그러나 4월 18일 유나이티드 프레스와 뉴욕타임즈 등 외신을 통해 철수설이 국내에 알려지자, 이승만 정부는 내부적으로 이에 동요되지 않도록 여론을 안정시키는 노력과 더불어 철수 이후 초래될지 모르는 힘의 불균형을 우려하여 집중적으로 미국에 안보공약을 요구하였다.[522] 이 무렵 크게 격화된 38도선상의 충돌도 그것과 같은 맥락에서 격화된 것이라고 볼 수 있다.

이승만은 철수설 보도 직후 사회 전반에 걸쳐 팽배해 있던 남침위기감에 대해 강경한 대북입장으로 대응할 것이라 강조하였다. 남침위기설과 강경한 대응 입장이 집중되던 시점인 5월 초 개성을 비롯한 몇몇 지역에서 전투가 발발하였다.[523] 특히 개성전투는 무초에 의하면 이때가 가장 심각한 위기 상황이었다고 평가될 만큼 크게 격화되었다.[524]

전투의 최초 발화는 1949년 5월 4일 한국군 제11연대 2개 중대가 개성

---

521) 「무초가 국무장관에게」(1949.4.12), *FRUS 1949*, Vol.Ⅶ, 986-987쪽: 「극동국장이 국무장관에게 보내는 비망록」(1949.4.18), *FRUS 1949*, Vol.Ⅶ, pp.992-993. 1949년 4월 12일 무초로부터 철군 내용과 미국의 군사원조로 한국군이 안정과 방위를 유지할 수 있다는 사실을 듣고 이승만은 그에 동의한다.

522) 「주한 미대사 무초의 대담록」(1949.5.2), *FRUS 1949*, Vol.Ⅶ, pp.1000-1022: 「주한 미대사 무초가 국무장관에게」(1949.5.6), *FRUS 1949*, Vol.Ⅶ, pp.1008-09: 「무초가 국무장관에게」(1949.5.7), *FRUS 1949*, Vol.Ⅶ, pp.1011-12. 이승만은 무초의 주한미군 철수 발표 요청에 승낙하지만, 그 선행조건으로 군사경제원조에 관한 명문화된 공약을 주장하였다.

523) 의정부 북쪽 사직리 일대에서도 전투가 발발하였으며, 13일 북한이 전력을 보강하여 반격함으로써 한국군은 철수하였다. 다음날 한국군은 반격전을 수행하여 사직리 진지를 탈환하였다. KAMG, G-2 P/R(1949.5.12), (1949.5.13).

524) 「무초가 국무장관에게」(1949.7.26), FRUS 1949, Vol.Ⅶ, pp.1066-67.

북방 38 이북 292고지를 점령하면서 시작되었다. 이날 이들은 북한의 대규
모 반격을 받아 다시 개성으로 물러섰으며, 다음날 제11연대 대대병력이
292, 156고지를 재공격하여 점령함으로써 전투는 크게 비화되고 있었다.[525]
6월 9일, 292고지의 한국군은 북한의 반격을 한 차례 물리쳤으나, 24일경
다시 북한의 대규모 공격을 받아 많은 피해를 입으면서 철수하였다. 제11
연대는 곧 이은 반격에 실패하게 되자 다음날 방향을 돌려 개성 동북방 송
악산(488)을 공격하여 점령하였다. 이와 같은 5월의 전투 상황에 대해서는
양측의 자료가 대체로 비슷하게 기록하고 있다.[526]

　당시 미 고문관들은 5월 전투에 관해 한국군이 미군 철수문제와 관련하
여 38도선을 자극하였을 가능성도 있다는 평가를 하였다.[527] 무초는 이승
만에게 도발적인 행동이 계속되면 미국의 지원을 중단시키겠다고 위협하였
다.[528] 전투가 격화되고 있던 현장을 시찰한 유엔 한국위원단 감시단도 '내
부적인 소란행위'를 측정할 수 없다는 의견을 피력하여 남한 측에도 발화
책임이 부분적으로 있음을 시사하였다.[529] 전투가 발화된 이후 서로 밀고
밀리는 양상이 되풀이되고 있었으므로 정확한 상황을 판단키 어려웠던 측
면도 있었을 것이다.

　이에 대해 이승만의 반응은 "선제공격을 자제하고 있지만 국민들은 어떠

---

525) Hq, USAFIK, G-2 P/R NO.1112(1949.5.6); 『朝鮮日報』 1949년 5월 6일자.

526) 「38연선 무장충돌 조사결과에 관한 조국전선 조사위원회 보고서」, 國史編纂
委員會 편, 『北韓關係資料集』 제6권, 1988, p.323.

527) Hq, USAFIK, G-2 P/R NO.1112(1949.5.6), NO.1113(1949.5.9)

528) Bruce Cumings, The Origin of the Korean War Vol. II(The Roaring of the
Contract 1947-1950), Princeton Univ. Press, 1990, p.393. 이승만은 49년 5월
옹진충돌에 대하여, "크레믈린의 명령을 받도록 강제되어 잘못 인도된 북한
인이 한국인에 의해여 통치되고 있는 한국의 어느 부분에 대해서 침략하여도
이를 격퇴할 것"이라고 하였다(「최근 사건에 관하여」, 공보처, 『李承晚博士談
話集』, 1953, p.21).

529) 「한국주재대사관 1등서기관 가디너 대담록」(1949.5.6), FRUS 1949, pp.
b1010-1011.

한 도발에도 강력히 대처할 것을 기대하고 있다"는 것과 "철군문제보다도 방위협정 체결이 시급"하다는 것으로 응수하였다. 또한 6월 하순에 열린 한국군 지휘관회의에서의 공세적인 분위기도 이러한 것을 반영하고 있는 것이었다. 김석원은 "국가나 군을 모욕해서는 안 되며 북괴가 38도선을 넘어 침범해오면 그것을 상회하는 무력과 빈도로 보복하여 다시는 넘보지 못하게 해야 한다"고 하였다.[530]

개성전투는 5월 4, 5일 이루어진 한국군 제8연대 강태무·표무원(강표) 대대의 집단 월북과도 일정한 관계를 갖는 것이었다. 이들은 숙군의 위기 상황에서 훈련을 위장하여 38도선으로 접근한 뒤 부대를 이끌고 월북한 것이었다.[531]

이러한 한국군의 집단월북 사건은 북한에게는 대단한 호기로 받아들여졌다. 당시 김일성이 북한인민군 창설1주년 연설에서 한국군은 14연대사건—강표 사건—해군함정월북 사건 등으로 거의 붕괴 직전에 있다고 다음과 같이 선전할 만큼 고무되어 있었다.

> 남조선 소위 국방군과 경찰대들은 인민유격대와 경비대들에게서만 타격을 받는 것이 아니라 그 내부에서도 부단한 동요로써 와해되고 있습니다. 작년 11월 려수에서 소위 국방군 제14련대가 폭동 춘천대대와 홍천대대가 의거하여 공화국 북반부지역에 넘어와서 인민군대에 편입되었으며 이때를 전후하여 소위 해군함정들도 의거하여 북반부 지역으로 넘어왔습니다. 이러한 사실들은 결코 우연한 일이 아닙니다. 그는 매국노 리승만 도당들이 근로인민들의 자제들을 강제 징모하여 군대에 편입시

---

530) 장창국, 『陸士卒業生』, 중앙일보사, 1984, pp.224-225. 이 회의에서 전 육군총참모장 이응준, 제1사단장 김석원, 제2사단장 유승렬, 육군총참모장 채병덕, 육본정보국장 백인엽 등이 참석하였다. 반면, 북한 쪽에서도 김일성이 내무성에 고성 남쪽 소계리 지역으로 침범한 남한군경을 소탕하라고 직접 지시를 하달한 것으로 보아 38충돌은 이미 남북 지도부의 문제로 상승되고 있었다. 「스티코프가 그로미코에게」(1949.5.28), 『러시아 外交文書』 제3권, p.23.
531) 육군본부, 『創軍戰史—兵書研究』 제11집, 1980, p.537.

키고 동족상쟁을 감행하는 데 대하여 조선청년들은 조선에 대한 미 제
국주의의 식민지화정책을 위하여 동족상쟁을 할 수 없다는 것을 실제
행동으로 표현하였습니다. 앞으로 이러한 의거행동이 부단히 일어날 것
입니다.[532]

강·표 부대는 월북 후 북한의 여러 지역의 환영 집회에 참석하여 남한
의 혁명적 열기를 강조하고 반이승만 성토연설을 한 뒤 모두 인민군에 다
시 편입되었다.[533] 강·표 월북사건은 북한뿐 아니라 한국군에게도 총참모
장(이응준)이 경질될 만큼 충격적인 것이었다. 따라서 한국군의 공세적 분
위기를 더욱 가열시키는 데 큰 영향을 미쳤을 것임은 자명하다. 개성전투
는 다시 보복전의 의미를 띠는 북한의 옹진지역 공격으로 확대되었다.

옹진전투는 1949년 5월 21일 북한의 국사봉에 대한 공격으로 시작되었고
이어 23일 한국군의 반격이 이어졌다. 28일 북한군 1개 대대가 공격을 재
개하자 한국군 제12연대 2개 대대가 인천으로부터 증원됨으로써 크게 격화
되었다. 31일 38도선 이남 두락산을 점령한 북한은 38 이남 5Km 일대 서
경리·남교정·염불리·원초리·오남리 등 5개 리를 장악하였다.[534] 이에
육군본부는 6월 5일 옹진지구전투사령부(김백일)를 설치하여 그 지역을 탈
환하도록 하는 한편,[535] 보복전(습격, 파괴, 납치)을 수행하기 위해 1개 대
대로 하여금 6월 7일 옹진 이북 10Km 태탄 지역을 공격하도록 하였으나,
이들 부대들은 침투 시 북한의 매복에 걸려 많은 손실을 입은 채 실패하였
다.[536] 옹진사는 6월 10일까지 두락산을 제외한 옹진지역의 피탈된 대부분

---

532) 김일성, 『김일성선집』 2권, 조선노동당출판사, 1953, pp.410-411.
533) 위의 책; 『노동신문』 1949년 7월 13일자.
534) 『國會速記錄』 제3회 8호(옹진군 일대의 충돌사건, 1949.5.31); G-2 P/R
    NO.1124(1949.6.6). 이 무렵 북한에서는 한국군 강태무·표무원 대대가 장비
    와 병력을 끌고 월북하자 한국이 자체적으로 붕괴할 것이라고 생각할 정도로
    북한군의 사기가 충천해 있었다고 한다. 최태환, 「6·25戰爭 勃發의 實狀을
    밝힌다」, 『역사비평』 1988년 가을, 계간2호, p.387.
535) 戰史編纂委員會, 앞의 책, p.508.

을 탈환하는 데 성공하였으나,[537] 13일 두락산과 국사봉 탈환전에는 실패
하였다.[538] 25일까지 남북간에는 은파산을 놓고 치열한 격전을 전개하였
다.[539] 결국 옹진지역 전투는 7월 초 일단락되었으며,[540] 참모총장이 유엔
한국위원단과 함께 옹진을 순회한 후 전선에서의 우위권을 회복하였다고
선언하였다.[541]

　미 극동군사령부 G-3 보고에 의하면, 1949년 5월 4일-6월 30일간 옹진
지역 전투에서의 양측 손실은 한국군이 전사 185명·부상 447명, 북한군이
전사 1,622명·부상 1,939명·포로 27명으로 보고되었다. 이 수치는 사실과
는 큰 편차가 있는 것이었지만, 옹진·개성지역의 두 달간의 전투양상이
얼마나 치열했는가를 간접적으로 보여주고 있다.[542]

　1949년 5월-6월간의 전투에 대한 보고서에서 미 극동군사령부는 충돌이
크게 증가한 원인이 대체로 공세적인 북한 측에 있다고 보았지만,[543] 부분

---

536) 위의 책, p.511.
537) 『朝鮮日報』, 1949.6.8일자, 6.9일자, 6.11일자.
538) USAFIK, G-2 P/R N0.1128(1949.6.15)-NO.1139(49.6.26): FEC, Intell.
　　　Summary Report NO.2472(1949.6.16), SN.223.
539) 『朝鮮日報』 1949년 6월 26일자.
540) 『朝鮮日報』, 1949년 7월 3일자 및 7월 5일자.
541) FEC, I/R NO.2480(1949.7.8).
542) FEC G-3, 「북한의 남한 침공」, SN.212.

　[표 11] 옹진지역 양측손실(1949.1.1-10.10)

	전사	부상	포로	합계		전사	부상	포로	합계
남한	185	447	?	632	남한	320	794	50	1164
북한	1,622	1,939	27	3588	북한	4,214	?	20	4339

　*(1949.1.1-6.30)　　　　　　　　　　　*(1949.1.1-10.10)

543) FEC, Intell. Summary NO.2478(1949.6.6). 극동군사령부는 이 무렵 충돌의
　　　격화는 인민군(제1·제2·제3사단)이 38도선 부근으로 이동, 배치되기 시작
　　　한 것과 관련이 있음을 시사하였다(NO.2487(1949.7.1)). 그러나 스티코프의
　　　보고에 의하면, 6월 현재의 북한 장비상태로는 반격이 불가능하다고 평가되
　　　었으며, 6월 말부터 장비보급 및 인민군의 전선배치가 이루어질 것으로 보고
　　　되었다(「스티코프가 비신스키에게」(1949.6.22), 앞의 자료 제4권, pp.34-37).

적으로는 미군 철수 후 전력강화의 명분을 위해 위기를 조장한 남한에도
책임이 있다고 평가하였다.544) 이러한 평가는 비교적 사실에 가깝게 분석
된 것으로 생각된다. 왜냐하면 당시 김석원이 옹진·개성·장단 등 '38도선
은 사실상 전쟁상태'라고 강조하고 있었던 사실에서도 그 단면을 볼 수 있
기 때문이다.545) 38도선에서의 충돌이 개성·옹진뿐만 아니라 여러 전선에
걸쳐 전개되고 있었음은 북한문서에 의해서도 확인된다.546)

이 무렵 북한의 게릴라 침투는 더욱 격화되고 있었다. 한국군경의 공식
기록에 의하면, 북한의 게릴라 남파 총 10여 회 중 7회가 조국전선이 창설
되는 6월부터 9월 시점에 집중되었다.547) 게릴라들은 산악에서 내려와 관
공서나 군부대 경찰서가 위치한 도시에 대한 대담한 공격작전으로 나왔으
며, 북한의 지원 중에는 정기적인 해상 보급선을 이용하여 무기와 식량을
보급하기도 하였다.548)

이러한 총공세로 남한의 정세는 극히 불안을 면치 못하였다. 따라서 38
도선 충돌과 게릴라 침투는 맞물려 진행된 것이었다. 북한은 38도선과 게
릴라활동을 "남한인민들의 저항으로 보도하고 있었으며 수세에 몰린 리승
만 도당의 멸망이 멀지 않았다"고 대대적으로 선전하고 있었다.549)

---

544) FEC, I/R NO.2471(1949.6.15), NO.2479(1949.6.23); 북한 내무성 「경비대 제3
연대 1대대 이중대장의 전투보고」(1949.6.31), SN.508.
545) FEC, I/R NO.2479(1949.6.23); 『朝鮮日報』, 1949년 6월 16일자. 이 무렵 김일
성은 김석원에 대해 "그놈이 오늘은 미국 놈의 앞잡이가 되어 38도선 분계선
이남에서 공화국북반부를 반대하는 불장난질을 하고 있습니다. 지난날 백두
밀림에서 그놈과 싸우던 우리 동무들이 오늘은 38도선 분계선에서 또 그놈과
싸우고 있습니다"라고 하였다(김일성, 「인민군대는 현대적 정규무력으로 강
화 발전되어야 한다」, 『김일성저작집』 제5권, p.206).
546) 북한군 「제3연대 제1대대 제2중대장의 전투보고」(1949.6.31), SN.508. 이에 의
하면 남천, 평산 부근 충돌이 있었으며, 「인제군 북면 당부위원회회의록」 제
27호, SN.889B에 의해서도 1949년 7월 초부터 38도선의 군사 상황이 더욱 악
화되고 있음을 알 수 있다.
547) 육군본부, 『共匪討伐史』, pp.4-6.
548) KMAG G-2 P/R NO.208, 219.

한편, 미국은 이승만의 집요한 군원 확대와 안보공약 요구에도 불구하고 한국에 이양한 군사장비와 철수 후 제공될 나머지 장비 정도면 남북한 군사력의 균형을 이룰 수 있다고 판단하였으며, 대한 군사공약은 미국에 도움이 되지 않는다고 결론을 내리고 있었다.[550]

그러나 이승만은 이미 고조되기 시작한 미국의 냉전전략을 한반도에 적용시킬 수 있다고 믿었으며, 적어도 한반도를 반공의 전초기지로서 부각시키려는 자신의 틀 안에 지금 당장은 미국을 끌어들이지 못하더라도 협상의 전술로서는 남북간의 긴장고조의 활용이 가능하다고 생각하였다. 따라서 그는 미군의 지원확대를 보장받기 위해 북한의 위협을 과장 평가하거나 때로는 부분적으로 위기를 조성하기도 하였던 것으로 판단된다.

제2절 북한의 미군 철수 이후 '해방구' 설치 논의와 공세

1. 북한의 옹진점령 논의와 8월 공세

이승만은 당시 분단국가의 주요한 갈등 축을 형성하고 있던 주한미군 철수 직후 북한의 공세적 입장에 정면으로 대응하면서 다른 한편 미국의 지원 확보를 위한 노력을 지속하고 있었다. 그의 이러한 노력은 군사력 증강, 안보공약, 태평양 동맹보장을 강력하게 미국에 요청하는 것으로 나타났다.[551]

이 무렵 38도선 접경지역은 미군 철수 직후 전선에 배치된 한국군이 진지를 보강하고 있었으나, 양양 공수전리 사건 등 몇몇 사소한 충돌 외에는

549) 양한모, 『그들은 왜 조국을 배반했나』, 일선기획, 1990, pp.195-219.
550) 「무초가 국무장관에게」(1949.6.27), FRUS 1949, Vol.Ⅶ, pp.1044-45; NSC8/2 Progress Report(1), 國防軍史研究所, 『NSC자료집』 제1권, 1996.
551) 「국무장관 대화비망록」(1949.7.11), FRUS 1949, Vol.Ⅶ, pp.1058-59.

비교적 조용한 편이었다.[552] 그러나 1949년 7월 하순 38도선에서는 북한의 공격으로 다시 긴장이 고조되기 시작하였다.

전투의 시발은 7월 20일 북한군이 한국군이 점령한 개성 북방 292고지를 다시 공격한 것이었다. 북한이 이 고지를 장악하자 제1사단장 김석원은 25일 제11연대로 송악산, 292고지를 공격하여 재점령하였다.[553] 그러나 이틀 후 북한의 반격으로 다시 물러났으며 8월 초까지 일진일퇴 공방전이 거듭되었다. 이 전투는 1949년 8월 4일 북한의 옹진공격으로 연이어 확대되었다. 이 양상은 5월 전투와 거의 유사하게 개성전투가 다시 옹진지구로 번져나간 것이었다. 북한 2개 대대규모 병력이 한국군 제18연대 2개 중대를 전멸시키면서 은파산을 점령하였다.[554] 한국군은 이 전투로 인해 많은 피해를 입고 물러났으며 방어 작전에 실패한 제18연대장 최석이 육본에 의해 파직되었다.

이 시기 북한의 공세는 김일성이 스티코프에게 '삼척해방구 설치', '옹진점령' 등을 제의하여 적극적인 공세를 표명하고 있었던 시기와 일치한다.[555] 김일성이 제안한 안건은 첫째, 옹진반도의 남한 측 군대를 격파하고 그곳에 주둔해 있는 2개 연대를 격파하고 옹진반도를 점거, 옹진반도를 기점으로 동쪽으로, 예를 들면, 개성까지 영토를 차지한다는 것이었으며, 둘째, 만약 남한 측 군대가 북한 측의 기습으로 사기가 저하되어 있다면 남쪽으로 계속 진격해도 무방하고 옹진작전 이후에도 사기가 저하되지 않는다면 방어선을 약 1/3로 단축하고 경계선의 방비를 더욱 굳건히 한다는 것이었다.[556]

552) 「연천주재지 사업보고서」(1949.8.5), SN.02: 「인제군 북면인민위원회 회의록」 제27호(1949.7.23), SN.889B.
553) 戰史編纂委員會, 『解放과 建軍』 제1권, pp.508-509: KMAG G-2 P/R NO.152 (1949.7.27).
554) KMAG, G-2 P/R NO.159(1949.8.4), NO.160(1949.8.5), NO.163(1949.8.11).
555) 『러시아 外交文書』 제2권, pp.10-12.
556) 「툰킨의 전보」(1949.9.14), 『러시아 外交文書』 제3권, p.31. 툰킨의 견해로는,

이 무렵 38도선의 북한군은, 스티코프의 보고에, "38도선 부근에 배치된 사단 사령부들과 38도선에 배치된 경비여단 사령부들은 전체 부대를 전시상황처럼 훈련시키고 있다"고 한 것처럼 적극적인 공세입장을 취하였다. 따라서 8월 전투에 대해 기존연구에서는 커밍스가 "1949년 여름 북한은 미국이 떠나기를 원했고 미군이 머물기를 원했던 남한보다는 덜 공격적이었다"고 평가하였고, 박명림이 "8월 초 북한이 옹진을 공격하지 않았다"고 하였으나 이는 모두 사실과 차이가 있다.[557]

이 무렵 한국군 평가에 대해 북한과 소련이 다소 다른 입장을 취하고 있었다. 즉 김일성이 "미군 철수 이후 38도선은 더 이상 의미가 없고 또 38도선 충돌로 인해 인민군 전력이 우세하다는 것이 입증되었다"고 역설하고 있었음에 반해, 소련의 툰킨은 "인민군이 승리할 만큼 강력하지 않다"고 스탈린에 보고하고 있었다.[558] 그럼에도 불구하고 김일성은 1949년 8월 2일 "리승만 정부의 소위 국방군과 경찰들이 매일같이 계속적으로 38도선에서 전쟁을 도발하려는 시도는 우리 인민군대의 참가 없이 공화국 경비대의 힘만으로도 성과 있게 제압되고 있습니다"라고 하여 강한 자신감을 표출하고 있었다.[559] 이러한 자신감은 『로동신문』에서도 "남한군의 침입에 대하여 38도선의 경비대만으로도 백전백승하고 있다"고 보도하였으며, 내무성

김일성의 부분 작전은 남북간의 전면전으로 발전될 가능성이 크므로 재고되어야 한다고 지적하였다. 또한 전쟁은 단기간 내에 남한을 점령할 수 있을 경우에만 가능하지만 북한은 현재 그런 능력이 없다고 하였다.

557) 커밍스·할리데이, 차성수·양동주(역), 『韓國戰爭의 展開過程』, 태암, 1989, p.55; 朴明林, 앞의 논문, 『韓國戰爭의 勃發과 起源』, p.131. 커밍스는 발화 주체를 대체로 한국군으로 평가하였으며, 박명림은 1949년 8월 3일 현지 부대장 최현에게 8월 10일까지 옹진을 점령하라고 명령이 내려갔지만 시도되지는 않았으며, 그것은 북한이 결정권과 선택권이 없었다는 점을 보여주는 것이라 하였다.

558) 「툰킨의 보고」(1949.9.14), 『러시아 外交文書』 제3권, pp.28-32. 북한은 이 무렵(9월 14일 현재) 남한 내무부에 침투시킨 간첩의 정보제공으로 비교적 한국군의 상황을 정확하게 분석하고 있었다.

559) 『김일성선집』 제2권, 1953, p.380.

문화국 부국장 김만석의 「공화국 경비대는 리승만매국도당들의 내란도발시
도를 성과 있게 제압하고 있다」는 제목의 기고에서, 즉 "오늘 공화국의 무
장력이 얼마나 장성되었는가 하는 사실은 38도선에서의 남조선의 소위 국
방군과 경찰대들의 침입을 철저하게 격멸소탕하고 있는 38경비대의 전투성
과만으로도 넉넉히 인식할 수 있는 것이다"고 하였는데, 이는 이 무렵의 38
도선 충돌에서의 대남 자신감을 보여주는 대목이라고 할 수 있다.560)

　김일성은 한국군 지휘관에 대해서도 강한 적의감을 표출하면서 이들을
즉시 타도할 것을 강조하고 있었다. 즉 그는 "소위 국군 내 지도층에 있는
놈들은 대부분이 과거 일제시대에 왜놈들의 장교로서 일본 제국주의에 충
성을 다하며 조선인민을 학살하던 친일역도들"561)이며, "김석원은 남조선
소위 국군의 제1사단장으로 개성부근에서 38도선 도발행위의 선두에서 날
뛰고 있는 놈이다. 해방 전에는 일본 륙군의 가네야마 대좌로서 평양44부
대 병사부장으로 있으면서 조선청년을 왜놈의 육탄으로 제공하기에 날뛰었
으며 한동안 왜놈의 부대장 노릇을 하던 놈이다", 또 류재흥은 "조선 소위
국군 제6사단장으로서 강원도 방면에서 38도선 도발행위에 날뛰는 놈이다"
또 김백일은 "얼마 전까지 국군 제6사단 제6연대장으로 강원도 방면에 있
다가 최근 옹진방면에서 날뛰고 있는 놈이다. 일제시대 일본 륙군 중좌로
서 만주에서 관동군 특무조 노릇을 하며 조선애국자를 학살하던 놈이다.
이외 남조선 소위 국군에는 수많은 친일역도들이 가득 차 있다"562)라고
비난하면서 이들의 타도를 역설하였다.

　이승엽도 당 기관지인 『근로자』를 통해 "미제국주의자들의 류혈적 군사
테로 정치는 날이 갈수록 가강되고 있다. 그들은 미제 주구 리승만 도배를
사주하여 수만의 민주주의적 활동가들을 학살하고 있으며 수십만의 애국동
포들을 검거투옥하고 있다. 남반부인민들은 잔인한 사형리 리승만도배들에

560) 『로동신문』 1949년 8월 12일자.
561) 국가계획위원회, 『남반부에 관한 자료집』, 국립인민출판사, 1949, pp.149-155.
562) 『남반부에 관한 자료집』, pp.155-158.

의하여 피의 바다 속에서 신음하고 있다. 실로 남반부는 무법천지요 참담
한 인민도살장으로 되어 있다"[563])며 잔인하고 증오에 가득 찬 공격적인
용어로써 대남증오를 격화시키고 있었다.

실제 민족보위상 최용건이 옹진분쟁지역을 시찰하였고, 내무상 박일우가
소련고문단 11명과 함께 옹진 우측 해주전선을 다녀갔으며, 주평양 소련대
사 스티코프도 38도선 분쟁을 조사하러 다녀갈 정도였다.[564]) 이것은 유엔
한위와 주한미군고문단의 38도선 시찰과 함께 어떤 형태로든 직접 연루되
어 있음을 보여주며 따라서 38도선이 이미 냉전의 초점으로 상승하였음을
보여주는 것이었다.[565])

8월 북한의 공세적 입장은 계속 인제군 남면지구에서도 확인된다. 즉 남
면 인민위원회 회의록에 의하면, 1949년 8월 6일부터 북한 국경경비대가
궐기하여 남한 일부 지역을 해방시키고 8월 20일까지 진지를 사수했는데,
면에서 이 사업에 협조하였다는 내용이다.[566]) 또한 이 무렵 춘천 신남방면
에서도 북한군의 공세가 있었으며, 이에 한국군은 총참모장의 명령으로 피
탈된 춘천 신남방면으로 16일 제8연대가 공격을 재개하여 탈환하였다.[567])

북한의 옹진공격이 있던 8월 초 참모총장 채병덕은 국민들의 내부적인
위기감과 동요를 고려하여 "전선에 이상이 없으며 적진을 완전 봉쇄했다"
고 발표하지만,[568]) 군 내부에서는 옹진지구의 전세를 만회하기 위해 8월 5
일 김백일을 옹진지구전투사령관으로 재임명하고 제2연대장 함병선에게 반
격명령을 하달하고 있었다. 옹진사사령관으로 임명된 김백일은 한국군 지
휘관 중 능력을 인정받고 있던 인물이었다. 또한 제주도에서의 저항이 종

---

563) 「조선인민의 장성된 민주역량으로 조국통일을 위한 투쟁을 반드시 승리에로
    인도한다」, 『근로자』 1949년 8월 31일, p.34.
564) KMAG, G-2 P/R NO.159(1949.8.4), NO.160(1949.8.5)
565) 朴明林, 앞의 논문, p.461.
566) 「인제군 남면 인민위원회 회의록」 제29차(1949.8.23), SN.856-5.
567) 戰史編纂委員會, 앞의 책, p.530; 『朝鮮日報』, 1949년 8월 17일자 및 8월 29일자.
568) 『朝鮮日報』 1949년 8월 5일자.

식되자 여기에 투입되었던 부대들을 곧바로 옹진으로 파견하기도 하였다.

최고 지휘부 육본의 이러한 조치는 38도선에서의 충돌은 곧바로 서울과 평양의 대결로 상승하였음을 의미한다. 그것은 이미 현지 부대의 수준이 아니라 직접 최고 군 수뇌부에서 결정하고 대응하는 수준으로 상승하였음을 의미하는 것이었다.[569] 38도선 분쟁에 대한 관심은 국방장관 신성모나 대통령 이승만에게도 예외는 아니었으며 그들 역시 깊은 관심을 갖고 이를 주시하고 있었다. 육본의 조치는 대내 불안감 해소라는 의미와 아울러 북한에게 약세를 보이지 않으려는 남침 억지의 성격을 띠는 것이었다. 이 무렵 미 군사고문단장 로버츠의 38도선 충돌에 대응한 한국군의 입장을 평가한 대목이 주목된다.

> 우리가 보기에는 38도선 여러 사건들은 남한이 38도선 북방의 일부를 점령하고 있음으로 인하여 발생한 것이다. 현재 남한의 지도부는 공세를 하려고 한다. 만약 공세를 하면 모든 고문관들은 철수시킬 것이며 ECA 원조도 중단하게 될 것이라고 경고하고 있다. 남한의 지도부는 만약 옹진반도를 상실하게 될 경우에는 자신들의 체면을 세우기 위해서라도 38도선을 돌파하여 20마일가량 북쪽인 철원까지 침공해야 한다고 생각하고 있다.[570]

한국군 옹진지구사는 다시 제2연대를 주공으로 하여 8일 대대적인 재반격을 가하여 옹진지역을 점령하고 있는 북한군을 몰아내었고 나아가 원진지를 회복하였다.[571] 옹진지구사의 재투입으로 간신히 옹진지역의 전세를 만회하긴 하였지만 한국군은 그동안 많은 손실을 입고 있었다.

---

569) 朴明林, 앞의 논문, p.461.
570) 「로버트가 볼테 장군에게 보낸 서한」(1949.8.19), 커밍스·할리데이, 차성수·양동주(역), 앞의 책, p.49. 재인용.
571) 戰史編纂委員會, 앞의 책, 『解放과 建軍』 제1권, pp.516-517; 『朝鮮日報』 1949년 8월 19일자.

옹진사태 직후 진해에서 장개석과 회담을 마치고 돌아온 이승만은 한국군이 많은 손실을 입었다는 보고를 받자 신성모 국방장관을 질책하였으며 마땅히 철원으로 보복공격을 감행해야 했다고 하였다.[572] 얼마 후 8월 23일 남한 초계정 6척은 몽금포 상에서 북한 함정 4척을 침몰시켰는데, 이 사건은 이용운이 지휘계통을 무시하고 국방장관의 직접명령을 따라 수행한 것이었다.[573]

이와 같이 1949년 7-8월간 충돌양상은 미군 철수 직후 북한의 대규모 공세가 발단이 된 것이었으며, 이승만 정부가 대규모 병력을 동원하여 대응함으로써 격화된 것이었다. 남한정부의 38도선에서의 방어조치는 미군 철수 직후 증폭되고 있던 남침위기를 억지하고 대내불안을 무마시킨다는 성격을 띠고 있는 것이었다.

2. 북한의 삼척 점령논의와 10월 공세

이승만 정부는 북한의 대규모 옹진공격 이후 1949년 9-11월간 중국의용군의 입북, 중국정부 수립, 소련의 핵실험 등과 관련하여 공세입장을 더욱 증폭시켰으며, 반공블록을 강화하기 위한 외교공세도 적극 추진하였다.[574] 미국의 중정보고서에 의하면, 1949년 10월 이후 내부위기는 다소 게릴라 토벌작전과 국민들의 반공의식 확산 등으로 비교적 안정되고 있지만, 중국의 정부 수립과 북한군의 강화 등으로 외부위기는 크게 증가하였다고 하였다.[575]

---

572) 「로버츠가 알몬드 장군에게」, 커밍스·할리데이, 차성수·양동주(역), 앞의 책, p.393.에 의하면, 한국군 참모총장은 "옹진이 함락될 경우 철원을 향해 북으로 공격하는 것 이외의 달리 방법을 찾을 수 없다. 그러나 우리는 그것이 심각한 내전을 야기하고 확산시킬 것이기 때문에 그에게 말해 그렇게 하지 못하도록 하였다"고 하였다.
573) 커밍스·할리데이, 차성수·양동주(역), 앞의 책, pp.55-56.
574) 제1장 참조.
575) 「MDAP국가들의 정치경제군사 상황 평가」(50.3.8), OIR 5178.2, 이길상·정용욱(편), 앞의 자료집.

이 무렵 태평양동맹과 관련하여 진해에서는 한·대만 간 군사협력회의가 개최되고 있었다. 여기에서 대만은 중국 산동반도를 공격할 경우 제주기지 이용가능성을 거론하였으며, 반면 한국 외무장관은 북진할 경우 대만의 공군지원 가능성을 타진하였다. 그러나 회의는 한국정부가 도움이 되지 않는다는 이유를 들어 반대함으로써 무산되었다.[576] 이러한 움직임은 이승만 정부가 중국에서 장개석을 포기하였고 한국에도 깊이 말려들지 않으려는 미국을 견인하려는 적극적인 전략이었다.

한편, 이승만 정부는 북한의 "이승만을 타도하기 위해 총력을 기울일 것을 촉구하고 1949년 9월 19일을 통일된 인공 선거일로 하자"는 소위 '9월 공세설'에 대비하여 38도선 일대에 계엄령을 선포하는 등 대단히 예민한 반응을 보이고 있었다.[577] 그러나 9월 동안 38도선의 상황은 공세설과는 대조적으로 오히려 소규모의 몇몇 교전을 제외하고는 비교적 평온한 편이었다.

실제 북한 내부에서는 이 문제와 관련하여 옹진공격에 대한 몇 차례의 논의가 있었다. 주북한 소련공사 툰킨의 보고에 의하면,[578] 9월 3일 김일성의 지시를 받은 문일이 툰킨에게 옹진－개성지역 군사작전을 타진하였으며, 다시 9월 14일 김일성이 직접 옹진반도 점령 작전을 문의하였다. 즉 옹진지역에 배치된 한국군 2개 연대를 격파한 후 이를 점령한다는 것이었다. 또한 이 작전의 개시는 이전에 논의된 '북침에 대한 보복을 빌미'로 가능하다는 것이었으며, '남한군 전력은 38도선 충돌의 경험에 비추어 취약하다'고 평가되었다. 그러나 결과적으로 이 계획은 소련 중앙인위의 반대에 부

---

576) 「무초가 국무장관에게」(1949.9.19), *FRUS 1949*, Vol.Ⅶ, pp.1080-1084.

577) 평양방송 1949년 8월 9일; 『朝鮮日報』, 1949년 9월 21일자; 이 무렵 1949년 8월 12일 김일성과 박헌영은 스티코프와의 면담에서 남한이 평화통일의 제안을 거부했으므로 부득이 무력공격을 할 수밖에 없음을 시사하였다(「스티코프 보고」(1949.8.12), 『러시아 外交文書』 제2권, p.10).

578) 「툰킨이 비신스키에게」(1949.9.3), 『러시아 外交文書』 제4권, pp.41-42; 「툰킨의 전보」(1949.9.14), 같은 자료 제3권, pp.28-32.

딪쳐 무산되었다.[579]

북한의 9월 공세는 없었지만, 9~10월 시점의 남한 안보는 미국의 정보 분석에 따르면 위기를 맞고 있다고 평가되고 있었다. 미 중정보고서에 의하면, 게릴라 토벌과 국민들의 반공의식 확산으로 내부 위기는 다소 축소되었지만, 중국정부 수립과 북한군의 강화로 외부 위기가 크게 증가되고 있다고 분석되었다.[580] 미 고문단도 소련장비의 북한유입 사실을 들어 전력격차를 메우기 위해서는 남한의 전력을 부분적으로 강화해야 한다는 쪽으로 검토하고 있었으며,[581] 이에 따라 군원액의 추가지원도 건의하였다.[582]

이때 북한은 1949년 10월 14일 소련의 반대에도 불구하고 2개 대대병력으로 옹진지구 은파산을 공격하여 유린하였다.[583] 옹진 - 해주 일대의 감제고지인 은파산이 38도선으로의 주요한 연락로이고 또 겨울에는 우측전선과 관계유지를 위해 필요하다는 것이었다.[584] 이 공격은 9월간에 북한 내부에서 논의되었던 옹진 공격논의와 무관하지 않음이 분명하다. 옹진공격에 대한 소련의 반대에도 불구하고 북한이 공격을 개시하자 소련은 다음과 같이 즉각적인 반응을 보이었다.

---

579) 위의 자료. 김일성의 개인비서 문일에 의하면, 김일성은 툰킨에게 "방어선을 축소하기 위해 옹진반도와 개성에 이르는 남한의 영토 일부를 점령하고자 하는 목적으로 남한에 대한 군사작전을 시작할 것을 허락해 달라고 요구하였다"고 하였다.

580) 「MDAP 국가들의 정치경제군사 상황 평가」(1950.3.8), CIA OIR 5178.2, 정용욱·이길상(편), 앞의 자료; 1949년 10월 7일 이승만은 이북공산당과 협의가 불가하며 공산당과 싸워야 하고 공산당과 협의하는 것은 무효일뿐더러 큰 과실이라는 성명을 발표하였다. 「共産黨과 協議不可, 人權保證에 決死鬪爭」(1949.10.7), 『李承晚博士談話集』, p.23.

581) 「무초가 국무장관에게」(1949.9.16), *FRUS 1949*, Vol.Ⅶ, pp.1079-80.

582) 「트루먼이 이승만에게」(1949.9.26), *FRUS 1949*, Vol.Ⅶ, pp.1084-85.

583) 戰史編纂委員會, 『解放과 建軍』, pp.518-519; KMAG, G-2 P/R N0.198(1949.10.17).

584) 「스티코프가 그로미코에게」(1949.11.20), 앞의 문서 제3권, pp.55-57.

귀 직에게는 중앙의 허가 없이 북한정부에게 남한에 대항하는 적극적
인 활동을 추천하는 것이 금지되어 있으며, 38도선에서 일어나는 사건과
계획된 모든 활동에 대해 본부에 바로 보고서를 제출하도록 지시하였으
나, 이러한 지시들이 제대로 이행되지 않고 있다. 귀 직은 제3경비여단의
대규모 공격행위 준비에 대해 보고하지 않았으며 이 행동에 우리 소련
군의 참여를 사실상 허가하였다.[585]

스탈린이 스티코프로 하여금 북한이 38도선상에서의 적극적인 활동을 전
개하지 않도록 자제시키도록 주의를 주었다. 더구나 이번 옹진작전에서는
소련군의 가담에 대해서는 더욱 강경하게 질책하고 있음을 알 수 있다.

한국군은 공격을 받은 다음날인 10월 15일 한국군 제2연대(함병선)가 대
대적인 반격을 개시하였으며, 연대는 큰 피해를 입었음에도 불구하고 17일
은파산을 재장악하는 데 성공하였다.[586] 은파산을 점령한 제2연대는 이후
소규모 전투와 포격전을 반복하다가 11월 22일 다시 북한의 공격을 받아
물러나게 되었다.[587] 은파산전투 이후 북한은 1949년 초부터 지금까지 격
전이 전개되어 왔던 38도선 이북에 위치한 국사봉, 292고지, 은파산 등 주
요고지를 모두 장악하였으며,[588] 이러한 상황은 전쟁발발까지 계속되었다.

한편, 38도선충돌과 맞물려 전개되고 있던 북한의 게릴라 침투도 50년 초
에 들어와 거의 토벌되었다. 그동안 한국군과 경찰은 게릴라들이 활동하고
있는 지역을 지리산지구·오대산지구·태백산지구 등 전국적으로 구분하여

---

585) 「그로미코가 스티코프에게」(1949.10.26), 『러시아 外交文書』제3권, pp.54-57.
　　　스티코프의 설명에 의하면, 보자긴 대령이 "북한의 공격문제에 대해 검토하
　　　고 스미르노프와 상의한바, 은파산을 남한으로부터 탈취하는 것이 필요하다"
　　　고 하였다. 이에 대해 스탈린은 재삼 "38도선의 심각함을 간과하지 말라"는
　　　명령을 하달하였다.
586) KMAG, G-2 P/R NO.199.(1949.10.18)
587) KMAG, G-2 P/R, NO.203(1949.10.25), NO.204(1949.10.27), NO.218(1949.11.22),
　　　NO.219.(1949.11.25), No.220(1949.11.28).
588) KMAG, G-2 P/R NO.274(50.3.6); 내무성 경비국, 「작전보고」제66호(1950.3.8),
　　　SN.282.

토벌작전을 전개하여 1949년 여름까지는 매월 300~400명, 9월 이후부터는 매월 800~900명을 사살하면서 토벌하였다.[589] 1949년 9월부터 50년 4월에 걸친 남한 내 전국적인 좌파몰락은 게릴라토벌작전과 아울러 전국전인 보도연맹의 조직, 그리고 좌파단체의 등록 취소령이 결정적인 이유였다. 보도연맹은 전국적으로 무려 33~35만에 달하는 방대한 조직원을 포괄하고 국가의 지원을 받으면서 자수와 밀고를 통한 반좌익 투쟁에 동원하였다.[590] 1949년 10월 남한정부는 민주주의민족전선 산하의 133개 단체에 대한 등록을 공식적으로 취소하고 1달간 자수 기간을 설정하여 좌파세력을 구축하였다.[591]

이와 같이 이승만 정부는 북한의 10월 공세와 관련하여 38도선에서 남침억지 전략의 일환으로써 강력히 대응토록 하는 한편, 북진 주장을 전보다 한층 강화시켰으며, 미국의 지원요청도 비중을 높이고 있었다. 이 시기 남북의 전력 차에도 불구하고 오히려 이승만 정부의 북진주장이 가장 집중되고 있었던 것은 국민들의 불안감을 무마시키고 지원문제로 교섭 중인 미국에게 강력한 반공의지를 보여주기 위한 차원이었다고 평가된다.

---

589) KMAG G-2 P/R NO.234(1949.12.22); 백선엽, 『실록 지리산』, p.286. 1949년 12월 24일자 『로동신문』에 의하면, "11월 중의 봉기투쟁에 참여한 농민 32,906명, 농민봉기 50회, 인민유격대 연 77,922명, 군경부대와 1,260회 전투, 1,800명 사살, 55명 중상, 413명 포로, 반도지주 및 악질 테러분자 등 매국주구 1303명 처단, 반동가옥 1,401호 소각, 기간 중 소탕된 괴뢰군경 및 악질매국주구는 4,071명에 달한다"고 보도하였다. 이 보도는 극히 과장된 것이었으나 당시 게릴라투쟁의 격렬성을 간접적으로 보여주고 있다.
590) 정희택, 「아아, 오늘도 무사했구나」, 『세대』 1971년 7월호, p.175.
591) KMAG G-2 P/R NO.216(1949.11.18). 이 기간 동안 전향과 탈당이 대폭적으로 이루어지고 있었다. 서울에서만도 12,196명이 전향하고 그중 학생이 2,418, 노동자 1,160명, 상인 2,256명, 공무원 474, 의사 40, 교원 58명 등 다양하였다(이기하, 『韓國共産主義運動史』 2권, 통일원, 1977, pp.401-402).

제3절 전쟁 직전 남북한 충돌의 소강과 그 성격

1950년 1월 이후 옹진·개성을 비롯한 38도선 접경지에서는 전년과 같이 격화된 전투는 발생하지 않았으나 소규모 충돌과 포격이 일상의 일처럼 이어지고 있었고, 전쟁 전까지 거의 매일같이 사상자와 포로가 발생하고 있었다. 충돌이 소규모로 제한되기 시작한 것은 1949년 12월부터이다. 고문단 정보보고에 의하면, 12월간 옹진지역에서만 소대규모 급의 전투가 몇 차례 확인되고 있다. 12월 7일부터 31일까지 북한은 포격의 지원하에 5차례에 걸쳐 소대규모의 병력을 은파산으로부터 녹달산, 까치산 쪽으로 침투시켰으며 11월 중순 옹진지역 방어부대로 재배치된 한국군 제17연대(백인엽)의 반격을 받아 피해를 입은 채 물러났다고 보고되었다. 그러나 전투는 더 이상 확대되지 않았다.[592]

1950년 초 몇 차례 포격전과 소규모 접전이 전개되다가 1월 말경 양측 간에 중대규모의 전투가 전개되었다. 은파산으로부터 1개 중대(인민군)가 까치산 쪽으로 침투하였다고 보고되었으며,[593] 한국군 제6사단의 교군산

---

[592] KMAG, G-2 P/R NO.229(1949.12.12), NO.232(1949.12.19), NO.233(1949.12.20), NO.238(1949.12.30), NO.229(1950.1.3). 1949년 말의 전투에 관해, 커밍스 등은 옹진의 신임 지휘관으로 임명된 백인엽이 12월 중순 은파산을 기습공격하였고, 북한은 반격했지만 1개 대대가 국군의 매복에 참패했다고 기술하고 있다(사사끼, 앞의 책, pp.355-356. 조경학 중위 증언: 메릴, 앞의 책, p.288; 커밍스, 앞의 책, p.397). 그러나 백인엽, 강영훈, 함병선, 한신, 조경학 등의 증언(戰史編纂委員會 증언록)에는 그러한 내용이 발견되지 않으며, 또 커밍스가 인용한 (고문단 G-2 234호)는 북한의 소규모 부대가 은파산에서 까치산을 공격하다가 격퇴된 내용으로 이 기간의 내용을 담고 있는 자료인 고문단 G-2 P/R(234, 235, 236호), 북한, 소련자료, 신문 등에 1949년 12월 중순 은파산 탈환전이 있었다는 내용이 확인되지 않는다. 따라서 1949년 11월 말 이후 전쟁 전까지 대규모로 비화된 전투는 없었다고 생각된다.

[593] 1950.1.8일 북한 1개 분대가 수도사단 일부 진지를 공격, 3명을 사살하였다. KMAG, G-2 P/R NO.243(1950.1.10); 50.1.21일 한국군은 까치산에서 교전하

지역에서도 북한군 2개 중대가 침투하여 교전 결과 쌍방은 한국군이 24명, 북한군이 35명의 큰 피해를 입었다고 보고되었다.[594] 당시 북한에서 "38도 선 충돌을 38도선 경비대의 힘만으로 간단하게 처리하고 있다"[595]고 보도 된 내용과는 사뭇 다른 양상이었다. 이 시기 전투의 특징 중의 하나는 전 투가 소규모로 제한되면서 각 지역마다 초소를 파괴하기 위한 게릴라식의 침투가 두드러졌다는 점이다.

이 무렵 38도선 소규모 충돌에 관한 한국정부의 입장은 당시 한국을 방 문하여 이승만, 이범석들을 만나 환담한 미특사 제섭 대사의 보고 내용이 주목된다. 즉 그는 "이승만은 한국군이 북한으로 북상했더라면 유리한 방 어선을 구축하고 북한의 저항을 패배시킬 수 있었을 것이라고 하였지만 북 한을 정복할 계획을 갖고 있지 않았다. 대체적인 분위기로 보아 38도선 한 국군이 이따금 먼저 도발해도 말리지는 않은 것 같다. 의정부 일대의 38도 선을 방문한 결과 38도선 일대에 구축된 한국군 방어진지는 대체로 쓸모없 이 보인다"[596]고 평가하였다.

소규모의 접전양상은 1950년 2-3월에도 비슷하게 나타나고 있으나, 고문 단 보고서에 의하면, 이 시기 특이한 것은 3월에 들어 북한이 몇 차례에 걸쳐 중대규모의 인민군 병력을 투입하고 있는 것이었다. 북한은 포격을 집중한 후 옹진방면에서 일부 부대로 한국군 진지를 공격하여 교란하는 한 편 다른 일부 부대를 서경리 지역으로 우회 침투시킨 것이다.[597] 그중 1개 소대는 민간인과 한국군 복장으로 변복하여 침투한 것으로 보아 위력정찰 의 의미를 띤 것으로 보인다. 25일과 28일에도 각각 북한인민군 2개 중대 가 서경리로 침투하여 몇 시간의 교전 끝에 퇴각하였다.[598]

여 1명 사망, 5명 사살 1명 포획되었다. NO.269(1950.1.24).

594) KMAG, G-2 P/R NO.254(1950.1.30).

595) 『인민』 1950년 2월호, pp.34-35.

596) 「필립 제섭 순회대사의 대화비망록」(1950.1.14), 徐東九 (역), 앞의 책, pp.7-26.

597) 1950월 3월 18-21일간 북한은 수도사단 진지에 집중 포격하고 있었다. KMAG, G-2 P/R NO.287(1950.3.28), NO282.(1950.4.2).

이 시기 전투에 대해 북한 자료인 경비국 작전보고에 의하면, "연백, 죽천, 정촌, 대덕산, 양구, 양양 등지에서 각각 국방군 소대규모가 월경하여 교전이 전개되었다"고 기록하고 있다.[599] 따라서 비록 양측이 소규모 침투의 발화 책임을 서로에게 전가하고 있었지만, 충돌은 양측에 의해 도발된 것이었다. 그러나 전투의 성격 면에서는 일정한 차이가 있었다. 즉 북한의 입장은 정찰전을 수행하는 양상이었으며, 한국은 북한의 침투를 봉쇄하며 때때로 보복전을 수행하는 양상이었다. 이와 같은 소규모 전투는 일상적으로 반복되고 있었다.

한편 고문단(KLO) 보고에 의하면, 1950년 3월 15일부터 30일 사이 38도선 이북 4Km 내 북한 주민은 소개명령에 따라 후방지역으로 이동하였으며, 소문에 의하면 그 소개는 전쟁준비를 하기 위한 것이고 정보유출을 차단하기 위한 것이었다고 다음과 같이 평가하였다.[600]

북한정부는 1950년 3월과 4월 초 기간 동안 38도선 부근 지역주민들을 강제적으로 소개해 왔다. 소개 때문에 남으로의 탈출숫자가 증가하기도 하였다. 이러한 이유 때문에 더욱더 많은 사람들이 남으로 도망하거나 북한의 다른 지역으로 이사하고 있다. 연천군 전곡면의 여러 마을들은 4월 17일 ~ 18일에 그들의 집을 떠나라고 강요받고 있다. 주민들은 강제로 트럭 등에 태워져 연천을 거쳐 원산으로 보내지고 있다. 노동당

598) KMAG, G-2 P/R N0.289(1950.3.31).
599) 북한내무성경비국, 「작전보고」 제66호(1950.3.8), SN.282
600) KMAG Liaison Office(KLO) Report NO.425(50.4.4), 426(50.4.10), 428(50.4.10); 북한인민군 제6사단 정치보위부 책임 장교였던 최태환에 의하면, 1950년 3월까지 북한군 내에서 전쟁의 분위기는 감지할 수 없었다고 한다(최태환, 『젊은 혁명가의 초상』, 공동체, 1989, pp.95-97). 한국전쟁에 관한 한 북한은 최고지도부 몇 사람을 제외하고는 비밀을 유지하였다. 고위장성의 경우에도 1950년 5월을 전후하여 남침계획에 참여한 강건 총참모장 이외 몇 사람을 제외하고 거의 알지 못하도록 할 만큼 기밀을 유지하였으나, 당시 소련의 남침계획을 번역한 공병중좌 주영복의 경우 이미 전쟁은 1949년부터 시작되었다고 보고 있다(주영복, 『내가 겪은 조선전쟁』 제1권, 고려원, 1993, pp.129-154).

원들과 그의 가족들은 이러한 소개로부터 면제되고 있다.

북한의 일련의 움직임에 대하여 남한이 전혀 대비의 움직임이 없었던 것은 아니었다. 즉 국방 추경예산을 대폭적으로 증액시키고 모금운동을 통해 AT-6 10대와 구잠함(PC) 4척을 구입하는 등의 노력으로 나타났으며, 군부에서는 육군방어계획(육본 작전명령 제38호)도 마련하고 있었다. 그러나 남침가능성에 대한 이승만 정부의 대체적인 반응은 '월경의 우려가 없지 않으며 감시가 긴요하다'는 정도였으며,601) 북한군과의 교전 결과에 관해서는 여전히 전과를 확대 과장하는 입장이었다.602)

38도선에서는 여전히 1950년 4~5월간 옹진-개성방면에서만도 40여 회의 충돌이 있었다.603) 또 6월 1일부터 15일간 옹진-개성지역의 8번의 충돌을 포함하여 총 약 52건의 소규모 충돌이 발생하고 있었다.604) 이러한 전투는 전쟁 바로 직전까지 이어지고 있었으며,605) 그 양상은 인명손실이 없는 단순한 총격전과 포격전의 양상도 있었지만 수 명의 손실을 내는 교전이 반복되었던 것이다.

38도선에 배치된 한국군과 미 고문단은 1950년 5월부터 북한의 트럭과 병력이 전방지역으로 이동하는 것을 관측 보고하고 있었지만,606) 미 고문단의 종합적인 평가는 북한이 '군사력 부족으로 공격하지는 않을 것이지만,

---

601) 『朝鮮日報』 1950년 3월 5일자.
602) 『朝鮮日報』 1950년 1월 22일자 및 2월 18일자, 3월 22일자. 1950년에 접어들어 남한 신문에는 주로 후방지역의 빨치산 토벌문제가 크게 보도되고 있었던 반면, 38도선 충돌에 관해서는 거의 내용이 없음을 볼 수 있다. 이는 아마 충돌이 규모나 수적인 면에서 현격히 줄어들었기 때문이 아닌가 생각된다.
603) KMAG, G-2 Weekly Sum. Rept., NO.1(1950.3.31-4.6), NO.2(50.4.7-13), NO.4(4.20-27), NO.5(4.27-5.4), NO.6(5.4-11), NO.7(5.11-18), NO.8(5.18-25), NO.9(5.25-6.1). 이 보고에 의하면, 매주 전선에는 수차례 충돌이 보고되었으며 각 충돌 시 몇 명의 손실이 발생하고 있었다.
604) KMAG G-2 W/R NO.10(50.6.1-8)), NO.11(6.8-15).
605) 조선중앙통신사, 『조선중앙년감』 1951-52, pp.90-91.
606) KLO NO.538(50.6.11).

그들의 군사력을 배가시킬 것'이라는 입장이었다.[607]

한편, 이 무렵 무초와 로버츠는 북한의 정세와 관련하여 남한전력을 부분적으로 강화해야 한다는 입장으로 기울고 있었다. 물론 이러한 변화는 소련과 중국의 정세변화와 관련된 것이었지만, 무초는 위기와 관련하여 남한이 '스스로 방위할 의지와 능력'이 있기 때문에 부족 장비를 지원해 주어야 한다고 요청하였고,[608] 추가군원을 요청하면서 로버츠의 요청(1천 8백만 달러 남짓)을 들어 중포 및 공군에 대한 제한된 원조와 해군강화가 필요하며 그것은 NSC 8/2의 대한정책 규정에 크게 위배되지 않는다는 점을 강조하였다.[609]

이 무렵 신성모 국방장관은 외신 기자회견을 통해 북한의 침공가능성을 강조하면서 미국의 소극적 지원입장을 비난하였다. 즉 그는 "나는 북한 군대가 38도선으로 집결하고 있다는 이야기를 듣고 있다. 며칠 전에는 북한의 로켓 포탄이 개성 시내로 떨어졌다. 우리가 지금하고 있는 것은 냉전이 아니라 실전이다. 남한에서 미국이 한쪽 발을 밖에 내놓고 있으면서 일단 유사시 형세가 불리해지만 우리나라로부터 물러날 채비를 하고 있다"[610]고 비난하였다. 그럼에도 불구하고 미국 국무부의 입장은 대체로 국민당정부가 몰락하는 데는 군사적인 무능보다 인플레 문제 때문이라고 인식하에 이승만 정권의 정치적 무능과 인플레 위기문제를 개선하는 데 중심을 두고 있었다.[611] 미 국무부의 관심은 현재까지 한국정부가 농지개혁으로 안정을

---

607) KLO NO.475(50.5.25). 이에 관해 미 합동전략위원회는 전쟁발발 직후 1950년 6월 30일 "북한의 침입에 관하여는 38도선에 연한 민간인 소개보고를 포함하여 사전징후가 있었으나, 전 지역의 유동적인 군사 상황의 견지에서 볼 때, 이들은 군사작전의 예고로서 내세울 만큼 충분히 중요하게 다루어지지 않았다"고 하였다(戰史編纂委員會(역), 『美合同參謀本部史』(상), p.52).
608) 「국무성 극동문제담당과의 비망록」(1950.4.27), 徐東九(역), 앞의 자료, pp.68-72.
609) 「무초가 국무장관에게」(1949.11.10), FRUS 1949, Vol.Ⅶ, pp.1095-96: 「무초가 국무장관에게」(1949.12.1), 같은 자료, pp.1102-08: 「무초가 국무장관에게」(1949.12.19), 같은 자료, p.1112.
610) 「드럼라이트가 국무장관에게」(1950.5.11), 徐東九(역), 앞의 자료, p.104.

회복하고 있지만, 최근까지 심각한 위기 상황을 초래하고 있는 비민주주의적인 정치성향과 인플레문제를 최우선적으로 해결해야 한다는 것이었다.

그러나 미 국무부는 현지의 정세보고를 감안하여 제한적이나마 남한의 군원을 강화해야 한다는 문제를 검토하였다.[612] 이에 따라 미행정부는 한·미 상호 군사원조협정(1950.1.26)을 체결하였으며, "전투기항목을 제외하고 남한에 대한 추가군원자금을 당장에 배정하는 문제"를 승인받기 위해 미 의회 대외군원협위에 제출하기도 하였다.[613]

그러나 이승만은 한반도가 미국의 방어선에서 제외되었다는 문제(애치슨라인 선언)와 미 의회에서 대한 원조안 1억 2천만 달러 부결(1월 11일) 문제 등에 의해 크게 위기의식을 느끼고 당시 미국을 방문하여 외교활동을 전개 중이던 장면대사를 통해 이 문제에 관해 구체적으로 파악해 보도록 지시하였다. 이에 장면은 미 국무부의 여러 요인들을 만나 이 문제에 대해 의사를 타진하였다. 대체적인 미 국무부 측의 답변은 한국의 위치가 미국의 세계 군사전략상 방위선을 넘어서지만 포기하는 것은 아니며, 또한 군원문제도 중국지역에 할당된 7천 5백만 달러를 하원이 의사를 번복하지 않는 한 대통령 재량으로 한국에 전용이 가능하다는 것이었다.[614] 국무장관 애치슨의 답변 요지는 미국이 한국을 포기했다면 왜 정치경제적인 지원을

---

611) 「국무장관이 무초에게」(1950.3.23), 徐東九(역), 앞의 자료, p.55; 「무초가 국무장관에게」(1950.3.29), 같은 자료, p.57. 미 국무장관의 4월 3일자 각서에서 미국이 우려하는 것은 인플레 문제와 이승만의 총선 연기문제라고 지적하였으며(「미 국무장관이 장대사에게」(1950.4.3), pp.87-88). 이 각서가 한국국회에 번역 배포되어 미국의 강경한 통고로 받아들여졌다. 이에 윤치영 부의장은 우리가 다시 외국인들로부터 그따위 편지를 받지 않도록 다짐을 해야 한다고 강경하게 비난하였다(「드럼라이트가 국무장관에게」(1950.4.28), 같은 자료, p.73).

612) *NSC8/2 Progress Report3*(1950.2.10), 國防軍史研究所, 앞의 자료.

613) 「MDAP처장 서리가 러스크극동담당 국무차관보에 보낸 비망록」(1950.5.10), 徐東九(역), pp.102-103. 국무부의 제안은 한국전쟁 전까지 동위원회에서 구체적으로 검토하지 못하였다.

614) 「동북아과의 대화비망록」(1950.1.20), FRUS 1950, 徐東九(역), 앞의 자료, pp.30-33.

계속하겠냐는 것이었다.[615] 이런 가운데 1월 26일 미국의 상호 방위원조법
에 의거 국방장관 신성모, 재무장관 김도연과 주한 미국대사 무초 사이에
한·미 상호방위원조협정이 체결되었다.[616]

이승만 정부는 한국 현지의 미대사관과 고문단의 한국군증강 주장에도
불구하고, 그동안에 있었던 한반도가 전략적 가치가 없다는 미 코넬리 의
원의 발언, 공중지원 요청에 미국의 무반응, 한미상호원조협정에 입각한 군
원장비 미도착, 일본의 재무장 등의 문제로 인해 미국에 크게 낙담하고 있
었다.[617] 그러나 미국과의 공동전선 내지는 미국의 군사지원에 계속 매달
리면서 또 당시 미국에서 논의되고 있던 일본 중심의 지역통합전략을 주목
하는 등 자신의 정치적 활로를 찾고 있었다.[618] 그는 전쟁 전까지 미국의

---

615) 「한국문제담당관 본드와의 대화비망록」(1950.4.3), 앞의 자료, pp.60-62. 딘 러
스크는 장면대사가 질의한 방어선문제는 일본 점령군으로의 책임과 과거 미
국의 책임지역이었던 필리핀에 대한 미국의 이익들이 관련된 서부태평양의
한 구역을 열거한 것에 지나지 않는다고 지적하고, 미국이 지금까지 제공해
왔고 또 제공하고 있는 한국에 실질적 물질원조와 정치적 지원을 상기해 보
면 한국포기설은 어불성설이라고 하였다.

616) Sawyer, 앞의 책, p.100. 이 협정에는 수혜국의 경제부흥이 우선 선행되어야
한다는 원칙에 따라 한국에 제공되는 장비나 물자의 종류와 제공방법은 미국
의 판단에 맡겨야 하며 제공된 원조물자의 이용실태도 미국의 감독을 받도록
되어 있었다.

617) 「주한 미대사대리 드럼라이트 대담비망록」(1950.5.9), 위의 자료, pp.97-99;
「드럼라이트가 국무장관에게」(1950.5.11), pp.105-106. 이승만은 "한반도의 전
략적 가치가 없다고 한 코넬리 의원의 발언은 공산주의자들로 하여금 남한으
로 쳐들어와서 점령해 버리라고 노골적으로 청하는 것이나 다를 바 없다"고
비난하였다.

618) 李鍾元, 「戰後美國の極東政策と韓國の脫植民地化」, 岩波講座, 『近代日本と植
民地』 8, 岩波書店, 1993, pp.21-24.에 의하면 전후 미국의 일본 중심의 지역
통합전략이 1950년에 급진전되었으며, 탈식민지과정에 있던 남한은 통합전략
으로 인하여 그 후 종속적 발전을 겪게 된다고 평가하였다. 이 시기 이승만
은 1950.2.16-18일 맥아더의 요청으로 방일한 가운데 동경에서 반공에 한·일
간 협조를 강조하였으며(국토통일원, 『북한 연표』, 1980, p.178; 『朝鮮日報』
1950년 2월 17일자), 귀국 후 외무장관은 "한·일 반공협의에는 동등한 무장
력이 필요하다"는 입장을 밝히고 있는 등(『朝鮮日報』 1950년 2월 22일자) 조

대한 안보공약 확보를 위한 노력을 지속하고 있었다.619)

한편 남침을 앞둔 북한의 입장에서는 그동안의 38도선 충돌은 전략상 크게 성공을 거둔 것이 아니었는가라고 분석된다. 왜냐하면 38도선 충돌로 인하여 한국군이 제대로 훈련에 임할 수 없었을 뿐 아니라 부족한 보급품마저 거의 고갈시키고 있었다. 또한 한국 지도층에게는 한국군이 병력과 장비의 상대적 부족에도 불구하고 어렵게나마 충돌을 성공적으로 억제하고 있다는 방심을 갖게 하였기 때문이다.620)

즉 단순한 정치적 '소요' 정도의 충돌 경험으로 인해 적의 전면침공 의도를 파악하는 데 장애가 되었던 것이다. 뿐만 아니라 북한은 전쟁 이후에도 38도선 충돌을 '북침'의 주요 논거로 제시해 왔다.

북한의 주장에 의하면, 그 목적은 "첫째, 남조선군과 경찰이 전쟁준비가 되어 있는지를 확인하고 그들의 전투능력을 증가시키기는 것, 둘째, 38도선 이북지역의 죄 없는 인민들을 납치 살상하고 가옥과 농장·마을 등을 방화함으로써 북한 사회의 불안감과 무질서 상태를 야기하려는 것, 셋째, 북한 경비대의 방어진지를 정찰하고 장차 있을 전면 침략에 대비하여 전략적 이점을 확보하기 위한 것 등이다"621)라는 것이었다. 또한 "그러한 목적을 가지고 있었기 때문에 미 제국주의자와 남조선통치자들의 무력 침공은 전선에서의 국지분쟁 성격에만 국한되지 않았으며, 그 분쟁들은 전면전으로 확산될 위험을 가진 대규모 전투행동으로 진전되었다"고 주장하였다.

이러한 북한의 평가는 남침을 은폐하기 위한 목적으로 사후에 내려진 것

심스런 대일관계의 입장을 피력하고 있다.
619) 「동북아과장비망록」(1950.6.19), 徐東九(역), 앞의 자료, p.132. 이승만은 전쟁이 발발하기 며칠 전까지 "중공이 중국 내에서의 기반을 다지기 전에 38도선에서의 한국분단 상태는 제거되어야 한다"고 주장하였다.
620) 「1950.6.21일 김일성이 스탈린에게 보낸 메세지」에 의하면, 한국군이 북한군의 기동을 관측하여 옹진공격에 대비한 병력 집중배치, 진지 강화 등을 수행하고 있었다(Evgeniy P. Bajanov & Natalia Bajanova, 앞의 자료, p.59).
621) 『미제국주의자들이 한국전쟁을 시작하였다』, 평양, 외국문출판사, 1977, pp.111-112.

이었지만, 전술한 바와 같이 남북간의 충돌은 규모가 크든 작든, 횟수가 많
든 적든 남북간의 긴장을 가속시키고 있었으며 전면 충돌의 가능성을 분명
히 예고해 주고 있는 것이었다.

제4장 남북한 군사작전계획과 한국전쟁 발발

제1절 남한의 군사작전계획

1. 한국군의 북한군 동향 평가와 방어계획

본 장에서는 남북정권의 정치지도자들이 남북문제를 긴장과 갈등으로 몰아감으로써 결국 전쟁을 억지하지 못했다고 하는 점에 유의하면서 전쟁계획이 구체화되는 시점인 1949년 말부터 작전계획, 군사지도자들의 동향 등을 중심으로 살펴보고자 한다. 전쟁 직접적 원인을 남북 또는 미·소의 군사정책 속에서 비교 평가하지 않고 어느 한쪽의 입장에만 서게 될 경우, 전쟁 도발이나 또는 그것을 억지하지 못한 문제가 전혀 도외시되기 때문이다.

전술한 바와 같이 북한은 해방 직후부터 소련의 대북한 사회주의 구축노선에 따라 군사력 증강에 주력하면서 1950년 4월에는 스탈린, 모택동과 함께 전쟁계획을 확정지었으며 5월에는 소련 군사고문단의 자문하에 선제공격계획까지 작성 완료해 놓고 있었다.[622] 북한은 남침계획을 추진하기 위하여 1949년부터 인민군의 군사력을 획기적으로 강화하였고, 인민유격대를 10차에 걸쳐 2,400명이나 남파시켜 남한의 후방을 교란하였으며, 38도선에서는 무력도발을 격화시켰다. 또한 부대증편에 따른 급격한 병력소요를 충당하기 위하여 북한은 1949년 여름부터 병역제도를 지원병제에서 징병제로 전환하여 모병을 강화하였고, 1949년 7월 15일에는 조국보위후원회를 조직하여 전 '인민적' 차원에서 전쟁동원 체제를 지원하는 조치를 취하였다.[623]

---

622) 제4장 제2절 참조.
623) 제2장 제2절 참조.

반면 남한에서는 정부가 북한의 군사적 위협에 대응한 자위력 확보를 위
해 주한미군 철수와 관련하여 1949년 3월부터 대미군원교섭을 벌이고 지원
요청을 하였음에도 미국이 이를 수용하지 않아 남북한 군사력의 격차는 점
점 심화되었다. 더군다나 1950년 1월 12일의 애치슨 연설에서 "한국과 대
만이 미국의 태평양 방위선에 포함되지 않았다"[624]는 사실이 알려짐에 따
라 미국의 대한 방위지원 의지에 의구심마저 자아내고 있었다. 이 무렵 이
승만 정부는 각계각층에 깊숙이 침투한 노동당 세포조직을 파괴하고 좌익
사상의 확산을 차단하기 위하여 치안력을 총동원해야 하였고 정치권에서는
개헌 문제를 놓고 여당과 야당 간의 대립이 극한으로 치달아 국민의 단결
을 도모하지 못하였다. 이러한 안보환경에서 전방부대는 북한의 38도선 무
력도발에 대한 방어대책을 취해야 했고 후방부대는 인민유격대 및 빨치산
토벌에 동원되었다. 또 한편에서는 군 내부까지 침투한 공산주의 세포조직
들로 인한 숙군(肅軍)도 진행해야 하였다.[625] 규모 면에서도 상대적으로
열세한 데다 이런 여건들로 인하여 한국군은 전력의 극대화나 유사시 전력
의 집중적 운용이 어려운 상황에 처하게 되었다. 내부적으로는 어느 정도
안정화되어 갔지만 국가의 안전보장과 국방이 위태로운 상황이었다.

　1949년 12월 27일 육군본부는 이러한 국내외 정세가 그대로 반영된 듯,

---

624) 전사편찬위원회, 국방조약집 제1집, 1988, pp.690-691. 이 성명에 관해서는 그
　　동안 많은 논란이 있어 왔다. 그것은 주로 "성명의 발표시기가 비판받도록
　　되었으며 세련되지 못함으로 인해 오해를 불러일으켰다"는 것과 "미국이 한
　　국을 방어할 의도가 없다고 명백히 시사함으로써 적을 순간적이라도 머뭇거
　　리게 할 것이 아무것도 없게 하였다"라는 것이었다(Matthew B. Ridgway,
　　The Koeran War, pp.10-12). 그러나 최근의 분석에 의하면, 이 성명 내용이
　　전쟁 결정과 큰 관련이 없었다는 점이 분석되고 있다(박명림, 한국전쟁의 발
　　발과 기원, 고려대 정치학과 박사학위논문, 1994, pp.432-472).
625) 숙군과정은 초기 정치적 이념에 있어서 애매했던 군이 국군으로서의 성격
　　을 뚜렷하게 하는 계기가 되었으며, 1948년 제주도 4·3사태는 숙군의 동기
　　를 제공한 최초의 사건으로서 이후 여순사건을 통해 이루어졌다(金點坤, 『韓
　　國戰事과 勞動黨戰略』, 박영사, 1983, pp.160-200).

정보종합보고에서 적의 병력과 장비를 평가하고, "1950년 춘계에는 적이 전면적 공세를 취할 것이다"라는 요지의 정보를 분석하고 있었다.[626]

> 　최근의 적정과 제반 정세를 종합하건데 명년(1950년: 필자 주) 춘계를 계기로 적정에 급진적 변화가 예기되며 적은 그때까지 대남한 후방교란의 기반획득과 내부붕괴공작을 강행하여 남한침공의 구체적 조건을 형성함과 동시에 전 기능을 총동원하여 전쟁준비를 급속도로 촉진시킨 다음 38도선 일대에 걸쳐 전면적 공세를 취하고 일거에 대한민국의 전복을 기도할 것이다.

이러한 정보판단에 근거하여 정부는 북한의 남침을 경고하는 한편 미국으로부터는 군사 장비를 지원받기 위한 외교노력을 전개하였으나 뜻을 이루지 못하였다. 특히 육군본부 작전국장 강문봉은 정보보고에 따라 38도선의 방어력을 강화하려는 목적에서 1950년도 국방예산에 38도선 축성 공사비를 책정하였으나 국회에서 삭감되었다.[627]

1950년 1월 육군총참모장 대리 신태영은 이에 근거하여 유엔한국위원단에 인민군의 병력과 장비가 훨씬 우세하다고 하면서 "북한당국의 침략계획이 성숙했다고 믿으며 그들이 행동하기 전 오직 시간문제만이 남아 있다"라고 보고하였다.[628] 그러나 미대사관이나 고문단 측의 발표는 이와 상반되었다. 전쟁은 일어나지 않을 것이며 국지전이 발발하더라도 한국군이 격퇴할 수 있다는 것이었다. 사실상 미국 측은 오히려 한국군이 너무 강력해지면 북진을 전개할 수도 있다는 점을 우려하고 있는 편이었다.

1950년 5월 10일 신성모 국방장관은 외신기자들과의 회견석상에서 "북한군은 그 병력을 38도선으로 이동하고 있으며 북한으로부터의 침략위험이 임박했다"[629]고 설명하였다. 다음날 이승만 대통령도 내외신 기자회견에서

---

626) 戰史編纂委員會, 『解放과 建軍』, 1967, p.749.
627) 위의 책, p.752.
628) 국회도서관, 『國際聯合韓國委員團報告書』(1949-50), 1965, p.304.
629) 위의 자료, p.306.

"5-6월에는 무슨 일이 일어날지 예측하기 어렵다", "미국의 원조만이 북괴의 침략은 방위할 수 있다"라고 경고하였다.[630]

이처럼 전쟁의 위험이 임박하였다는 보도가 빈발하는 가운데 5월 12일 육군본부 참모부장 김백일 대령과 정보국장 장도영은 외무부장관과 유엔한국통일위원단과 가진 회견에서 북한의 군사 상황에 관한 설명을 하였다. 이는 지금까지 알려진 자료 중 전쟁 직전의 인민군에 관한 정보판단이란 점에서 중요한 가치를 갖는다. 이를 요약하면 아래와 같다.[631]

38도선 일대의 북한군의 배치 현황: 38도선 일대에는 3개 경비여단이 배치되어 있고 그 후방 사리원에 제6사단, 연천에 제1사단, 철원에 제3사단이 위치하고 있다. 전차 1개연대가 철원에, 1개 전차연대가 사리원·연천에 배치되어 사단을 지원하고 있다.

최근의 현저한 활동 상황: 3,300명의 보안대가 1950년 3월 4일 이래 38도선 일대에 집결하고 도처에서 아 진지에 침투행동을 감행하여 한국군을 분주케 하는 동시에 경비력을 탐색하고 있다. 이 전초전의 이면에서 북괴정규군은 언제라도 임전할 태세를 갖추고 있다.

[표 12] 한국군의 대북한군 정보(1950.5.12)

병력	인민군 6개 사단	93,500명	보안군 3개 사단	24,000명
	공군 1개 사단	1,800명	기갑 1개 사단	10,000명
	해군 2개 사단	15,000명	기타	37,000명
장비	85미리 곡사포	24문	122미리 곡사포	120문
	37미리 고사포	724문	전차	173대
	82미리 박격포	464문	장갑차	60대
	45미리 대전차포	586문	자주포	176대
	76미리 곡사포	464문	비행기	197대
	120미리 박격포	172문	경비정	30척

630) 『朝鮮日報』 1950년 5월 12일자.
631) 국회도서관, 앞의 자료, 『國際聯合韓國委員團報告書』, pp.306-307.

이 정보는 앞서의 것에 비하여 6개월 동안에 병력 8만, 박격포가 666문, 곡사포 293문, 자주포 176문, 전차 53대, 비행기 135대 등 인원장비가 현저히 증가하였음을 나타내고 있다. 전쟁준비에 박차가 가해지고 있음을 한국군이 감지하고 있음을 알 수 있다. 특히 이 현황은 약 1개월 반 후 개전시 북한군의 실제 병력과 장비 현황에 대단히 근접한 것으로서, 당시 한국군 수뇌부에서 북한군의 상황을 정확히 읽고 있음을 보여주고 있다. 따라서 이 정부는 이와 같이 긴박한 대북정보에 자력으로서 대응책을 강구하기 위한 노력의 일환으로 1950년 5월 육군본부 작전국장 강문봉이 북한군과의 병력과 장비를 비교하고 그 결과 상대적으로 부족한 전력을 약 300Km에 달하는 38도선 방어시설의 강화로써 보완하기 위하여 긴급 건의서를 국회에 제출하였다.[632] 그러나 당시 국회는 5·30선거로 인하여 휴회 중이어서 이 건의는 처리되지 못한 채 결국 전쟁을 맞게 되었던 것이다.

한국정부는 "1950년 춘계에 적이 38도선에서 전면적인 공격을 할 것이다"고 한 1949년 말 육군본부 종합정보보고서에 따라 이에 대비하기 위한 계획수립을 서둘러 1950년 3월 25일자로 육군 방어계획, 즉 육본 작전계획 제38호를 확정하고 예하 부대에 하달하고 있었다.[633] 한국군의 방어계획에 관련한 이 자료는 북한이 공격을 하였을 경우에 대비한 대응작전을 담고 있다. 신태영이 총참모장대리를 맡고 있을 때 작성된 것이었으며, 최근에 발굴된 자료이다. 즉 북한의 주공이 철원-의정부-서울 축선에 지향될 것이라는 판단 아래 방어중점을 의정부지구에 두어 북한의 공격을 진전에서 격파하여 38도선을 확보하는 데 목표를 두고 있다.

---

632) 戰史編纂委員會, 앞의 책, 『韓國戰爭史』 제1권, p.17. 이 건의서는 국회뿐 아니라 미 군사고문단 및 극동군사령부 그리고 유엔 한국위원단에도 제시되었으나 반응을 얻지 못하였다.
633) 육군본부, 「작전계획 제38호」(1950.3.25). 國防軍史研究所는 한국군의 기본 방어계획(육군 作戰命令 제38호)과 이에 따른 부록 1(군대구분), 부록 4(육군 작전계획), 부록 6(통신계획)을 소장하고 있다.

한국군은 주한미군의 철수에 따라 1949년 1월부터 38도선 방어임무를 인수하였다. 한국군은 정부 수립과 더불어 출범하였지만 안보라고 하는 군으로서의 기능은 사실상 이때부터 시작된 것이었으며, 북한의 남침위험이 고조되고 방어계획을 수립한 당시에는 육·해·공군으로 각각 편성하고 있었다. 그중 육군은 8개 사단 규모로서, 제1사단이 개성방면(청단-적성), 제7사단이 철원방면(적성-적목리), 제6사단이 춘천방면(적목리-진흑동), 제8사단이 동해안 강릉방면(진흑동-동해안), 그 밖에 제17연대가 옹진반도에서 38도선을 경계 중이었다. 그리고 수도경비사령부가 서울에, 제2사단이 대전, 제3사단이 대구, 제5사단이 광주에 사령부를 두고 각기 도별로 후방지역작전을 수행 중이었다.

이와 같은 방어계획 목표와 부대배치에 토대를 두고 작성된 육본作戰命令 제38호 및 육군방어계획은, "방어 중점을 의정부 지구에 두고 제일선(전방방어지대)에 3개의 진지선을 설치하고 군 병력을 제일선부대, 군 예비대의 2개 방어 제대로 편성하여 단계적으로 전방 방어 작전을 실시함으로써 적의 공격을 저지 격퇴한다. 그리고 경찰 및 청년방위대 등 준군사적 요소로써 후방경계부대를 편성하고 해·공군 작전계획과 협조하에 후방지역작전을 실시한다"는 것으로 요약할 수 있다.

초기작전(경계진지전투)―38도선 경계 진지선에서 적의 진출을 지연한다. 지연전투는 주저항진지대(帶) 정면의 교량 및 도로파괴를 실시하며 주저항선까지 전진(轉進)한다. 제2·제3·제5사단의 집결과 동시에 옹진방면부대와 동해안 제8사단은 주 작전이 유리하게 전개될 수 있도록 적극 견제공격을 취하고 적절히 유격전을 감행하여 적의 동서측방을 위협한다. 제2기 작전(주저항선전투)―주 진지선에서 전 화력의 집중발휘 및 철저한 역습으로 가장 강력한 전투를 실시하여 적을 진전에서 격멸한다. 만일 적이 아진지에 침입하였을 경우라도 모든 수단을 다하여 이 선에서 교착시킨다. 전선이 너무 확장되어 전투지도상 불리한 경우에는 지연전을 실시하면서 점차적으로 예비진지 선으로 이동한다. 제3기

작전(최후저항선: 예비진지전투)—전군이 예비진지선에서 전 화력을 집
중하고 역습으로써 적의 전력을 철저히 분쇄 격파하여 최후까지 이 진
지를 확보한다.

이 계획은 육군총참모장 명의로 작성한 한국군의 기본방어계획 및 육군
작전계획으로서 해당 부록까지 구비한 대단히 구체적인 작전계획이다. 또
이 계획에서 '해군과 공군작전계획에 따라'라는 내용으로 보아 해군과 공군
도 기본방어계획에 따라 자체의 작전계획을 수립하였던 것으로 보이지만,
자료가 확인되지 않는다.

2. 한국군의 방어준비 상황

1) 한국군의 전방 방어선 및 진지 상황

1949년 초 38도선 경비임무가 전환될 때, 한국군이 미군으로부터 인수한
진지는 38도선을 통과하여 남북으로 왕래하는 인원이나 교통을 통제하기
위하여 간선 도로변에 설치한 38도선 경비초소뿐이었으며 전술적 목적의
방어진지는 전무한 편이었다.[634] 반면 북쪽에는 북한의 38경비대가 1947년
7월부터 소련군으로부터 경비임무를 인수하였고 1949년 초에는 이들이 3개
여단으로 증편되어 전술전략상의 요지를 장악하고 강력한 진지를 구축하여
38도선의 경계를 강화하였다. 이러한 상황에서 한국군에 의한 38도선 방어
진지 구축공사가 시작되었으나 전초진지 구축은 이미 유리한 위치를 점령
한 북한 38경비대의 방해로 인하여 쉬운 일이 아니었으며 결국에는 무장
충돌로까지 전개됨으로써 진지편성은 더욱 어려워졌다.[635]

---

634) 육군본부, 『陸軍發展史』(상), 1969, pp.278-279.
635) 제3장 참조.

북한군의 방해전술 외에도 한국군은 38도선 경비 전담부대가 편제되어 있지 않아 연대로부터 여단 및 사단으로 증편되어 가는 과정에서 38도선 방어임무 담당부대가 다른 부대와 교대되었는데 이 또한 38도선 경계는 물론 방어진지 강화의 저해요인이 되었다. 그러나 한국군이 사단으로 증강됨으로써 방어조직이 정립되는 한편 1950년 3월에는 군 방어계획이 확정되고 5월까지는 각 사단의 방어계획이 준비됨에 따라 방어편성과 진지준비도 본격화되어 방어선의 모습을 갖추기 시작하였다.

그러나 이 무렵 격화되는 38도선 무력도발, 후방 빨치산의 활동에 따른 작전소요의 증가, 축성자재의 지원부족으로 인하여 방어진지 공사는 여전히 계획대로 추진될 수 없었다. 다만 지역주민, 학생, 대한청년단 등 시민단체에 의한 노력봉사로 공사병력을 다소나마 덜게 되었으며636) 6월까지는 진지공사에 상당한 진척을 보이고 있었다. 이 무렵의 공사실태는 사단에 따라 다소 차이는 있었으나 대체로 38도선 경계진지는 콘크리트 또는 통나무 유개호로 구축하고 호 간에는 연락호를 준비하였으며, 진지 전면에는 철조망을 이중으로 설치하고 그 사이에는 대인지뢰를 매설하였다. 주저항선과 예비진지에는 진입로를 개설하고 교통로와 무개 개인호를 구축하였으며 대부분 지뢰나 철조망 등 장애물은 설치하지 못하였다. 관측소와 공용화기 진지의 일부는 통나무 유개호로 구축하였다.637) 북한군 전차에 대비한 장애물은 설치하지 않았고 대전차지뢰도 보유한 것이 없어 대전차방어에 대한 대응책은 대단히 소홀하였다.

공병은 보병부대의 축성 및 장애물 공사를 지원하는 한편 임진교, 소양교 등 중요 교량의 폭파계획을 준비하였고 저지계획도 마련하였다. 당시 사단당 1개 대대규모의 포병은 측지를 실시하고 관측소를 설치하는 한편 포대별로 전방연대를 직접 지원할 수 있도록 전개할 진지를 선정해 두고

---

636) 육군본부, 『陸軍發展史』(상), p.279.
637) 戰史編纂委員會. 앞의 책, 『解放과 建軍』, p.397.

있었다.[638]

이처럼 전쟁발발 이전의 전방 방어진지의 구축은 북한군의 곡사화기에 병력과 장비를 보호할 수 있는 시설을 갖추지 못하였고 또 선방어 편성이어서 종심 방어력도 부족하였으며 특히 주요 접근로 상 대전차 방어대책이 소홀한 편이었다고 할 수 있다.

3. 한국군의 병력과 장비의 상황

개전 직전 한국군이 보유한 병력과 장비는 인민군에 비하여 상대적으로 너무나 열세하였으며 이는 당시 한국군의 방어 준비태세상 근본적 취약점과 위협이 되었다. 인민군의 전력은 전술한 바와 같이 남침 직전의 총병력이 198,380명에 달하였으며 이는 한국군의 105,752명에 비하여 우세하였다.[639] 전방 방어지역에서의 병력 비율은 한국군의 방어부대 병력을 인민군의 전개부대와 비교할 때, 주공방향인 철원-의정부-서울축선 1:4.4, 개성-문산-서울축선 1:2.2, 조공방향인 화천-춘천과 인제-홍천 축선 1:4.1, 양양-강능 축선 1:2.5로 한국군이 열세하였다.

특히 주공방향의 전투력 비율이 높은 차이를 보이는 것은 육군본부가 취한 일부 부대의 예·배속 조정 명령에 기인된 것이었다. 육군본부는 6월 15일자로 철원 정면을 담당하고 있는 제7사단의 예비연대인 제3연대를 서울의 수도경비사령부로 예속변경하고, 그 대신 온양에 위치한 제2사단 제25연대를 제7사단에 편입 조치하였다. 이에 따라 제3연대는 명령대로 후방으로 이동을 하였는데 제25연대는 주둔할 전방지역의 수용시설이 해결되지 않아 이동하지 못하고 있다가 남침을 당했기 때문이었다.[640]

---

638) 위의 책, pp.396-398.
639) 제2장 참조.
640) 육군본부, 「一般命令」 제43호(1950.6.1)

이처럼 북한의 남침위험이 경고된 상황에서 전방부대를 먼저 후방으로
이동시킨 것은 상식에 어긋나는 조치였다고 할 수 있다. 그 밖에 당시 1/3
병력이 외출한 것을 고려한다면 실제병력 비율은 이보다 훨씬 격차가 심하
며 예로서 제7사단의 경우는 1:7로 대단히 심각하였다.

[표 13] 지역별 병력 배치 비교(1950.6)[641]

접근로	한국군 방어부대		북한군 공격부대		비 율
개성-문산-서울	제1사단	9715명 (5,000)	제1사단 제6사단(-) 제203전차연대 계	11,000명 8,000명 2,000명 21,000명	1: 2.2 (1: 4.2)
철원-의정부-서울	제7사단(-)	7211명 (4,500)	제3사단 제4사단 제13사단 제105전차여단(-) 계	11,000명 11,000명 6,000명 4,000명 32,000명	1: 4.4 (1: 7.1)
화천-춘천 인제-홍천	제6사단	9,112명	제2사단 제12사단 제15사단 독립전차연대 제12 MTSP 계	10,838명 12,000명 11,000명 1,100명 2,000명 36,938명	1: 4.1
양양-강릉	제8사단	6,866명	제5사단 제766부대 제945부대 계		1: 2.5

641) Appleman, *South to the Nactong, North to the Yalu*, USGPO, 1961,
pp.11-15; 戰史編纂委員會, 앞의 책, 『解放과 建軍』제1권, pp.393-394; 戰史
編纂委員會, 『國防史』제1권, 1984, p.226; 戰史編纂委員會, 『國防部史』제1집,
1954, pp.221-222. 다만 인제지구 독립전차 연대병력은[戰史編纂委員會, 앞의
책, 『韓國戰爭史』제1권, p.245] 참조. 제945부대의 병력은 정확한 자료가 없
으므로 포함시키지 않았다. 한국군의 외출·외박 및 휴가병력(괄호 안의 병
력)은 고려하지 않았다.

다음으로 장비의 상대적 전투력 비율은 병력의 격차보다 훨씬 심하였다. 전술한 바와 같이 인민군은 T-34 전차 242대, 전투기를 주종으로 한 항공기 211대를 보유한 데 비하여 한국군은 전차가 전무하였고 항공기도 연락용과 연습용을 합하여 22대에 불과하여 북한 공군에 비교가 되지 않았다. 뿐만 아니라 북한군의 전차를 파괴할 수 있는 대전차화기나 항공기를 공격할 대공화기도 갖추지 못하였다. 편제상 보유한 57mm 대전차포나 2.36" 로켓포는 성능이 약하여 정상적인 공격으로서는 T-34 전차를 파괴할 수 없는 것들이었다.

인민군은 122mm 신형곡사포(사거리 11,710m)를 비롯하여 총 552문의 곡사포를 보유한 데 비해 한국군은 105mm M3곡사포(사거리 6,525m) 91문이 고작이었고 인민군이 120미리 박격포(사거리 5,700m)를 포함한 총 1,728문의 박격포를 보유한 데 비해 한국군은 81mm 박격포(사거리 3,600m)와 60mm 박격포를 합하여 960문뿐이었다.

이와 같이 전쟁작전 장비의 전투력 비율은 상대적 비교가 불가능할 정도로 심각한 불균형을 이루고 있다. 숫자상의 격심한 차이는 물론이고 이에 사거리와 구경 등 성능까지 고려한다면 상대적 화력 비율은 상대적 열세를 면치 못하는 것이었다. 이러한 연유로서 5월 10일 국방장관의 기자회견 시 육군본부의 김백일 참모부장은, "북한군의 장비는 한국군보다 2-3배나 우세하며 더 많은 비행기·전차·포·기관총을 보유하고 있다는 것을 알아두어야 한다. 이와 같은 압도적인 우세에 대하여 단순히 용기만으로 일을 치를 수는 없는 일이다"라고 하였다.[642] 즉 당시 한국군은 북한군에 비해 장비가 절대 열세함을 인지하고 있었음을 알 수 있다.

또한 당시의 장비 전력을 평가함에 있어 북한군의 장비는 남침공격을 위해 소련으로부터 도입된 신형장비가 대부분이었으며 전쟁 예비량까지 확보한 데 비하여 미군으로부터 인수받은 한국군의 보유 장비는 대부분 제2차

---

642) 『朝鮮日報』 1950년 5월 11일자.

세계대전 당시에 사용하던 노후장비인 데다 그 후 요청한 수리부품 등 군원보급이 도착되지 않아 병기장비의 15%가 거의 폐품이었고 그 외에도 정비를 기다리는 장비가 상당하였다. 차량의 경우도 보병 8개 사단이 T/E의 52%밖에 보유하지 못하였는데, 이들 차량도 가동률이 40%를 넘지 못하였다.[643] 따라서 한국군은 병력이나 장비 면에서 북한군의 공격을 억제하거나 저지할 준비를 갖추지 못하고 있음을 알 수 있다.

4. 한국군의 교육훈련 및 경계 상황

한국군은 창군 이래 후방지역의 공비토벌작전을 비롯하여 38도선에서의 적의 도발에 대응하고 인민유격대 토벌을 위한 대비정규전 작전에 동원됨으로써 사실상 지휘체제상의 건재부대별로 조직적인 교육훈련을 실시할 여유가 없었다. 그래서 육군본부가 교육각서를 하달하여 체계적인 훈련을 계획한 것도 1950년 1월이 최초이었다.[644] 이 훈련계획에 따르면 8개 사단의 전부대가 3월 말까지 각각 3개월간 분대전술부터 대대전술까지는 끝마치도록 되었다.

제1단계: 1950년 1월 1일－3월 31일 대대급 훈련(8일간의 야전훈련 포함)
제2단계: 1950년 4월 1일－6월 30일 연대급 훈련
제3단계: 1950년 7월 1일－9월 30일 사단 급 제병연합 훈련
제4단계: 1950년 10월 1일－12월 31일 각종 규모의 기동훈련[645]

---

643) 戰史編纂委員會, 앞의 책, 『解放과 建軍』, pp.393-398.
644) 육군본부, 「교육각서」 제1호(1950.1.10)
645) 曹二鉉, 「駐韓美軍撤收와 美軍事顧問團 活動」, 서울대 국사학 석사학위논문, 1995, p.312. 이에 앞서 1949년 7월 1일 한국군은 미군의 MTP 7-1 훈련방식을 도입하여 6개월 기간의 2단계 훈련계획을 수립한 바 있었으나 1949년 말까지 1단계 훈련도 시행되지 못하였다.

이 계획에 따라 전방사단은 38도선에 배치된 부대들을 교대해 가며 훈련하고 후방사단은 공벌토벌 작전지역에서 약식으로 훈련을 실시하기도 하였다. 그러나 훈련은 작전에 밀려 형식에 그칠 뿐 소기의 목표를 달성하지 못하였다.[646] 빨치산 토벌에 종사하여 훈련을 받을 여유가 없었기 때문이었다. 당시 빨치산 토벌문제는 정부 차원에서 중요한 문제였기 때문에 군에서는 38도선 경비문제와 아울러 토벌문제에도 적지 않은 비중을 두고 있었다.

육군본부는 3월 14일에, 6월 1일까지 대대훈련을, 9월 말까지 연대전술훈련을 완료한다는 내용의 교육각서 제2호를 재차 하달하였다.[647] 그 결과 6월 15일 현재 전술훈련으로서는 제7사단의 6개 대대, 제8사단의 1개 대대, 수도경부사령부 9개 대대, 모두 16개 대대가 대대 급 훈련을 마쳤다. 30개 대대는 중대훈련을 치르는 중이었고 17개 대대는 소대 급 훈련도 마치지 못하였으며, 2개 대대는 75%가 소대 급 훈련을 마치고 50%가 중대훈련에 들어가 있는 실정이었다. 그리고 17개 대대와 5개 연대참모가 지휘소훈련을 마치었고, 14개 대대는 8일간의 기동훈련을 마쳤으며, 6개 대대는 대전차 공격훈련을 하였다.[648] 따라서 65개 대대 중 25%에 불과한 16개 대대만이 기간 내에 대대훈련을 마쳤을 뿐이었다. 이리하여 육군본부는 다시 7월 말까지 대대훈련을, 10월 말까지 연대훈련을 마치도록 훈련목표 일정을 연장하는 조치를 취하고 훈련을 독촉하였다.[649]

---

646) 육군본부, 앞의 책, 『陸軍發展史』(상), p.215.
647) 육군본부, 「교육각서」 제2호(1950.3.14), 제2단계 훈련계획도 예정대로 진행되지 못하자 미 군사고문단은 계획을 조정하여 50년 7월 31일까지 대대 훈련 10월 31일까지 연대 훈련을 각각 실시하도록 하였다. 조이현, 앞의 논문, p.312.
648) Sawyer, *KMAG IN PEACE AND WAR*, OCHM USARMY, 1962, p.26. 이 훈련계획은 한국군에 대한 최초의 체계적인 것으로서 미국식 훈련을 통해 한국군을 양성하고자 한 것이었다.
649) 위의 자료, p.78; 戰史編纂委員會, 앞의 책, 『국방사』 제1집, pp.356-357. 이와는 별도로 군사고문단은 각종 군사학교의 설치를 지도 원조하고 있었다. 이에 의하면, 1952년 1월까지 한국군의 독립을 완수한다고 계획하고 있었다. 이는 한국에 대한 미국의 경제 군사원조의 시한과 밀접한 관련이 있는 것이었다.

반면에 인민군은 선제타격작전계획에 따라 전력증강과 병행, 계획적인
훈련을 추진하여 1949년 전반까지 사단 급의 자체훈련을 완료하고 이해 말
부터는 민족보위성 훈련국 통제하에 사단단위 종합전술훈련을 실시하면서
공격작전 능력을 평가하고 보완해 나갔다.[650] 이에 앞서 그들은 1949년 7
월 초에 최초로 '전차 포병을 동반하는 보병사단의 공격에 대한 지휘관 및
참모의 야외훈련'이라는 지휘소 훈련을 실시하였다.[651] 이는 사단의 작전
을 지휘 통제할 군단 급의 지휘소 기동훈련이었다. 이 지휘소 훈련에서 강
건 총참모장이 군단장 역을 맡고 김광협 훈련국장이 군단참모장에 임명되
었다. 이 훈련에는 민보성의 각 부서 고문관 10여 명, 총참모장과 훈련국장
을 비롯하여 작전국장, 포병사령관, 문화부사령관 등 고급군관 100여 명이
참가하였다. 이들은 사단단위의 공격작전 전투를 상정한 훈련계획에 따라
각급제대 지휘소를 기동시키면서 상황을 처리하며 기동연습을 실시하였
다.[652] 이후 민족보위성에서는 훈련국장을 단장으로 하는 50명의 훈련평가
단을 구성하고 사단단위 야외기동훈련에 착수하였다.[653] 1949년 12월에는

즉 경제협조처가 계획한 경제원조의 시한이 1952년 6월까지였으며 군사원
조도 이에 따르도록 되어 있었기 때문에 그해 1월까지로 계획하고 있었던
것이다(「육군부 작전계획처가 극동군사령관에게」(1949.3.30), *091 KOREA
Incoming Telegram*, GHQ SCAP, P & O: 曹二鉉, 앞의 논문, p.313 재인용).
650) 戰史編纂委員會, 앞의 책, 『韓國戰爭史』 제1권, p.172; 육군본부, 『北傀 6·25
南侵分析』, 1970, p.49. 1949년 12월 중순 신의주에서 제6사단의 사단공격훈련
이 있었으며, 나남주둔 제5사단도 사단공격훈련과 아울러 전시행군연습을 수
행하였다(朱榮福, 『朝鮮人民軍の南侵と敗退』, ユィア評論社, 1979, pp.171-175).
제2사단은 나남 해안에서 공지협동작전, 정찰훈련 대대연습, 제1사단은 함남
북청 부근에서 지형정찰 도로타개훈련을, 공병여단은 50년 2월까지 만주 간
도성에서 축성지대돌파훈련과 대동강 도하훈련을 마쳤다. 1950년 2월에 2개
보병사단, 전차부대, 1개 기계화부대 등이 참가하였다(佐佐木春隆, 강창구 역,
『韓國戰爭秘史』(중), 병학사, 1977, pp.45-46).
651) 朱榮福, 앞의 책, p.170.
652) 위의 책, pp.170-171.
653) 육군본부, 앞의 책, 『北傀 6·25 南侵分析』, p.49.

신편된 제5,제6사단을 차례로 동원하여 '보병사단 공격연습'을 실시하였다. 그리고 제2사단은 해안선에서 방공 및 정찰훈련과 각개 및 대대단위의 전투훈련을 평가 받았으며, 제1사단은 도로파괴 및 정찰훈련에 치중한 훈련을 받았다.[654]

1950년 2월에는 공병부대의 진지돌파 특수훈련 및 도하작전훈련이 있었다. 적 진지돌파 특수훈련은 적의 진지정면에 설치된 장애물과 지뢰를 제거하고 영구진지를 폭파하기 위하여 공병 특수임무부대가 적의 강력한 축성진지를 돌파하는 것으로서, 각 사단(제1·제2·제3·제5·제6사단)에서 1개 소대씩 차출하여 훈련을 시킨 후 이들이 원대 복귀하여 전 공병에 대한 훈련을 시키는 방법으로 추진하였다.[655] 민족보위성에서는 2월 말에 '진지돌입 및 적 배후에서의 침투'라는 명칭의 합동훈련을 실시하였는데 이 훈련에는 2개 보병사단과 전차부대가 참가하였으며, 만족할 만한 성과를 거두었다는 평가를 내렸다.[656] 이와 같은 방법으로 그들은 3월까지 일단 대부대 기동훈련까지 마치고 4월부터는 소련에서 도입된 신형장비의 조작훈련 및 대부대훈련에서 나타난 결점을 보충하는 부대훈련을 실시하였다.

특히 1950년에 들어와서 총참모부 소속 고급군관 40명을 대상으로 '특별군사문제연구'반을 구성하여 강의와 토의를 가졌는데 그 내용이 남한의 정치경제, 지형, 도로, 철로 등 교통 분석, 한국군의 편성·장비·배치 그리고 창설과 증편과정 등에 관한 것이었다.[657] 기동훈련을 끝낸 그들이 남침일자가 가까워 옴에 따라 총참모부의 고급간부들을 중심으로 전쟁지도를 위하여 비밀리에 남한과 한국군에 관한 집중적인 연구를 실시하고 있었다.

1950년 접어들어 "북한의 전쟁준비는 완료되었고 남침은 시간문제만 남겨두고 있다"라는 취지의 발표가 반복되고 이승만 대통령은 "5~6월에 무

---

654) 朱榮福, 앞의 책, p.199.
655) 위의 책, pp.203-205.
656) 육군본부, 앞의 책, 『北傀의 6.25南侵分析』, p.50.
657) 朱榮福, 앞의 책, pp.207-208.

슨 일이 일어날지 모른다"고 경고하였는가 하면 맥아더 장군도 3월 10일 워싱턴으로 보낸 비밀 정보보고서에서 "최근 입수된 정보에 의하면 북한이 6월에 남한을 침략할 것이라 한다"[658]고 지적하였다. 경계선을 감시해 온 유엔한국위원단도 경계선 충돌사건의 증가에 유의하고 북한의 의도를 예측하기 위하여 소련에 대한 신중한 외교적 탐색을 하도록 건의하여 유엔사무총장 트리그브 리가 소련에 접근하고 있었다. 그 위원단은 1950년 6월 초 남한의 해방을 요구하는 북한의 라디오 방송이 증가됨에 따라 최악의 경우 정치공세의 일환으로써 상당한 정도의 무력시위가 있을 수 있다고 예상하고 있었다.[659]

  5~6월의 위기설이 파다한 가운데 1950년 4월 10일 육군총참모장에 재기용된 채병덕 소장은 4월에서 6월에 북한군의 동향과 국내정세를 고려하여 세 번에 걸친 경계 강화조치를 취하였다. 우선 4월 21일에 인민군과 게릴라들이 노동절을 전후하여 남침과 폭동을 기도하고 있다는 판단 아래 각 사단으로 하여금 경찰과 긴밀한 협조를 하고 관할지역 내의 순찰을 철저히 실시하도록 하였다. 다음으로는 5월 8일에 적이 5·30선거의 혼란기를 틈타 침략과 폭동을 기도하고 있다고 판단하고 이를 전후하여 각 부대로 하여금 비상소집 및 출동에 만전을 기하고 경계를 강화하도록 하였다. 그 다음은 북한의 6월 7일 남북한 선거제의, 6월 10일 요인교환 제의 등 강화되는 평화공세가 남침을 호도하는 것으로 판단하고 6월 11일부터 군에 비상경계 명령을 하달하였다. 그러나 아무런 징후를 포착하지 못하자 6월 23일 24:00부로 비상경계령을 해제하였다.[660]

---

658) 戰史編纂委員會, 앞의 책, 『解放과 建軍』, p.758.
659) Trygve Lie, *In The Cause of Peace*, 1954, p.327; 미국 합동참모본부, 戰史編纂委員會(역), 앞의 책, 『美合同參謀本部史』(상), p.54.
660) 이 무렵 6월 20일 전후하여 38도선의 3개 방면에서 북한군 사병이 귀순하였는데 이들은 모두 남침이 가깝다는 정보를 제공하였고, 그중 동해안의 제10연대에 귀순한 북한병사는 정확히 1주일 후 남침이 시작될 예정이라고 증언하였다(佐佐木春隆, 강창구 역, 앞의 책, 『韓國戰秘史』(중), p.131).

더구나 한국군 총참모장 채병덕은 6월 10일 고위 장교들의 대규모 인사
이동을 단행하였다. 그 결과 8개 사단장 중 5명이 경질되었으며, 전방에 배
치된 4개 사단 중 3개 사단장이 교체되었다.[661] 새로 임명된 사단장들은
그 예하 부대의 책임지역 내 지형과 적정 등의 상황을 충분히 파악하지 못
하고 있었다.

6월 11일부터 6월 23일, 이 기간은 인민군이 남침을 위한 공격 대기지점
으로 부대이동을 한 기간이었다. 그들 계획으로는 공격일자를 2일 앞두고
있었다. 한국군 지휘부의 어처구니없는 이러한 지휘조치는 한국전쟁 발발
과 관련하여 큰 의문이 제기되어 왔으며, 한 연구에 의하면, 당시 정부와
군내에 상당한 수의 오열이 있었음을 전제하면서, 이들이 개문의 역할을
수행하였음을 지적하기도 하였다.[662] 인민군은 공격준비의 마지막 단계로
서 공격 대기지점으로 이동을 완료하였는데, 전군에 전투대기령을 내려도
부족할 시기에 비상경계령을 해제한 것이다. 아무튼 그간 45일이나 지속되
던 오랫동안의 경계태세가 해제되자 다음날인 24일(토요일)에는 부대가 외
출 외박을 실시했고, 또 농번기에 즈음한 휴가도 실시하였다. 이리하여 1/3
에 해당되는 병력이 주말에 제자리를 비우게 되었다.[663]

한편 세 번째 비상경계 조치가 진행되고 있던 6월 17일에는 서울에 온
미국무성 고문 덜레스가 다음날 전방을 시찰하고 그 이튿날에는 국회의 개
원식 연설에서 "미국은 한국이 어떤 외부에서의 침략을 받을 때는 물심양
면으로 원조하겠다"는 발언을 하였고 이승만은 그에게 대한민국을 미국의
방위계획에 포함시켜 주도록 요청하였다.[664] 그러나 그의 발언이나 이승만

---

661) 金點坤, 앞의 책, 『韓國戰爭과 南勞黨戰略』, pp.290-291. 이 조치는 6월 15일 주
      한 미 군사고문단은 한국군의 취약점을 강조하고 한국이 중국의 재앙과 마찬가
      지로 위협을 받고 있다고 경고하고 있던 시점이었다. Saywer, 앞의 책, p.104.
662) 朴明林, 앞의 논문, p.486.
663) 戰史編纂委員會, 앞의 책, 『解放과 建軍』, p.573.
664) 『東亞日報』1950년 6월 20일자. 덜레스는 "당신들은 고립해 있는 것이 아니
      다. 당신들은 인류의 자유라는 위대한 기획에 있어서 당신들이 맡은 바 사명

의 요청은 아무것도 실현되지도 않았고 또한 실현할 시간여유도 없는 가운데 북한의 침략을 받게 되는데 도리어 그의 전선방문은 북한에 의해 북침의 빌미로 악용되는 결과를 가져왔다.

또한 38도선에서의 위기가 고조되자 유엔에서 파견된 유엔한국위원단의 현지 감시반이 6월 9일부터 6월 24일까지 강릉에서 옹진까지 38도선 전역을 순시하고 옹진에서 서울로 복귀한 24일에 안전보장이사회로 송부할 감시보고서를 작성하였다.[665] 이 보고서는 38도선의 일반적 사태에 대하여 "38도선의 현지 시찰 이후 감사반원들이 받은 가장 중요한 인상은 한국군은 전적으로 방어를 위하여 편성되어 있었고 북한군에 대한 대규모 공격을 감행할 상태에 있지 않았다"라고 시작하고 있다. 물론 이들은 38도선 이북의 사태에 관하여, "최근 민간인이 38도선 인접지역에서 북으로 4-8Km 이동한 바 있다. 옹진 북쪽 취야에 군사 활동이 증대하고 있다."[666]는 보고를 접한 것 외에 인민군의 비정상적 활동, 즉 침공의 징후를 포착하지 못하였다. 하지만 이것이 전쟁발발 직전의 유엔공식보고서이며 여기에서 한국군은 전적으로 방위태세에 있었다는 사실이 공식적으로 확인되고 있다는 사실은 매우 중요한 의미를 갖는다.

의 수행을 계속하고 있는 한 당신들은 절대로 고립해 있지는 않을 것이다"라고 하여 비교적 이전보다는 강화된 입장을 표명하였다(육군본부, 앞의 책, 『陸軍發展史』(상), pp.620-622).

665) 국회도서관, 『國際聯合韓國委員團 報告書』(1950), pp.332-335.

666) 위의 자료. 북한의 침공 불과 4일 전 6월 21일, 미 극동담당국무차관보 러스크가 하원외교위원회 청문회에서, "우리는 북한이 남한을 점령하기 위한 어떤 주요 공격을 할 의도를 가지고 있다는 징후를 현재 발견하지 못하고 있다"고 하였다(Hearing, *US Policy in the Far East*, 1943-50, Vol.Ⅷ(1976), p.464; 戰史編纂委員會(역), 앞의 책, 『美合同參謀本部史』(상), p.118. 재인용). 이와 관련하여 리지웨이는 "중앙정보국 현지 기관이 6월 19일 많은 부대들이 이동 중이라고 보고하였으나, 극동군사령부는 긴급한 징후가 내포되지 않은 구태의연한 보고서를 워싱턴으로 제출하였을 뿐이다"고 하였다(Ridgway, 앞의 책, pp.13-14).

한편 6월 24일 육군본부에서는 22-23일에 입수된 첩보를 분석하고 적의 활동이 매우 활발하다는 데 우려하고 있던 중, 제7사단으로부터 "인민군관들로 보이는 일단의 무리가 아측을 향하여 지형정찰을 하는 것 같다"는 보고를 받자, 제 첩보를 분석하여 "북한의 전면공격이 임박한 것으로 보며 이는 이날이나 다음날이 될지도 모른다"는 판단을 내렸다.[667] 정보 실무자들의 이러한 판단에 따라 이날 15:00에 채 총장을 위시하여 일반참모들이 상황실에서 긴급회합을 가지고 상황을 분석하였다. 이때 이에 대한 대책으로서 비상경계령 해제의 즉각 중지, 즉시 휴가 및 외출중지, 아니면 최소한 2/3 병력의 영내대기를 건의하였으나 수용되지 않았으며, 채 총장은 첩보대를 포천·동두천·개성 등지에 파견하여 북한군의 상황을 정밀하게 분석하여 그 결과를 다음날 08:00까지 보고하라고 지시하였다.[668] 이날 밤에는 육군회관 장교구락부 준공파티가 열리었고 여기에는 채 총참모장을 비롯한 육군본부의 참모장교, 참모학교 요원과 피교육자, 각급 부대지휘관이 다수 참석하여 밤늦도록 연회를 벌이었다.[669] 이리하여 기습을 피할 수 있는 마지막 기회도 놓치고 말았다. 육군총참모장 이하 중요 간부들이 술에 취해 있고 전군의 경계상황이 최악의 상황에 놓여 있었다. 이 상황의 결과는 전면적 공격에 대응한 효율적인 방어체제를 일시에 무너뜨리기에 충분한 것이었다.

한국정부는 군의 정보판단을 통하여 북한의 정세를 비교적 정확하게 파악하고 있었고 1950년 3월에는 방어계획까지도 수립하였으며, 5월에는 인민군의 남침이 임박했다는 보고도 접하고 있었다. 하지만 이러한 판단과 계획과 경고에도 불구하고, 당시의 국방안보는 많은 문제점을 안고 있었다.

667) 戰史編纂委員會, 앞의 책, 『解放과 建軍』, p.575.
668) 위의 책, p.575.
669) 전쟁 전야의 한국군 지휘부의 무책임한 지휘조치에 대해 당시 작전과장 정래혁에 의하면, "이 전쟁의 책임을 져야 할 사람은 한국군을 약체로 만들어 놓은 사람들이며 너무 남에게만 의존하고 자주적인 노력을 태만히 한 사람들이다"라고 지적된 바 있다(佐佐木春隆, 강창구 역, 『韓國戰秘史』(중), p.182).

제2절 북한의 군사작전 계획

1. 북한군의 남침 공격전략

김일성과 스탈린이 모택동과 협의하여 수립한 남침계획의 기본전략은 "1950년 6월 말에 전면 공격으로 신속히 서울을 점령하고, 인민봉기를 유발하여 한국정부를 전복하는 한편 인민군이 신속히 남해안까지 전개하여 미 증원군의 한반도 상륙을 막아 1개월 내에 전쟁을 종결하며, 8월 15일 해방 5주년 기념일까지 서울에 통일 인민정부를 수립한다"는 것이었다.[670]

북한 지도부는 김일성의 지시에 의해 북한군 참모부가 바실리예프 예하의 고문단들과 함께 수립한 남침공격 계획을 승인하였다.[671] 남한이 6월 11일 '조국전선' 측이 제의한 평화통일안을 거부하게 되자, 다음날 북한군은 계획대로 6월 12일 38도선 이북 10-15Km 지역으로 배치되기 시작하였다. 스티코프 대사는 6월 16일 북한군 총참모부가 작성한 선제타격 작전계획을 모스크바에 보고하였으며, 북한 최고인민회의가 작전계획을 은폐하기 위해 '연막전술'로 6월 16일 남한 국회에 평화통일 방안을 제의하였다고 전하였다.[672]

한편, 김일성과 스탈린, 모택동이 전쟁계획을 최종적으로 결정함에 있어 가장 고심한 사항은 미군의 개입가능성 문제였다.[673] 당시 미국에 비해 전

---

670) 『러시아 外交文書』 제2권, pp.9-12.
671) 위의 자료. 소련은 전쟁계획단계에서뿐만 아니라 종전까지 전쟁을 지도하였다. 예컨대, 1950년 8월 공군작전에 대해 스탈린은 "내 서명이 없는 것으로 김일성에게 다음 사항을 전달하라", 즉 "김일성 동지에게 공군을 분산시키지 말고 전선에 집중하도록 충고하라. 전선의 어떠한 부분에 대한 인민군의 공격도 적군에 대한 폭격 항공대의 일련의 결정적인 공격으로부터 시작되도록 하여야 하며 그렇게 함으로써 전투비행부대가 적들의 항공 공격으로부터 인민군부대들을 보호하도록 해야 한다"고 지시하고 있었다(「핀시(스탈린 가명: 필자 주)가 스티코프에게」(1950.8.28), 같은 자료 제4권, p.53).
672) 「스티코프가 비신스키에게」(1949.6.28), 『러시아 外交文書』 제4권, pp.38-39.

력이 열세하고 특히 핵무기 개발에서 뒤져 있는 소련으로서는 만에 하나라도 미국과의 대결이 일어나는 것을 피하고자 하였을 뿐만 아니라 북한 단독으로서는 미군에 대항하여 승리를 거둘 수 없다는 점 또한 잘 알고 있었다. 이 때문에 소련은 주한 미 점령군의 철수를 사전에 촉구하였다. 비록 애치슨 국무장관이 한반도가 미국의 태평양 방위선 내에 포함되어 있지 않다고 발표하였으나,[674] 남침으로 인한 동서냉전의 균형이 깨어지는 상황에서 미군의 참전 여부는 불확실한 것이었다.

따라서 이에 대해 김일성과 스탈린이 심사숙고하였으며, 그 결과 최종적으로 스탈린이 "소련이 원폭을 보유하고 있으므로 미국은 세계대전을 우려하여 참전하지 못할 것"이란 결론을 내렸으며, 김일성은 비록 미군이 참전한다고 하더라도 한반도에 도착하기 전에 전쟁을 종결지을 수 있다고 평가하고 이를 전제로 남침을 최종 결정하였던 것이다.[675] 다시 말하여 남침전략의 기본은 미군의 증원부대가 전개하기 전에 속전속결로서 서울을 점령하여 승리를 굳히고 신속히 남해안까지 전개하는 것이었다. 북한군의 한국군에 대한 상대적 우세, 미군의 대한반도 전략적 가치 저평가, 미군이 비교적 취약하고 광범한 지역에 분산되어 있는 사실 등 이러한 사실들이 복합

673) 김일성은 미국의 참전에 대해 크게 우려하지 않는 편이었다. 그는 "이승만 도당을 뒷받침하고 있는 미제국주의자들의 모든 행동을 모든 인민은 예리하게 감시해야 하면 경계심을 고조시켜야 한다"는 정도로 인식하고 있었으며, 미국참전에 관한 우려는 주로 스탈린이 제기한 것이었다. 모택동의 입장도 "미국이 남한과 같은 작은 나라 때문에 3차대전을 시작하지는 않을 것이므로 미국의 개입을 두려워할 필요가 없다"는 입장이었다(『러시아 外交文書』제2권, pp.9-12: 『김일성저작집』제6권, p.11).

674) 「한국문제담당관 본드와의 대화비망록」(1950.4.3), 미국무부, 徐東九(역), 『韓半島의 緊張과 美國』, 대한공론사, 1977, pp.60-62. 미 국무부는 애치슨 선언 직후 소위 애치슨라인은 태평양상 군사적인 고려에 의해서 취해진 것이며 한국을 포기한 것이 아니라고 설명하였다.

675) Evgeniy P. Bajanov & Natalia Bajanova, 『소련비밀문서로 본 한국전쟁』(미간행), pp.41-42.

적으로 작용하여 북한으로 하여금 남한의 정복이 무리가 없는 안전한 모험으로 평가하도록 하였던 것이다. 이에 대해 뒤에 북한은 다음과 같이 공식 입장을 밝히고 있다.

> 우리의 전략계획은 미 제국주의자들의 대병력이 동원되기 전에 이승만 군대와 이미 우리강토에 침습한 미군을 단 시일 내에 소탕하고 인민군대가 부산, 마산, 목포, 여수, 남해계선까지 진출하여 우리 조국강토를 완전히 해방하며 인민군대를 전 조선땅에 기동성 있게 배치함으로써 미 제국주의자들이 상륙하지 못하도록 하는 데 있다.676)

김일성은 스탈린과의 회담에서도 "남한인민은 이승만 정권에 대하여 불만이 많다. 그는 미 제국주의의 꼭두각시다. 그들은 나라의 주인이 되고자 한다. 일격을 가하기만 하면 민중봉기가 일어나 인민의 권력이 승리할 것"이라며 인민봉기론을 들어 전쟁 조기 종결 주장을 뒷받침하였다.677) 유성철의 증언에 의하면 김일성과 지도부는 "일단 서울을 점령하면 남한 전역에 잠복해 있는 20만 남로당 당원이 봉기하여 남한 정권을 전복시킬 것이라는 박헌영의 호언장담을 믿고 있었다"는 것이다. 그래서 그들은 전쟁은 3일 만에 서울을 점령하면 끝나는 것으로 오판하였다. 이 점에 대해서는 인민군 부총참모장과 정찰국장을 역임한 바 있는 이상조도 같은 증언을 하고 있다.678)

박헌영의 주장은 김일성의 남침의지를 부추긴 중요한 변수의 하나인 동시에 후에 그가 숙청당하는 빌미가 되기도 하였다.679) 따라서 남침전략의 또 하나의 핵심은 인민군의 공격과 더불어 남노당원을 주축으로 하는 민중봉기를 촉발시켜 남한정부가 스스로 전복되게 한다는 것이었다. 이 전략에

---

676) 사회과학원 역사연구소, 『조선전사』 제25권, 1981, p.85.
677) 정홍진(역), 『후루시초프회고록』, 한림출판사, 1971, p.352.
678) 유성철, 「나의 증언」(10), 『韓國日報』, 1990년 11월 13일자.
679) 박갑동, 『한국정쟁과 김일성』, 바람과 물결, 1990, pp.80-84.

따라 김일성은 남침 다음날 방송을 통하여 '남한인민'의 봉기를 촉구하였다.

> 공화국 남반부 동포들은 이승만 정부의 명령과 지시에 복종하지 말고
> 남반부 노동자들은 도처에서 파업과 폭동을 일으키며 남반부 농민들은
> 적들에게 식량을 주지 말고 빨지산 운동에 적극 참가하여 문화인 인테
> 리들은 인민 대중 속에서 미제와 이승만 역도의 죄악을 철저히 폭로하
> 여 대중적 폭동조직의 선동자 역할을 다해야 한다.[680]

그러나 실제에 있어 인민군의 남침 후 고대하던 인민봉기는 일어나지 않
았다. 김일성은 후에, "미국놈의 고정간첩 박헌영은 남조선에 지하당원이
20만 명이나 되고 서울에만 6만 명이 있다고 떠벌였는데 20만 명은 고사하
고 우리가 낙동강 계선에 진출할 때까지 단 한 건의 폭동도 없었다. 만일
부산에서 노동자들이 단 몇천 명이라도 일어났더라면 우리는 반드시 부산
까지 해방시켰을 것이고 미국놈들은 상륙하지 못했을 것이다"라고 하였
다.[681] 이는 당시 김일성이 인민봉기에 얼마나 큰 기대를 걸고 있었는가를
간접적으로 방증해 주는 것으로 생각된다.

한편, 김일성은 선제타격계획이 완성된 약 1주일 후인 1950년 6월 7일에
조국통일전선 중앙위원회의 이름으로 "1950년 8월 5-8일 사이에 전 조선적
인 남북총선거를 실시하고 통일적 최고 입법기관을 창설하자"는 요지의
'남한 인민'에게 보내는 호소문을 채택하고 발표하였다.[682] 이때 북한은 그
들이 주장하는 "조국의 평화통일을 반대하는 민족반역자는 대표자 회의에
참가시키지 않으며, 유엔한국위원단의 간섭을 허용하지 않는다"고 하였는
데, 이것은 이에 대한 협의를 북한 스스로 부정한 호소문이었으며, 다만 위
장된 평화공세의 하나로 간주되어 왔다.[683] 그러나 다른 한편 이 성명은

---

680) 사회과학원 역사연구소, 『조선전사』 제25권, p.83.
681) 육군본부, 『北傀 6·25 南侵分析』, 1970, p.318; 유성철, 「나의 증언」(10), 『韓
     國日報』 1990년 11월 13일자.
682) 사회과학원 역사연구소, 『조선전사』 제25권, p.66.

남한의 공산화, 즉 전 한반도의 공산화 목표달성 시한설정에 관한 중요한 단서를 제공하고 있다. 이 성명으로 보아 김일성과 소련고문관들은 8월 15일 해방 5주년 기념일까지 서울에 통일 한국 새 공산정부를 수립하는 데 시기적으로 알맞게 남한 점령을 완료하고 소비에트 식 선거를 마칠 수 있다고 예상하였던 것으로 보인다.

따라서 북한은 조속한 시일 내에 전쟁이 승리로 끝날 것으로 보고 그 후 선거를 거쳐 8월 15일까지 서울에 통일 인민정부의 수립을 목표로 설정하였던 것이다. 속전속결에 의한 작전계획은 1950년 6월 10일 제3사단장 김광협(12일부 제2군단장)이 인민군장교들에게 하달한 부대이동 개시에 대한 다음과 같은 지시문에서 확인된다.

> 우리 인민군 병사들은 사단 급 부대 전투훈련 경험을 쌓았다. 이번에 우리는 모든 전투사단을 동원하는 기동부대 작전을 수행하려고 한다. 이번 작전에서는 각급 단위부대는 물론 우리 병사들이 갖고 있는 모든 화기들을 총동원할 것이다. 과거에는 작전을 수행하는 데 있어서 지휘관들의 결점이 발견되기도 하였다. 이번에는 모든 군관과 전사들이 작전을 성공적으로 수행하기 위하여 오래 걸릴지도 모른다. 그러나 이번 작전은 2주일이면 충분히 끝마칠 수 있다고 확신한다. 여러분은 무거운 짐을 지참할 필요가 없을 것이며 오직 작전 기간 중 지도나 서류를 운반하는 데 필요한 가방만 준비하면 될 것이다.[684]

이를 통해 북한 지도부에서 예상하고 있었던 작전 소요시간은 2주일 정도였으며 북한이 전쟁에서 쉽게 승리할 것으로 예상하고 있었음을 알 수 있다. 한편 6월 22일경 스탈린은 북한주재 소련대사관에 암호전문의 교신은 바람직하지 못하므로 차후 일체의 암호전문을 교신하지 말도록 지시하

---

683) 『중앙년감』(국내편) 1951-52, p.142: FEC GHQ, *History of North Korean Army*, 1952(미간행), p.4.
684) 金徹凡, 『韓國戰爭과 冷戰』, 평민사, 1991, pp.232-233.

였으며, 이에 따라 평양과 외무성 간에는 1950년 말까지 교신이 중단되고 있었다.[685]

북한군의 전략을 정리하면, 한국군의 후방을 교란하고 인민군의 남침 시 배합전술을 구사하기 위해 인민유격대를 사전에 남파하는 등 여러 가지 수단을 동원하고 있었으나, 기본전략으로 3일 내에 서울 점령, 인민봉기에 의한 한국정부 전복, 속전속결에 의한 미군참전 이전까지의 남한 전 지역 점령, 해방 5주년 기념일까지 통일 인민정부 수립 등으로 요약될 수 있다.

2. 북한군의 선제타격 작전계획

1) 선제타격 계획 수립

북한의 소위 선제타격 작전계획은 전투명령서·부대이동계획·병참보급계획·기만계획으로 구성된 공격계획이었다.[686] 이 계획은 김일성의 작전방침에 따라 그들의 공격집단을 금천-구화리, 연천-철원, 화천-양구지역에 집중하여 공격작전을 전개, 3일 내에 서울 부근의 한국군 주력부대를 포위섬멸한 후 그 전과를 확대하여 남해안까지 진출한다는 방침하에 3단계로 추진하도록 수립되었다.[687]

제1단계: 한국군의 방어선 돌파 및 주력 섬멸단계로서 3일 내 서울을 점령한다. 수원-원주-삼척까지 진출한다.

제2단계: 전과 확대 및 예비대 섬멸 단계로서 군산-대구-포항까지 진

---

685) 「모스크바가 스티코프에게」(1950.6.22), 『러시아 外交文書』 제2권, p.12.

686) 유성철, 「나의 증언」(8), 『韓國日報』 1990년 11월 9일자.

687) 『조선전사』 제25권, p.107; 유성철, 「나의 증언」(8), 『韓國日報』 1990년 11월 9일; 인민군 총사령부, 「인민군공격작전의 정보계획」(1950.6.20), 國防軍史硏究所 소장.

출한다.

제3단계: 소탕 및 남해안으로의 진출 단계로서 부산-여수-목포로 전개한다.

전쟁 기간에 노획된 인민군 공격작전의 정보계획에 의해 밝혀진 작전단계와 이에 따른 정보계획 목표를 요약하면 다음과 같다.[688] 선제타격계획의 제1단계 작전은 인민군의 지상군 총 10개 사단을 2개 군단의 공격집단으로 편성하고, 그중 제1군단을 주공격부대로써 금천-구화리, 연천-철원에서 38도선을 돌파하여 북으로부터 서울을 압박하도록 하고 제2군단을 보조공격부대로써 화천-양구에서 38도선을 넘어 서울 동측방과 수원 방향으로 우회시켜, 2개 군단의 협조된 포위공격으로 서울을 점령한 후 수원-원주-삼척선을 확보하도록 계획하였다.[689]

이에 따라 제1군단은 자체의 주공부대인 제3사단과 제4사단을 제105전차여단(-)의 지원하에 철원-포천-의정부 축선과 연천-동두천-의정부 축선으로, 제6사단(-1)과 제1사단을 제203전차연대의 지원하에 금천-개성-문산 축선과 구화리-고랑포-문산 축선으로 투입하도록 하였으며 제6사단 일부로써 옹진반도 및 김포반도를 공격하도록 하였다.

제2군단은 주력인 제2사단과 제12사단을 화천-춘천-가평 방향과 양구-홍천-수원 방향으로 투입하고, 제5사단을 양양에서 강릉으로 진출하도록 하였다. 그리고 제766부대와 제549부대를 동해안의 정동진과 임원진으로 상륙시켜 한국군의 후방을 교란하며 제2군단의 작전을 지원하도록 하였다.

제2, 3단계 작전은 제1단계작전에 이어 실시하는 것으로 되어 있었으나, 전략계획 자체가 서울이 점령되면 민중봉기가 일어난다는 상황을 전제로

---

688) 북한군의 정보계획은 1950년 10월 4일 서울에서 노획되었으며, 1987년 4월 28일에 비밀 해제되었으며, 문서의 원본은 러시아로 작성되었다. 인민군총사령부, 「인민군공격작전의 정보계획」(1950.6.20), 國防軍史研究所 소장(사본).

689) 「인민군 제2·제4사단 전투명령 제1호」(1950.6.22): 「조선인민군 선제타격계획 작전지도」(사본): 유성철, 「나의 증언」(9), 『韓國日報』 1990년 11월 11일자.

하고 있으므로, 한국군의 조직적인 저항은 없을 것으로 보고, 제2단계에서
는 신속한 전과확대로 들어가 예비부대를 격파하며 군산-대전·대구-포
항 선까지 진출하고, 이어 제3단계로 전환하여 잔존 저항세력을 소탕하고
부산·마산·여수·목포 선까지 진출할 계획이었다.690) 이때 제1군단은 서
울 점령 후 재편성을 거쳐 서부축선과 중부축선으로 진격하여 목포-여수
방면으로 진출하고 제2군단은 동부축선과 동해안 방향으로 진격하여 마산
-부산 방면으로 진출하도록 하였다.691)

또한 제2, 3단계 작전은 한국군의 저항이 경미할 것으로 판단한 데 이어
미 증원군의 전개 이전에 남해안까지 진출하여 부대배치를 끝낸다는 전략
에 따라 신속한 기동에 중점을 두어 제1단계작전과는 달리 군단 간 상호지
원을 고려하지 않은 채 4개의 축선별로 한국군을 각개 격파하여 '전략 종
심'으로 깊숙이 진입하도록 하였다.692)

실제에 있어 제1단계작전은 그의 계획대로 진행되었으며 계획목표도 달
성하였으나 제2, 제3단계 작전은 계획과는 다르게 진행되었다. 그것은 인민
봉기도 일어나지 않았고, 한국군의 저항도 완강하였으며 미 증원군도 신속
히 전개하는 등 상황이 북한군의 전략 판단과는 대단히 다른 양상으로 전
개되었기 때문이었다.

---

690) 인민군총사령부, 「인민군 공격작전의 정보계획」(1950.6.20).
691) 「조선인민군 선제타격계획 작전지도」(사본), 연합통신자료실(1992.8.29). 이는
    연합통신이 러시아 군역사연구소 수석연구원, 코르트크프 박사로부터 입수한
    실제 상황도의 사본이다. 이 작전상황도의 원본은 모스코바와 평양에 각각 1
    부씩 보관되어 있다.
692) 위의 자료에서 확인되는 제1단계 작전계획은 노획된 인민군 제2,제4사단 전투
    명령과 일치하고 있으므로 그 후의 기동계획도 신뢰성을 갖는다고 판단된다.
    소련 외교문서 및 정보계획과 비교분석을 통하여 이를 3단계로 구분하였다.

2) 북한군의 전쟁지휘체제 구축

인민군은 1950년 5월 말에 작전계획이 완성되자, 6월에 접어들어 전쟁준비상황을 은폐하기 위해 평화제의를 집중하는 한편 작전계획의 이행을 위한 막바지 준비에 돌입하여 전쟁지도체제를 구축하였다.

북한군은 6월 10일 민족보위성 총참모장실에서 사단장 및 여단장급 지휘관이 참석한 비밀작전회의를 가졌다. 회의의 주제는 남침을 위한 부대이동 명령의 하달이었으나, 비밀유지를 위해 이를 사단 급 부대의 기동연습이란 이름으로 위장하였다. 부대 이동은 작전개념에 따라 2개의 공격제대 형성을 목표로 이루어지게 되므로 이때 군단사령부의 창설을 결정하였다.[693] 이에 따라 그들은 6월 10일에 김웅 중장(민족보위성 훈련국장)을 군단장으로 제1군단사령부를 편성하고, 6월 12일에 김광협 중장(인민군 제3사단장)을 군단장으로 제2군단사령부를 구성하였다.[694]

다음으로 그들은 이 두 개 군단을 지휘할 야전군사령부급의 이른바 전선사령부를 설치하였다. 김책(부수상 직위)이 사령관에 임명되고 참모장에는 총참모장 강건이 임명되었다. 전선사령관에는 그 서열이나 위치상 민족보위상인 최용건이 임명되는 것이 순리였겠지만, 그가 남침에 반대함은 물론 소련고문단에 의한 인민군의 전쟁준비에도 반대하는 등 김일성과 견해 차이를 보임에 따라 사령관 직책에 임명되지 않았음을 알 수 있다.[695]

이에 대해 북한은 "전선사령부는 전선지휘체제를 강화하기 위하여 창설하였으며 이로써 김일성의 지휘를 더욱 정확하고 신속하게 실현하고 전반적 전선에 대한 지휘를 성과적으로 보장할 수 있게 되었다고 기술하고 있다."[696] 이에 대해 유성철의 증언에 의하면, 북한이 7월 5일에, 즉 전쟁발

---

693) 戰史編纂委員會, 앞의 책, 『韓國戰爭史』 제1권, p.180.
694) FEC, *History of North Korean Army*, pp.41-43.
695) 위의 자료, p.91; 유성철, 「나의 증언」(9), 『韓國日報』 1990년 11월 11일자.
696) 사회과학원 역사연구소, 『조선전사』 제25권, p.162.

발 후에 전선사령부를 창설하였다고 밝히고 있으나, 사실은 전쟁 전 6월 20
일경에 설치되었다고 하였다.[697] 그는 "개전 당시 전선사령부는 평양에 가
까운 서포(西浦) 천연동굴 안에 자리 잡고 있었다. 나는 일제시대 일본군
화약창고로 사용했던 이 동굴 안에서 전선으로부터 들어오는 전황보고를
받고 있었다. 25일 상호 9시 인민군이 개성을 점령하였다는 보고를 받았다.
동굴 안에는 순간 함성이 터졌고 우리는 서로를 껴안으며 승리의 기쁨을
나누었다"고 하였다.[698]

이와 같이 북한군의 야전지휘체제를 확립한 김일성은 전쟁준비의 최종단
계로서 국가의 삼권을 직접 장악함은 물론 군통수권을 자신이 행사하기 위
하여 자신이 군사위원장에 올랐다. 『조선전사』에서는 그가 6월 26일에 최
고인민회의 상임위원회에서 제정한 군사위원회 조직에 관한 특별조치법에
의해 군사위원장에 추대되었다고 기술하고 있으나, 이는 형식상 전쟁발발
다음날에 결정한 것으로 발표한 것이지 사실은 전쟁 전에 계획된 것으로
보인다.[699]

북한군 군사위원회는, 군사위원회에 조직에 관한 정령에 의하면, "한국군
의 38도선 이북에 대한 불의의 침공으로 조성된 전쟁에 대처하여 전체 인
민의 역량을 급속히 동원할 목적으로 조직한다"고 되어 있으며 위원장에
김일성을 임명하고, 위원에 박헌영·홍명희·김책·최용건·박일우·정준
택을 임명하여 군사위원회를 구성하였다.[700] 그리고 이 위원회에 모든 주

---

697) 「유성철 나의 증언」(9), 『韓國日報』 1990년 11월 11일자. 유성철에 의하면 전
    선사령관은 김책이었으나 실질적으로 총차모장 강건이 전쟁을 지휘했다. 강
    건은 브야츠크의 88특별독립여단 제4대대장 시절에 군사전술에 탁월한 솜씨
    를 가졌던 인물로 소련군의 신임을 받고 있었다고 한다. 같은 자료, 『韓國日
    報』 1990년 11월 3일자.
698) 유성철, 위의 자료.
699) 사회과학원 역사연구소, 『조선전사』 제25권, pp.163-164; 공산권문제연구소,
    『北韓總覽 1945-68』, 1968, p.524.
700) 사회과학원 역사연구소, 『조선전사』 제25권, p.98.

권을 집중시켰으며, 전체 인민들과 일체 주권기관·정당사회단체 및 군사
기관들이 이 위원회의 결정·지시에 절대복종하여야 한다고 규정하였
다.[701] 이에 따라 북한정권 내각의 각 성·국들을 비롯하여 중앙기관들과
각 도 시의 각급 조직들이 모두 군사위원회에 소속되었다. 김일성은 군사
위원장으로서 정치·경제·문화 등 모든 부분들의 기구와 사업을 전시체제
로 개편하여 모든 역량을 전쟁의 종국적 승리를 목표로 조직하고 동원하도
록 조치하였다.[702]

또한 최고인민회의는 군사위원회의 결정사항을 인민군 최고사령관을 통
하여 집행하도록 한 법률에 따라 7월 4일자로 김일성을 인민군 최고사령관
에 임명한다고 발표하였다.[703] 그러나 이 조치 역시 실제 전쟁 전에 이루
어졌음이 분명하다. 그는 인민군최고사령관으로서 군사위원회의 명령에 의
거 평시 민족보위상 지휘하에 있던 참모기구와 각 군부대를 직접 지휘 감
독하게 됨은 물론 사회안전성 관하의 준군사부대에 이르기까지 모든 부대
에 대한 군통수권을 행사하였다.[704]

결국 김일성은 공산당 총비서, 내각수상에다 군사위원장, 나아가 인민군
최고사령관을 겸함으로써 절대 권력을 강악하고, 군사위원회위원장·인민
군총사령관 – 전선사령관 – 군단장 – 사단장에 이르는 전시 전쟁지도 및 지휘
체제를 완전하게 갖추어 전쟁에 임하였다.

---

701) 위의 책, pp.98-99.
702) 위의 같음.
703) 사회과학원 역사연구소, 『조국해방전쟁사』(1), 1961, p.41. 여기에 "인민군최
    고사령부가 김일성의 주도하에 수립한 전략적 방침에 의거 남침계획을 하였
    으며, 이에 따라 1950년 6월 25일에 인민군이 급속한 반공격으로 이전하였
    다"라고 기술하고 있다. 인민군의 평시지휘체제에는 최고사령부라는 기구가
    조직되어 있지 않다.
704) FEC, *History of North Korean Army*, p.91.

제3절 북한의 남침과 한국전쟁 발발

1. 북한군의 남침

전쟁지도·지휘체제의 구축과 동시에 남침준비의 마지막 단계로 인민군의 공격부대가 작전개념에 따라 기동하기 위하여 38도선 부근으로 이동하였다.[705] 비밀리에 침략을 계획한 인민군의 지도부로서는 공격부대의 전개로 인하여 그 기도가 노출되는 것을 피하기 위한 방안으로 사단 급 부대의 약 2주간에 걸친 대기동 연습을 실시한다는 것으로 부대전개를 위장하였다.

1950년 6월 10-12일 민족보위성 비밀작전회의에서 총참모장은 지휘관들에게 6월 23일까지 어떠한 적의 공격도 물리칠 수 있는 준비태세를 갖추도록 명령하고 아래와 같이 지시하였다.

우리 인민군은 지금까지 사단단위까지의 전투연습을 해왔으나 금번 전투사단을 총동원하여 기동연습을 하게 되었다. 본 연습에는 모든 기본 부대는 물론 병기의 일체와 전장비가 시위될 것이다. 그리고 본 기동연

[705] 개전 직전 북한군에 배속되어 남침준비에 참여한 소련 군사고문단의 숫자는 약 150여 명에 달하였으나[『東亞日報』 1995.6.20일자], 공격작전이 예정대로 진행되는 것을 확인하고 소련의 개입흔적을 지우기 위해 후방으로 잠적하였다. 이 무렵 모스크바는 주북한 소련대사관의 암호전문해독도 기밀유지상 바람직하지 못하므로 향후 일체의 암호전문을 해독하지 않도록 지시를 내리고 있었다. 이후 1950년 말까지 평양과 소련 외무성 간의 전보교신은 최소한으로 자제되었다. 『러시아 外交文書』 제2권, p.29; 개전 직후 스탈린이 핀시에게 보낸 전문에 의하면, "북한 측 지도부가 어떤 계획을 갖고 있는지 전혀 보고가 없음. 우리의 의견으로는 남으로의 진격은 계속되어야 한다고 생각하며, 남한을 보다 빨리 해방시킬수록 외세의 간섭기회가 적어질 것임"이라는 것으로 보아 인민군의 서울점령 시까지 거의 보고가 없었음을 알 수 있다. 「핀시가 평양대사에게」(1950.6), 같은 자료 제3권, p.73.

습은 다소 오래 걸릴지 모르나 2주일이면 족할 것이다. 특히 본 연습은 극비리에 거행되는 만큼 누구에게도 말하지 말 것이며 가족에게 알려서도 안 된다. 명심하여 비밀을 지켜라[706]

여기에서 부대이동이 2주간의 훈련이라면 가족에게까지도 비밀을 유지하라고 한 것은 설득력이 없는 대목이다. 이에 따라 신편된 두 개 군단의 통제하에 남침을 위한 부대이동이 실시되었다. 이때까지 38도선에는 내무성 관할의 제1경비여단(간성), 제7경비여단(시변리), 제3경비여단(죽천)이 경비 임무를 수행해 왔고 민족보위성 예하의 전투사단들은 후방의 각 도에 주둔하고 있었다.

공격부대들은 6월 12일부터 주둔지를 출발하여 38도선 북방 10-15Km 지역으로 훈련이 아닌 부대이동을 시작하였다. 주둔지가 38도선 가까운 부대는 도보로, 먼 부대는 기차를 이용하였으며, 예비사단도 각각 해당 군단 지역으로 이동하였다.[707] 그리고 지원부대도 피지원부대 전개지역으로 이동하였고 제766부대와 제549부대는 해상침투 준비를 하였다. 이동은 6월 23일까지 명령대로 완료되었으며 이로써 인민군은 작전계획대로 제1, 제2의 2개 군단으로 편조가 완료되고 공격개시를 위해 다음과 같이 최종 준비태세에 들어갔다.

---

706) 『러시아 外交文書』 제2권, p.28; 戰史編纂委員會, 앞의 책, 『韓國戰爭史』 제1권, p.190. 여기에는 이 지시를 작전국장 김광협이 한 것으로 되어 있으나 유성철은 본인이 당시 작전국장이었으며, 이는 총참모장이 지시한 것이라 증언하였다.
707) 『인민군 전투일지』(1950.6.26-7.27), SN.792.

[표 14] 북한군 공격부대의 전방이동 상황(1950.6)[708]

부대	주둔지	도착지	부대	주둔지	도착지
제1군단	금천		제2군단	화천	
제6사단	사리원	계정	제2사단	원산	화천
제14연대	남천점	해주 · 죽천	제12사단	원산	양구
제1사단	남포	구화리	제5사단	나남	양양
제4사단	평강	연천	제15사단	회령	화천
제3사단	신의주	운천	독립전차연대	나남	인제
제13사단	평양	금천	제12MTSP연대	길주	양양
제105전차연대	평양	연천	제766부대	회령	원산, 간성
제203전차연대	평양	남천	제549부대	갑산	성진
제10사단은 군 예비로서 숙천에 주둔					

총사령부는 공격부대의 이동에 때맞추어 마침내 극비리에 남침을 위한 정찰명령과 공격명령을 차례로 해당 부대에 하달하였다. 우선 부대전개가 한창 진행 중이던 6월 18일에 인민군참모부가 발행한 「정찰명령」제1호가 공격부대에 하달되었다. 이 명령은 공격부대 정면의 적(한국군)에 대한 상황을 설명하고 공격대기진지에 진입한 다음 공격개시 전까지, 그리고 공격개시 후 단계별로 수집해야 할 정보요구를 대단히 구체적으로 기술하고 있다.

정찰명령의 원본은 러시아어 필사체로 작성되었으며, 전쟁 중인 1950년 10월 4일에 서울에서 노획되었다.[709] 각 사단에 하달한 정찰명령 중 대표적으로 제4사단과 제2사단 것의 내용 중 일부를 요약하면 아래와 같다.

---

708) 육군본부, 앞의 책, 『北傀 6 · 25 南侵分析』, pp.108-109; 戰史編纂委員會, 앞의 책, 『韓國戰爭史』 제1권, pp.180-181 및 같은 책, 「부도」 제4호. 제10사단은 전선예비로서 숙천에 위치하였다.

709) Enemy documents, GHQ FEC, Allied Translator & Interpreter Section, Issue No.6, Copy No.11, Item 2 200564. 이는 극동군사령부의 적 노획 문서철로서 Ⅲ급 비밀로 분류하여 미국국립문서보존소에서 보관해 오다가 1987년 4월 28일 보통문서로 등급 저하되었다. 여기에 인민군총사령부가 각 사단에 하달한 정찰명령이 영문으로 번역되어 합절되어 있다.

1. 적 보병 제1사단 제1연대가 임진강 −538고지까지 방어하고 있다. 우 전방은 적 제1사단 제13연대가 좌전방은 적제7사단 제9연대가 방어하고 있다. 2. 사단이 공격대기진지를 점령하면, 관측과 정찰을 실시하여 공격 개시 전날 밤까지 적 주저항선, 지뢰와 장애물지대 및 통로, 진지 및 관측소 위치, 화력체계, 적 주력의 위치, 포진지 및 구경, 대전차포의 배치 등을 정확히 파악한다. 공격이 개시되면 정찰대를 추가로 편성. 파견하여 의정부−서울로 이르는 각 접근로상의 저항진지를 파악하고 예비대를 공격하라. 서울 부근으로 진출하면, 모든 수단을 다하여 시내에 집중된 적 부대와 시가방어 조치에 관한 정보를 수집하라.710)

북한군의 정찰명령에서 제4사단은 그 목표로 서울에 두고 있고 제2사단 은 춘천−서울도로를 따라 한강을 건너 이천, 수원 방향으로의 진출에 두고 있음을 알 수 있다. 정찰명령에 이어 부대기동이 완료될 무렵 인민군의 공격부대에 대한 준비된 전투명령 제1호가 하달되었다.711)

이에 따라 군단과 사단은 예하 부대에 공격명령을 하달하였다. 유성철의 증언에 따르면 선제타격작전계획에는 전투명령서가 포함되어 있었고, 노획된 인민군 공격작전의 정보계획이 1950년 6월 20일자로 발행된 것으로 보아 인민군에 대한 공격작전 명령은 적어도 정보계획보다 늦지 않게 하달되었다고 추정할 수 있다.

그런데 당시 제2군단 공병소좌 주영복이 6월 19일에 인민군총참모부 공병국장실에서 박길남 국장으로부터 전투명령 제1호 공병부록(노어)을 받아 한글로 번역하였다고 기술하고 있으므로 총참모부 전투명령은 6월 19일에 하달된 것으로 추측된다.712) 총참모부가 하달한 북한군 전투명령서는 아직

---

710) General Staff of the NKA, *To: The Chief of the 4th Division, Reconnaissance Order No.1* (1950.6.18); General Staff NKA, *To: The Chief of the 2nd Division Reconnaissance Order No.1*(1950.6.18).

711) 이 명령의 명칭은 노획문서(한글 필사체)에는 '전투명령'으로 되어 있다. 영문 번역에는 'Operation Order'라고 표기하고 있어 作戰命令으로 번역된다. 전투 명령 또는 作戰命令, 어느 것으로 표기되던 그 내용은 공격명령임이 분명하다.

밝혀지지 않았지만 이보다 2일 후인 6월 22일에 하달한 인민군 제4사단 전
투명령(한글 필사본)이 1950년 7월 16일 대전부근에서 노획되고, 역시 동
일부로 하달된 제2사단 전투명령이 노획되었다.

제4사단의 전투명령 제1호는 사단이 서울 공격의 주공부대로서 1950년 6
월 23일까지 공격준비를 완료하고 한국군 방어선을 돌파한 다음 의정부 서
울 방향으로 진출하는 것으로 기동계획이 수립되어 있고, 공격을 지원할
각 부대에 대한 임무도 상세히 기술되어 공격작전에 필요한 신호규정까지
명시하고 있다. 요약하면 아래와 같다.[713]

> 1. 아군(인민군제4사단)의 방어정면에는 적(한국군) 제7사단 제1연대
> 가 방어한다. 2. 사단은 군단의 공격정면에서 가장 중요한 방향 광동 - 아
> 장동에서 적의 방어를 돌파하며 최초 마지리, 535고지를 점령하고 평마
> 을, 내회암을 점령한 후 의정부, 서울 방향으로 진격한다. 3. 우익에는 제
> 1보사가 공격하며, 좌익에는 제3보사가 공격한다. 9. 포병공격 준비사격
> 은 30분간이다. 10. 항공대는 적의 군사시설, 도로를 파괴하며 예비대의
> 집결을 불허한다. 11. 반항공대책은 자체의 고사화기로 할 것이며 적기
> 내습시는 보병무기의 30%를 동원한다. 12. 반전차 화기로서 반전차 대책
> 을 강구한다. 13. 지휘소는 6월 23일부터 전개하며 이동축은 의정부로 통
> 하는 도로방향이다. 16. 기본신호는 공격개시 - 폭풍(전화), 244(무전), 돌
> 격개시 - 녹색신호탄, 224(무전)이다.

이 명령에서 "제4사단은 군단정면의 가장 중요한 방향에서 적의 방어선
을 돌파한다", "우익에는 제1사단, 좌익에는 제3사단이 병행 공격한다"고
함으로써, 비록 군단 예하 다른 사단의 공격명령이 발견되지는 않았지만

---

712) General Staff North Korean Army, *Intelligence Plan of the North Korean
    Army for an Attack Plan*, Chief, 20 Jun 1950; 유성철, 「나의 증언」(8), 『韓
    國日報』 1990년 11월 9일자; 朱榮福, 『朝鮮人民軍の南侵と敗退』, pp.244-245.
    주영복은 러시아 통역관이었고 남침 시에는 제2군단 공병부 부부장이었다.
713) 제4보사 참모부, 「전투명령 No.1, 옥계리에서」(1950.6.22).

제4사단이 군단과 더불어 그리고 군단 주공으로서 좌우 사단과 병행하여 공격한다는 것을 알 수 있다.

제2사단 전투명령 제1호(한글 필사본)는 사단이 1950년 6월 22일까지 공격준비를 완료하고 특별명령에 따라 공격 개시선으로 이동하여 한국군의 방어선을 돌파하며 그날 내로 춘천을 점령한 후, 가평방향으로 진출한다는 계획으로 작성되어 있다.[714] 제2사단 명령에서 인민군 제2사단은 "우로는 제1군단 예하 제3보사와 좌로는 제12사단이 병행공격한다"라고 하고 있다. 따라서 제4사단과 제2사단 전투명령을 종합해 보면 비록 다른 사단의 공격 명령이 없더라도 그들은 전 전선에 걸쳐 전면남침 공격계획을 수립하였다는 것을 알 수 있다. 특히 이들 명령상의 기동계획이 전술한 선제타격 계획의 작전계획과도 일치하고 있다.

이와 같이 북한은 정찰명령과 전투명령을 하달한 상황에서 6월 21일 최종적으로 스탈린에게 "6월 25일 전 전선에 걸쳐 총공격을 감행"할 것을 알렸고, 스탈린은 당일 "김일성의 의견에 동의한다"는 메시지를 전달하였다.[715] 북한이 전쟁을 남한의 '북침'에 의해 시작되었다고 주장하는 최초의 공개적 언급은 1950년 6월 25일 새벽 김일성은 내각비상회의를 개최하고 동 회의에서 "동지들. 매국역적 리승만의 군대는 오늘 이른 새벽 38도선 전역에 걸쳐 공화국북반부를 반대하는 무력침공을 개시하였습니다"라고 공표한 것이었다.[716]

이 성명이 발표된 후 줄곧 북한의 공식적 입장은 "미제와 이승만 도당은 1950년 6월 25일 드디어 공화국 북반부에 대한 무력 침공을 개시하여 조선인민을 반대하는 침략전쟁을 일으켰다. 조선인민군이 미제와 그 앞잡이들

714) 제2사단사령부, 「전투명령 제1001호 -214고지 동북협곡에서」(1950.6.22).
715) Evgeniy P. Bajanov & Natalia Bajanova, 앞의 자료, pp.59-60.
716) 「1950년 6월 25일 북한 내무성 성명」, 『북한중앙년감』(1951-1952), p.91. 이때 북한의 발표는 이후의 발표에서 전쟁 주범을 '미제와 이승만'으로 설정한 것과는 달리 '미제'는 빠져 있음이 주목된다.

의 무력침공을 물리치고 조국의 자유와 독립을 고수하기 위한 투쟁에 떨쳐 나섬으로써 정의의 조국해방전쟁이 시작되었다"[717]는 것이었다.

2. 남한과 미국의 대응 상황

북한인민군의 기습 남침이 선제타격 작전계획대로 옹진반도로부터 개성·동두천·포천·춘천·주문진에 이르는 38도선 전역에서 개시되었다.[718] 육군본부에는 밤새 적의 공격을 예고하는 징후의 첩보가 간헐적으로 보고 되더니 새벽에는 전방사단으로부터 접적을 알리는 상황보고가 잇달았 다.[719] 육군총참모장 채병덕은 이날 02:00경 귀가하여 접전보고를 받은 후 "06:00부로 전군에 비상을 발령하고 각 국장을 소집하라"는 요지의 명령을 하달하였다.[720]

채 총장은 즉시 신성모 국방장관에게 07:00에 북한의 침공상황을 보고하 였다. 이때 배석한 그의 비서의 회고에 의하면 장관은 "자못 놀라고 당황 하는 표정이었으며 짐작은 하였지만 인민군이 일요일에 기습을 하리라고는 생각하지 못했던 같았다"[721]고 하였다. 총참모장은 국방부 정훈국장(육군 정훈감 겸무)에게 "전군에 비상을 알리고 신속한 소집이 되도록 모든 방법

---

717) 사회과학원 역사연구소, 『조선전사』 제25권, p.69 및 p.72. 전쟁 직후 북한은 유엔총회와 관련하여 총회와 안전보장이사회 앞으로 성명을 보내었다. 즉 그 내용은 "이승만 정부의 문서고에서 발견된 문헌들을 근거로 이승만 도당의 북침 준비 상황을 알리고 조선에 대한 미국 간섭의 위법성 문제에 대하여 북한정부의 입장을 다시 한번 진술하고 조선에서의 미군의 야만적인 행위를 공격하며 미국 간섭의 즉시 중지와 외국간섭자 군대의 철수 조치를 취할 것을 요구하도록 권고하는 것"이었다. 「스티코프가 러시아외무성에게」(1950.9.13), 「러시아 外交文書」 제4권, p.60.
718) 사회과학원 역사연구소, 『조선전사』 제25권, p.115-116.
719) 戰史編纂委員會, 앞의 책, 『韓國戰爭史』 제1권, p.576.
720) 육군본부, 「作戰命令 제83호」(1950.6.25. 06:00).
721) 「국방장관 비서 신동우 중령 증언」, 國防軍史硏究所 증언록(미간행).

을 다하라"고 지시하였다.[722]

중앙방송(KBS)은 07:00에 북한의 남침 제1보를 보도하였다. 당시 정훈 국장 이선근 대령의 회고에 따르면 이때 이미 전방 경계진지가 무너졌는데 도 북한이 남침공격을 하였음을 알리면서 "10만 국군이 건재하니 전 국민 은 염려하지 말라"는 낙관적 문구를 넣어 방송하였다. 방송의 목적이 일반 국민에게 남침사실을 알리는데도 있었지만 휴가 또는 외박 중인 장병을 긴 급히 원대 복귀시키는 데 있었기 때문에 민심을 크게 자극시킬 필요가 없 었다는 것이다.[723] 그러나 이러한 보도와 가두방송은 막 잠자리에서 일어 나던 국민들에게는 충격이었다.

채 총장은 비상 발령 및 소집조치를 취한 다음 김백일 행정참모부장(작 전참모부장 겸무)과 협의하여 08:00에 예비사단인 제2, 제3, 제5사단을 서 울로 이동시켰으며, 11:00에 수도경비사령부 예하 제3연대를 제7사단에 배 속조치하고 또 보병학교 교도대와 육군사관학교 교도대를 용산에 집결시켜 서울특별부대(부대장 유해준)라는 임시예비대를 편성하도록 하였다.[724]

북한은 이날 11:00경 평양방송을 통해, "북한인민군은 자위조치로써 반 격을 가하여 정의의 전쟁을 시작하였다"라는 형식으로 선전포고하였다. 그 후 13:35분 방송에서 김일성은 "남한이 북한의 모든 평화통일 제의를 거절 하고 이날 아침 옹진반도의 해주에서 북한을 공격하였으며 이는 북한의 반 격이라는 중대한 결과를 가져왔다"라고 하였다.[725]

한편 이때 국방부에서는 "옹진의 제17연대가 해주로 돌입했다"는 오보를 했고 국내 일간신문들도 이를 보도함으로써 공격을 받아 고전하고 있는 군 과 불안에 떨고 있는 국민을 일순간이나마 고무시키는 촌극이 벌어지기도 하였다. 이는 연합통신의 최기덕 기자가 옹진에서 돌아와 정훈국에 들러

---

722) 戰史編纂委員會, 앞의 책, 『韓國戰爭史』 제1권, p.578.
723) 「이선근 대령 증언」, 군사편찬연구소 증언록: 『韓國戰爭史』 제1권, p.608.
724) 육군본부, 「作戰命令」 제84호, 제85호(1950.6.25).
725) 사회과학원 역사연구소, 『조선전사』 제25권, pp.69-72.

내가 옹진을 떠나올 무렵 "제17연대 장병들의 사기는 해주를 공격하고도 남음이 있다"라는 요지의 이야기가 와전된 데서 나온 것인데 북한에 의해 남한이 선제공격하였다는 구실이 되기도 하였다.[726] 이처럼 전황에 대하여 혼란이 일고 오보로 인한 판단착오를 일으키자 국방부는 13:00시에 비로소 아래 요지의 공식 담화문을 발표하고 이것이 신문의 호외로써 전달되자 전 국은 충격에 휩싸였다.

> 금일 05:00에서 08:00 사이에 북한은 38도선 전역에서 불법남침을 자 행하였다. 군은 전역에 걸쳐 이들을 요격하기 위하여 긴급하고도 적절한 작전을 전개하고 있다. 군은 이들에게 단호한 응징태세를 취하고 각 지구 에서 용감무쌍한 전투를 전개하고 있다. 전 국민은 군을 신뢰하고 미동함 이 없이 각자의 직장을 고수하면서 군 작전에 적극 협조하기 바란다.[727]

이승만은 비원에서 낚시를 하고 있던 중 10:00경 경무대 경찰서장 김장 흥 총경으로부터 '북한의 대거 남침' 소식을 들었으며[728], 곧이어 신성모로 부터 "이미 개성이 함락되고 탱크를 앞세운 공산군이 춘천근교에 도착하였 다"는 최초의 전황보고를 받고 곧 임시국무회의를 소집하였다.[729] 그러나 11:00 국무회의는 신성모 장관의 전황 파악이 분명치 않아 일단 산회하였 다. 오후에 재개된 국무회의에서 이승만은 채병덕 총장으로부터 "38도선 전역에 걸쳐 4-5만 명의 북한군이 94대의 전차를 앞세우고 불법남침을 개 시하였으나 각 지구의 국군은 대전차포로 전차를 격퇴하면서 적절하게 작 전하고 있다. 후방사단을 진출시켜 반격하면 능히 격퇴할 수 있다"는 보고 를 받고,[730] 아직 상황의 위급함을 판단하지 못하고 전시체제로 전환하거

---

726) Appleman, 앞의 책, p.21.
727) 戰史編纂委員會, 앞의 책, 『韓國戰爭史』 제1권, p.580.
728) 중앙일보사, 『民族의 證言』 제1권, 1973, p.18.
729) 프란체스카, 「6.25와 이승만 대통령」(1), 『中央日報』 1983년 6월 25일자.
730) 戰史編纂委員會, 앞의 책, 『韓國戰爭史』 제1권, p.611. 계엄령 제1조 및 제4조

나 계엄령을 선포하지도 않고 있었다.

한편, 미국에 남침소식이 전달된 것은 주한 미대사관 및 무관, 군사고문단 그리고 외신 기자들을 통하여 전쟁발발 5시간 후인 6월 25일 09:30분 (미국시간 6.24. 20:30)이었고, 무초 대사의 보고서는 10:26분에 국부성에 도착하였다. 이 보고서의 요지는 6월 25일 09:00시 개성피탈 상황까지 포함하여 "북한의 공격은 그 양상으로 보아 남한에 대한 전면공격임에 틀림없다"[731]는 것이었다.

인민군의 남침으로 한반도에 불안하게 유지되어 온 평화가 파괴되자 미국은 유엔을 통해 북한에 대한 재제를 가하여 원상회복을 위한 조치를 단계적으로 취하였다. 미 국무부는 이 사태를 국방성 관계자들과 협의를 거쳐 유엔에 제기하기로 하고 유엔사무총장(트리브그 리)에게 통고하는 한편, 애치슨 국방장관은 25일 12:20분에 주말 휴가 중인 트루먼의 결재를 받아 안보리 소집을 요청하였다.[732] 미국은 군사대응방책을 강구하기 위해 26일 정오경 블레어 하우스에서 대통령을 비롯하여 국무·국방·각 군 장관·합참의장·각 군 참모총장 등이 참석한 안전보장회의(NSC)를 개최하였다. 여기에서는 이미 합동참모본부가 극동군사령관에게 준비명령으로 하달한 바 있는 제한적 군사조치, 즉 "사태를 파악하기 위한 조사반을 파견하고 자국민의 철수를 보호하기 위한 범위의 해·공군을 운용하라는 지시"에 대한 대통령의 승인을 받았으며, 이는 곧 정식명령으로 하달되었다.[733]

한편 서울에서는 25일 11:35분 무초가 이승만 대통령을 방문하여 사태에 관한 의견 교환을 하였으며, 특히 이 자리에서 이승만은 결전 의지를 다짐하고 탄약 지원을 특별히 요청하였다.[734] 미대사와의 긴밀한 회담 후 이

에 의하면 대통령은 전쟁 또는 전쟁에 준한 사변에 있어서는 비상계엄령을 선포하도록 되어 있다. 그러나 계엄령은 7월 8일 선포되었다.

731) Sawyer, 앞의 책, pp.114-119.
732) Truman, *Years of Trial and hope*, N.Y.: Doubleday & Company, 1955, p.332.
733) 「필립대사의 메모」(1950.6.26), *FRUS 1950*, Vol.Ⅶ Korea, 1976, p.157.
734) 戰史編纂委員會, 앞의 책, 『韓國戰爭史』 제1권, p.614.

대통령은 13:00경 주미 대사관 한표욱 참사관과 장면 대사에게 미국정부에 직접 원조 요청을 하도록 지시를 내렸다.735) 이날 국회도 미국 대통령과 의회로 북한의 남침사실을 통고하고 "이러한 세계평화 파괴 행위를 저지하기 위하여 유효하고 즉시적인 원조를 제공하여 줄 것"을 요구하였다.736) 장 대사 일행은 25일 14:10시에 국무성을 방문하고 본국의 지원요청 내용을 전달하였으며, 미국이 이 문제를 유엔에 제기하기 위해 안보리 소집을 요구하였다는 통보를 받았다.737)

서울 주재 유엔 한국위원단도 25일 14:00시 회의를 갖고 대응방책을 논의한 다음, 21:00시에는 중앙방송을 통하여 "북한군은 즉각 군사 행동을 중지하고 38도선으로 철수한 다음 평화 회의를 통하여 사태를 해결하라"고 요구하는 한편 유엔사무총장 앞으로 상세한 보고서를 제출하였다.738)

미 극동군사령관은 25일 09:25분에 주한 미대사관 무관 및 연락장교단으로부터 남침 보고를 받았으며, 21:35분에 그때까지 상황을 요약하고 "한국으로 탄약수송은 촉진하고 있으며, 예비조치로써 제7함대를 한국 해역으로 이동시키도록 건의한다"는 내용을 미 육군성에 보고하였다.739) 당시 맥아더에게 부여된 임무는 주한 미대사관과 군사고문단에 대한 군수지원과 유사시 비전투원을 철수시키는 것이었다.

이와 같이 서울로부터의 지원요청, 유엔한국위원단의 상황보고 미대사관 및 극동군 사령부의 보고 등 미국과 유엔의 시급한 지원이 요구된다는 내용의 전문이 빗발치는 가운데 유엔에서는 미국에 의해 공식으로 요청된 긴급 안전보장이사회가 6월 26일 03:00에 개최되었다.740) 표결에 부쳐진 결의안은 약간의 수정을 거쳐 찬성 9, 반대 0, 기권 1(유고)로써 가결되었다.

---

735) 韓杓頊, 『韓美外交搖籃期』, 중앙알보사, 1984, pp.76-78.
736) 국방부 정훈국, 『韓國戰亂1年誌』, 1951, p.A69.
737) 韓杓頊, 앞의 책, pp.76-78.
738) 戰史編纂委員會, 앞의 책, 『韓國戰爭史』 제1권, p.875.
739) 戰史編纂委員會(역), 『美合同參謀本部史』(상), p.62.
740) 위의 책, p.69.

당시 안보리는 미국·소련·중국·영국·프랑스 등 거부권을 가진 5대 상임이사국을 비롯하여 11개국으로 구성되어 있었는데, 소련 대표가 불참하여 거부권을 행사하지 않음으로써 가결될 수가 있었다. 소련 대표는 1950년 1월부터 자유중국이 중국의 유엔 대표권을 보유한 데 대한 항의로서 회의를 보이콧하고 있었다. 이 결의는 한국전쟁에 있어 유엔이 집단안전보장 조치로 침략을 재제하고 평화의 회복을 달성하려는 첫 번째 유엔 결의로서 의미를 가지며 이 결의의 초점은 북한으로 하여금 침략을 중지하고 38도선 북으로 군대를 철수시키는 데 있었다.[741]

이와 같은 이승만의 지원요청, 미 합동참모본부의 지시에 따라 극동군사령부의 군사조치가 시작되었다. 맥아더 장군은 무초 대사의 결정에 따라 26일 01:00부터 철수하기 시작한 미국인 비전투원을 해·공군을 동원하여 수송 및 호송하였다. 이들은 그 외 주한외국인들과 함께 29일까지 일본으로 철수를 완료하였다.

극동군사령관은 미 합참의 지시에 따라 비전투원 철수작전 시행과 더불어 해공군의 지원하에 탄약지원도 서둘렀으며, 사태를 파악하고 지휘조치에 필요한 정보를 얻기 위하여 6월 27일에는 처치 준장을 단장으로 하는 조사반을 구성하였으며, 이날 주한미군에 관한 작전통제권을 부여받음을 계기로 이를 전방사령부로 명명하고 수원으로 파견하였다. 수원 농업시험장에 지휘소를 개소한 전방사령부는 다음날 채병덕 총참모장을 만나 작전을 조언하는 등 국군이 인민군의 남침을 저지하는 데 필요한 지원을 하기 시작하였다.[742] 주한 미 군사고문단도 27일부터 29일 사이에 대부분 일본으로 철수하고 고문단장을 비롯한 지휘부와 일부만이 잔류하였는데, 27일부터는 맥아더 장군의 작전지휘하에 들어갔으며 다음날 한강을 도하, 수원으로 이동하여 전방지휘소에 그간의 상황을 보고한 후 국군작전의 지원을

741) Paige, *The Korean Decision*, N.Y.: Pantheon Books, 1968, pp.116-121.
742) Appleman, 앞의 책, p.43.

계속하였고, 이미 철수한 요원들도 후에 지상군 전개 시 재투입되어 작전을 지원하였다.[743]

인민군은 '6.26 유엔결의'에도 불구하고 침략을 계속하고 27일에는 서울 외곽까지 진출하여 서울을 위협하자, 북한이 '6.26 유엔결의'를 따를 의도가 없다고 판단하고 다음 단계의 대응조치를 강구하기 위하여 27일 10:00에 제2차 블레어 하우스 안전보장회의를 열었다.[744] 이 회의에서의 결정은 미 해·공군에 가해진 제한사항 철회, 38도선 이남의 북한군 부대·전차·포병에 대한 공격을 포함하여 한국군에게 가능한 지원을 최대로 제공하도록 결정하고, 곧 극동군에 훈령으로 하달하였다.[745] 이와 같이 하여 유엔 안전보장이사회의 '6.26 결의'에 토대한 2단계 군사조치인 해공군의 한국참전 결정이 이루어졌다.

미국은 해공군의 지원 조치에 대한 국제적 승인을 얻기 위해 이에 관한 결의안을 유엔안보리에 상정하였다. 결과적으로 이 결의안은 소련이 불참한 가운데 6월 28일 찬성 7, 반대 1(유고), 기권 2(인도·이집트)로 가결되었다.[746] 유엔의 '6.28 결의'는 '6.26 결의'와 더불어 유엔 창설 이후 국제평화 파괴 행위에 대한 군사적 제재를 가하여 평화를 회복하려는 최초의 집단안전보장 조치였으며, 이에 근거하여 미국과 유엔군이 해·공군과 아울러 지상군도 투입하게 되었다. 이에 따라 전쟁은 다른 국면으로 전환되었다.

---

743) Mag,CH KMAG 080 to DA(1950.6.25) ; 戰史編纂委員會(역), 『美合同參謀本部史』(상), p.466. 재인용.
744) 「제섭의 각서」(1950.6.26), *FRUS 1950*, Vol.Ⅶ Korea, pp.178-183.
745) 위의 자료. 그 내용은 "극동 해공군부대에 가해진 모든 제한조치를 해제한다. 그들은 한국군에게 재편성할 수 있도록 최대의 지원을 제공한다"는 것이었다.
746) Paige, 앞의 책, pp.202-206. 안보리는 그날 아침에 열도록 예정되었으나, 인도와 이집트 대표가 그들 정부로부터 훈령을 받기 위하여 연기를 요청하였다. 이에 그 회의의 결의는 미국이 해·공군에게 한국전쟁 작전참가를 명령한 후에 나오게 되었다.

제 2 부

38도선 분단과 한국전쟁

서 론

해방 이후 남북한의 군사정책 문제와 관련하여 최근까지 많은 자료들이 발굴되었고 특히 공산권 자료의 공개는 새로운 많은 사실들을 알려주고 있다. 그러나 많은 자료의 공개에도 불구하고 아직 해명해야 할 많은 과제들이 남아 있다.

즉, 해방 전후 미국과 소련의 한반도에 대한 군사정책 구상은 무엇인지, 서울과 평양에 주둔한 미·소 군정이 정부 수립을 어떻게 구상하고 있었는지, 그리고 미·소군이 냉전과 관련하여 38도선을 사이에 두고 어떻게 대립하였으며, 그 성격은 무엇인지 등이 해결해야 할 과제로 남아 있다. 아울러 미국과 소련이 단독정부 수립 시 어떠한 정책을 갖고 있었으며, 한국전쟁에 대해서 구체적으로 어떤 역할을 수행하였는지 등에 대해서 여전히 풀어야 할 과제가 남아 있다.

해방 후사를 연구하는 상당수의 학자들은 당초부터 연구의 대상을 남한과 미국에 한정하고 집착하여 소련과 북한, 중국 문제를 함께 보지 못함으로써 38도선의 분단, 단정, 그리고 한국전쟁의 원인을 객관적으로 해명하지 못했다. 이들의 논의는 대체로 논거가 결여되어 있는 편이며,[1] 특히 최근 공개된 소련 및 북한 자료를 통해서 볼 때, 북한·중국·소련에 관한 내용들이 사실과 크게 다름을 알 수 있다. 이러한 경향은 세계무대에서의 냉전

---

1) 스톤, 『비사한국전쟁』, 배외경역, 신학문총서, 1988; 조이스 콜코, 가브리엘 콜코, 『미국의 세계전략과 한국전쟁』, 김주환 편, 청사, 1989; 로버트 R. 시몬즈, 『한국내전』, 기광서(역), 열사람, 1988; 굽타, 『한국전쟁은 어떻게 시작되었나』, 신학문사, 1988; 브루스 커밍스, 『한국전쟁의 기원』, 김자동(역), 일원총서, 1986; Bruce Cumings, *The Origin of the Korean War Vol. II (The Roaring of the Contract 1947-1950)*, Princeton Univ. Press, 1990; 존 메릴, 『침략전쟁인가 해방전쟁인가』, 신성환(역), 과학과 사상, 1988.

의 전개과정이 한반도에 미친 영향을 정확하게 분석하지 못하도록 하였고, 한반도의 분단고정화 과정, 38도선 충돌문제에 대해서도 올바른 판단을 내리지 못하게 했다.

제2부의 연구 주제인 38도선 충돌에 대한 기존의 관심은 주로 한국전쟁 발발과 관련하여 부분적으로 논의되고 있으며, 특히 군정 기간의 38도선 충돌에 관한 연구는 희소한 편이라 할 수 있다. 지금까지 충돌에 관한 연구 경향을 정리하면, 충돌이 남북간의 대결을 격화시켜 내전으로 나아갔다는 평가[2]와 전쟁과 직접적인 관련이 없다는 평가,[3] 그리고 선제공격의 책임이 대부분 한국 측에 있다는 시각[4]과 북한 쪽에 있다는 시각[5] 등 다양한 논의가 제기되고 있다.

이 같은 다양한 시각은 종전에 주목되지 못했던 문제들을 부각시켜 준다는 점에서 의의를 찾을 수 있지만, 진실에 접근한 이해에 도달하기 위해서는 38도선 충돌에 관한 총체적인 분석이 필요하다고 생각된다. 최근까지 공개된 관련 자료를 면밀히 분석해 보면, 충돌은 전쟁 직전까지 줄곧 이어지고 있었으며, 시점에 따라 발발 원인에 차이가 있는 것으로 파악된다.[6] 따라서 38도선 충돌 문제에 대해서는 당시의 상황을 과장, 왜곡하고 있는 남과 북, 그리고 미국과 소련 측의 자료들을 상호 비교 검토해야 할 것으로 보이며, 이를 통해 발발 주체·규모·날짜·손실 등 그 내용이 구체적

---

2) 존 메릴, 앞의 책, 『侵略戰爭인가 解放戰爭인가』, pp.285-289.
3) 朴明林, 앞의 논문, 『韓國戰爭의 勃發과 起源』, pp.459-464.
4) Bruce Comings, *The Origin of the Korean War Vol. II*, pp.397-402.
5) 戰史編纂委員會, 『解放과 建軍』 제1권, 1967, pp.508-517; 佐佐木春隆, 『朝鮮戰爭』 (上), 原書房, 1976, pp.350-356.
6) 제2부의 내용은 주로 梁寧祚, 『南北韓 軍事政策과 6·25戰爭 背景 硏究』, 국민대 국사학과 박사논문, 1999와 양영조, 『한국전쟁 이전 38도선 충돌, 1945-1950』, 국방군사연구소, 1999의 내용을 일부 보완하여 수록하였다. 최근 정병준에 의해 38도선 충돌에 관한 훌륭한 저작이 출간되었다(정병준, 『38도선 충돌과 전쟁의 형성』, 돌베개, 2006). 이 연구는 지금까지 공개된 양측의 자료를 망라하여 분석함으로써 많은 시사점을 제기해 주고 있다.

으로 밝혀질 것이며, 그 성격 규명도 가능해질 수 있을 것이라 생각된다.

제2부의 연구는 해방 직후의 38도선 충돌 문제를 정리하는 것으로써 미·소 군정기[7]에 관한 최근의 연구업적들과 관련 자료들을 망라하면서 38도선 충돌 문제를 규명하고자 하는 데 있다. 따라서 본 연구에서는 실사구시의 입장에서 사실을 복원하고, 해방 직후부터 국내외 정치적 사건과의 관련성을 추적하며, 그리고 각 시기마다 충돌이 갖는 정치·군사적인 의미를 분석, 평가하고자 한다. 충돌 상황과 그 주체의 조직, 규모, 성격 등을 분석하며 나아가 한국전쟁의 발발과의 연관 관계를 살펴보는 것이다. 이와 함께 다음과 같은 문제를 구체적으로 규명하고자 한다. 즉 미·소 군정시기의 미·소군 38도선 경비 조직·병력·장비 등의 규모, 38도선 충돌 건수·규모·기간·피해·전과 등의 상황, 38도선 충돌의 성격과 한국전쟁과의 관계 등을 규명하려 한다.

이 연구는 남북한 정부 수립 후 미·소와 남북 관계에 대한 본격적인 역사적 접근이 가능한 시점에서 추진된다는 점에서 의의가 있을 것이다. 또한 소련이 붕괴되고 세계냉전이 종식된 이후 많은 새로운 비밀문서가 공개됨으로써 사료에 의한 면밀한 분석도 추구할 수 있게 되어 연구의 객관성 및 정확성을 높일 수 있을 것이며, 나아가 한국 군사사 연구와 한국전쟁 기원 내지는 배경 연구 면에도 질적 제고를 기대할 수 있을 것이다.

이 연구에서는 위에 제기된 과제들을 해명하기 위해 다음과 같은 자료들을 이용하였다. 우선 기본적인 자료로는 크게 남북한 국문 자료와 미·소·중 외국 자료로 구분된다. 이들 자료 중 국방부 관련 자료와 북한의

---

7) 군정·민사·민정이라는 용어는 전투작전 등 군의 본 임무인 순수 군사 활동과 구별해 점령하의 주민에 대해서 군이 행하는 비군사업무의 총칭이다. 군정은 권력을 장악한 통치 주체가 민간인이 아닌 군인이라는 측면에 비중을 둔 용어이다. 민사와 민정은 같은 뜻으로 민정은 군의 지배하에 행해지는 일반 민사행정 전반의 의미로서, 대상과 기능의 면에 비중을 둔 용어이다. 이 글에서는 주한미군사령부 또는 미군정을 주한미군을 대표하는 일반적 통칭으로 사용하였고 이중에서 군정기구와 조직만을 지칭할 때는 군정청이라는 용어를 사용하였다.

소위 노획문서, 미국의 국가안전보장회의(NSC) 문서(진행보고서 포함), 극동군 정보보고서, 소련의 외교문서, 협정문서 등은 기존의 연구 논문에서 거의 활용되지 않은 기초 자료들이다. 이들 자료의 분석을 통하여 38도선 충돌 문제와 관련한 구체적 사실들이 복원될 수 있을 것이다.

이들 자료 중 특히 한국전쟁 당시 미군들에 의해 노획되어 최근 공개된 북한 내부 문서들이 중요하게 활용되었다. 이 문서들은 미국 국립문서보관소(NA, RG.242)에 등록된 것을 군사편찬연구소에서 수집하여 정리한 자료들이다. 미국 자료로서 가장 중요한 것은 *Records of the HUSAFIK, Report Concerning the violatin oh the 38th Parallel*, vol.1-vol.14, 1945-1950)—소련 제25군 보고서 포함—이다. 이 밖에 최근 미국 국립문서보관소 등에서 비밀 분류 해제된 자료들이 이용되었다.

러시아 자료는 『(구)소련 비밀외교문서』 전4권 (대한민국 외무부 역, 미간행), 『소련비밀문서를 통해본 한국전쟁』(Evgeniy P. Bajanov & Natalia Bajanova), 『김일성 – 불가닌 회담록』(군사편찬연구소역, 미간행) 등이 이용되었다. 특히 『(구)소련 비밀외교문서』는 1993년 12월 14일 비밀 해제되어 외무부에서 총 4권으로 번역한 것이다. 이 밖에 국내외 신문, 잡지, 회고록, 증언 등의 자료가 이용되었는데, 이들 자료들은 당시 상황에 관한 부분적인 자료들을 담고 있어서 도움을 된다.

제5장 해방 직후 국내외 정세

해방 이후 한반도의 분단은 제2차 세계대전의 전후처리 과정에서 생긴 하나의 부산물 정도로 인식되고 있다. 그러나 한반도의 분단 자체는 미국과 소련에 의해 이루어진 것이긴 하지만, 이의 고착화는 한민족 내부 분열에도 책임이 있음을 간과할 수 없다. 한반도에서의 미·소 군정과 그 이후 한국전쟁이 발발하기까지의 미·소의 대한정책은 기본적으로 한반도 문제에 대한 미·소의 입장과 시각을 반영하는 것이었으며, 이 과정에서 한민족8)이 서로 분열하게 됨으로써 분단이 고착되어 갔다.

이렇듯 38도선 확정 이후 분단의 고착과 한국전쟁의 발발은 외재적 원인과 내재적 원인이 서로 혼재되어 나타난 것이었다. 미·소 군정 이후 나타나기 시작한 38도선 상에서의 충돌은 이러한 과정을 가장 함축적으로 보여주는 현상이었다고 할 수 있다.

당초 제2차 세계대전 중 미국의 대한정책 구상은 신탁통치안이었다. 탁치안은 전승국들이 새로이 탄생될 유엔의 위탁을 받아 자치능력이 배양될 때까지 식민지를 통치한다는 일면 설득력 있는 안이었다. 그러나 신탁안 내면에는 자국의 국가이익을 신장하려는 의도가 불투명하게나마 가미되어 있었던 것이 사실이다. 많은 식민지를 지배했던 영국은 신탁통치안을 반대했지만, 소련의 입장에서는 미국의 안이 구식민지 국가들을 공산화하는 데 필요한 시간을 얻기 위해 좋은 정책이라고 생각하여 찬성하였다. 미국과 소련이 한반도 신탁통치안에 합의한 것은 한반도에 대한 이해관계를 일정

---

8) 본고에서 정부 수립 이전까지의 남북한(Korea)을 '조선' 또는 '한국'으로 표기하였다. 당시의 용례로는 한국보다는 조선이라는 용어가 일반적으로 사용되었으나 본고에서는 당시의 자료를 직접 인용하는 경우를 제외하곤 가능한 한 한국으로 통일하되, 필요한 경우 조선으로 사용하였다.

하게 반영한 것이었다고 할 수 있다.[9] 전후 세계질서에 대한 소련의 정책
은 독일과 일본으로부터 안보위협을 방지하고 국제 상황이 유리한 지역에
서는 공산혁명을 계속한다는 것이었다. 그는 이러한 자신의 구상에 따라서
종전 직전 대일전에 참전하여 극동으로의 팽창정책을 추진함으로써 비교적
적은 희생으로 많은 지역을 석권하고 한반도에서의 공산혁명을 지원하기
위한 정책들을 추진하였다.

종전 당시 동아시아에서의 세력 판도는 군사적 점령과 정치적 지배세력
의 일치 원칙에 따라 미국, 소련을 포함한 전승국 중 누가 어디서 항복을
받느냐에 따라 결정되는 상황이었다. 그러므로 1945년 7월 포츠담회담을
전후하여 소련의 대일전 참여가 확실시됨에 따라 양국은 각자의 군사 작전
지역과 일본 항복 시의 점령지역에 대한 나름대로의 숙고를 거듭하였다.
포츠담회담에서 미·소 간 군사회담의 주요 의제는 소련의 만주점령에 있
었으며 한반도의 군사적 점령에 관해서는 미·소 양측이 뚜렷한 관심을 표
명하지 않았다. 그러나 중요한 것은 이러한 관심 표명의 보류가 한반도에
대한 미·소 양국의 실질적 무관심을 의미하는 것은 아니었다는 사실이다.
종전 시점에서 소련은 한반도에 명백한 관심을 지녔으되 미국의 태도 및
전황의 전개에 따라 구체적 점령정책을 수립해 나간다는 유동적 자세를 보
였고, 미국은 한반도의 군사전략적 가치를 크게 인정치 않으면서도 한반도
가 소련의 수중에 독점되는 상황은 억제하려는 입장을 취하였다.

그러나 1947년 초 한반도는 당시 한층 고조되고 있었던 미국과 소련의
대립에 직접적으로 영향을 받게 되면서 단독정부 수립의 가능성이 더욱 높
아지고 있었다. 즉 1947년 미·소공동위원회에서 한국문제가 토의되는 동
안 한반도 문제를 유엔에서 다루어야 한다는 주장이 제기된 것이다. 당초
미국은 제1차 미·소공동위원회에 이어 제2차 미·소공동위원회마저 결렬
되고 또 소련에 의해 4대국 회담마저 거부되자 한반도 문제를 유엔에 상정

---

9) 이원설, 「미·소공동위원회」, 『국사관논총』 제11집, 1990, p.139.

할 것을 구체화시켰다.[10] 이러한 문제는 유엔에 상정되기 이전부터 이미 미 정부 내에서 거론되고 있었다. 1947년 1월 초 미 육군부장관 패터슨은 국무부가 의회에 추가자금의 배정을 요구하든지 아니면 남한에서의 철군필요성을 인정해야 한다고 주장하였고, 동월 29일 각 부 합동회의에서 모스크바 결정은 포기되어야 하고 '한국정부를 수립'하는 것이 그 대안이 되어야 한다고 주장하였다.[11] 또 이것은 거의 같은 시기 국무장관 마샬이 "남한만의 정부를 수립하고 남한경제를 일본경제에 접속시키기 위한 계획을 기초하라"[12]고 한 지역통합전략과 맥을 같이하는 것이었다. 한국문제의 유엔 상정은 신탁통치를 더 이상 거론치 않고 유엔 주도하에 독립정부를 수립한다는 것을 뜻하며, 이는 결국 미국이 유엔의 도움을 얻어 소련의 한반도 독점의도를 차단한다는 것이었다. 따라서 이 시기 미국은 지역통합전략, 미·소공위 결렬을 예상한 단정 수립안 검토, 한국문제 유엔으로의 이관, 단정 수립, 주한미군 철수 등의 문제를 서로 관련시켜 한반도정책을 검토하고 있었다.

국무장관 마샬은 1947년 9월 17일 유엔총회에서 "지난 2년 동안 미국은 소련과 협력하여 모스크바 협정에 따라 한반도 문제를 해결하려고 노력하였으나 전혀 진전이 없었다"고 전제하고, "더 이상 소련과 협의하는 것은 시간낭비일 뿐이며 그로 말미암아 한국인들의 독립에 대한 정당한 요구를 더 이상 지연시킬 수 없다"고 하여 한국문제의 유엔 상정 이유를 설명하면서 신탁통치를 거치지 않고 한국을 독립시키는 방안이 강구되기를 바란다고 제안하였다.[13]

---

10) 「로베트가 몰로토프에게」, Dept. of State, *Foreign Relations of the United States*(이하 *FRUS*로 약칭) *1947*,Vol.Ⅵ, USGPO, 1971, pp.842-843.

11) 李鍾元, 「戰後美國の極東政策と韓國の脱植民地化」, 岩波講座, 『近代日本と植民地』8, 岩波書店, 1993, pp.21-24; 朴璨杓, 『反共體制 樹立과 自由民主主義의 制度化, 1945-48年』, 고려대 정외과 박사학위논문, 1995, pp.280-285.

12) 「빈센트가 국무부에게」(1947.1.27), *FRUS 1947*, Vol.Ⅵ, p.603, Footnote.

13) US Dept. of State, *Department of State Bulletin* 17(1947.9.28), USGPO, p.620.

이에 유엔은 소련의 반대에도 불구하고 미국의 제안을 의제로 채택하였다. 미국이 제안한 내용은 남북한이 1948년 3월 31일 이전에 유엔감시 아래 총선거를 실시하되 유엔임시위원단이 선거 및 정부 수립을 감독하며 통일정부 수립 후 모든 외국군을 철수시킨다는 것이었다.[14] 유엔에서 미국 측 결의안이 심의되는 동안 소련대표는 "유엔이 한반도에 대한 관할권을 갖고 있지 못하며, 또 한반도에 주둔하고 있는 모든 외국주둔군을 통일정부 수립 이전에 철수시켜야 한다"는 내용을 제안하면서 "한반도 문제는 한민족 내부에 맡겨야 한다"는 대안을 내놓았으나 토의안건으로는 채택되지 못하였다.[15] 결국 유엔 총회는 1947년 11월 14일, 미국 측 안을 지지하기로 결정하고 아울러 유엔 한국임시위원단의 설치문제를 획정하였다.[16] 이로써 한반도의 정부 수립 문제는 미·소공동위원회의 탁치안으로부터 유엔 관리하의 정부 수립이라는 방향으로 전환되었다.

이 같은 유엔의 결의에 따라 인도의 메논을 의장으로 한 유엔한국임시위원단이 설치되어 활동을 시작하였다. 그러나 이들은 소련과 북한의 반대로 인하여 북한지역으로는 들어갈 수 없게 되었다.[17] 이에 유엔한국임시위원단은 정부 수립에 관하여 남한의 정치지도자들과 협의에 들어갔다.

이승만은 이미 남조선입법의원에서 보통선거법이 통과된 직후인 1947년 7월 6일 우익단체의 회합을 개최하여 남한만의 총선실시를 결의하고 총선 추진을 위한 독자기구로서 '한민족대표자회의'를 결성하는 등 총선에 대비한 준비를 시작하고 있었다. 또 한국민주당도 통일정부 수립 이전에 남한만이라도 보통선거를 실시하여 한국인 자주 민주정부를 수립할 것을 촉구하였다.[18]

---

14) Dept. of State, *The Conflict in Korea*, USGPO, 1951, pp.7-8.
15) 張浚翼, 『北韓人民軍隊史』, 서문당, 1991, pp.484-487.
16) 외무부, 『韓國外交 20年 附錄』, 1966, pp.285-287.
17) 朴贊杓, 앞의 논문, p.338.
18) 都珍淳, 『1945-48年 右翼의 動向과 民族統一政府樹立運動』, 서울대 국사학과 박사학위논문, 1993, p.124.

이에 1948년 2월 26일, 유엔 총회는 "총선거는 가능한 지역인 남한에서만 추진한다"[19]는 안을 채택하였으며 동년 3월 18일부로 과도입법의원이 제정한 5월 10일 총선거 실시법이 미군정청에 의해 공포되었다. 이 총선법에는 인구비례에 따라 북한지역에도 100석의 의석을 할당하고 있었다. 그러나 북한과 소련이 유엔의 대표성 문제를 제기하면서 선거를 거부함에 따라 5월 10일 유엔한국임시위원단의 감시 아래 남한에서만 선거가 실시되었으며, 그 결과 198명의 제헌 국회의원이 선출되었다.[20]

이때 결성된 제헌국회에서는 5월 31일 개원하여 이승만을 초대 의장으로 선출하였으며, 7월 17일에는 전문 10장 103조의 헌법과 12개 행정부서를 둔 정부 수립법으로 법률 제1호를 공포하였다.[21] 이 건국헌법의 전문에는 "유구한 역사와 전통에 빛나는 우리 대한민국은 기미 3·1운동으로 대한민국을 건립하여 세계에 선포한 위대한 독립정신을 계승하여 이제 민주독립국가를 재건함"[22]이라고 선언하여 대한민국 임시정부의 독립정신을 계승하였음을 명시하고 민족사의 정통성을 부여하려 하였다.

이승만은 국회연설에서 "제헌국회는 전 민족을 대표하며 이 국회에서 탄생되는 대한민국 정부는 완전히 한반도 전체를 대표하는 중앙정부임을 이에 또한 공포한다"고 하였으며,[23] 국회는 대통령에 이승만, 부통령에 이시영을 선출하고, 8월 15일 대한민국의 수립을 내외에 선포하였다.[24]

유엔한국임시위원단의 선거결과를 보고받은 유엔 총회는 1948년 12월 12

---

19) U.N., *U.N. Official Record-Third Session*(Supply No.9), N.Y. Norton & Company, 1984, p.26.

20) 중앙선거관리위원회, 『대한민국선거사』 제1집, 1973, pp.613-632.

21) 대한민국 공보처, 「官報」 제1호(1948.9.1); 국방부 법제위원회, 『國防關係法令集』(1), 국방부, 1960, pp.1-4.

22) 위의 자료, p.4.

23) 國史編纂委員會, 『資料 大韓民國史』 제7권, 1974, p.194.

24) 동아일보(편), 『秘話 第1共和國』 제1권, 홍우출판사, 1975, pp.96-97; 朴明林, 『韓國戰爭의 勃發과 起源』, 고려대 정외과 박사학위논문, 1994, p.365.

일 대한민국이 한반도에서 유일한 합법정부임을 선언하였다. 즉 "유엔한국
임시위원단의 감시와 협의가 가능했으며 또한 전 한국인의 대다수가 거주
하고 있는 지역에 효과적인 통치권을 보유하는 합법적인 대한민국 정부가
수립되었다. (중략) 이 정부는 유엔한국임시위원단의 감독 아래 해당 지역
선거권자의 자유의사에 기초하였으며, 한반도 내에서 유일한 합법정부이
다"[25]라고 하였다.

북한에서도 단독정부를 수립하는 방향으로 나아가고 있었다. 먼저 북한
지도부는 제2차 미·소공동위원회가 결렬되고, 1947년 11월 유엔에서 미국
의 주장이 관철되자, 북한 자체의 헌법제정 작업에 착수하였다. 그리하여
이들은 11월 북조선인민회의 제3차 회의에서 '조선 임시헌법 제정 준비에
관한 결정'을 채택하였으며, 1948년 4월 인민회의 특별회의에서 최종적으로
인민헌법 초안을 가결하였다.[26]

국가의 골격을 제도화하는 헌법이 마련되자, 1948년 7월 '전 조선이 통일
될 때까지 동 헌법을 북조선에서 실시할 것'과 '동법에 의거 최고인민회의
선거를 실시할 것'을 결정하였다. 이어 8월 25일 북한 전역의 212개 선거구
에서 최고인민회의 대의원선거가 실시되었다.[27]

북한정권은 남한 전역에서 비밀 지하 선거를 북한과 동시에 실시하였다
고 선전하면서, 9월 8일 인민헌법을 최종 가결하고 9월 9일 '조선민주주의
인민공화국' 수립을 공표하였다.[28] 이에 대해 유엔한국임시위원단은 "북한
정권은 소련군의 창조물에 불과하며 소련으로부터 단순히 권력을 위임받고
있다"고 비판하면서 국제법상의 정부로 인정할 수 없다고 하였다.[29]

---

25) U.N, *Year Book of the U.N, 1948-49*, N.Y. Norton & Company, 1964,
    pp.288-289.
26) 중앙일보,『비록 조선민주주의인민공화국』(하), 중아일보사, 1993, pp.299-304.
27) 중앙통신사,『조선중앙년감』, 중앙통신사, 1949, p.43.
28) 「헌법승인과 그 실시에 관한 결정」, 북조선인민위원회 사법국 편,『北韓法令集』
    제1권, 평양, 1947, pp.2-13.
29) 외무부,『韓國外交 20年 附錄』, pp.301-302.

그러나 북한은 인민헌법 제103에 "조선민주주의인민공화국의 수부는 서울시이다"[30]라고 규정하였으며, 이를 근거로 북한정권은 남한을 공화국 남반부로 지칭하면서 전 한반도에 대한 통치권을 주장하기 시작하였다. 북한정권은 정부 수립 직후 김일성이 스탈린에게 소련과 외교관계를 설정하기를 희망한다는 서한을 보냈다.[31] 이것은 신생 정부에게 필요한 국제적 승인절차 과정이었다. 이에 1948년 10월 12일 스탈린이 "조선민주주의인민공화국과 외교관계를 맺고 싶다"는 의사를 표명하였다.[32]

이리하여 한민족은 자주적이고 민주적인 통일국가를 수립하는 데 실패하고 말았다. 그것은 강대국의 전후처리 방침에 의한 38도선의 획정과 그 후 미·소 냉전의 심화, 남북한 정치세력의 분열 등으로 인한 것이었으며, 결과적으로 남에는 대한민국, 북에는 조선민주주의인민공화국 정부가 수립됨으로써 38도선을 경계로 민족과 국토가 분단되기에 이르렀다.

따라서 미·소 군정 시기와 정부 수립 시기의 남북한 관계는 미·소의 대립과 세계 냉전에 직접적인 영향을 받으면서 형성되었으며, 이러한 냉전의 흐름이 가장 직접적으로 전달된 것은 바로 38도선 충돌로 나타난 것이었다. 미·소, 남북한의 정치적 상황의 전개에 따라 38도선 충돌 양상이 과연 어떤 성격을 띠는 것이었는가를 살펴보는 것은 한반도에서의 냉전과 한국전쟁의 기원을 밝히는 데 중요한 과제로 생각된다.

최근 소비에트 연방의 붕괴와 미·소 냉정의 종식에 따른 새로운 국제정세에 따라 오랫동안 비밀로 유지되어 왔던 문서들이 공개되었고, 20세기의 한국군사사를 새로운 각 도에서 고찰할 수 있는 기회를 가져다주었다.

특히 구소련과 중국 및 북한의 문서공개로 지금까지 정설로 되어 있던 많은 견해들을 한순간에 뒤집어 버리기도 했고, 또 지금까지 학계에 알려지지 않았던 많은 사실들이 알려지기도 했다. 해방 후 북한에서 진행된 일

30) 「헌법승인과 그 실시에 관한 결정」, 『北韓法令集』 제1권, p.2.
31) 중앙통신사, 『조선중앙년감』(1949), p.69.
32) 고려대 아세아문제연구소(편), 『北韓關係資料集』 제1집, 1969, p.472.

련의 정치적 변화는 대체로 소군정의 지침 속에서 이루어졌는데, 이는 통일전선으로 사회주의 체제를 창출해 나가는 과정과 아울러 공산주의자들 가운데 김일성이 정권 담당자로 대두하는 과정을 모두 포괄하는 것이었다.

제6장 미·소군의 한반도 진주와 38도선 분단

제1절 38도선 분단

한반도는 지정학적으로 대륙에서 해양 쪽으로 돌출되어 있으며 그 독특한 반도적 위치 때문에 역사상 강국들의 이해관계가 맞부딪치는 전초선이 되어 왔다. 중국 대륙에 세력의 변화가 있을 적마다 반드시 그 세력의 여파는 한반도에 미쳤으며 나아가서 대양으로 진출하려는 제 세력은 물론 대륙으로 진출하려는 해양세력인 일본은 한반도를 자신의 지배하에 두려고 하였다. 그러므로 한반도는 38도선 분할 이전에도 열강들에 의해 몇 차례 분단의 위험을 겪지 않을 수 없었다.

이러한 한반도의 지정학적 위치로 인한 분할 위기는 개항을 전후하여 지속된 것이었다. 러시아와 일본의 대립이 치열했을 때 러시아의 남하에 위협을 느낀 일본이 1896년 38도선을 경계로 한 분할을 제기한 바 있으나, 아관파천으로 조선에서의 형세가 유리했던 러시아가 거절했고, 그 후 영·일 동맹에 위협을 느낀 러시아가 1903년 다시 39도선 이남에서의 일본의 우위권을 인정하고 그 이북의 조선 땅을 중립 지대로 할 것을 제의하였으나, 일본이 압록강 선까지의 지배와 만주에 대한 이권을 요구하면서 39도선 분할안을 거절함으로써 결국 두 나라는 전쟁으로 치닫게 되었다. 당시의 대한제국은 한반도의 전시 중립을 선언했지만 일본이 이를 무시하고 대한제국을 일본의 보호국으로 그리고 다시 식민지로 만들었던 것이다.[33]

그러나 38도선 분단의 구체적인 계기는 제2차 세계대전이 막바지에 접어들었을 때 연합국 간의 소위 전시회담을 통해 가시화되기 시작하였다. 거

---

33) 강만길, 『한국현대사』, 창작과 비평사, 1984, p.167.

대한 군사 잠재력을 지닌 미국은 물론 한민족을 비롯한 세계 각국의 약소민족까지 전범국에 대항하여 참전하게 되자, 이탈리아가 무조건 항복하게 되고 독일과 일본은 패전을 거듭하게 되기에 이르렀다. 이에 연합군은 모든 전역에서 주도권을 가지고 총공세를 전개할 수 있게 되었다. 연합국 측은 추후의 전략과 전후의 평화 및 안전보장기구에 관한 제 문제를 논의하기 시작하였고, 그와 함께 일본의 점령치하에서 신음하던 한국의 전후 처리 문제가 점차 대두하게 되었다. 일본이 강점한 영토의 처리 과정에서 한반도의 독립 문제를 협의하게 된 것이었다.

그런데 지금까지 학계에서는 전시 회담과 관련하여 38도선 획정과정을 얄타음모설, 포츠담밀약설, 또는 양설 혼합설 등 다양하게 추론해 왔다. 지금까지 제시된 가설 중 가장 일반적으로 수용되고 있는 것이 소위 군사적 편의주의설이다. 이것은 미국에 의한 38도선 이남 점령 계획이 "북한에 진주하기 시작한 소련을 견제하기 위하여 취해진 조치이며, 38도선의 분할은 소련군이 한국에 진주하기 전에는 전혀 구상되지 않았으며, 소련군이 한국에 들어오기 시작한 후 한반도 전체를 소련에게 넘겨주지 않는다는 정책에서 갑자기 취해진 조치"라는 것이다.[34] 군사적 편의설의 핵심은 일본이 1945년 8월 10일 항복을 제의함에 미국과 소련이 한반도에서는 군사상 편의에 따라 38도선으로 남·북을 분할하여 일본 군대의 항복을 수락하고 무장을 해제하기로 합의하였다는 것이었다.

그러나 최근의 다른 연구들에 의하면 일본의 종전 전략 역시 큰 영향을 미친 것이었다.[35] 일본의 종전 전략이란 태평양전쟁이 막바지에 이르렀을

---

34) 윤진헌, 『한반도분단사의 재조명』, 문우사, 1993, p.96.
35) 최근 연구 중 분할과 관련된 주변강대국의 정치전략에 대해서는 김기조, 『38도선 분할의 역사—미·소일간의 전략대결과 전시외교 비사(1941-1945)』, 1994, 동산출판사; 이완범의 『미국의 한반도 분할선 획정에 관한 연구, 1944-45』, 연대 정치학과 박사학위논문 1994; 정용욱, 『1942-47년 미국의 대한정책과 과도정부형태 구상』, 서울대 국사학과 박사학위논문, 1996 등이 가장 포괄적으로 밝히고 있다.

때 일본이 소위 '조선과 만주에 있어서의 대미·대소 작전준비의 강화'(1945.5.30)를 위한 작전의 분담 지역을 대체로 38도선을 경계로 하여 북쪽은 일본 관동군 지휘 아래, 남쪽은 일본 대본영의 직접 지휘하에 편입시킴으로써 38도선을 두 세력으로 분리시키려 하였다는 사실이 밝혀졌다.

또 이와는 달리 미 전쟁부에서의 분할 건의를 합동참모본부와 삼부(국무부·전쟁부·해군부) 조정위원회(SWNCC)에서 승인한 것이었음을 밝혀낸 연구가 주목된다.[36] 이에 의하면, 38도선 분할문제가 최초로 공개된 것은 미 국무부가 영인한 외교문서(FRUS)에 포함된 러스크 대령(전 극동담당 국무차관보)의 1950년 증언 내용이었다. 그 후 밝혀진 바에 의하면, 린컨 장군이 본스틸 과장과 러스크 대령의 보좌를 받아 1945년 8월 10일 -11일 밤 발안하여 합참(JCS)의 승인을 받고 SWNCC의 심의를 거쳤다는 것이다. 그리고 11일 아침 스팀슨 전쟁부장관이 번스 국무장관에게 회부한 후, 대통령 재가를 얻은 것이었다.

이와 같이 최근까지의 연구 성과를 종합해 보면, 38도선 분할의 배경은 미·소·일 등의 정치·군사적 요구가 복잡하게 얽혀 있는 것이었음을 알 수 있다. 또한 당시 연합국 간에는 한반도의 독점을 막기 위해 한반도 중립화 방안, 미·영·소·중에 의한 신탁통치 방안, 미·소의 분할지배 방안 등이 제기되고 있었지만, 결과적으로 해방 이후 한반도는 미·소 점령 방안이 채택되고 말았음을 알 수 있다.

소련의 대일 참전문제는 주지하는 바와 같이 태평양전 발발 직후부터 미국에 의해 검토되었다. 그러나 소련 지도부가 비공식적으로 처음으로 대일 참전의사를 표명한 것은 1943년 10월 모스크바에서 열린 미·영·소 외상회의에서였다. 여기에서 스탈린(Josef V. Stalin)은 대독전 종결 후 소련이

---

36) 김기조, 위의 책, p.315.에 의하면, 38도선 분할은 미 전쟁부에서의 건의를 JCS와 SWNCC에서 승인한 것이었으며, 전쟁부장관이 「일반명령」 제1호의 초안 중에 그것을 포함하여 제의하였다고 증언하였으며(1949년), 「일반명령」 제1호 초안에 들어 있던 38도선을 미 육군 당국이 마지못해 고수한 것이었다고 하였다(1955년).

대일전에 참가할 의도를 가지고 있다고 말하였고, 이어 열린 테헤란회담에
서 스탈린은 루즈벨트(Franklin D. Roosevelt)와 처칠(Winston S. ChurChill)
에 대해 이 약속을 되풀이하였다.[37] 그러면 본 절에서는 제2차 세계대전
전시회담의 과정에서 한반도문제가 어떻게 논의되고 있는지를 검토하면서
38도선 분할이 구체화되는 과정을 살펴보기로 한다.

제2차 세계대전 중 본격적인 연합군의 전후 처리회담은 1943년 11월 22일부
터 25일까지에 걸쳐 미국의 루즈벨트 대통령, 영국의 처칠 수상, 중국의 장개
석 총통 등이 참석한 카이로회담이었다. 이들은 일본점령지 전후처리 기본구
상과 한반도의 문제에 관하여 "일본을 제1차 세계대전 발발 후 점령한 태평양
상의 모든 도서, 중국으로부터 탈취한 모든 영토와 강압적으로 탈취한 그 밖의
영토로부터 추방한다.(중략) 한국은 한국인이 처해 있는 노예상태에 유의하여
적당한 시기에 자유롭고 독립된 국가가 되도록 한다."라고 선언하였다.[38]

이 선언에 이어 동년 11월 28일부터 12월 2일까지 미·영·소 3개국 수
뇌가 태평양전쟁의 종전을 앞당기기 위해 테헤란에서 소련의 대일전 참전
문제를 중점적으로 논의하면서 소련 수상 스탈린이 전후처리 대원칙인 카
이로선언에 동의함으로써 이 선언의 관련 조항이 전후 한국문제 처리의 기
본전제가 되었다. 카이로선언의 한국관련 조항 중 '적당한 시기에(in due
course)'로 해석되는 구절은 즉각적인 독립부여가 아니라 일정 기간이 경과
한 후에 독립을 보장한다는 의미로서 한민족에게는 의구심을 가질 수밖에
없는 실망스러운 표현이었다.[39] 당시 중경의 대한민국 임시정부 주석인 김

---

37) 스탈린이 처음으로 대일 참전의사를 표명한 것은 1943년 10월 모스크바에서 열
   린 미·영·소 외상회의에서였다. 스탈린은 이때 대독전 종결 후 소련이 대일전
   에 참가할 생각을 갖고 있다고 하였다. 吳忠根, 「第二次世界大戰の終結」, 小此木
   政夫, 赤木完爾 共編, 『冷戰期の國際政治』, 東京: 慶應通信, 1987, p.83.
38) US State of Dept., *Foreign Relation of the United States*(이하 FRUS), 1943,
   china, p.257.
39) "적당한 시기에 한국을 자주독립케 할 것을 결의한다"는 카이로선언의 한국관
   계 문구 중 '적당한 시기에'란 독립에 이르기 전 일정한 시기의 경과조치가 필

구는 즉각 이의 부당함을 지적하고, "한국은 일본의 패망 즉시 독립해야 한다"고 주장하였다.[40] 그러나 전후처리 회담이 더욱 진전되면서 이 조항은 한민족의 기대와는 다른 방향으로 점차 구체화되어 갔다.[41] 미국은 카이로회담 직후 1944년 초 한반도 군사점령 후 군정 구성에 관한 기본적 고려사항으로서 소련이 한반도의 상당한 부분을 점령하게 되리라는 점과 해외의 한인부대 중 최대의 집단은 소련극동군에 의해 훈련되고 소비에트 이데올로기와 통치기술로 무장된 3,500명에 이르는 집단임을 분석하고 있다.

또한 같은 무렵인 1944년 3월 미국의 국무부가 내부적으로 이후 한국문제에 관한 중요한 지침인 3개의 문서를 통해 한국에 관한 공식견해를 제시하고 있음이 확인된다. 이 문서들에 의하면 한국이 독립하기까지는 4단계 과정, 즉 전투단계→군사점령단계→군정단계→신탁통치단계를 상정하고 각 단계별로 미국의 전략을 제시하고 있다.[42] 이로써 보면 미국은 4대국

요하다는 독립에 대한 유보조건으로서 루즈벨트의 구상이었던 신탁통치를 의미하는 것이었다. 최상룡, 『미군정과 한국민족주의』, 나남, 1988, pp.30-31.

40) 국방부 전사편찬위원회, 『한국전쟁사』제1권(구판)(국방부, 1967), p.40.

41) 미 육군부 작전국 전략정책단의 신탁통치에 관한 보고서에 의하면, 미·영·중·소 4대국이 행정구역별로 한반도를 4개 지역으로 나누어 분할 점령하는데 소련이 함경남북도, 영국이 평안남북도 및 황해도, 중국이 전라남북도 및 충청남도, 미국이 나머지 지역인 경상남북도·충청북도·경기도·강원도, 함남의 원산 지방을 점령한다는 것이었다. 여기에서 주목되는 것은 한반도의 전략적 최우선지역으로 선정된 부산-진해지역과 서울-인천지역과 함께 원산을 미국이 점령하게 된다는 점이다. 전략정책단은 이러한 분할 점령안이 미국의 요구가 크게 반영된 것임을 지적하면서 협상을 통해 미 점령지역이 축소될 수 있지만 이 경우에도 서울 인천지역 및 부산-진해지역이 소련의 점령지역으로 되어서는 안 된다고 강조하고 있다. 박찬표, 『한국의 국가형성: 반공체제 수립과 자유민주주의의 제도화, 1945-48』, 고려대 정치외교학과 박사학위논문, 1995, p.28.

42) 위의 책, p.25.에 의하면 다음과 같이 구분되었다. 1) 전투단계에서 전투 병력은 중미영소(태평양전에 참전할 경우)의 군대로 구성하는 것이 정치적으로 바람직하며, 미국이 실직전인 대표권을 가져야 한다. 2) 군사점령 및 군사정부 수립에는 한국의 장차 정치적 지위에 실질적 이해관계를 가지는 국가들이 참여하여야 하며, 다른 국가들의 대표권은 미국의 참여의 효율성을 저해할 정도로 커서는 안 된다. 3) 군정에 이어 독립 이전의 마지막 단계로서, 미국이 참

공동점령안, 4대국 분할점령안, 미·소만의 단독분할점령안 등 다양한 군사
점령안을 입안하고 있었음을 알 수 있다. 물론 각각의 안에서의 군사점령
의 의미는 동일한 것이 아니었다.

군사점령은 그 성격에 있어서 1) 군사적 전투작전의 연장선에서 적군을
패퇴시킨 직후나 또는 적국의 항복 직후에 군사적 무장 해제 등의 군사적
목적을 수행하기 위해 이루어지는 초기 군사점령, 2) 초기 군사점령의 단계
가 끝난 뒤에 비교적 장기간 이어질 본격적인 점령통치를 위한 최종적 군사
점령으로 구분되며, 또한 구체적 종전 상황 및 군사점령에 필요한 비용문제
와 관련하여 가) 만주, 한반도 및 일본 본토에 대한 전면적 군사공격을 상정
한 무력진공, 무력점령, 나) 무력진공 이전에 일본이 조기 항복하거나 붕괴
되는 상황을 고려한 선항복—>후점령으로서의 무혈점령 등으로 구분되었다.
이와 같이 미국은 눈앞의 당면한 작전상의 목표추구에만 충실한 나머지 되
찾을 수 없는 중대한 정치적 과오의 수렁으로 말려들고 있었다.

그러던 중 1945년에 접어들어 마지막으로 연합군에 대항하던 일본의 패전
이 임박하게 되자 미·영·소 3국 수뇌들이 1945년 2월 4일부터 11일까지 얄
타에서 회동하여 패전국의 처리, 식민지의 독립, 이권의 배분 등에 관해 구체
적으로 논의하였다. 이 얄타회담은 비밀협상으로 진행되었으며, 1년 후에 공표
된 협정문은 소련의 대일전 참전 시기와 그에 따라 소련이 확보할 권익을 명문
화하고 있을 뿐 한국문제를 비롯한 기타의 논의 내용은 밝혀지지 않았다.[43]

여하튼 연합국 공동에 의한 국제적 감독 시정 혹은 신탁통치단계가 뒤따르는
데, 국제적 감독기구가 완성될 때까지 미국은 점령을 계속하고 군정에서 주도
적 역할을 계속 수행하여야 한다. 국제적 감독기구 수립에 예상되는 난점들을
감안하면 군정이 상당 기간 계속될 것으로 전망된다는 등이었다.
43) James F. Schnabel, *Policy and Direction: The First Year*(Washington, D.C.:
USGPO, 1972), p.7: 육군부 작전국 전략정책단에서 작성한 정책문서는 얄타
회담에 앞서 일본 및 일본 점령영토에 대한 통제기구 및 이에 참여할 국가,
한국에 대한 국제적 신탁통치를 수립하는 방법과 기 기구 등의 문제를 결정하
기 위해 작성되었음을 서두에서 밝히고 있음을 보아 얄타회담을 앞두고 작성
된 것으로 파악된다. 박찬표, 앞의 책, p.28. 또한 얄타회담을 앞두고 미국무부

따라서 이 의정서에서는 한국문제를 직접 언급하지는 않았으나 회담 중 루스벨트 대통령과 스탈린 수상 간에 미·소·영·중 4개국에 의한 신탁통치를 실시하되 신탁통치 기간에 대하여 미국 대통령은 필리핀의 경험에 비추어 20~30년을 고려하였으며 소련 수상은 기간이 짧을수록 좋다는 의견을 내놓았다.[44]

미국은 전쟁을 조속히 종결시키려는 일념과 전후의 정치적 문제를 경시하고 일본군을 과대평가한 나머지 자국의 희생을 적게 하려던 생각에서 소련의 대일 참전을 유도했고 그에 대한 대가를 중국이 치르게 됨과 함께 그로 인하여 이미 한국의 비운이 배태되었다. 스탈린은 미·소 양군의 합동상륙작전에 관한 미국의 구상에 대해 의문을 제기하면서 소련군이 작전상 북한지역의 항구를 불가피 점령해야 할 필요성이 있다고 강조하였다. 여기에는 그들의 정치적 여건을 충족시키기 위한 대일참전의 대가를 크게 요구하는 데 있었다.

얄타회담이 끝난 후 미 국무부는 이 협정을 한국에 적용하는 데 만전을 기하기 위해 당시 미국에서 독립운동을 하던 이승만에게 협력을 요청하였으나 이승만은 이에 대해 미국은 중경의 임시정부를 즉각 승인할 것을 촉구하였다. 이승만은 얄타회담에 대해 1905년 미·일 간에 맺은 태프트-가

가 대통령에게 제출한 한국문제 처리에 관한 건의서에는 "1) 어떤 단일 국가에 의한 한국의 군사적인 점령은 중대한 반발을 일으킬지도 모른다. 2) 한국의 군정이나 점령군에는 연합군이 공히 참여해야 하며 군정은 중앙집권적인 단일 행정체제의 원칙에서 조직되어야 한다. 3) 점령 기간이 완료된 후는 한국인이 자치능력을 가지는 시기까지 국제신탁통치하에 둔다. 4) 극동에서의 소련의 지위를 고려하여 대일전 참가와는 관계없이 소련을 과도적 국제신탁통치에 참여시키는 것이 특책이다"라고 하였다. US State of Dept., *The Conference at Malta and Yalta*, USGPO, 1955, pp.358-361.

44) Ibid., 루즈벨트는 스탈린에게 필리핀에서의 미국의 후원자적 역할을 한국에 적용시켜 미·중·소에 의한 2-30년간의 신탁통치를 실시할 것을 주장했고 스탈린은 신탁통치 기간은 짧을수록 좋을 것이라고 답하면서 루즈벨트에 대해 외국군대의 한국주둔 여부에 대해 질문했고 루즈벨트는 이에 부정적으로 답하였다: 외무부 외교연구원, 『한국외교 20년 부록』(외무부, 1966), pp.251-252.

쓰라(Taft-桂太郎) 비밀협정의 분노가 한국민의 기억에서 채 사라지기도
전에 미국은 또다시 한국을 매도하기 위한 비밀협정을 벌였다고 신랄하게
비난하였다. 그렇지만 강대국의 전략과 협약을 바꿀 수는 없다.[45]

얄타 비밀협정 후 5개월이 지난 1945년 7월 17일~8월 2일에 제2차 세계대
전 중 마지막이 된 연합국 수뇌회담이 포츠담(Potsdam)에서 열렸다. 이때
독일은 이미 항복한 뒤였고 일본만이 최후의 저항을 하고 있었으며 연합군
측은 희생을 최소화하면서 조기에 종전을 달성하려는 목적 아래 주로 일본
에 대한 전후처리 방침의 설정, 소련의 대일전 참전 시기와 미·소 간의 작
전협조, 미국이 실험에 성공한 원자폭탄의 사용에 대해 협의하였다. 이에 따
라 7월 26일 발표한 선언문에서 연합군 측은 카이로선언의 이행을 전제로 하
고 일본의 무조건 항복을 요구하는 다음과 같은 포츠담 선언을 발표하였다.

> 일본국 정부가 즉시 전 일본군의 무조건 항복을 선언하고 그에 대한
> 일본정부의 충분한 보장을 요구한다. 그렇지 않다면 즉각적이고 완전한
> 파멸뿐이다. 카이로선언의 제 조항은 이행되어야 하며 일본의 주권은 혼
> 슈(本州)·홋카이도(北海道)·규슈(九州)·시코쿠(四國)와 연합국이 결
> 정하는 제 소도(小島)에 국한된다.[46]

포츠담회담에서 소련의 대일전 참전과 관련하여 미·소 양측 군사대표들
은 한국과 만주를 두 개의 작전지역으로 분할하는 계획을 상당한 수준까지
발전시켰음을 볼 수 있다. 마샬 장군이 작전부장 헐 장군에게 한반도 진주

---

45) 국방부 전사편찬위원회, 『국방사』 제1집(국방부, 1984), pp.106-107. 1945년 3
  월 미 육군은 일본관할하에 있던 적도 이북의 모든 섬들을 미국의 시정하에
  두게 될 전략지역으로 설정하려 했다. 4월 9일 국무장관 스테티니우스는 루즈
  벨트에게 보낸 서한에서, 육군부 및 해군부 장관은 전략지역으로 지목된 곳을
  완전통제하여야 한다는 입장이라고 보고하고 있다. 또한 4월 14일 국무장관은
  군부가 합병정책을 공언하고 있다고 지적했다. 포레스텔과 스팀슨은 국무부에
  대해 애매모호한 신탁통치계획보다 태평양의 방위체제와 필요한 영토의 완전
  통제를 촉구했다. *FRUS, 1945, I*, pp.315-316.
46) *FRUS, 1945, II*, p.1474.

계획을 준비할 것을 명령하였는데, 그것이 그 후 38도선 설정 때 제시되었는지 그리고 38도선이 포츠담회담 중의 미·소의 합의선 인지는 확인되지는 않지만, 이때 한반도의 작전 경계선으로는 38도선과 유사한 선이 고려되고 있었음을 볼 수 있다.[47]

소련은 이미 1, 2개의 한국인 사단을 훈련시켰기 때문에 이 병력을 한국에서 이용하리라고 생각한다. 만일 국제 신탁통치가 한국에서 실시되지 않는다면, 또한 설령 실시된다 하더라도, 이들 한국인 사단은 아마 지배력을 발휘하여 독립정부라기보다 오히려 소련지배하의 지방정부가 될 수 있는 정권의 수립에 영향력을 행사할 것이다. 이것은 극동으로 이식된 폴란드문제이다. 나의 제안은 신탁통치안의 강력한 추진이다. 또 나는 신탁통치 기간 중에 미 육군 또는 해병의 상징적 병력을 최소한 한국에 주둔시켜야 한다고 제안한다.[48]

이렇듯 당시 한국문제는 포츠담 수뇌회담에서는 논의된 것은 아니었지만 이 회담에 참석한 미국과 소련관리들의 군사회담에서는 논의되었음을 알 수 있다. 이들은 소련이 대일전에 참가한 뒤 양군의 해·공군 작전범위도 일본 동북부로부터 한반도 북쪽 끝을 연결짓는 선을 확정하였다. 그러나 지상 작전의 한계선이나 군사점령을 위한 영역에 관해서는 구체적인 논의가 없었다. 이는 대체로 미군이나 소련군이 가까운 장래에 한반도로 진공할 것으로 예상하지 않았기 때문이 아닌가 생각된다.

이 군사회담에서는 미국이 한반도에 있어서 지상 분계선을 생각해 본 것만

---

47) *Policy and Direction*, p.8; Roy E. Appleman, United States Army in the *Korean War: South to the Naktong, North to the Yalu*(Department of the Army, Washington, D.C.: GPO, 1961), p.3.

48) *FRUS, 1945, II*, p.631. 이 기획문서는 미국이 포츠담회담 준비를 위해 정책적 대안으로 마련된 것이었다. 이를 통해 보면 미국은 전투가 종식된 후 군사점령에 참여하여 한국을 부분적으로 점령함으로써 소련에게 한반도를 완전히 넘겨주지 않는 수단을 확보하려 하였다.

은 분명하다. 미 육군참모총장 마샬 대장이 육군 작전국 헐 중장에게 미군의 한반도 진공에 관해 준비하도록 지시하자, 헐과 그의 참모진은 "미국과 소련의 지상경계선을 획정할 곳을 결정하기 위해 한국지도를 연구했다"고 하였으며, 이들은 "최소한 인천항과 부산항은 미군지역에 포함되어야 한다"고 결정하고, '서울 북방에 경계선'을 그었던 것이다. 그리고 군사적 견지에서의 초기 군사점령이 완료된 후 최종적인 군사점령군의 구성 및 점령통치를 위한 군정의 구성방식은 연합국 간에 정치적으로 해결되어야 할 과제로 남겨두었던 것이었다.[49]

한반도를 소련의 작전구역으로 인정하는 경우에도 점령만은 미·소가 공동으로 행해야 하면 연합국의 신탁통치를 통해 소련의 독점적 기도를 저지해야 한다는 것이었다.[50] 그러나 분할점령 자체가 미국의 대소 전략상의 고려에서 생긴 이상 소련과의 타협에 실패한다면 분할점령선이 고정화될 수도 있다고 하는 전망은 그렇게 어려운 것이 아니었을 것이다. 최초 미국의 한국 신탁통치안은 한국이 자치능력을 가지고 있지 못하다는 전제하에 강대국의 세력 각축장으로서의 한국의 특수성을 고려하여 소련 등 그 어느 단일국에 의한 한국지배를 방지하고 일종의 완충지대화할 것을 목표로 하는 것이었다. 본래 분할점령 자체가 소련세력의 저지라고 하는 미국의 이해를 우선시킨 정책이었으며 그 후 미·소에 의한 남북한의 점령정책의 진행과 미·소 냉전의 세계적 규모의 전개에 따라 38도선이 대소방벽으로서 고정화할 가능성은 현실적으로 존재하였으며, 신탁통치안도 미국의 입장에서 대소정책의 수행상 필요하지 않을 경우 포기될 수 있는 것이었다.[51]

결과적으로 일본은 연합국의 최후통첩인 포츠담선언을 즉각 거부하였다. 이에 따라 마지막 군사적 타격을 가하기 위해 미국은 1945년 8월 6일과 9일에 히로시마(廣島)와 나가사키(長崎)에 원자폭탄을 투하하였으며 소련도 8월 8일 선전포고와 더불어 대일전에 참전하였다. 그리고 미국은 1944년

---

49) 윤진헌, 앞의 책, p.96.
50) 최상룡, 『미군정과 한국민족주의』, 나남, 1983, p.37.
51) 박찬표, 위의 책, p.98.

후반 이전부터 개별적이고 실제적인 기초 위에서 한인들을 이용한다는 방침에 따라 한인단체와 접촉을 유지하였다. 정부 내 각급 정보기관이나 군 선전기관에서는 대일전 수행에서 한인들을 선전사업이나 첩보수집, 파괴공작 등의 특수임무에 활용하는 방안을 계속 모색하였으며 부분적으로 한인들을 이용하기도 하였다.[52] 이에 따라 대한민국 임시정부는 1945년 8월 미국과의 협의를 통해 광복군의 일부를 미국 CIA의 전신인 전략정보처(OSS)의 훈련반에 참가시키고 한일공작반도 설치하고 있었다.

한편 미 육군부의 지원으로 광복군의 일부 대원이 부양(阜陽)과 서안(西安)에서 공수작전 등 특수훈련을 받으면서 국내 진공작전에 대비하였다. 이러한 연합군 측의 총공세에 더 이상 견딜 수 없게 된 일본은 8월 10일 조건부 항복을 제의하였으나 연합국은 일단 이를 거부하였다. 그러나 이를 계기로 연합국은 일본의 무조건 항복을 대비하기 시작하였으며 미국은 항복절차, 즉 항복을 받을 미·소·영·중의 연합군 지휘관을 지정하고 한국 등 일본이 점령한 영토를 항복접수에 편리하게 분할하는 명령을 작성하게 되었다.

1945년 8월 14일 일본의 공식 항복제의를 받은 트루먼 대통령은 미군에게 일본군에 대한 공격작전을 중지하도록 명령하였으며, 이 사실을 동일자로 영·중·소에게 참고로 통보하였다. 그는 후에 "당시 미 육군으로서는 38도선조차 도달하기엔 먼 거리였다. 단순히 어디까지 적의 저항 없이 미군이 북진할 수 있는가 하는 것만을 기준으로 생각했다면 한반도의 훨씬 남쪽에 선이 그어졌을 것이다"라고 회고함으로써 38도선의 획정이 정치적인 고려로서 결정된 것임을 밝히고 있다.[53] 이렇듯 합동참모본부를 비롯한 미국 군부는 이미 소련군이 한반도에 진입할 수 있다는 사실을 상정하고

---

52) 미국은 1944년 후반 한국인들을 이용한 직접 행동을 계획하게 되었고, 이로써 한인단체의 대표권 승인문제와 한인 내지 한인단체의 대일전 동원을 분리시켜 적용한다는 공식입장은 종전까지 그대로 유지되었다. SWNCC 115, 「Utilization of Koreans in the War Effort」(1945.4.23), 정용욱, 앞의 논문, pp.52-52. 재인용.
53) 트루먼, 『트루먼회고록』, pp.444-445.

그럴 경우 38도선이 적절한 분계선이 될 수 있을 것으로 예상하였다.

「일반명령」 제1호를 작성하는 과정에서 한반도와 관련해서는 가능한 한 북쪽으로 분할하되 미군진주 능력을 고려한다는 원칙에 따라 인천과 서울을 병참지역으로 확보할 수 있는 38도선 안이 결정되었다. 이와 같이 작성된 「일반명령」 제1호의 한반도 내 일본군 항복과 관련된 항은 다음과 같다.

> 1. (전략) (b) 만주·북위 38도선 이북의 한국·사할린(樺太)·쿠릴(Kuril)열도 내의 일본군 선임지휘관과 모든 지상군 해군·공군 및 보조부대는 소련 극동군사령관에게 항복한다. (중략) (e) 일본대본영 및 대본영의 선임지휘관, 일본본토와 인접 제도서 북위 38도선 이남의 한국, 류큐(琉球), 필리핀 내의 모든 지상군·해군·공군 및 보조부대는 미국 태평양 육군사령관에게 항복한다.[54]

이렇게 작성된 「일반명령」 제1호는 일본이 무조건 항복을 발표한 8월 15일 트루먼 대통령의 재가를 받아 소련·영국·중국의 동의를 얻었다. 스탈린은 한반도에서 38도선 분할로 북한에서 소련군이 일본군대의 항복을 받게 된 데 대하여 이렇다 할 언급을 하지 않고 그대로 수용하는 입장을 취하였다. 이것은 한반도에서의 38도선 분할로 소련 측은 기본적으로 자신이 기대한 것 이상을 확보하였기 때문일 것이다.

「일반명령」 제1호에 대한 스탈린과 다른 연합국의 동의서를 받은 트루먼 대통령은 8월 16일 합동참모본부(JCS)를 통하여 맥아더 연합군 최고사령관에게 이 사실을 알리면서 필요한 조치를 취하도록 지시하였다.[55] 이에

---

54) 국방부, 전사편찬위원회, 『국방조약집』 제1집, pp.573-575.
55) 38도선 확정은 정치적 고려에서 결정된 것이었다. 군사적 편의에서 유래되었다고 보기 어려운 것은 다음과 같은 지적들에서도 근거와 설득력이 약하다는 것을 알 수 있다. 즉 군사적으로 거리가 먼 것과 인원부족으로 인해 한국점령에 중국의 국부군을 사용하는 계획이 진지하게 고려되기 시작했고 또한 통합참모본부는 번스 국무장관에 대해 소련이 거부할 경우 미국은 남한의 부산에서 교두보만 획득해 두면 반도에 대한 소련과의 경재의 경우에도 잘 해 나

맥아더 사령관은 8월 16일 일본정부에게 "연합국의 항복조건을 수락했으므로 연합군 최고사령관은 이에 일본군에 의한 전투행위의 즉시 정지를 명한다"는 내용의 「일반명령」 제1호를 발령하였다. 이것을 받은 일본 대본영은 16일 육·해·공군의 모든 부대에 대하여 "즉시 전투행동을 정지하라"는 일본천황의 명령을 발령하였다.

한편 8월 16일자 미 합동전쟁기획위원회 기획문서에 의하면 미국은 한반도 통치를 3단계 과정을 거쳐 수행할 것을 마련하고 있었음을 알 수 있다. 즉 미국은 미·소의 초기분할점령→미·영·중·소 공동점령 및 통치→신탁통치 등 3단계 통치방안을 마련하고 있었다.

제1단계는 3개월 정도의 초기 점령단계로서, 이 시기에는 소련군이 북한을 초기 점령할 것으로 예상하고 미군이 남한을 초기 점령하여 서울 부산 군산 등 남한의 주요 지점을 점령한다는 것이다. 이때 남북한은 미군과 소련군의 두 개의 지휘구역 내에서 각각의 군사령관에 의해 통제되며, 이 기간 중에 일본군의 무장 해제가 이루어진다. 1단계에는 약 9만 명의 미군병력이 투입되는 것으로 되어 있다.

제2단계는 9개월간의 연합국에 의한 연합 점령단계이다. 미·소는 중국과 영국 점령군의 진주를 추진하며, 기간 중 일본군을 무장 해제하여 본국으로 송환하고 한국의 점령은 전략지점만으로 축소하는 것으로 되어 있다. 이때 서울은 미·소의 공동점령지역이 되고 소련이 청진, 나진, 원산 지역을, 미국이 서울, 인천, 부산지역을 중국이 해주지역을 영국이 군산지역을 각각 점령한다.

마지막 제3단계는 연합군은 질서유지를 위해서 상징적으로만 존재하고 한국인들이 행정에 보다 많이 참여하게 하며, 이 시기 연합국 간에 다국간 신탁통치에 대한 합의가 이루어지도록 한다는 것이다.[56]

갈 수 있을 것이라고 통고하고 있었다. 최상룡, 앞의 책, pp.41-42.
56) *Ultimate Occupation of Japan and Japanese Territory*(JWPC 385/1, 1945.8.16), 박찬표, 앞의 책, pp.43-44. 재인용.

이러한 논의는 8월 24일 3부조정위원회의 '한국점령에 관한 국제협정'이라는 형태로 최종 확정하게 된다. 영국, 중국 혹은 연합국에 의해 이의가 제기되지 않을 경우 한국의 초기 점령은 「일반명령」 제1호 1조 b항 및 e항의 규정에 따라 미군과 소련군만으로 수행하도록 하였으며, 장래 한국에 대한 다국 임시 신탁통치에 관해서는 구두로 합의된 것으로 간주한다는 것이다. 그러나 초기 점령에 그 구두합의가 영향을 미칠 수 없도록 하였으며, 또한 최종적인 다국 점령을 반드시 거쳐야 한다는 것도 아니었다.[57) 이 기간인 8월 14일~16일 사이는 정전에 관련하여 혼란이 있었던 것은 당연하지만, 그 이후에도 만주와 북한에서는 혼돈이 계속되었다.

한편 이러한 미국의 입장에 비해 소련이 구상한 한반도 통치방안에 관해서는 현재 자료의 부족으로 확인할 수 없지만, 대체로 미국과 비슷한 구상을 갖고 있었던 것으로 생각된다. 1945년 8월 16일 스탈린은 소련 극동군최고사령부에 "8월 14일의 일본 천황에 의한 일본의 항복에 관한 통고는 무조건 항복의 일반적 성명에 불과하다. 일본군의 실질적 항복은 아직도 존재하지 않는다. 따라서 소련군은 일본에 대한 진공작전을 계속하라"는 명령을 하달하였다.

「일반명령」 제1호에서 획정한 연합군의 점령구역 기준은 항복조인 시점을 예상한 각 연합군들의 현 위치가 중요할 수 있는 것이었다. 그러므로 소련군이 도달할 목표와 지점은 '관동군의 분쇄, 전 만주, 북조선, 남화태, 쿠릴열도의 해방'으로서, 이것들을 항복문서의 정식조인 이전에 완수하여야만 하였다.

이에 소련 극동군사령부는 관동군사령관에게 하달된 천황의 정전명령을 도청하고 소련군의 진출을 고려하여 "8월 20일 12시를 기하여 소련군에 대한 일체의 전투행위를 정지하라"고 관동군총사령관에게 제의하였다. 양측이 정전교섭을 완료한 후 실제 전투가 정지된 것은 8월 21일이었고 이어

---

57) 이는 국무부 SWNCC 176에 대한 JCS의 수정안 SWNCC 176/1을 다시 일부 수정한 것으로 8월 24일 승인되었다. SWNCC Case Files, Nos.166 to 176, 위의 책, p.45.

만주와 북한 일대에 대한 소련군의 무혈진주가 이어졌다.[58]

이 무렵 소련은 구체적인 대한정책안을 수립하지 않고 있었고, 또 그 정책이 유동적인 것으로 보인다. 그 이유는 첫째, 소련이 한반도 북단인 나진지방에 투입한 병력은 소부대에 불과했고 둘째, 1945년 8월 초에 북한에 상륙한 소련군의 점령지역 통치정책이 매우 유동적이었으며, 셋째, 스탈린이 미국 측의 38도선 제안에 대해 즉각적인 그리고 긍정적인 회신을 보냈다는 것 등을 통해 확인할 수 있다.[59]

결국 이러한 연합국의 한반도 정책과정을 통하여 38도선 분단이 결정되고 말았다. 연합국에 의한 한반도 분할 점령이 「일반명령」 제1호가 기초되기 전에 이미 고려되었다고 하는 것은 그것이 미국과 소련의 정치전략 과정에서 표출된 것이었음을 의미하는 것이었다.

따라서 그와 같은 미·소의 점령구상은 한민족에게는 차후 전후 협상의 불확실성과 미국과 소련의 정책 등으로 수많은 난관을 극복해야 하는 민족적인 과제를 안게 되었음을 예고하는 것이었다.

제2절 미·소군의 한반도 진주와 경비대

1. 소련군의 북한 진주와 경비병력 편성

북한을 점령한 소련군은 치스챠코프(Ivan Chistiakov)[60] 대장이 지휘하

---

58) 김기조, 앞의 책, p.327.
59) 이정식, 「냉전의 세계사적 전개과정과 한반도의 분단」, 『한국현대사 연구의 반성과 전망』, 현대한국학연구소 국제학술회의, 1997.10, p.67.에 의하면 만일 스탈린의 한반도정책이 확립되어 있었다면 상륙 후에 일본군의 저항에 부닥쳐서 정체상태에 빠질 수밖에 없을 정도의 소 병력을 파송하지는 않았을 것이라고 평가하였다.
60) 치스챠코프는 1900년 농민의 아들로 출생하여 볼셰비키 혁명 때 적군병사로 가

는 제1극동방면군 소속의 제25군으로서 5개 사단, 1개 여단의 12만 명을 주축으로 하고 그 밖의 태평양함대의 해군 부대와 기타 부대병력 3만 명 등 모두 15만 명으로 구성되었다.[61] 소련군 진주 직전 북한에서는 먼저 평양에서 조만식이 중심이 되어 국내 공산주의자들까지 포함한 건국준비위원회 평안남도 지부를 결성하고 해방 이후 정부 수립에 대비하였으며 각 도 중심도시에서 속속 건국준비위원회 지부가 결성되었다. 이렇게 북한지역에서 민족주의자들의 정부 수립 움직임이 활발하게 진행되고 있는 동안 소련군은 진군에 박차를 가하였다.[62]

소련군은 제1극동방면군 병력을 동해 연안을 따라 남진시키면서 조선에 있던 일본군을 괴멸시켜 만주에 있던 관동군과의 연결을 차단하는 데 전략목표를 두고 있었다. 소련의 태평양함대는 동해 내의 일본 해상 보급선과 북한의 항구이용을 차단하고 일본군의 소련 연해주 상륙을 예방하는 임무를 맡고 있었다. 이 양군은 합동으로 "조선을 해방하려는 임무를 영광스럽게 완수하기 위하여", "북조선의 제 항구를 점거하여 관동군을 보급기지로부터 차단시키고 일본 본토로부터 고립시키려는 것"이 주목적이었다. 당시 소련의 대북한 정책 결정과정은 다음과 이루어지고 있었다.

담하였다. 독·소 전쟁 시 사령관이 되었으며 북한점령군 사령관으로 북한에 진주하였다. 그는 1947년 3월 제25군사령관을 맡고 초기 군사점령 시기에 커다란 역할을 하였으며, 1947년 3월에 코르트코프로 교체되어 북한을 떠났다.

61) 당시 소련극동군은 제1극동방면군, 제2극동방면군, 자바이칼방면군, 태평양함대 등으로 구성되었으며 제25군은 제1극동방면군의 동측방을 담당한 조공부대인데 이들의 임무는 동만주 일대의 일본군 방어지대를 돌파한 후 왕청(汪淸)·도문(圖門)·연길(延吉) 방면으로 진출하는 것이었다. War Department Intelligence Division, Intelligence Review, 1946.6.20.

62) 소련군 북한 진주 상황은 김기조, 앞의 책, 박명림, 앞의 논문 및 기광서, 「소련의 대한반도―북한정책 관련 기구 및 인물분석: 해방-1948.12」, 『현대북한연구』, 1999에 잘 구성되어 있으며, 본 항에서는 이들의 연구를 기초로 재구성하였다.

[표 15] 소련의 대북한 정책 지휘 계통[63)]

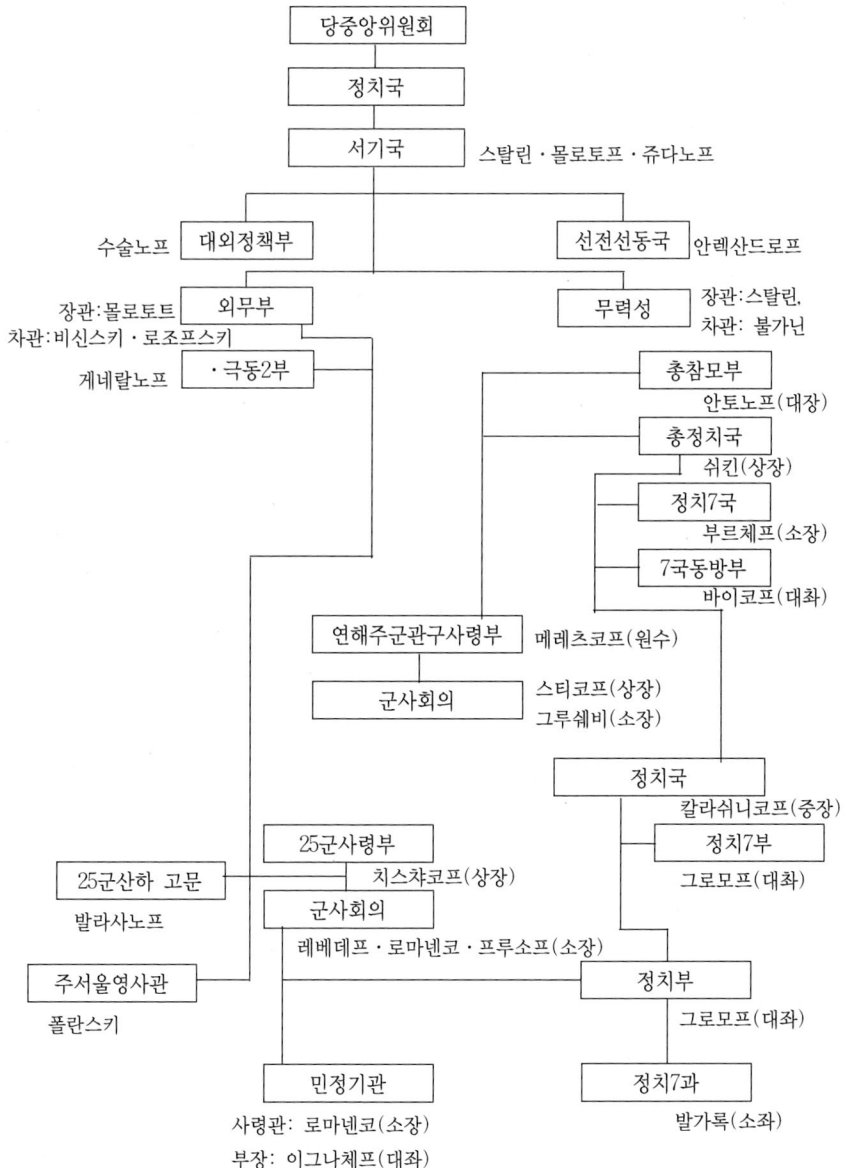

이러한 결정과정에 따라 소련 제25군은 가장 먼저 1945년 8월 8일 한반도 북단 함경북도를 통하여 1개 보병여단과 1개의 기갑여단 등 2개 여단병력을 투입하였다. 이들은 이날 야간, 조선인 약 80여 명과 함께 쾌속정을 이용하여 두만강을 건너 일본군에 대해 공격을 개시하였다. 소군은 일본경찰서를 기습한 후 소련령으로 복귀하였다. 이들은 일본군에게 "9일 정오에 소련이 일본에게 선전포고할 것"이라고 경고를 남기고 돌아갔다. 그런데 이와 같은 소련군의 최초 두만강 도하공격은 소군이 대일선전포고를 하기 이전에 발생한 것이었다. 이미 8월 8일 소련군은 치스챠코프 장군 휘하의 제25군(제1극동방면군 예비였던 제88저격군단 산하)의 제393사단 중 1개 여단 규모의 기갑부대가 소·만 국경을 건너 만주 영내의 수타오포즈에 있던 일본군 1개 연대에 포격을 가하면서 진격하였고 그보다 스틸로 남쪽에서 1개 보병여단이 새벽 2시경 만주령의 훈춘을 지나 조·만국경의 경흥교를 건너 경흥으로 진입하였다. 연길에 있던 일본군의 제3군사령부는 소련군이 회령 혹은 웅기의 2개 행로뿐인 기로에서 남향의 웅기 쪽으로 행군할 것으로 예측하고 있었는데 그 예측은 적중하였다. 남하하던 소련군 지상군 부대들은 일본군의 1개 혼성여단으로부터 가벼운 저항을 받았을 뿐이었다.[64]

---

63) 기광서, 앞의 책, p.113, p.117에 의하면 소련의 대한정책 결정자와 역할은 다음과 같다.

성명	주요직책	주요역할
스탈린	당 정치국원, 내각회의 의장, 무력성장관	정책 최고결정자
몰로토프	당 정치국원, 내각회의 부의장, 외무성 장관	한반도문제에 관한 국제회의와 미·소교섭을 주도하고 주요사안에 대한 결정권 행사
쥬다노프	당 정치국원, 당서기	대북한 이념작전을 지도
불가닌	당 치치국 후보위원, 무력성 차관	대북한 군사정책에 지도 및 영향력 행사
수슬로프	당 중앙위 대외정책부장, 당서기	정부기관과 상급 군정치기관의 보고와 건의를 접수하고 정책판단 수행

소련군의 경흥, 웅기 진출에서 한 가지 의문이 남는 것은 미·소 간에 지상군 작전구역에 대한 합의가 포츠담회담 시에 없었다고 하였는데, 소련군이 어떤 근거로써 북한으로 진격해 들어올 수 있었을까 하는 점이다. 그것은 10월 17일 스탈린[65] – 해리만 요담과 2월 9일 얄타회담 시 미·소 간 참모총장회의에서, 소련 측에서 북한 북변제항에 대한 공격의 필요성을 주장하면서 그 계획을 통고하였고 미국 측이 그를 묵인하여 양측 간에 묵시적 양해가 성립되었다고 보아야 할 것이다.

개전과 동시에 8월 9일 새벽, 소련 태평양 함대의 해·공군기들은 조선의 북동의 웅기와 나진에 있던 일본군 부대에게 강력한 집중포격을 가하였다. 전폭기들도 일본의 해상수송선들에 파상 공격을 감행하였다. 9~10일 양일간 레미스코 장군이 이끄는 소련항공기들은 504대가 출격하여 20~30회에 걸쳐 공격을 가하였다. 이 공습으로 수송선 19척 유조선 3척을 격침시켰다. 또한 9-10일간의 야간, 나진과 청진을 공격한 소군 초계정 부대들은 일본군 군함 11척을 격침시켰다.[66]

일본군 최고사령부인 대본영은 8월 8일 야간 소련의 대일선전포고와 관동군으로부터의 보고를 기초로 하여 방어작전을 변경하였다. 이들은 천황의 재가를 얻은 다음 8월 9일부 「대륙명 제1374호」로 8월 10일 6시를 기하여 조선에 있던 제17방면군을 관동군의 전투서열에 넣어 관동군 총사령관의 작전지휘를 받게 하였다.

일본군은 관동군의 주 작전을 대소작전으로 지향하되 '황토 조선을 보위'하는 데 주력하라고 명령하였다. 그동안 관동군의 지휘하에 있던 함흥 소재

---

64) 김기조, 앞의 책, pp.237-238.
65) 스탈린이 보유한 주요 직책들로는 당중앙위원회 총서기, 당정치국원, 인민위원회의 의장, 국가방위위원회 의장, 국방인민원원/무력성장관, 소련군최고총사령관 등이었다. 이러한 지위와 위상이 말해 주듯 소련의 모든 대외정책은 그의 절대적 권한 내에서 결정 집행되었다. 기광서, 앞의 논문, p.115.
66) 김기조, 앞의 책, p.238.

제34군은 다시 제17방면군 산하로 복귀되었다. 이로써 일본관동군의 주 임무는 종래의 대소작전에 의한 만주국의 방위라는 임무에서, 조선군을 예하에 넣어 조선을 방어한다는 것으로 변경되었다. 이러한 대본영의 작전지침은 확정된 본토 결전전략에 입각하여 조선을 일본과 똑같이 취급하여 만주를 포기하더라도 조선을 사수하라는 명령이었던 것이다. 관동군의 최초 방어 전략은 통화지역에서 최후까지 옥쇄작전으로 항전한다는 것이었는데 최후의 보루를 조선의 경성에 형성하여 저항한다는 것이었다.[67]

대소작전 준비에 대해서는 8월 9일의 최고 전쟁지도 회의에서 미처 거론되지 못하였기 때문에 최초 수립된 대소작전계획에 따라 하도록 명령을 하달하였다. 그러나 조선에 있던 일본군을 총동원하여 대소작전에 투입하려는 의도였으나 편성부대들의 임전태세 미비로 전력상 명령의 실효를 별로 거두지 못하였다.

8월 10일 북한 해안에 대한 소련군의 공세가 어느 정도 성공함에 따라 메레츠코프 사령관은 제25군에게 북조선의 중요 제항에 대한 공격을 명령하였고, 태평양함대도 웅기, 나진, 청진의 제항에 대한 상륙작전을 명령하였다. 소련군의 기갑과 보병부대들은 남진을 계속하였으나 폭우로 인한 악천후와 기동로의 제한 때문에 다소 둔화되고 있었으나 계속 철로를 건너 웅기(지금의 선봉)로 향하였다.[68]

그리하여 소련군은 8월 11일 저녁 무렵에도 해군 제13여단 제75대대가 웅기 상륙작전을 감행할 수 있었다. 웅기는 일본과 만주 간의 중요한 교통로였으며 남만주와의 철도 연결점이라는 위치상의 요충지였다. 제393보병사단도 전진부대들을 후속하여 크라스키노 남서의 조ㆍ소 국경으로 대거 쇄도함으로써 8월 12일 웅기에 도착하였다.

이들은 전날 이미 상륙한 제140정찰대 및 해병대대와 합류하였다. 8월

---

67) 위의 책, p.239.
68) 위와 같음.

12일 오전 소련군 태평양함대는 제354해병대대로 하여금 호위함 2, 수뢰정 8, 감시정 2척의 엄호하에 나진항에 대한 제2차 상륙작전을 감행하였다. 소련군은 처음에는 약 150여 명의 해병척후대를 상륙시켰는데 일본군의 나남 요새 수비대는 1개 연대병력으로 방비하고 있었다. 다음날 13일 아침 소련의 해병대대 본대 병력 약 1천여 명이 상륙하였는데 이 무렵 남하 중이던 지상군 부대인 제393보병사단이 도착하였다. 일본군 수비대는 나진 교외 고지에서 저항하려 하였으나 제393보병사단 병력이 쇄도함에 14일 서방의 고무산 방면으로 퇴각하였으며 그날 나진이 점령되었다.

8월 12일 웅기 점령 때와 같이 14일 나진 점령 때에도 해병부대가 상륙하여 교두보를 구축할 무렵 해안을 따라 남하한 소련 지상군 부대들이 북쪽 배후에서 때를 맞추어 병행 공격하는 전술을 구사하였던 것이다. 이로써 보면 소련군 측은 당시 나진항의 군사전략적 가치를 대단히 높게 평가하고 있었음을 알 수 있다.[69]

다음 청진공격에도 소련군은 비슷한 전술을 적용하였다. 소련군은 8월 13일 정오 무렵 청진에 대한 해병 공략을 시작하였다. 이미 이틀 전부터 태평양함대의 공군기들은 청진의 일본군 방어시설과 진지 일대에 맹폭격을 가하였으며 아울러 포병의 공격준비 사격이 집중되었다. 상륙작전의 엄호를 위해 구축함 1·기뢰부설함 1·상륙용 주정 12·감시함 8·소해정 7·수뢰정 18·수송선 7척 등이 동원되었다. 상륙부대로는 함대 참모부 소속의 제140정찰대 해병 제355 및 제390대대, 해병 제13여단, 제1극동방면군 소속의 제335저격사단 등이 참가하였다.

이때 상륙한 선두부대를 전투함들이 직접 지원하면서 서둘러 상륙작전을 전개하였다. 청진 상륙작전에서 소군은 미군 공군기들이 투하하였던 기뢰들을 소해하지 않고 서둘다가 나진항 입구의 대초도 부근과 청진 회항에서 전투용 함정 수척과 전투 병력들을 상실하였다. 이 상륙작전에 동원되어 엄호임무를 수행한

---

69) 위의 책, pp.239-240.

해공군의 총 전폭기의 숫자는 261여 대에 달하였다. 소련군은 결국 청진에서 일본군으로부터 치열한 저항을 받음으로써 남하의 속도가 다소 둔화되고 있었다.

이 지역의 일본군은 18일에 들어서서야 종전소식을 듣고 항복하게 되었다. 소련군 작전에서 북한상륙은 만주를 점령하기 위한 측면공격에 불과하였다. 스탈린이 대일 선전포고를 하기 전에 만주와 한국에 친소정권을 설립하기 위해서 중국인과 조선인 공산당원들을 그곳에 이동시키도록 조치를 취하였다. 이들 요원들은 소련군이 진주한 후에 만주에서 지방 인민위원회를 수립하는 데 동원되어 활용되었다.[70]

한편 나남 방면에는 최초 소련의 해병 제390독립대대 선발대와 제140정찰대가 13일 오후에 상륙하였다. 당시 그곳에는 일본군 약 2만 명이 주둔하고 있었으나, 실제 요새 방비에는 1,500여 명 정도에 불과하였다. 소련군은 이날 야간 제62독립기관총대대, 14일 새벽 해병 제355독립대대가 각각 상륙하여 교두보 확보 작전을 수행하였다.

일본 수비대는 병력의 열세에도 불구하고 옥쇄작전으로 무려 7차에 거쳐 역습을 전개하였다. 14일 오후에는 나남에서 내려오던 소련군의 기갑부대가 청진 북방으로 진출하였다. 소련의 항공대는 상륙부대에 대한 공중엄호를 강화하고, 해군 함대들이 해병 제13여단의 상륙작전을 지원하였다. 일본군의 항전으로 소련군의 희생도 늘어갔다. 나남 요새의 일본군은 종전소식을 전연 모르는 채 대소항전을 지속하고 있었다. 북에서 내려오던 소련 제25군의 지상군도 청진공략에 나섰다. 전투는 그 다음날까지 2일간 격렬하게 지속되었고 16일 14:00에야 소련군은 청진시와 항구를 완전히 점령하는 데 성공하였다.[71]

이 작전에서 소련군이 입은 피해규모는 알려져 있지 않지만, 일본군의 피해는 주로 포로로서 약 3천 명에 달하였다. 제25군의 주력은 4일간의 전투 끝에

70) 위의 책, pp.240-241; 이정식, 「냉전의 세계사적 전개과정과 한반도의 분단」, 『한국현대사 연구의 반성과 전망』, 현대한국학연구소 국제학술회의, 1997.10, p.67.
71) 김기조, 앞의 책, p.243.

16일 청진을 완전 점령하여 만주의 제3군과 조선의 제17방면군 간의 연결을 차단하는 데 성공하였다. 일본이 항복하던 8월 15일에도 청진에서는 전투 중이었다. 청진은 조·소 국경에서 불과 90Km밖에 되지 않는 거리에 위치해 있다. 일본이 항복을 공표한 8월 15일 이후 약 20여 일간에 걸친 소련군의 진격은 거의 무혈 내지 평화적 진주였다. 청진 점령으로 관동군의 해안 방위망을 분쇄한 소련군은 제25군의 주력부대인 제258, 384, 386보병사단과 제209전차여단을 훈춘·왕청·도문·연길 지역으로부터 8월 17~18일 대거 남진시켰다.

이것은 소위 북한에 대한 제2단계 공격작전이었다. 그들은 18일에 나남 점령을 위해 남하하였다. 19일에는 육군 제335사단의 제205연대도 드디어 청진에 상륙 주둔하였다. 일본군의 퇴로를 막기 위하여 해병 제13여단의 제77대대는 18일 아침 어대진에 상륙하였고, 제383사단도 어대진과 원산을 향하여 남하하였다. 8월 18일 제25군사령관은 일본군의 제3군사령부에서 그들의 정전 대표들과 투항절차에 관하여 토의하도록 지령하였다. 8월 20일 11:40시에는 약 2천 명의 소련 제13해병여단이 청진을 출항하여 다음날 21일 원산에 상륙하였다. 6천 명의 병력을 가지고 있던 원산요새의 일본군 부대는 이에 항거하다가 22일에야 투항하였다. 같은 날 소련 해군의 공수 기동타격대가 원산비행장을 점거하였고 제393사단의 선발대는 26일, 주력은 28일에 각각 원산으로 진입하였다.[72]

소련군 제25군 일부병력은 8월 22일 함흥에 진주하였고, 24일에는 공수부대의 일부병력이 평양에 들어갔다. 8월 29일 제1극동방면군 사령관인 메레츠코프 원수는 치스챠코프 제25군사령관에게 예하 부대를 연합국 간에 합의된 분계선인 38도선을 따라 북조선의 중부지역으로 진주하여 배치시키도록 명령하였다. 이에 제88군단은 9월 3일, 제10군단은 9월 10일에서 12일 사이에 그 일부가 38분계선에 도착하였고 나머지는 주로 평양에 주둔하였다.[73]

함경남도에서의 소련군의 초기 활동은 사실상 조선에서의 최초 활동으로

---

72) 위의 책, pp.243-244.
73) 위의 책, pp.244-245.

서 앞으로의 소군정에 있어서 중요한 시사를 던져주고 있었다. 8월 21일 소련군 선발대가 전차를 앞세우고 함흥에 도착했고 같은 날 원산에서도 소련군 함정이 입항하여 점령했다. 이들은 일본군 모두의 무장 해제를 실시하였고, 8월 23일에는 원산과 평양을 운행하는 평원선이 소련군에 의해 운행이 중지되었다. 이어 평양에 진주하기에 앞서 24일에는 소련 제25군사령관 치스챠코프가 참모들을 이끌고 비행기로 함흥에 도착하였다. 그는 함흥이 38도선 이북의 중심지라고 생각하였으므로 평양이 아니라 그곳으로 도래한 것이었다. 그러고는 곧바로 일본 측과 행정교섭에 들어갔다.[74]

소군이 평양에 최초로 입성한 것은 8월 24일이었다. 이날 오후 일단의 소련군(카멘슈코프 소령)이 3대의 대형수송기를 타고 평양에 들어왔다. 또한 거의 같은 시각 원산에는 평원선을 타고 들어온 다른 일단의 소련군이 입성하였다. 이들은 모두 선발대였다. 8월 26일에는 약 3~4,000명의 소련군이 평양에 진주하였다. 그날 밤 치스챠코프 대장은 조만식과 현준혁 그리고 일단의 일본인 현지 간부들을 모아 놓고 "각 기관은 인민정치위원회에 접수된다"고 발표하였다. 그는 또한 "신정권이 각 도에 성립된 후 통일정부를 세운다. 단 신정부의 소재는 경성에 한하지 않는다. 북위 38도선은 미·소 양군의 경계로 삼을 뿐 정치적 의미는 없다"고 하여 이외의 지역에서도 38도선 통일정부가 소재할 수 있음을 암시하고 있다.[75]

소련군의 북한 점령은 계속 진행되어 8월 23일 개천에, 26일 순천에 각각 진주했고, 진남포에는 선발대가 8월 25일에, 본부대는 9월 2일에 진주하였고 곧바로 인민위원회를 결성하였다. 평양북도의 경우 소련군 선발대가 신의주에 도착한 것은 8월 27일이었다. 이에 앞서 8월 25일 소련군이 트럭에 분승하여 평북지방인 후창 강계 희천을 거쳐 평양으로 남하해 갔다. 치스챠코프가 신의주에 도착한 것은 8월 30일이었다. 31일, 그는 다른 곳에서

---

74) 박명림, 앞의 책, p.209.
75) 위의 논문, p.211; 치스챠코프, 「제25군의 전투행로」, 『조선의 해방』, p.58.

와 마찬가지로 일본인 유력자와 한국인 유력자들을 모아놓고 일본인들에게 행정권을 넘길 것을 명령하였다. 소련군은 9월 6일 정주에, 9월 11일 선천에 진주하여 평북의 주요 지방에 대한 점령을 마쳤다.

소련군의 황해도 점령은 다른 지역과는 다른 특수한 양상을 띠었다. 8월 25일 소련군은 해주로 진주하였다. 소련군은 다른 지역에서는 이미 일본군으로부터 행정권을 이양 받고 있었으나, 이곳에 진주한 소련군은 일본인 지사에게 "소련군의 별도 명령이 있을 때까지 행정을 책임지라"고 명령하였던 것이다.

그러나 9월 2일 소련군은 도 행정을 인계하도록 명령하였다. 소련군은 8월 25일 분계선 북부의 남단인 금천과 신막으로 진주하여 그날로 신막에서 경의선의 운행을 정지시켰다. 철도운행을 정지시킨 것은 분할선으로서의 38도선에 대한 합의 내용이 지방 점령군에게도 시달되었음을 의미하는 것이었다. 치스챠코프가 함흥에 있는 동안 제1극동군사령부로부터의 지시에 의해 38도선 봉쇄를 위한 부대가 파견되었다. 이 부대들은 25일부터 양일간 38도선을 폐쇄하고 주요 도로 상에 차단벽을 설치하였다.

황해도지역 일대에 9월 3일부터 소련군의 후속부대가 계속 진출하여 점령하였다. 9월 8일 해주에 내려온 치스챠코프는 점령된 모든 도시를 순회하였다. 9월 11일에는 소련군 대부대가 해주로 진주했다. 이후 도지사를 비롯하여 많은 일본인 고위관리들이 체포되어 평양의 소련군형무소로 보내졌다.[76] 겸이포에는 9월 2일 소련군이 진주하였고, 이 밖에 사리원은 9월 4일, 재령은 11일, 안악은 14일, 장연은 15일에 각각 진주하였다. 이러한 과정을 거쳐 소련 점령군은 9월 중순까지 북한의 거의 모든 지역을 점령하였다.[77]

한편, 소련군은 미군이 남한에 배치되기 전에 38도선 이남지역까지 내려와 주둔하고 있었다. 개성방면에는 소련군이 8월 23일 주둔하다가 미군이 개성에 진주하기 몇 시간 직전인 9월 10일 새벽 4시 30분에 38도선 북쪽으로 물러났

---

76) 위의 논문, p.212.
77) 위의 논문, p.213.

다. 그들은 또한 동두천 지역에 9월 4일 진주했다가 되돌아갔다. 소련군은 황해도에 진주하면서 38도선에서 경의선 철도를 차단하였다. 치스챠코프는 소련군의 관할구역을 "북위 38도선 이북으로 한다"는 점을 밝히면서 아울러 "북위 38도선은 미·소 양군의 경계로 삼을 뿐 정치적 의미는 없다"고 하면서도 "신정권이 각 도에 성립된 후 통일정부를 세운다"는 것을 강조하였다.[78]

(1) 소련군의 북한 점령정책

1945년 8월 8일 소련극동군 총사령관 바실리예프스키는 대일전쟁에 참전하면서 '조선인민에게 보내는 소련극동군총사령관의 호소문'을 통해 "소련군은 조선의 해방을 위해 투쟁하고 있으며 조선인들의 반일투쟁에 참여할 것을 호소하였고 서울의 상공에는 자유와 독립의 기치가 휘날릴 것입니다"라고 강조하였다.

이를 통해 8일 소련의 한국진주가 이미 결정되어 있으며, 이는 「일반명령」 1호의 결정 및 전달 이전이라는 사실을 알 수 있다. 서울 상공이라는 문구는 아직 38도선에 대한 인식이 전혀 없었음을 알 수 있다.[79] 「일반명령」 제1호의 접수 이후 모스크바의 지침은 연해주군관구를 통하여 제25군에 내려 왔으며, 당시 연해주 군관구의 주요 지휘계통은 아래와 같다.

[표 16] 연해주 군관구 지휘부[80]

부서	직책	성명	계급	후임
사령부	사령관	메레츠코프	원수	비류초프(상장)
군사회의	위원	스티코프	상장	
		그루쉐비	소장	
정치국	국장	칼라쉬니코프	중장	소로킨·두봅스키
	부국장	바빌로프	대좌	이바노프
정치국7부	7부장	메클레르	중좌	마르모르쉬체인

78) 위의 논문, p.214.
79) 李景珉, 『朝鮮現代史の岐路─八·一五から何處へ』, 平凡社, 1996, pp.321-322.

　　제25군 군사회의 위원인 레베데프에 의하면 연해주군관구 군사회의 위원 스티코프 상장에 대해 "그가 조선에 있건 관구 참모부에 있건 또는 모스크바에 있건 간에 그의 참여 없이 북한에서 이루어진 조치는 하나도 없었다"고 밝히고 있다. 스티코프는 북한에는 1946년 2월 말에 왔으나 이미 소련군이 평양에 진주하기 이전인 8월 12일 소련군이 한반도 북단지방에서 전투를 하고 있을 때부터 조선의 주민들이 소련군을 어떻게 맞이했는가, 소련군이 현지 주민들을 어떻게 대했는가에 구체적인 관심을 나타냈었다.

　　1946년 미·소공동위원회에서 그는 "소련은 조선이 진정으로 민주적이고 독립적인 국가가 되어 소련에 우호적인, 그리하여 장래에 소련에 대한 공격기지가 되지 않도록 하는 데에 깊은 관심을 가지고 있다"고 진술하였다. 당시 제25군사령부 지휘부는 다음과 같이 구성되었다.

[표 17] 제25군사령부 지휘부[81]

부서	직책	성명	계급	후임
사령부	사령관	치스챠코프	근위상장	코르트코프
군사회의	의장	치스챠코프		
	위원	레베데프	소장	
		로마넨코	소장	
		프루소프	소장	
참모부	참모장	팬콥스키	중장	샤닌
민정기관	부장	이그나체프	대좌	
정치부	부장	그로모프	대좌	볼디래프
정치7과	7과장	바가록	소좌	코비젠코

　　소련의 제25군사령관은 8월 24일 함흥으로 들어가면서 조선인민에게 낸 포고문에서 "당신들 수중에 행복이 있다"고 해방을 선언하면서도, 38도선

80) 기광서, 앞의 논문, p.129.
81) 위의 논문, p.133.

분할에 관하여는 언급을 하지 않고 있었다. 그러다가 그가 평양에 입성한 후, 평남 인민정치위원회 회의에서 최초로 "38도선이 소·미 양군의 진주의 경계로만 하는 것으로서, 정치적 의미는 없다"고 해명하였다. 이것이 북한에서 38도선에 대하여 최초로 나온 성명이었다.[82] 소련 점령군은 계속하여 26-28일경에는 해주·신막·복계·김화·화천·양양까지 전개하여 38도선 이북 전 지역을 점령하였다.[83]

제25군은 1945년 8월 26일, 평양에 소련군사령부를 설치하고 북한 전역에 걸친 군정체계를 수립하였으며, 군정실시 기관으로 로마넨코[84] 소장이 사령관인 민정관리총국을 설치하였다. 이 기관은 정치·경제·교육문화·보건위생·출판보도·사법지도부 등 군정에 필요한 9개의 지도부를 갖추고 군사회의(정치사령부)의 별도 통제를 받았다. 소련군 민정부는 제25군 사령관 치스챠코프와 연해주군관구 정치위원 스티코프[85] 상장의 지도하에 로마넨코 소장이 지휘했고 지방에서는 각 도의 고문(소련군 정치위원)과 도 위수사령부의 협조로 활동했다.[86] 소련 군정 조직은 다음 표와 같다.

---

82) 김기조, 앞의 책, p.336.
83) 국방부 전사편찬위원회, 『한국전쟁사』 제1권(구판), pp.55-56.
84) 로마넨코는 제25군 부상령관 겸 소비에트민정의 사령관으로서 구체적인 점령정책을 집행하는 책임을 지고 있었다. 제25군 군사회의의 군사위원이다. 1946년 7월에 김일성, 박헌영과 함께 비밀리에 모스크바로 스탈린을 방문한다.
85) 스티코프는 소련군의 당과 정치조직을 담당했다. 소련공산당 중앙위의 정책을 북한 공산당에 전달하는 것도 그의 역할이었다. 가장 커다란 영향력을 행사한 인물이다. 미·소공위 소련 측 수석대표를 맡아 서울에 왔었고 소련의 북한점령이 끝난 다음에는 주북한 소련대사로 초기 북한에서 가장 커다란 역할을 한 인물이다. 전쟁의 결정 시 스탈린과 김일성, 박헌영 사이에서 큰 역할을 한다. 가끔 모스크바보다는 평양의 견해를 개진하여 모스크바로부터 경고를 받기도 하였다.
86) 국토통일원(역), 『소련과 북한과의 관계, 1945-1980』, pp.124-126.

[표 18] 소련군정[87]의 조직

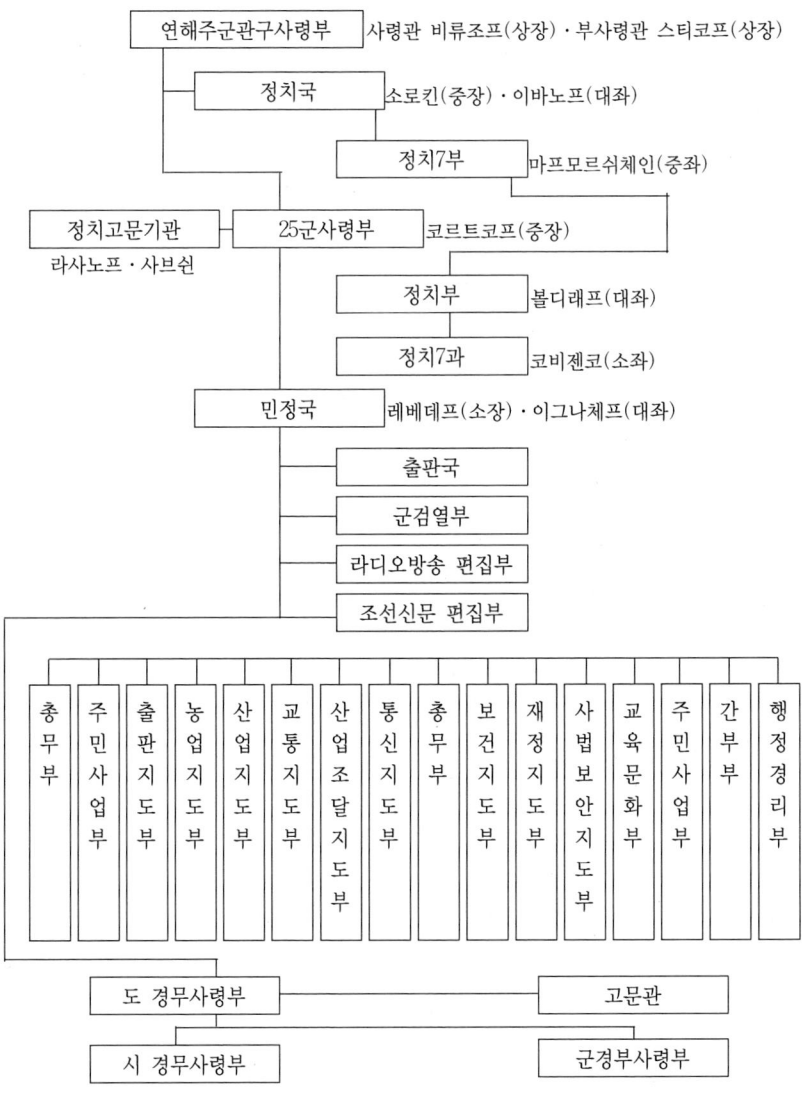

연해주군관구사령부 ── 사령관 비류조프(상장)·부사령관 스티코프(상장)

정치국 ── 소로킨(중장)·이바노프(대좌)

정치7부 ── 마프모르쉬체인(중좌)

정치고문기관
라사노프·사브쉰

25군사령부 ── 코르트코프(중장)

정치부 ── 볼디래프(대좌)

정치7과 ── 코비젠코(소좌)

민정국 ── 레베데프(소장)·이그나체프(대좌)

출판국

군검열부

라디오방송 편집부

조선신문 편집부

총무부 / 주민사업부 / 출판지도부 / 농업지도부 / 산업지도부 / 교통지도부 / 산업조달지도부 / 통신지도부 / 총무부 / 보건지도부 / 재정지도부 / 사법보안지도부 / 교육문화부 / 주민사업부 / 간부부 / 행정경리부

도 경무사령부 ──── 고문관

시 경무사령부   군경부사령부

---

87) 기광서, 앞의 논문, p.130. 소련 제25군 사령부 내에 설치된 기관은 '소비에트 민정사령부(Soviet Civil Administration)'였으며 이 점에서 미군정(U.S. Military Government)과는 달리 '소군정'이라고 할 수 없다는 논의가 있으나, 민정이라는 개념은 군대에서 민간 관련 업무를 일컫는 군사용어라는 점을 이해할 필요가 있다. 실제로 미군정 역시 군정청을 다스리는 군정장관 밑에 민

소련군의 전술군 부대 본대가 평양에 진주한 1945년 8월 26일 점령군의 사령관 치스챠코프 대장의 조선민에 대한 성명문이 처음으로 공표되었는데 그 주요 내용은 다음과 같다.[88]

조선 인민이여. 소련군대와 동맹국군대는 조선으로부터 일본의 침탈자를 구축하였다. 조선은 자유의 나라가 되었다. 그러나 그것은 아직 새로운 조선의 1페이지에 지나지 않는다. 화려한 과수원은 사람의 노력과 고심의 결과이다. 그것과 같이 조선의 행복도 조선 인민의 영웅적 투쟁과 근면한 노력에 의해 달성된다. 일본 통치하에 암울했던 고통의 시일을 추억하자.(중략) 조선인이여, 기억하라. 행복은 당신의 수중에 있다. 당신은 자유와 독립을 취했다. 지금은 모든 것이 당신의 노력에 달려 있다. 소련군대는 조선 인민이 자유에 창조적인 노력에 착수하기 위한 모든 조건을 만들어주었다. 조선 인민 자신이 반드시 자기의 행복을 창조해야 한다. 공장 제조소 및 공작소의 경영주 상업가 또는 기업가들이여. 일본인이 파괴한 공장과 제조소를 회복하라. 새로운 생산기업을 개시하라. 소련군사령관은 모든 조선기업소의 재산을 보호하고 그 기업소의 정상의 작업을 보장하기 위해 모든 협의를 할 것이다. 조선의 노동자들이여. 노력에 의한 영웅심과 창조적 노력을 발휘하라.(중략) 해방된 조선인민 만세.

이 성명문의 내용은 일제 식민지 시대의 고통의 질곡에서 벗어나 독립을 희구하는 한민족의 감정을 고려하여 작성된 것이었지만, 점령군의 포고 형식과는 다른 단순한 문학적인 수식에 지나지 않는 것이었다. 적어도 성명문에 의하면 소련군의 진주는 조선민족의 독립을 지원하기 위한 것이고 금

정장관을 두고 있었다. 서주석, 『한국 국가체제의 형성과정 : 제1공화국 국가기구와 한국전쟁의 영향』, 서울대 정치학 박사학위논문, 1996, p.68.

88) 치스챠코프의 포고문 일자에 관해서는 이견이 분분한 편이다. 그러나 최근 소련 측의 자료에 의하면, 8월 15일이 되지만, 그것은 포고문의 작성일일 것이다. 미군이 발행한 최초의 포고문이 9월 7일부라고 되어 있는 것도 진주 직후 9월 8일에 의한 것처럼 치스챠코프가 평양도착이 8월 26에 최초 포고문이 나왔다고 볼 수 있다. 『조선중앙년감』 1949년판, 57-58.

후 모두는 조선인 자신의 노력 여하에 달려 있는 것처럼 포고하고 있었다.

소련군은 그 성명문을 통해 조선인을 표면에 세워 북한을 점진적으로 개혁할 방침이었고, 자신은 어디까지나 진주군으로서의 임무에 종사할 것을 표명하여 한국민에게 해방세력으로서의 이미지를 심어 주려고 하였다. 제25군사령관 치스챠코프 대장은 또한 일본인들에 대한 식량배급, 포로문제 등에 관해 언급한 후 "새로운 정권이 각 도에 성립한 후에 통일정부를 세울 것이나 신정부의 소재지는 반드시 경성에 한하지 않으며, 또한 북위 38도선은 미·소 양군 진주의 경계선에 불과한 것이지 결코 정치적 의미가 있는 것은 아니다"라고 밝혔다.[89]

그러나 소련군은 북한의 인민위원회에 대하여는 보안대를 조직하여 질서유지를 맡도록 승인하고 기본적인 일체의 무장부대의 존재를 승인하지 않았다. 치안유지는 소련군사령부가 각지에 설치한 소련군 위수사령부의 관할이었다. 위수사령부는 각 도·시·군에 망라하고 지역의 인민위원회의 활동을 보조하기도 하며 또는 그 감시의 역할을 맡았다.

사실 그 임무는 아직 인민위원회가 조직되지 않은 지역에는 경찰 군사조직으로서보다 행정기관으로서의 역할을 담당하였다. 그 위수사령부는 1945년 9월 말 시점에서 북한의 주요한 지역 54개소에 설치되어 있고 그 후 수는 더욱 증가하여 113개소에 달했다.[90] 각지의 인민위원회에 대하여 정책방침을 내기도 하고 행정 면에서 기술적으로 지원하는 것은 10월 3일 수립

---

89) 『해방과 건군』, p.52. 그는 이날 "1) 8월 26일 20:00시를 기하여 평안남도에 대한 일본통치권은 소멸하고 조만식을 위원장으로 하는 평안남도인민정치위원회에 정권이 인계된다. 방송, 통일, 전화, 철도, 공장, 은행의 각 기관은 즉시 인민정치위원회에 접수된다. 2) 일체의 일본인 관리는 물러날 것이며 당분간 관사에 거주함은 상관없다. 일본인들 중에서 조선인이 할 수 없는 기능을 가진 자나 기술자는 현상을 유지하며 일본인들의 거류문제와 취직은 동 위원회가 결정한다"는 것을 발표하였다.
90) Eric Van Ree, *Socialism in One Zone: Stalin's Policy in Korea, 1945-1947*, N.Y., Berg, 1989, p.96.

된 소련군 민정부였다.[91]

이를 통해 소련은 북한에 대한 구체적인 점령정책을 가시화해 나갔다. 그 이전까지는 아직 순수한 군사적 점령이었다. 민정이 수립되면서 본격적인 정치적 점령이 시작되었다. 민정은 각 부분의 점령정책을 담당할 전문가들을 보유하고 있었는데 대부분 소련군 장교였다. 이들의 총 숫자는 1945년 9월에는 약 200명에 달했으며 점차로 줄어들어 12월에는 60명으로 줄어들었고 1947년 7월에는 30명 정도로 축소되었다. 소비에트민정의 내부구성은 임시인민위원회와 완전히 똑같이 10개의 국으로 이루어져 있다.

물론 소비에트 민정은 지방정부는 갖지 않았다. 지방은 위수(경무)사령부를 직접 통제 명령한 것은 아니었다. 지방 위수사령부는 어디까지나 제25군사령부 소속이었다. 지방수준의 소비에트 민정의 활동은 포고문들과 북한에 진주한 직후에 도와 군에 설치되었던 위수사령부를 통해서 이루어졌다. 레베데프에 의하면 소비에트 민정은 도의 고문들을 통하여 위수사령부의 활동을 지도했는데, 고문들은 소비에트 민정에 직속되어 있으면서 동시에 도에서는 소련군사령부를 대표하여 도의 위수사령관을 예하에 두었다. 제25군 군사회의의 명령에 따르면 제25군은 전 북한지역에 113개의 위수사

91) 특정의 행정기구로서 소비에트민정을 지칭할 때는 소비에트민정이라고 쓰고 제 25군과 소비에트민정 그리고 지방의 위수사령부를 포함하여 북한주둔 현지 소련 점령기를 통칭할 때는 소군정이라 한다. 미군정과 민정은 동일한 개념으로서 군정이란 군에 의한 통치라는 점령통치의 주체를 강조한 개념이며 민정이란 민간인에 대한 통치라는 점령통치의 대상을 강조한 개념이다. 따라서 여기에서 사용되는 민정이란 민간인에 의한 통치를 의미하는 민정과는 다른 개념이다. 북한의 문헌들을 광범하게 조사하여 보아도 이것의 한국어 공식명칭은 발견되지 않는다. 그것은 우리가 초기 북한문헌을 전부 볼 수 없어서인지도 모르나 추론해 보면 공식명칭이 없이 그냥 썼던 것으로 보인다. 북한 문헌들에는 쏘련민정·쏘련민정부·쏘련군 민정사령부·쏘련 민정관리국 등의 용어들이 자주 나오는 것을 볼 수 있다. 한국어로는 가장 많이 사용된 명칭은 쏘련군 민정사령부였다. 이 기관장 로마넨코 소장도 우리는 일반적으로 장관으로 쓰고 있는데 이것은 초기 월남자들이 잘못 붙인 것을 그냥 사용해 왔기 때문이다. 그의 공식직함은 민정사령관이었다. 박명림, 앞의 논문, p.69, pp.224-225. 참조.

령부를 설치하여 점령정책을 집행해 나갔다.

따라서 소련군정은 지방 소비에트민정조차 설치하지 않고 초기에는 직접적으로 군사통치를, 나중에는 한국인 인민위원회를 통한 통치를 하였음을 알 수 있다. 1945년 9월 28일 현재 54개의 지방 위수(경무)사령부가 가동되고 있었다.

[표 19] 경무(위수)사령부 조직편제[92]

단 위	조직 구성	인 원
도 경무사령부	경무관, 정치담당부경무관, 전투부대담당 부경무관, 경무관 고문 2인, 교관 2인, 급식소장, 사무장, 통역원 등	총 22명 외 경비소대
군 경무사령부	경무관, 정치담당부경무관, 전투담당고문, 통역원, 사무원 등	총 6명 외 경비소대(이후 분대로 축소됨)
시 경무사령부	업무의 성격과 조건에 따라 구성됨	

도별	고문관	경무관	정치담당부경무관
평안남도	브고르키(중좌) 후임: 코발료프(대좌), 아가르코프(중좌)	무르진(대좌) 후임: 얌니고프(대좌)	둘킨(중좌)
평안북도	그라포프(대좌) 후임: 모스칼렌코(대좌)	기르코(중좌) 후임: 표도로프(소좌)	모스칼렌코(중좌)
함경남도	세묘노프(중좌) 후임: 제민(대좌)	스꾸바(중좌)	
함경북도	구레비치(중좌)	꾸트라브체프(중좌)	
황해도	꼬뉴호프(대좌)	노간(중좌)	찔리코프(대위) 후임: 뻬라르스키(소좌)
강원도	솔로비예프(중좌) 후임: 사로프(중좌), 스쿠스키(중좌), 꾸츠모프(대좌)	울리아노프(중좌) 후임: 이가르코프(소좌)	브가예프(소좌) 후임: 뿔루힌(중좌), 로진스키(소좌)

---

92) 기광서, 앞의 논문, pp.141-142. 이 사령부 직위표상에는 후임자들 가운데 아직 알려지지 않은 인물도 많이 있음을 볼 수 있다.

위수(경무)사령부는 최소한 군과 시 수준에까지 설치되었음을 알 수 있다. 당시 북한은 총 89개 군이 있었는데 위수사령부가 군의 숫자보다 더 많아 도와 시를 포함하더라도 113개나 되었던 것은 큰 도시에도 독자적인 위수사령부를 설치하였기 때문이다. 당시 소련군은 대략 4만 명 정도가 북한의 전국에 걸쳐 주둔하였다. 지방에는 위수사령부를 구성하여 거기에 소비에트 민정 담당 장교를 배치하였던 것이다. 소비에트 민정은 군사편제로는 제25군의 편제에 있으나 치스챠코프의 지휘를 받지 않고 제25군 군사회의의 통제를 받는다. 제25군 군사회의 구성은 레베데프,[93] 로마넨코, 샤닌,[94] 체렌코프, 프르소프 등 5명이었다. 이 군사회의는 제25군의 직속 상급부대인 연해주군관구 군사회의의 지휘를 받았다.[95] 따라서 사실상의 중앙정부의 기능을 수행하는 민정부를 통솔한 로마넨코 소장과 그 보좌를 맡은 이그나체프[96] 대좌 등 2인이 사실상의 소련군에 의한 민정을 통괄한 인물이었다.

한편 이것과는 별개의 기구로서 사령관 직속의 정치고문부가 설치되었다. 정치고문부에 있어서 점령통치 전반에 관한 정책 작성 등을 담당한 것은 동경의 소련대사관의 근무경험을 가진 발라사노프[97]였다. 또 정치면에

---

93) 레베데프 소장은 치스챠코프 밑에서 소련 적군 제25군 정치담당 부사령관 겸 참모직을 수행했다. 제25군 군사회의 군사위원이었고 정보조직 내무성 및 사법기구를 관장하였다. 1947년 가을부터 로마넨코에 이어 소비에트 민정의 사령관을 맡았으며, 소련 대표로 1, 2차 미·소공위 회담에 참석하였다. 2차 미·소공위 당시에는 제2분과 위원회 소련 측 대표로 활약하였다. 소련 수석대표이자 제25군 정치위원인 스티코프의 오른팔 격이었다. 정용욱, 앞의 책, p.148.
94) 샤닌은 펜코프스키에 이어 제25군 사령관 참모장으로 있었다. 또 제25군 군사회의 의원이자 미·소공위대표였으며, 스티코프의 참모장을 맡았다.
95) 박명림, 앞의 논문, p.226.
96) 이그나체프는 소비에트 민정의 부사령관으로서 정치담당이었다. 북한에서의 정당정치의 상당 부분이 그에 의해 전개되었다. 민주당의 창달을 허용하고 주도하였다. 스티코프와 함께 점령이 끝난 다음에도 북한에 남아 소련대사관의 참사관으로써 여전히 중요한 역할을 수행한다. 한국전쟁 때 미군의 폭격으로 사망하였다.

있어서 소련군을 총지휘하고 민정부의 지휘도 가지고 있었던 것은 군사평의회 위원 레베데프 소장이고 실질적으로 소련군의 부사령관의 지위를 점하고 있었다. 레베데프의 상관은 스티코프 대장이었다.

이러한 소련군사령부는 민정부·정치고문부 그리고 각 지역의 소련군 위수사령부를 가지고 점령통치를 행한 3위 일체의 기구를 만든 것이다. 주지하듯이 소련군 당국은 "북조선에 소비에트질서를 수립할 생각은 아니고 조선을 일본의 지배로부터 완전히 해방하는 것 그리고 민족자결의 통일국가를 수립하는 것에 그 진주목적이 있는 것"이라 재삼 강조하고 있었다. 그러나 현실은 그것과는 전혀 다르게 북한은 착실하게 소비에트 구축의 방향으로 나가고 있었다.[98]

소련군은 군정기구를 갖추어 나가면서 일본군의 항복을 받고 무장 해제를 실시하는 한편 38도선 요소요소에 진지를 구축하고 기관총을 설치하여 남·북으로 오가는 통행인에 대한 검문검색을 강화하였으며 남·북을 잇는 경의선, 경원선 등 주요 철도와 도로를 차단하는 등 교통통신을 차단하였다. 이렇게 장벽을 친 소련군은 군정을 실시하기 위한 조치로 우선 인민위원회의[99] 조직에 착수하였다. 소련군 사령관 치스챠코프 대장은 평안남도에 설치된 조만식을 위원장으로 한 인민위원회를 승인하고 이어 각 도에 인민위원회를 조직하면서 앞으로 통일정부를 만들되 신정부의 소재지를 서울에 국한하지 않는다는 방침을 천명하였다.[100]

---

97) 발라사노프는 제25군 사령관의 정치고문으로서의 역할에 비추어 볼 때 KGB와 같은 소련정보기관의 평양 책임자였다. 미·소공위대표를 맡았으며 한국문제 전문가로 소련외무부의 정책을 북한에 전달하고 침투시키는 역할을 하였다.
98) 李景珉, 『朝鮮現代史の岐路─八·一五から何處へ』, pp.259-264.
99) 공산국가의 행정기관이다. 북한에서는 소련군이 진주한 후 임시인민위원회, 인민정치위원회 인민위원회 등이 결성되었으나 그 역할은 대동소이하여 후에 인민위원회로 통일되었다.
100) 국방부, 전편위, 『한국전쟁사』 제1권(구판), pp.51-52: 森田芳夫, 『朝鮮終戰の記錄』, pp.184-185.

이는 한반도에 공산정권을 수립하겠다는 의사의 표명이었으며 한민족이 주인이 되는 조직이 주권을 행사하는 것처럼 보이기에 충분하여 북한지역의 인민위원회 결성을 촉진하였다. 그리하여 북한에서는 해방과 더불어 조직되기 시작한 여러 정치단체들이 통폐합되고 8월 24일부터 9월 말까지 도별 인민위원회가 결성되었다. 각 인민위원회는 일본인 관료로부터 행정기관, 경찰관서, 경제기구 등 모든 국가기관을 접수하여 행정권을 인수하였다. 소련군정 당국은 인민위원회 위원장에는 한국인을 기용하되 소련군 장교를 고문역에 임명하고, 그들이 입북 시 대동한 소련계 한인을 요직에 배치하였다. 그러므로 이 기구는 외관상 자주적으로 운영되는 것처럼 보였으나 실질적으로는 소련군정 당국에 의해 지배되었다. 따라서 시간이 경과함에 따라 인민위원회 조직은 민족진영세력이 점차 배제되면서 주로 소련계 공산주의자들에 의해 장악되어 갔다.

이러한 공작은 10월 14일 소련군정 당국이 평양에서 군중대회를 열고 김일성을 북한 주민 앞에 내세움으로써 절정에 달하였다.[101] 그는 이때부터 소련군정의 충실한 하수인이 되어 권력을 장악하기 시작하였다. 이렇게 소련군정이 김일성을 권력 전면에 내세우고 공산당이 민족주의자들을 말살하려는 공작을 진행하자 이에 분노한 조만식 등 북한 5도 민족주의 세력 대표자들은 북조선민주당을 창당하여 북한 주민들의 열렬한 호응을 받았다.

그러나 소련군정 당국은 11월 18일 5도 인민위원회를 통괄하는 5도 행정국을 설치하고 산업·교통·체신·농림·사업·재정·교육·보건·사법·보안의 10개국으로 된 행정체제를 정비한 후 김일성을 북조선공산당 책임비서에 앉힘으로써 그를 북한 공산당의 제1인자로 만들었다.

이와 같이 소련군은 북한에 군정을 실시하면서도 남한과는 달리 공산당 조직으로 노동당 결성을 조장하였으며 인민위원회를 구성하여 간접적 행정을 실시하였다. 소련의 대북한 정책은 소련에게 우호적인 위성정권을 수립

---

101) *Policy and Direction*, p.24; EUSA, *History of NKA*, p.90.

하여 소련 국경의 항구적 안전보장을 확보하여 태평양 지역에서의 전략적 정치적 경제적 기반을 강화하려는 것이었다.102) 소련의 군정이 실시된 지 약 4개월 만에 38도선 이북에서는 소련 군정에 의한 공산화 체제가 자리를 잡아가기 시작하였다.

1945년 8월 24일 전후로 평양 함흥에 소련군이 투입되면서 제25군 부대들은 메레츠코프의 명령을 받아 38도선 부근으로 접근하였다. 8월 24일 함흥으로 비래하였던 치스챠코프는 8월 25일 메레츠코프와 함께 군 참모부를 평양으로 옮기기로 결정했고 치스챠코프는 다음날 평양으로 날아갔다. 치스챠코프는 메레츠코프의 동의를 얻은 후 "미군이 아직 상륙하지 않았기 때문에" 제25군에게 38도선을 넘어 일본군의 무장을 해제하도록 명령하였다. 정치문제를 담당할 군사회의 필요를 절감하여, 연길에 위치한 제25군 사령부에 레베데프를 수석으로 하는 군사회의 위원들을 평양에 데려오도록 하였다. 8월 28일 25군 군사회의 위원인 레베데프를 비롯한 일단의 장교들이 평양에 도착하였다. 군사위원은 정치장교로서 소련 명령체계상 전투 지휘체계의 명령을 받지 않고 군내 당 조직 군사회의 지휘체계의 상급자의 명령을 받는다.

따라서 레베데프는 치스챠코프의 명령이 아니라 스티코프의 명령을 받았다. 그는 곧바로 군사 외적인 문제, 즉 정치적인 문제의 점령 작업에 착수하여 북한지역의 공업상태를 조사하기 위해 공병사령관 니콜라이예프를 위원장으로 하는 위원회를 창설하였다. 치스챠코프는 메레츠코프에게 보고하여 민간문제를 처리할 사령부 내 '소비에트민정사령부'라는 특별기관을 설치하였다. 그 책임자는 제25군의 군사위원인 로마넨코 소장이 맡았으며 제25군 부사령관을 겸임하였다. 그리하여 그와 함께 여러 분야의 전문가 집단이 대거 도착하였다.

따라서 소련군의 행로는 최초에는 전투부대가 들어왔고 두 번째는 군사

---

102) 김기조, 앞의 책, p.337.

위원들이 왔으며 세 번째는 각 분야의 전문가 집단이, 그리고 뒤이어 이들을 받쳐줄 소련 한인 집단이 들어왔다. 소비에트 민정은 명백히 소련 제25군 산하의 점령정책을 담당하는 집행기구였다. 직접적인 명령은 연해주군관구 군사위원회의 군사위원 스티코프의 통제를 받는 군사조직이다. 민정이라는 명칭은 비군사적인 문제, 즉 정치적 민간적인 문제를 다룬다는 뜻이었다. 그것은 미군정이 제24군단사령부 산하의 직접적인 점령담당기구였던 것과 같은 것이다.

소련군은 당시 전 북한지역에 걸쳐 약 4만 명이 주둔하고 있었다. 10월 21일 소군은 자생적 치안조직으로부터 체계적인 경찰 보안기구로의 이행조직이랄 수 있는 적위대마저 해체하였다.103) 보안대는 지방수준에서부터 조직되기 시작하였고 경찰체제의 중앙 집중화를 계속해 나갔다. 평양학원도 건설되어 군사 부분에서 지도자를 양성하기 시작하였다.

지방수준에서는 경찰조직이 조직되기 시작했고 이를 시발로 각 도에 도보안대를 창설하여 각 도의 치안유지와 시설경비임무를 담당하였다. 또한 11월 15일 경에는 최용건의 제의로 경찰기구의 통일을 논의하기 위한 당 관계자 합동회의가 열려 보안 사법 경찰기구의 통일이 결정되었다. 여기에서 보안국 창설이 결정되었고 각 지방인민위원회들은 보안 부서를 조직하기 시작했다. 공식적인 경찰조직의 구축 및 물리력의 중앙 집중화와 초기의 자생적 초기 단체들이 해체되었다.104)

소련의 북한 점령은 연해주군관구 군사위원 스티코프 상장, 제25군 사령관 치스챠코프 근위상장, 제25군 정치부사령관 레베데프 소장, 소비에트 민정사령관 로마넨코 소장, 소비에트 민정부사령관 이그나체프 대좌, 제25군 사령관 정치고문 발사노프 등 7인이 초기 북한점령정치의 중심이었다. 여

---

103) 소군은 이에 앞서 10월 12일 치스챠코프와 참모장 펜코프스키 연명으로 '북조선주둔 소련 제25군사령관의 성명서'로 북한의 모든 무장대를 해산시키고 모든 무기를 압수하였다.
104) 박명림, 앞의 논문, p.223.

기에 소비에트 민정사령관 참모장 이그나토프 대좌와 정제문제를 지휘한 코스톨로프스키가 추가된다.

2. 미군의 남한진주와 경비병력 편성

소련군의 남하, 38도선의 획정, 조국강토에의 상륙명령을 기다리던 광복군, 일인총독부 고위층의 초조한 교섭 등이 벌어지고 있는 가운데 1945년 8월 15일 정오, 일본천황의 소위 '중대성명'은 전국의 방송망을 통하여 일본의 무조건 항복을 알렸다. 일본이 항복 의사를 밝히자 미국은 서둘러 한반도에서 자신의 이익 선을 가능한 한 북쪽에서 확보하고자 하였다.

미 합동참모본부는 한반도 북쪽 지역이 소련의 영토 및 만주와 인접해 있고 또한 현재의 정책이 한반도에서의 연합군 점령과 군정을 상정하고 있다는 사실을 고려하면서 한반도의 남부를 미국의 초기 점령지역으로 설정하고 있었다. 합참이 제출한 정보평가서는 군사적 우선순위란 관점에서 한반도를 평양-함흥선 이남의 지역을 설정하였다.[105]

1945년 8월 11일 트루먼은 소련군이 대련항과 한국 북부의 항구들을 점령하지 않았다면 바로 이들 지역을 점령하길 바란다는 전문을 태평양방면군 사령관들에게 보냈다. 트루먼의 의도는 극동지역에서 일본의 항복을 접수하게 될 부대와 국가들을 명시한 「일반명령」 제1호에도 반영되었고 군부는 이전에 기획한 점령계획안의 연장선상에서 점령계획을 수립하였다. 미군부의 점령계획안 과정에 나타나듯이 한반도의 전략적 중요성과 현실적인 군사력 배치상의 애로, 소련의 대응을 조화시키는 문제야말로 종전 시 미국이 부딪혔던 가장 큰 난관이었다.[106]

---

105) 박찬표, 앞의 책, p.36. 제1차 목표지역: 부산 진해지역, 서울 인천지역, 청진 나진지역, 제2차 목표지역: 평양 진남포 겸이포지역, 원산 흥남지역, 대전 군산 전주지역, 제3차 목표지역: 대구 경주지역, 여수지역 등이다.

8월 15일 일본의 항복과 함께 미국은 「작전명령」 제4호를 통해 제24군단
에게 남한점령임무를 부여함으로써 미 전술군의 남한 점령작전은 공식적으
로 개시되었다. 작전명령 제4호는 8월 8일자 블랙리스트 최종안을 거의 그
대로 따르고 있는 것이었다.[107] 오끼나와에 주둔하였던 하지 중장 휘하의
미 육군 제24군단은 38도선 이남 지역의 점령군으로 선정되었고 즉시 남한
진주를 서둘렀다.

원래 남한에 진주하기로 예정되었던 것은 스틸웰 휘하의 제10군단이었
다. 그러나 스틸웰의 점령군 사령관 임명을 장개석이 격렬하게 반대하자
하지(John R. Hodge)[108]로 교체된 것이었다. 스틸웰과 장개석의 불화는
심각한 상태였고 1939년 중국 전구사령관을 웨드마이어로 교체한 것도 여
기에 원인이 있는 것이었다.[109] 미군 제24군단에 의한 한국 점령계획은 3
단계에 걸쳐 서울, 부산 그리고 군산·전주지역을 점령하는 것이었다.

당시 남한에서는 조선총독부가 일제의 패망을 앞두고 재한일본인의 생명
과 재산의 보호 등을 고려하여 명망 있는 한국인에게 치안권을 비롯한 행
정권의 일부를 이양할 것을 추진하고 있었다. 이에 따라 이양제의를 받은
송진우는 패망할 일본은 정권을 인계할 권리가 없고, 대한민국 임시정부가

106) WNGC, RG 332, 주한미군군사실 문서철 상자번호 27(1946.3.11), 주한미군
    정보참모부 산하 군사실에 소속된 군사관들은 주한미군사령부 참모회의에 참
    여하여 그날의 회의 상황을 보고 들은 대로 기록한 문서들을 남겨 놓았다.
    정용욱, 앞의 책, p.41.
107) 박찬표, 앞의 책, p.59. 일본의 조기항복시의 한국점령계획은 블랙리스트 작전
    의 일보로서 8월 8일 최종 확정되었다. 이에는 미군의 남한분할 점령 및 그
    점령일정에 대한 세부사항이 입안되어 있는데, 한국은 B+27일(일본항복 후
    27일)에 제24군단이 점령하며, 전략적 우선순위에 따라 제1단계에 서울-인
    천지역, 제2단계에 부산지역, 제3단계에 군산지역을 점령하도록 계획되었다.
    그리고 점령에는 총 109,977명(군정 요원 제외)의 병력이 할당되었다. 『주한
    미군사』 제1권, pp.17-20.
108) 하지 중장은 일리노이주 출신으로 제1차세계대전에 대대장으로 참전하였고
    제2차세계대전 시에는 오끼나와 전투에서 전공을 세웠다.
109) Michael C. Sandusky, *America's Parallel*, Old Dominion Press, 1983, pp.259-265.

이를 인수하여야 한다는 판단에 따라 거절하였다.

반면 여운형은 일본총독부의 제의에 조건을 붙여 승낙하고 건국준비위원회를 구성하여 전국적인 지부를 설치하는 등 정부 수립에 대비하였으나 이 조직들은 토착 공산세력에 잠식당하여 점차 좌경화되었다. 한편 민족주의자들은 정당을 결성하여 공산주의자들의 조직 확대와 임시정부의 귀국에 대비하고 있었다.

이렇게 해방 이후 권력의 진공상태에서 각 세력이 암중모색을 하던 시기에 맥아더 장군은 제24군단을 한국에 상륙시킬 것을 결정하였다. 베이커포티(Baker-Forty) 계획에 의하면, 미군의 한반도 점령 시기는 일본항복 후 27일이 되는 9월 11일이었으나, 소련의 남하가능성이 크다고 판단한 맥아더가, 소련이 진주해 있더라도 상륙하라는 지시를 내리게 됨으로써 제24군단의 출발일도 9월 3일로 앞당겨졌다. 그러나 실제로는 태풍으로 인해 출발이 지연되어 9월 5일 오키나와를 출발, 9월 8일 인천에 상륙하였다. 맥아더의 지시에 따른 이와 같은 미군 군사점령의 제1차적 의미는 소련의 전 한반도 장악을 저지하기 위한 남한의 군사적 확보에 있었다고 할 수 있을 것이다.[110]

남한점령을 담당한 미 제24군단의 주 임무는 『주한미군정사』에 의하면 다음 3가지로 대별되었다. "첫째, 38도선 이남 일본군의 항복을 접수하고 일본군 및 민간인을 철수시키는 것, 둘째, 법과 질서를 유지하며, 이를 위해 또한 일제통치와 한국정부 수립 사이의 간극을 메우기 위해 미군정을 수립하는 것, 셋째, 앞의 두 임무보다 시간적으로 선행하고 아마 기본적인 임무로서 한국의 일부를 물리적으로 점령함으로써 다른 세력이 한국 상황을 배타적으로 결정하지 못하도록 하고 나아가 미국이 독립한국정부 수립

---

110) 박찬표, 앞의 책, p.60.에 의하면, 미국의 JCS는 맥아더에게 소련군이 미군과 대면할 때까지 남진을 계속 우려하였으며 이와 같은 러시아의 진공에 대한 우려가 맥아더와 육군부 사이에서 오가면서 서울지역에 대한 신속한 점령의 중요성이 강조되었다고 하였다.

에 관여하기 위한 것 등이다.[111]

남한점령을 담당한 미 전술군 주력부대는 소련군이 상륙한 지 22일 만인 9월 4일 선발대를 투입하고 제24군단 휘하의 전투부대인 제7보병사단[112](9월 8일 인천에 상륙하여 서울, 개성을 포함 38도선 일대와 경기, 충청도 일원으로 진주), 제40보병사단(9월 말 경상도 지방 일원), 제6보병사단(10월 16일 전라도 지방 일대)과 군수지원부대인 ASCOM24(Army Service Command 24: 제24기지창)이었다.

이외에도 제24군단 휘하에는 의무·공병·통신·수송 등 각종 지원 병력이 전술군의 남한점령을 지원하였다. 또한 동년 10월 말부터 민사행정을 수행하기 위한 전문 교육을 받은 대규모 군정부대가 진주하게 된다. 이러한 병력을 모두 포함한 제24군단의 규모는 사병 장교 포함 최고 77,643명(군정 요원 포함, 1945년 10월 31일 현재)에 이르는 무장력이었다.[113] 이와 같은 주한미군사령부의 기구 편성은 다음의 표와 같다.

---

111) 『주한미군사』 제1권, p.1.
112) 제7사단 지역은 헌병사령관 스튜어트가 헌병 및 경찰을 장악하고 사단지역 경찰업무를 책임지고 있었다. 『주한미군사』 제3권, p.274.
113) 주한미군의 규모는 이후 11월부터 제40사단이 철수하기 시작하고 1월 14일부터 군정 요원이 전술군에서 분리됨에 따라 54,531명(1946.1.15)으로 감소되었고 1946년 2월 제40사단 철수가 완료된 시점에서는 44,252명으로 감축되었다. 한편 하지는 보충과정 없는 제40사단의 철수에 대해 12월 19일 '한국의 점령은 일본 점령과 결코 비교될 수 없으며, 우리는 복종하려 하지 않는 1천 8백만의 사람을 통치하고 있는 사실상의 점령을 행하고 있다. 부대는 민간인 통제를 계속하기 위해 광범위하게 전개되어 있으며, 인원부족으로 우리의 기능이 크게 저해되고 있다고 하면서 병력 감축에 항의하고 병력의 추가지원을 요청하고 있다. 이에 따라 3월 중순이후 병력이 보충되어 5월 15일에는 55,119명에 이르렀다. 박찬표, 앞의 책, p.61; 『주한미군사』 제1권, pp451-453.

[표 20] 주한미군사령부 기구표(1945.9.8)[114]

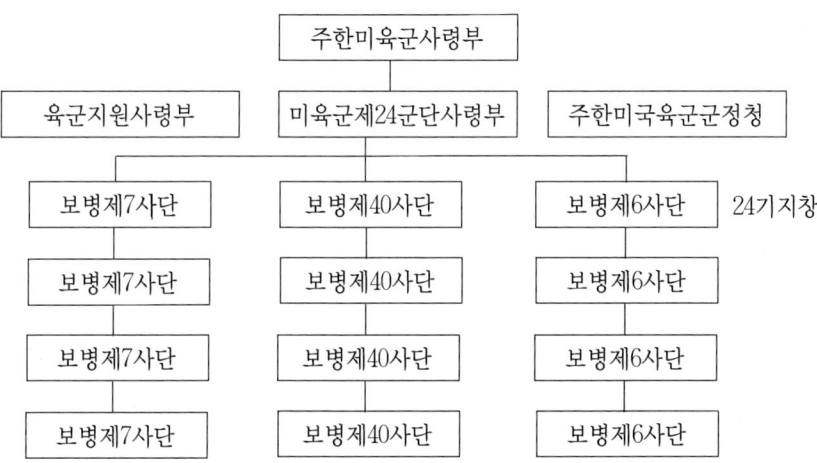

이와 같이 미군의 남한 상륙은 1945년 9월 8일 제7사단의 인천상륙으로 시작하여 3단계에 걸쳐 진행 10월 말에 완료된다. 미 제24군단의 남한진주 과정을 단계별로 구체적으로 기술하면 다음과 같다.[115] 군사점령의 제1단 계는 한국의 정치적 전략적 중심지인 서울, 경기지역에 대한 점령이었다. 9월 8일 인천을 점령한 제7사단은 9일 제32연대와 제184연대를 서울로 이동시켜 서울을 점령하였다. 11일에는 제24기지창이 인천에 도착하여 인천항 및 인천지역 점령책임을 맡게 된다.

이에 따라 제7사단은 전 병력을 서울로 이동시켜 신속하게 점령지역을 경기지역으로 확대하기 시작하여 9월 12일부터 9월 23일까지 서울 부근 직경 50마일 및 북쪽으로 38도선까지의 지역(개성·연안·수원·춘천 등)으로 점령을 확대하였다. 소련의 남하를 우려한 미국은 서울에 이어 최우선적으로

---

114) 국방부 전사편찬위원회, 『국방사』 제1집(국방부, 1984), p.179.
115) 남한점령을 담당한 미 전술군 주력부대 제7, 제40, 제6사단 등의 점령과정은 박찬표, 앞의 책, pp.61-65.에 잘 정리되어 있으며 본 내용은 그 연구를 바탕으로 재구성하였다.

서울 북방 38도선까지의 지역을 점령하여 38도선 이남지역을 확보하고자 한 것이다. 한편 제7사단에 의해 서울 주변지역의 점령이 완료되고 곧 두 번째 전술사단인 제40사단의 상륙을 앞두고 제24군단본부는 9월 21일 군단 「야전명령」 제56호(Field Order 56)를 발포하여 각 사단별 점령 관할지역을 제7사단이 서울·경기·강원·황해·충북, 제40사단이 경남·경북, 제6사단이 전남·전북·충남, 제24기지창이 인천항과 그 주변지역으로 각각 확정하였다.

군사점령의 제2단계는 1945년 9월 22일 제40사단의 상륙으로 시작되었다. 원래 제40사단은 서울주변에서 제7사단을 강화하도록 계획되었으나 서울지역에서 조직적 저항이 예상되지 않았기 때문에 상기 「야전명령」 56에 의해 상륙 후 바로 경남·북을 점령하도록 임무가 변경되었다.[116] 점령 제2단계의 중심대상지는 남한 최대의 항구이며 일본군 해군기지가 있는 부산, 진해지역이었다. 부산지역에 대한 신속한 점령의 필요성은 제24군단의 인천상륙 이전에 이미 하지에게 하달된 바 있는데, 9월 13일 다시 부산의 신속한 점령이 지시되었다.[117]

이에 따라 제40사단의 상륙에 앞선 먼저 제24군단의 선발대, 즉 제24군단본부요원, 제24기지창 요원, 군정부 요원, 제7사단 제184연대의 1개 중대, 제40사단 선발대 등으로 구성된 300여 명의 병력이 9월 16일 부산에 파견되었

---

116) 미군 제40사단은 1943년 12월 첫 전투작전을 수행한 이래 1945년 1월 필리핀에서 238일간의 전투를 치렀고 1945년 6월 전투에서 철수하여 파나이섬에 주둔하면서 11월 작전을 준비하고 있었다. 사단장은 Donald J. Myers 준장이었다. 제40사단이 남한점령군으로 제24군단에 배속된 것은 8월 22일이었다. 이후 제40사단은 8월 말부터 9월 초까지 지리·기후·문화·현지인과의 관계 등 점령군 임무에 관한 교육을 받았고, 또한 각 연대에서 군정팀 요원을 선발하여 한국의 정치·사회·경제 구조에 대한 교육도 실시하였다. 9월 7일 선발대 출발에 이어 9월 22일 제40사단의 최초 부대가 인천에 상륙하였고 이후 9월 30일까지 인천으로 이동을 완료하는데, 병력은 장교 727명, 사병 13,939명이었다. 제40사단의 구성은 통상적인 3개 연대 대신에 포병연대를 별도로 구성하여 4개 연대로 구성하였다. 『주한미군사』 제1권, pp.371-374.

117) 이를 위해 부산이 직접 부산으로 이동하라는 지시가 하달되었고 동 사단은 곧바로 부산에 상륙하는 방안이 검토되었으나 일본이 설치해 놓은 기뢰제거가 지연되어 취소되었다.

고118) 또한 제7사단은 정찰부대를 구성하여 서울에서 부산까지의 도로정찰을 실시하였다.119) 이들은 20일 서울을 출발, 수원·조치원·대전·영동·김천·왜관·대구를 지나 23일 부산에 도착하였다. 이와 같은 사전준비에 이어 9월 22일 인천에 상륙한 제40사단은 10월 2일까지 신속히 부산으로 이동을 완료하고 10월 15일까지 경남·경북지역에 대한 점령을 완료하였다.

한편 9월 23일까지 서울 주변지역에 대한 제1단계 점령을 완료한 제7사단은 서울지역의 상황이 안정됨에 따라 병력을 확산시켜 10월 10일까지 경기·강원지역에 대한 점령을 완료하게 된다. 또한 아직 미점령지로 남겨진 전남, 전북에 대한 임시점령도 실시되었다. 원래 이 지역은 제6사단 점령 지역이었지만, 제6사단의 도착이 지체되자 더 이상의 지체 없이 이 지역에 대한 통제를 확립하기 위해 제6사단 도착 시까지 제7사단과 제40사단이 임시점령을 맡았다. 그러나 이들은 임시 점령부대로서 군정부를 수립하지 않았다.

군사점령의 제3단계는 제6사단의 상륙에 의한 전라남북도의 점령이었다. 원래 점령계획에 의하면 서남부지역은 제96사단이 제7사단 출발 뒤 30일 후인 10월 4일에 도착하여 맡기로 되어 있었다. 그러나 동 사단을 수송할 예정이었던 수송선이 중국의 급박한 상황 때문에 텐진 지역으로의 병력이동에 돌려짐으로써 동 사단의 이동은 원래계획보다 지체되었다.

더욱이 종전 이후의 감군 계획에 따라 동 사단은 제6사단으로 교체되었던 것이다. 이러한 사정에 의해 3번째 사단의 도착이 지체되면서 점령 제2, 제3단계의 완료가 차질을 빚게 되자, 하지는 이에 강력히 항의하면서 "분쟁지로 변하고 있는 남서지역에 대한 신속하고 완전한 통제를 위해 제6사

---

118) 1945년 9월 20일에는 경남도 군정장관의 임무를 띤 해리슨 준장을 비롯한 군정 정찰대가 부산에 파견되었으며, 이어 9월 23일부터 제40사단의 부산진주가 시작되는데 이후에도 24일에 부산시 군정임무를 띤 군정 요원이 파견되었고 29일에도 오키나와에서 군정을 종사했던 6명의 장교가 추가로 파견되었다. 박찬표, 앞의 책, p.91.

119) 『주한미군사』 제1권, pp.377-381.

단이 시급히 필요하다"고 요청하였다.

그 결과 많이 지체되리라던 예상과는 달리 원래 계획에서 2주일 지체된 10월 16일부터 제6사단이 인천에 상륙하게 되었다.[120] 한편 10월 2일 미 제24군단은 참모회의에서 각 사단의 남한점령 책임지를 재배치하였다. 이는 제6사단의 도착과 11월부터 시작될 제40사단의 철수에 대응하기 위한 것이었다. 새로운 점령지역 배치에 의한 사단별 점령관할 책임지는 제7사단이 서울·경기·강원·황해·충남·충북, 제40사단이 경남·경북, 제6사단이 전남·전북, 제24기지창이 인천으로 각각 정해졌다.

그리고 제6사단은 우선 전라남북의 제7사단과 제40사단을 최우선적으로 대체하여 전라남북을 점령하되, 11월부터 제40사단의 철수가 시작되면 제40사단 지역인 경상남북을 책임지도록 하였다. 제6사단은 10월 16일 첫 부대가 인천에 상륙한 이래 11월 12일까지 이동을 완료하는데, 도착 시 제6사단의 병력 수는 13,584명(장교·사병 포함)이었다. 제6사단은 도착 즉시 제7사단과 제40사단을 교체하기 시작하여 10월 22일까지 전라남북에 대한 관할권을 접수하였다. 제6사단의 전라남북 점령이 완료됨으로써, 남한은 군정수립의 임무까지 포함하여 모든 전술점령임무를 띤 전술부대에 의해 점령되었고, 이로써 제주도를 제외한 미군의 남한점령은 완료되었다. 제주도는 11월 10일 완료하게 된다.[121]

한편 미 전술군의 점령이 완료된 직후인 1945년 11월부터 1946년 2월 20일에 걸쳐 제40사단의 철수가 단행된다. 동 사단의 철수에 따라 1946년 1

---

120) 제6사단은 제24군단의 다른 부대처럼 실제전투를 통해 단련된 부대였다. 제6사단은 1944년 6월 마핀만에서 첫 전투를 치렀고 루선의 일본군 제14방명군과의 전투에 보병 3개 연대가 모두 참여했었다. 종전 시 제6사단은 미군 사단 중 가장 치열한 전투를 치른 사단의 하나였다. 이후 제6사단은 일본점령에 배치될 것으로 예정되었으나 9월 24일 제24군단에 배속되어 남한점령의 임무가 부여되었다. 이후 출발 시까지 제96사단으로부터 점령계획서, 지도, 정보 등을 인도받고 군사정부, MP훈련, 한국 상황과 임무에 대한 브리핑을 받는 등 점령준비에 들어가게 된다. 또한 선발대를 서울로 보내어 제6사단 관할지인 광주까지 정찰을 실시하였다. 『주한미군사』 제1권, pp.403-407.

121) 『주한미군사』 제1권, pp.412-414.

월 20일 점령 책임지의 재배치가 단행되는데, 이에 다른 사단별 관할지역
은 제7사단이 황해·경기·강원·충남·충북·경북 북서부(영풍·봉화·문
경·예천·안동·상주·의성·금릉·선산·군위 등), 제6사단이 전남·전
북·경남·경북 남부 및 북동부, 제24기지창이 인천 등이었다.[122] 각 군정
부대의 배치상황은 다음 표와 같다.

[표 21] 각 군정부대 배치상황[123]

도	군정부대	장교	사병	준둔지	임무, 관할지역
경기	97군정대	1	28	서울	도군정
	47군정대	9	35	서울	도군정
	40군정중대	10	49	서울	시군정
	68군정중대	10	38	서울	군군정
	39군정중대	11	53	인천	시군정
	60군정중대	10	40	수원	군군정
	54군정중대	10	39	개성	군군정
	115군정중대			서울	시군정,도군정
강원	100군정대	11	18	춘천	도군정
	46군정중대	9	44	춘천	춘천, 홍천
	52군정중대	9	38	원주	영월, 평창, 원주, 횡성
	66군정중대	10	39	삼척	삼척, 울진
	38군정중대	9	50	강릉	강릉, 전선
충북	35군정중대	12	46	청주	도군정, 청주
	49군정중대	9	40	영동	영동, 옥천, 보은
	67군정중대	10	36	충주	충주, 단양, 제천, 음성, 괴산, 진천
충남	102군정대	1	18	대전	도군정
	27군정중대	11	52	대전	대전
	65군정중대	10	39	공주	공주, 연기, 청양, 부여, 대덕, 논산, 서천
	41군정중대	12	51	홍성	홍성, 보령, 서산, 당진, 예산, 안산, 천안

122) 『주한미군사』 제1권, pp.435-451.
123) 박찬표, 앞의 책, p.123: 『주한미군사』 제1권, p.36.

도	군정부대	장교	사병	주둔지	임무, 관할지역
전북	96군정중대	11	25	전주	도군정
	28군정중대	12	46	이리	익산, 김재
	48군정중대	8	37	전주	무주, 군산, 완주, 진안
	44군정중대	11	56	정읍	정읍, 부안, 고창
	64군정중대	10	38	남원	남원, 임실, 장수, 순창
	56군정중대	9	43	군산	군산, 옥구
전남	101군정대	1	16	광주	도군정
	33군정중대	11	48	광주	도군정
	53군정중대	9	36	광주	광주, 광산, 영광, 장성, 담양
	55군정중대	10	38	목포	목포, 무안, 영암, 함평
	59군정중대	9	40	제주	제주
	61군정중대	10	37	장흥	장흥, 화순, 나주, 고흥, 보성
	45군정중대	10	50	해남	해남, 강진, 완도, 진주
	69군정중대	10	38	순천	순천, 여수, 구례, 곡성, 광양
경북	99군정대	12	20	대구	도군정
	34군정중대	10	47	대구	도군정, 고령, 달성, 성주
	51군정중대	9	37	대구	시군정
	63군정중대	10	37	안동	영양, 청송, 봉화, 영주, 안동, 문경, 예천, 성주, 의성, 김천, 선산, 구미, 칠곡
	71군정중대	10	45	포항	영덕, 영일, 영천, 경산, 청도, 경주, 울릉도
경남	98군정대	12	17	부산	도군정
	26군정중대	9	52	부산	도군정
	50군정중대	9	32	부산	시군정
	62군정중대	10	41	동래	동래, 김해, 양산, 밀양, 울산
	58군정중대	9	36	진주	진주, 진양, 남해, 사천, 하동, 산청, 함양, 합천, 거창, 의령
	70군정중대	8	38		
	57군정중대	8	36	마산	마산, 통영, 고성, 창원, 함안, 창녕

미 점령당국이 군사점령의 제2, 제3단계에서 최우선적으로 고려한 것은 전술군에 의한 점령지역의 신속한 전국적 확산이었다. 일본의 항복 이후 미군 진주까지의 시간적 공백으로 인해 군사점령의 전국적 확대가 최대한 신속하게 이루어진 것이다. 종전 이후 패전국의 병력은 승전국에 의해 무장 해제되고 집단 수용되어 본국으로 송환되는 것이 통상적인 예이다. 북한의 경우 소련군은 이러한 예에 따라 일본군을 전면 무장 해제시키고 군조직을 해체시킨 뒤 수용소에 집단수용하였다.[124] 그러나 남한의 경우 철수 시까지 패전군인 일본군이 일부 무장력을 자체 보유하면서 무장 해제와 철수를 수행하는 방식으로 전개되었다.

이는 9월 9일 미 점령당국이 일본군에 대해 "미군이 진주하지 않은 지역의 경우 병력의 25%는 무기보유를 할 수 있도록 인정"하고 또한 12일 일본군에 대해 무장 해제 및 철수계획을 스스로 수립하도록 하면서 미군이 그 지역에 진주하기 전까지는 일본군이 치안유지를 책임지도록 지시함에 따른 것이다.[125] 이러한 방침에 따라 총 17만 6천여 명에 달하는 일본 육·해군이 9월 말부터 12월 말에 걸쳐 일본으로 철수하였다.[126] 실제로 각 지역에 주둔해 있던 일본군은 미군이 점령하지 못한 지역의 상황에 대한 정보, 즉 일본인에 대한 공격, 정부기구 장악을 둘러싼 분쟁, 노동자들이 일인 경영자에게 대해 밀린 임금의 요구, 무기강탈, 소요 등을 미군에게 보고하였다.[127]

124) 森田芳夫, 『朝鮮終戰の記錄』, pp.196-197.
125) 위의 책, pp.339-340. 12월 말까지 일본군의 송환은 완료되는데, 그 진행과정은 일본군에 거의 일임되었고 무장 해제도 미군 면전에서 굴욕적으로 행해지지 않고 일본군 스스로 행하였으며 북한에서 일본군이 체포되어 수용소에서 소련으로 보내져 강제노동에 복무하여 많은 희생을 냈던 것에 비해 안전한 철수였다.
126) 森田芳夫, 『朝鮮終戰の記錄』, pp.347-348.
127) G-2 P/R NO.23(45.10.3) NO.43(45.10.23).

(1) 미군정의 점령정책

미 제24군단장 하지 중장은 한반도에 진주한 후 상부로부터 군정에 관한 구체적인 지침을 받지 못하고 있었다. 그는 일본총독부 체제를 잠정 기간 유지시키고 이를 관리 감독하다가 일정 기간이 경과한 후 미국인으로 그 직무를 대행케 하되 점차 한국인으로 대체시켜 군정체제를 발전시켜 나가 겠다는 복안을 수립하였다.

그리하여 1945년 9월 9일 일본총독의 항복을 받은 후에도 일본인 관리들을 그대로 유임시켰다. 소련이 북한에서 공산단독정권 수립의 방향으로 나가고 있을 때 남한에 대한 미국의 점령정책은 일본총독부의 제 기관과 협력하여 현상을 유지하면서 다른 한편에서는 소련과 한국통치안을 협상한다는 고식적인 것이었다.

해방 직후 미국의 초기 대한정책은 맥아더 포고 제1호와 초기 기본지령에 잘 나타나 있다. 이 포고문은 소련군보다 약 3개월 늦은 9월 8일 남부 조선에 상륙한 미 제24군단장 하지 중장이 미 태평양 육군최고사령관 이름으로 한국민에게 발표한 것이다. 미군 포고문의 내용의 일부를 소개하면 다음과 같다.[128]

> 조선의 주민에 포고한다. (중략) 조선인이 오랫동안 노예화된 사실 및 그러한 때 조선은 해방되고 독립(중략). 조선인은 점령목적이 항복문서의 실시에 있는 조선인의 인권과 종교상의 권리의 옹호 승인하는 것도 나는 확신한다. 위의 목적수행을 위해 나는 조선인의 적극적 지원과 협력을 요망한다. 나는 나에게 부여된 미국사령관의 권한을 가지고 여기에 북위 38도선 이남지역 및 동지역의 주민에 대해 군정을 수립하고 점령에 관한 조건을 하기와 같이 포고한다.
> 1조 북위 38도선 이남의 조선의 지역 및 동지역의 주민에 대한 일체

---

128) *FRUS, 1945*, Ⅵ, pp.1043-1044.

의 행정권은 당분간 나의 권한 아래 시행되는 것으로 한다.

2조 정부 공공단체 및 단체 등 모든 직원 등은 별명이 없는 한 종래의 직무에 종사하고 일체의 기록 및 재산의 보관에 노력한다.

3조 모든 주민은 나와 내 권한을 가지고 발효된 명령에 대해 신속하게 복종한다. 점령군에 대한 적대행위를 한 자 또는 치안을 교란하는 행위를 한 자는 엄벌에 처한다.

4조 주민의 소유권은 존중한다. 주민은 별명이 없는 한 일상의 업무에 종사한다.

5조 군정 기간 중 영어를 모든 목적에 사용할 공용어로 한다. (하략)

1945.9.7 요코하마에서 미 태평평양 육군사령관 맥아더.

이 포고문에 의하면 남한은 일본 식민지로부터 해방된 나라가 아니고 군사적 점령지 이외의 아무것도 아니었다. 미군이 모든 행정권을 장악하고 조선민에게는 복종이 강요되었다. 미군정하에서 당시 한국문제를 취재하였던 마크케인은 "미국인은 해방군이 아니었다. 우리는 점령하기 위해서 한국인이 항복조건에 복종하는가 않는가를 감시하기 위해서 왔다. 상륙 제1일부터 우리는 한국인의 적으로 행동했다"라고 기술하고 있다. 미 점령군은 기본자세는 진주 이전 이미 9월 2일 하지 포고와 9월 6일의 해리슨-엔토 회담에서도 잘 나타나 있다.

하지 중장은 9월 2일 포고의 전단을 미군기를 통해 서울에 살포하여 "어떠한 개혁도 천천히 수행한다"는 내용을 고지하였으며, 9월 6일 서울에 도착한 미군의 선견대장 해리슨 준장은 7일 엔또 정무총감을 만나 한국의 치안확보와 경제 산업의 현상유지를 바란다는 의견을 교환하였다.[129] 실제 1944년 3월 국무부 전문가들은 유자격 한국인이나 적당한 인원이 없을 경우 기술적 자격이 있는 일본인을 이용하는 것을 권고하고 있다.[130]

실제 하지는 새로운 군정청 기구를 출범시키되 현지 실정을 알지 못하는

---

129) 윤진헌, 앞의 책, p.102.
130) 위의 책, p.105.

미군이 행정사무를 수행하기가 어려우므로 총독부 기구를 모방하여 국장은 미군장교로 임명하고 현직에서 물러난 일본인들을 고문으로 임명하여 미군장교를 보좌토록 하였다. 이렇게 총독부조직을 그대로 이어받은 주한미군 군정본부, 즉 군정청이 수립되었다. 그러나 식민지기구는 종래대로 온존되고 특히 공용어를 영어로 한 것은 한민족의 긍지를 크게 손상시키는 것이었다. 이와 같이 미국은 점령 당초 한국을 일본의 일부인 것처럼 취급하였다. 패전국에 대한 승전국의 태도로 임하였던 것이다.

이것은 식민통치에서 벗어난 한국민의 정서를 전혀 고려하지 못한 현실주의적인 사고였고 한국인들로부터 일본 식민통치를 연장하려 한다는 맹렬한 비난과 규탄의 대상이 되었다. 따라서 당초 계획의 변경은 불가피하였으며 9월 11일 삼부조정위원회에서 승인된 맥아더의 훈령에 "정치적인 이유로 아베 총독, 총독부 국장, 도지사, 도 경무국장들을 즉각 해고시킬 것과 가능한 한 빨리 여타 일인관리 및 친일파관리도 해고시키라"는 정책지침으로써 점령당국에 긴급 하달되었다.[131]

이에 따라 9월 12일 하지 중장은 아베 총독에 대해서 사임을 요청하고 엔토 정무총감에 대해서는 미군정의 고문으로 남을 것을 결정하였다. 그리고 제7사단장 아놀드(Archibald V. Arnold) 소장[132]을 군정장관에, 헌병사

---

131) 당시 국무부의 주도하에 삼부조정위에서는 '한국에서의 민사행정에 대한 초기지령'을 입안 중에 있었는데, 이 초기지령의 내용과 연관된 것으로서 주한미군 사령관이 총독을 비롯한 일인 관리를 잠정적으로 계속 유지시키기로 결정했음을 알고 이의 철회를 지시한 것이었다. SWNCC176/4(1945.9.11), 박찬표, 앞의 책, p.74.

132) 아놀드는 코네티컷 주 콜링스빈시 출신으로 독실한 감리교인이었다. 미 육군 사관학교를 졸업한 후 한국에 진주할 때까지 군대에서 33년간을 복무한 포병 출신 지휘관이었다. 육사시절 전미육군 축구팀의 센터포드로 활약하기도 한 스포츠맨이었다. 진주 당시 제24군단 제7사단장으로 56세였다. 외골수로 군대 밖에 몰랐던 그는 제7사단의 담당구역이 서울·경기·충청·강원지역이란 이유만으로 군정장관이 되었다. 러취 소장에게 군정장관직을 물려준 뒤 미·소 공위 미국 측 수석대표로 임명되었고, 1946년 9월 23일 귀국할 때까지 수석

령관 쉬크(L. Schick) 준장을 경무국장에 임명하고 국무부관리 베닝호프 (H. Merrell Benninghoff)[133]를 정치고문으로 지원받아 최초의 정책방침을 수정하였다. 이에 따라 아놀드 군정장관은 14일 엔토 정무총감 이하 각 일인국장을 해임하였고, 18일에는 미군 장교들을 각 국장에 임명하여 총독부의 국, 과를 장악하였다.[134]

특히 쉬크 준장을 경무국장에 임명함으로써 다른 어느 부서보다도 빨리 경무국의 접수와 재건이 시작되었고, 14일에는 군정장관 성명으로 일인을 포함한 종전의 모든 경찰관을 존속하게 하고 그 기능을 계속하도록 함으로써 일제하 경찰조직과 인원을 그대로 이어받은 군정경찰을 탄생시켰다. 이후 17일까지 군정부는 총독부 경무국의 통제권을 완전히 장악하게 된다.[135]

이 시기의 경찰조직은 헌병과 경찰조직이었다. 헌병사령관 쉬크가 헌병과 경찰을 총괄 지휘하고 있었고, 전술군과 협조하여 경찰업무를 수행하였다. 당초 경찰 책임을 맡은 쉬크는 경찰력이 사실상 무기력함을 파악하고 경찰력을 미군장교하에 두어 군사조직으로 만들고자 했었고, 이런 구상에 따라 경찰에서 'USMG'라는 완장을 차도록 하는 조치까지 취했다가 민간 경찰체제로 변경하였지만, 쉬크가 민정경찰까지 총지휘하는 체제는 변함이 없었다.[136]

한편 해방 직후(8.17) 중경의 임시정부는 주중 미대사를 통하여 트루먼 대통령에게 임시정부 대표를 한국에 파견하여 한국과 한국민의 운명에 영향을 미치는 모든 회의에 참여하겠다는 뜻을 전달하였으나 수용되지 않았다. 하지 장군은 한국에 도착한 며칠 후 임시정부를 연합국의 후원 아래

대표직을 맡았다. 정용욱, 앞의 책, pp.96-97.

133) 베닝호프는 와세다대학 강사로 일본에서 수십 년간 선교사로 있었다. 동아시아 사정 특히 일본 사정에 정통하였다. 1945년 8월 24일 부임하였고, 1945년 10월 국무부와 협의를 위해 본국에 돌아갔다가 12월 24일 재차 부임하였다. 한국에서는 별다른 역할을 하지 못한 채 1946년 3월 귀환하였다. 위의 책, p.84.

134) 森田芳夫,『朝鮮終戰の記錄』, p.290.

135) 송남헌,『해방3년사』제1권, 까치, 1985, p.101.

136) 위의 책, p.101.

귀국시켜 정치가 안정되고 선거가 실시될 때까지 명목상의 수장으로 활동하도록 하자고 맥아더 장군에게 제안하였으나 이도 실현되지 않았다.[137]

뿐만 아니라 38도선 이남 한반도에서 미군정이 유일한 정부이며 다른 정부는 있을 수 없다고 선언하여 한국독립운동을 주도해 온 임시정부마저도 인정하지 않았으나 워싱턴-도쿄-서울의 군정정책의 미비와 불일치로 시행착오는 여전하였다. 이에 대해 하지 장군은 확실한 정책지침이 주어지지 않는다면 미국은 한국에서 실패할 것이라고 불만을 토로하였으며 그의 정치고문 베닝호프는 미군정이 한국의 장래에 관한 미국 및 연합국의 정책에 대한 정보를 갖고 있지 못하며 주한미군 병력이 부족하고 유능한 군정장교와 전문적인 장교가 없다고 보고하였다.[138]

이 밖에도 군정은 또 다른 큰 어려움에 봉착하였다. 당시 국내산업은 위축되고 경제는 위기에 처해 있었으며 정치적으로는 미군이 주둔하기까지 수많은 정당이 난립하여 좌, 우, 중도로 나뉘어 각축을 벌이고 있었을 뿐만 아니라 지도자들은 정치경험이 거의 없었다. 이러한 현상은 정부나 산업체에 자격이나 책임을 요하는 자리에는 한국인을 거의 기용치 않은 일본식민정책이 남긴 유산이었다. 하지 장군은 이러한 정치적 복잡성과 일본 잔재의 어려움을 처리할 방도에 대해 지침을 받지 못하였다.

정책 부재와 사회적 혼란 가운데서도 미군정 당국이 남한의 행정업무를 어느 정도 파악하게 되자 군정장관 아놀드 소장은 10월 5일에 이르러 일본인 고문들을 퇴임시키고 그 자리를 김성수를 비롯한 11명의 지도급 한국인 인사로 대체하였다. 그리고 군정청 행정기구에 미국인과 한국인을 함께 기용하는 양 부장 제도를 채택함에 따라 보다 많은 한국인이 군정청에서 일하게 되었으며, 1945년 말에는 그 수가 75,000명에 이르렀다. 당시 군정청 기구는 아래 표와 같이 9개국 및 각 도 군정반으로 되어 있었다.

---

137) *Policy and Diriction*, pp.14-15.
138) Ibid. pp.17-18.

[표 22] 군정청 기구표[139]

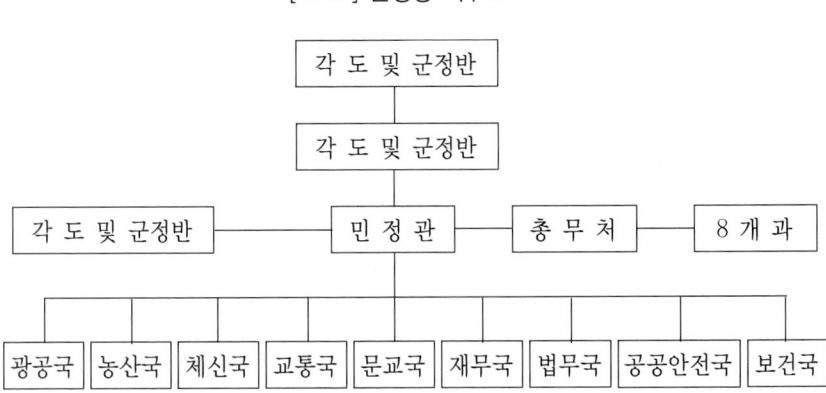

초기 군정의 구조는 10월 13일 현재 총병력 1,142명(장교 393명, 사병 747명) 중 군정행정에 409명, 군정장관 및 민정장관실에 188명, 9개 국에 총 267, 서울시군정, 인천시 군정, 경기도 군정을 담당했던 임시 군정팀(제1, 제2, 제3임시 군정팀)에 125명, 조선 물자영단에 110명, 동양척식회사에 9명 등이 배치되었으며, 지방군정에 배치된 인원은 부산군정에 18명 및 각 도 군정에 14명이 전부였다.[140] 이렇게 군정기구가 정비되고 있을 무렵인 10월 17일 미국의 기본 군정지침이 맥아더 장군에게 하달되었다.

한국에서 미국의 최종목표는 자유독립 국가를 수립하고 나아가 책임 있고 평화를 애호하는 국가의 일원이 될 수 있는 여건을 형성하는 것이다. 모든 행동에 있어 귀하는 미국의 대한정책, 즉 미·소에 의한 잠정 군정기로부터 미·소·영·중국에 의한 신탁통치를 거쳐 최종적으로 유엔회원국으로서 독립국가에 이르는 단계적 발전을 계획하고 있는 미국의 정책을 유념해야 한다.[141]

139) 『국방사』 제1집, p.181.
140) *History of US AFIK*, pt.1, p.96.
141) *History of US AFIK*, pt.2, pp.57-58; *Policy and Direction*, p.19.

미군의 군정정책은 군정 - 신탁통치 - 독립국가로 이행하는 것이었다. 이 즈음 임시정부 요인들이 개인 자격으로 환국하기 시작하였다. 10월 16일에는 이승만이, 11월 23일에는 김구와 많은 임시정부 요인이 귀국하였다. 그러나 군정이 임시정부를 정부수임기관으로 인정치 않으면서 좌, 우익을 망라한 각 정파의 정치활동을 허용하는 법령을 공표함에 따라 북에서 김일성을 정점으로 한 체제가 형성되어 간 것과는 대조적으로 국내의 여러 정당과 사회단체는 민주진영과 공산진영으로 크게 나뉘어 심각하게 대립하게 되었다.

이 무렵 10월 말부터 11월 초에 대규모로 도착한 미군정 요원들은 일부 중앙군정을 강화하는 데 배치되었지만 대부분 각 지방으로 배치되어 지방군정을 수립하는 데 투입되었다. 그중 중심을 이루는 부대는 10월 21일 도착한 5개 군정대와 28개 군정중대 및 11월 2일에 도착한 2개 군정대와 8개 군정중대였다. 전자는 미 본토에서 일본군정을 위해 훈련된 요원이었고, 후자는 한국군정을 위해 훈련받은 요원들이었다. 군정부대들의 지방배치는 11월 중순까지 완료된다. 각 도청소재지에는 도 군정을 담당할 군정대와 시 군정을 담당할 군정중대가 진주했고 이어 수 개 군을 한 지역으로 묶어 그 지역의 중심도시에 군정을 담당할 군정중대가 배치되었다. 그리고 군정중대가 진주하지 못한 군에는 파견대가 배치되었고, 그렇지 못한 경우는 정기적인 순찰이 행해졌다.

1945년 10월 3일 수립된 군정부대 배치계획에 따르면, 지방의 132개 군에 장교 1명, 사병 3명으로 구성된 군정팀을 배치하고, 14개시에는 장교 12명, 사병 60명으로 구성된 군정중대를 8개도에는 장교 27명, 사병 90명의 군정중대를 배치하도록 되어 있다. 실제로 계획대로 모든 군에 군정파견대가 배치되지는 못했지만 전국의 거의 모든 주요 시, 읍과 지역 중심지에는 군정병력이 배치되었다.[142]

---

142) 박찬표, 앞의 책, p.122. 군정대는 도 같은 상급 정부 업무를 수행하였으며, 규

남한을 점령한 3개 사단(제6, 제7, 제40사단)의 점령 관할지역에 따라 군정 관할지역도 3개 권역, 즉 제7사단이 경기·강원·충북·충남을, 제40사단이 경상남북을, 제6사단이 전라남북으로 구분되었고, 각 사단장이 지방군정의 최고 책임자가 되었다. 사단장 예하의 각 연대장이 수 개 군을 하나로 묶은 관할지역 내에서 군정의 지역대표로서 권력을 행사하였으며, 개별 군 수준에서 사실상의 군정기능은 대대, 중대 등 파견부대의 지휘관에 의해 수행되었다. 이런 점에서 초기 군정은 군정의 두 형태인 작전군정과 지역 군정 중 작전군정의 형태를 띠고 있었다.[143]

(2) 미군정의 한국군경 창설 과정

점령초기 헌병경찰체제로 출발한 미 군정경찰은 민간경찰조직이 재건됨에 따라 헌병조직으로부터 분리되어 자체의 전국적 조직을 갖추게 된다.[144] 쉬크가 1945년 11월 초 신설된 국방사령부 사령관으로 취임하게 되면서 경찰업무에 대한 통제권은 전술군에서 분리되었는데, 아고와 챔페니

모는 대개 장교 13명 사병 26명(정원은 장교 20명, 사병 52명)이었다. 한편 군정중대는 시군과 같은 하위정부요원으로 활동했고 통상 규모는 장교 12명 사병 60명(정원은 장교 20명, 사병 56명)이었다. 군정중대는 군정대의 예하 부대였지만 이 시점에서 모든 군정부대는 각 사단에 배속되었고 정상적 지휘계통은 이들 사단을 통해 이루어졌기 때문에 군정대와 군정중대의 관계는 명확하지 못했다. 이후 1월 14일 모든 군정중대는 도 군정본부의 지휘하에 놓이게 됨에 따라 양자의 관계는 명확히 정리되었다. 『주한미군사』 제3권, p.185.

143) 앞의 책, p.86; 『주한미군사』 제1권, pp.414-418. '작전 군정'이란 전술사령관이 전술군 지휘계통에 따라 전술군 관할지역별로 군정을 수행하는 체제이다. 반면 '지역 군정'이란 별도의 민정조직이 수립되어 행정조직계통에 의하여 행정지역 형태로 군정이 수행되는 체제를 말한다. 전라남북도 전술군정은 같은 책, pp.433-435, 경남지역 전술군정은 같은 책, pp.427-433, 강원·경기 등 군정은 같은 책, pp.435-437. 등이 참조된다.

144) 미군정의 군경창설 과정의 내용은 주로 박찬표, 앞의 책, pp.105-114를 참조하여 재구성하였다.

에 이어 12월 매글린이 경무국장에 취임함에 따라 경찰에 대한 군정의 지휘권이 확립되었다. 한편 11월 초부터 경무국 조직정비를 위한 작업이 추진되었다. 일제하에서 경찰조직은 중앙집권적인 전국적 조직 체계를 갖추고 있었지만 해방 이후 도별조직으로 분산되어 있었다.[145]

12월 27일 군정장관은 '조선국립경찰의 조직에 관한 건'을 통해 지금까지 도지사의 권한하에 있던 경찰 행정권을 분리시켜 도 경찰부를 독립시키고 전국의 경찰지휘와 감독권, 충원, 인사권 등을 경무국장이 직접 장악하도록 하였다.[146] 이에 민간경찰체제의 출범과 함께 경찰관 충원 및 확충이 본격화되었다. 총인원의 70%를 점하는 일인경찰들의 해고에 따라 한인경찰관 충원작업이 이루어졌다. 초기 충원은 일제하의 한국인 경찰 간부들의 주도하에 의해 이루어졌으며 일본군 경력 있는 자들을 우선 채용하고 충원되는 자들에 대해서는 방첩대(CIC)가 범죄경력을 조사하였다.[147]

이후 미군정은 10월 15일 폐쇄되어 있던 일제하 경찰학교를 다시 개설하여 500명(서울출신 450명, 부산출신 50명)을 입교시켰으며, 이후 각 도에도 자체 경찰학교를 설치하였다. 이런 조치를 통해 일인 및 한인경관들의 대규모 이탈로 인해 거의 붕괴되었던 경찰력은 11월 중순에 이르면 남한에서만 1만 5천 명 규모로 조직되었다. 미군정은 나아가 경찰정원을 25,000명으로 설정하고 1945년 말까지 이를 확보하고자 했으며 미군의 잉여무기로 경찰 장비를 강화하였다.[148]

일제하에서 한국 전체에 대한 경찰정원이 23,700명이었음을 고려할 때,[149]

---

145) 매글린에 의하면, 1945년 11월 당시 경찰은 도 경찰본부 및 경찰서라는 지역별 조직으로 분산되어 있었고, 또한 비무장이었기 때문에 거의 무능력하였고 따라서 미전술군부대가 경찰업무를 대신하였다. 박찬표, 앞의 책, p.111.
146) 내무부 치안국, 『한국경찰사』 1, 1972, pp.931-932.
147) 『주한미군사』 제3권, pp.274.
148) 「맥아더가 참모총장에게」(1945.11.26), FRUS 1945, pp.1136-1137.
149) 森田芳夫, 『朝鮮終戰の記録』 1, p.20. 경찰력의 상시정원은 23,700명이었고, 이 중 일본인 경찰관은 약 13,000명이었다.

38도선 이남 지역만의 경찰력을 2만 5천 명까지 확충하겠다는 것은 일제 시
보다 2배 이상의 경찰력을 갖추겠다는 것을 의미하였다. 그 결과 군정은 '경
찰은 12월에 이르러 법과 질서에 효과적이었다'고 평가하고 있다.[150]

한편, 미군정이 군대창설을 검토한 것은 1945년 10월부터였으며, 이는 11
월 13일 법령 제28호 국방사령부 설치령으로 공표되었다. 미군정이 군대창
설을 시도한 것은 신설될 군사조직으로 하여금 경찰을 지원하는 한편, 기
존의 사설군사단체를 해체, 흡수하려는 것이었다.[151] 따라서 법령 제28호는
군창설과 함께 어떠한 조직이나 단체도 경찰 및 군 업무를 수행하는 것을
금지하였고 또한 11월 13일에 국군준비대 등 사설군사단체의 해체명령이
내려졌다. 군정이 군 창설을 계획한 것은 이를 장차 한국군의 중핵으로 삼
고자 한 것이었다.

미군정이 군 창설 시도를 표면화한 것은 1945년 11월 초, 미 제40사단의
철수가 시작된 때였다. 이 시기는 경찰이 아직 충분한 조직과 인원을 확보
하지 못하였고 또한 무장도 갖추지 못한 상태였다. 따라서 군대창설의 결
정은 제40사단의 철수로 인한 군정의 무장력 약화를 보완하기 위한 일환이
었음을 알 수 있다. 군정은 본국 정부의 사전승인 없이 군 창설계획을 수
립한 뒤 사후 맥아더를 통해 본국 정부의 승인을 요구하였다.[152]

---

150) 박찬표, 앞의 책, p.113.
151) 하지는 이에 대해 "사설군사단체들이 출현하기 시작하였으며, 미군 철수 시
    에 이들은 한국의 보전에 위협이 될 것이다. 이들에 대한 가장 좋은 통제방
    법은 한국인 지도자들을 체포하고 그 역량을 미군의 통제 아래 국가적 방향
    으로 전환시키는 것이다. 경찰 형태의 병력으로는 문제에 대한 해결책이 되
    지 못하며 조선 국방군의 창설이 보다 현실적인 방안일 것이다"라고 그 구상
    을 밝히고 있다. 「맥아더가 참모총장에게」(1945.11.26), *FRUS* 1945.Vol.Ⅵ,
    pp.1136-1137.
152) 하지는 11월 20일 국방계획안에 대한 맥아더의 승인을 요청하였고, 11월 26
    일자로 맥아더는 참모총장에 보낸 전문에서 "미군 철수에 대비하여 국방군
    창설이 필요하다"는 하지의 견해를 전하면서 이에 대한 본국 정부의 정책지
    침을 요구하였다. 「맥아더가 참모총장에게」(1945.11.26), *FRUS* 1945, Vol.Ⅵ,

그러나 이 계획은 합참의 반대로 연기되었으며,[153] 대신 합참은 치안유
지의 성격을 띠는 소규모 경찰예비대를 창설하도록 하는 수정안을 12월 20
일 하달하였고 이에 따라 12월 말 소위 뱀부계획이 수립되었다. 그 내용은
각 도마다 1개 연대씩 총 8개 연대 25,000명의 병력을 목표로 하는 것이었
고, 이에 따라 1946년 1월 15일 제1연대 창설을 필두로 조선국방경비대가
조직되었다.[154]

3. 신탁통치 발표와 좌우의 대립

한반도에 여하히 연합국에 의한 국제적 관리체계를 조직하여 한국인을
보호하고 그들로 하여금 자치정부를 수립할 수 있도록 할 것인지에 대한
전망이 서지 않았다. 더구나 양분된 한반도의 분할이 항구적인 것이 되리
라고 예상하지 못하였을 뿐만 아니라 통일정부 수립방안 계획은 구체화하
지 못하였다. 소련군의 규모 역시 점령이 진행되면서 조선화와 더불어 현
저하게 줄어들었다. 이것은 미·소공위나 통일정부 수립은 이제 기대하지
않는다는 의미, 얼마나 빨리 조선화가 진행되었는가를 보여주는 것, 북한은
조기에 중앙 집중화된 방대한 정규무장력—보안간부훈련대대와 경찰력을
보유하고 있어 이들만으로도 치안유지는 충분하다고 판단하고 있었음을 알
수 있다.[155]

미국은 남한에 진주한 후 군정을 실시하면서 이미 일련의 전후처리 회담
을 통하여 합의한 대로 한반도 문제를 협의하고 처리하기 위한 회담의 개
최를 모색하였다. 그러나 소련은 북한에 진주한 후 김일성을 내세워 북한

---

pp.1136-1137.
153) 「합참이 맥아더에게」(1946.1.9), *FRUS* 1945, Vol. VI, pp.1156-1157.
154) 박찬표, 앞의 책, p.114.
155) 위의 책, p.228.

을 위성국가화하려는 계획을 진행시키면서 남·북의 교역 및 교통을 차단한 채 미·소 간의 회담 개최에 소극적인 태도를 보였다. 이를 타개하고자미 국무장관 번즈(James F. Byrnes)는 1945년 12월, 3국 외상회담의 개최를 제의하였고 이에 따라 미 국무장관 번즈, 영국외상 베빈(Aveurin Bevin), 소련외상 몰로토프(V. M. Molotov)[156]가 모스크바에 모여 한반도문제를 논의하게 되었다.

이 모스크바 삼상회의에서 한국문제에 관하여 3국은 카이로선언을 이행한다는 데에 합의하고 이를 위해 미·소공동위원회를 설치하여 임시정부수립과 5개년 신탁통치안을 작성한다는 요지의 결정을 하였다.

가) 한국을 독립국가로 재건하고 제반 조치를 취할 민주주의 임시정부를 수립한다.
나) 남한 미군사령부와 북한 소련군사령부 대표로 구성된 공동위원회를설치한다.
다) 미·소공동위원회는 임시정부와 협의하여 5개년 기한 4대국 신탁통치안을 수립한다.
라) 미군사령부 및 소련군사령부 대표자회의를 2주 내에 개최한다.[157]

협정 내용이 알려지자 즉각적인 독립을 고대하던 한국민은 크게 실망하였으며 전국적인 신탁통치반대운동이 일어났다. 이러한 한국민의 의사를가장 강력히 대변한 세력은 김구가 이끄는 대한민국 임시정부 계열이었으며 조선공산당을 비롯하여 모든 좌익계의 정당 및 단체들도 일제히 신탁통

---

156) 소련에서의 제2인자인 몰로토프는 당 중앙위원회 정치국원, 인민위원회의 제1부의장, 내각회의 부의장, 제1부의장 국가방위위원회 부의장, 외무장관 등이었다. 외무부 관계의 사안은 몰로토프의 판단을 거쳐 확정되거나 당정치국이나 내각회의의 결정안으로 제기되었다. 기광서, 앞의 논문, p.116.
157) 국방부 전사편찬위원회, 『국방조약집』 제1집, p.586; FRUS, 1945, Ⅶ, pp.699-700.

치반대에 보조를 같이하였다. 대한민국 임시정부 계열은 12월 28일 정무원 회의에서 신탁통치반대운동을 제2의 독립운동으로 규정하고 투쟁위원회를 구성하여 전 국민 궐기대회의 개최를 계획하는 등 모스크바 결정에 대처하면서 반탁운동의 정당성을 호소하였다.

그러나 1946년 1월에 접어들어 남한에서는 공산당 계열이 소련공산당 측의 지령을 받아 모스크바회담의 결정을 지지하면서 신탁통치반대에서 찬성으로 급선회하였다. 이로 말미암아 좌·우익은 신탁통치를 둘러싸고 반탁과 찬탁으로 대립이 더욱 심화되었으며 신탁통치안을 받아들인 좌익이 국민들의 지지를 상실하는 계기가 되기도 하였다.

한편 북에서는 1946년 1월 2일 평양방송을 통하여 "모스크바회담의 결정은 신탁제도가 아니라 후견제도를 의미하며 주권은 조선에 있다."는 소련 측의 지령을 방송하여 소련의 정책이 신탁통치 찬성임을 분명히 하였다. 이어서 1월 4일 소련군정사령관의 주도로 열린 5도행정국 회의에서는 모스크바회담의 지지결정을 내렸다. 하지만 조만식이 이에 반대하고 민족주의 계열과 함께 반탁운동을 벌이자 소련군정 당국은 그를 감금하고 그의 세력을 제거함으로써 이를 계기로 공산주의자들이 주도권을 행사하는 정치적 변화가 일어났다.

모스크바회담까지의 신탁안은 미·소의 협조체제가 계속 지속된다는 낙관적 가정 위에 마련된 것이었다. 그것은 곧 미·소의 균열이 발생하면 깨어질 수 있는 것이었으며 영구분단의 가능성마저 내포하고 있는 것이었다. 신탁안은 곧 결정적인 장애에 부딪쳤다. 그것의 주요 이유는 전후 미·소의 냉전이 점점 심화되어 한반도에 있어서도 미·소의 협조가 거의 불가능하게 되었던 것과 해방을 곧 독립으로 기대했던 한민족의 열망이 탁치를 민족적 치욕으로 기각함으로써 해방자의 설계에 정면으로 도전하였던 것이었다. 여기에 이데올로기의 대립이 격화되어 분단의 벽은 더욱 굳어져 갔던 것이다.[158]

소련군 제25군이 1945년 8월 24일 평양에 입성했을 때 이 뒤에는 러시아화한 한인과 김일성일파로 구성된 약 3백 명의 훈련된 정치 행정요원들이 뒤따랐다. 이들은 특히 43인조 로마넨코 소장의 정치사령부에 소속, 소련군의 힘을 배경으로 결국 북한의 소비에트화에 앞장서게 된다. 이러한 방식으로 소련은 북한을 군정의 수립 없이 통치하였다.[159]

소련군사령부는 10월 21일 세 개의 성명을 발표했다. 그러나 소련군사령부는 정치지도원 크로찰의 '인민정부 수립요강'(9월 14일) 등에서 프롤레타리아 혁명의 기본조건을 준비하는 것이 점령하의 당면정책임을 분명히 하고 있다. 이처럼 소군사령부는 북한에 대한 점령정책의 목표를 분명히 밝히면서 북한의 소비에트화를 추진할 정치도구인 맑스·레닌주의적 혁명정당을 발족시켰다.[160]

한국에 대하여 연합국에 의한 신탁통치를 실시한다는 미국의 전후계획이 처음 알려지게 된 것은 미국무부 극동담당 빈센트가 1945년 10월 20일 미국 외교협의회에 미국의 대극동정책의 전체적 윤곽을 밝힐 때였으며, 10월 25일에는 번즈 국무장관이 38도선을 일시적인 것이며 그것을 철폐하기 위해서는 대화가 이루어져야 한다고 기자회견에서 밝혔고, 이어서 번즈 장관은 11월 3일 해리만 주소 대사로 하여금 한국에 관한 실무적인 문제에 관하여 교섭을 지시하고 11월 8일 해리만은 몰로토프 소련외상에게 남·북간의 상품교환 특히 북한으로부터 석탄과 전력을 공급, 남북한의 철도연결, 연해해운 재개 등을 하지와 치스챠코프 간에 협의할 것을 요청하였다.[161]

따라서 미국은 통일적인 연합국지휘하에 각국에서 차출한 부대로서 한반도를 점령함으로써 이 지역에 소련이 우호적인 정부를 수립하려는 기도를 막으려 하였고, 궁극적으로는 카이로선언의 약속을 지키면서 소련의 가능

---

158) 윤진헌, 앞의 책, p.109.
159) 양호민, 「정치체제의 변천」, 『사상계』 1955.8, pp.168-174.
160) 윤진헌, 앞의 책, p.111.
161) 위의 책, p.123.

한 기도를 막는 방법이 곧 신탁통치라고 생각하였다. 이에 따라 7월 5일 미 육군부보고서에는 한반도를 소련의 작전지구로 인정하는 경우에는 점령만은 미·소가 공동으로 행하고, 연합국의 신탁통치에 의하여 예상되는 소련의 기도를 저지하는 대소정책을 여러모로 고려하였던 것이다. 이것은 미국이 소련에 대한 의구심을 늦추지 않고 소련이 한국이나 만주지역으로 팽창하지 못하도록 사전에 저지하기 위하여 소련으로 하여금 카이로선언을 재확인하도록 유도하였다.[162]

소련은 전후 그들의 세력판도 확장에 치밀한 청사진을 가지고 주어진 기회를 최대한으로 활용하였음을 쉽게 짐작할 수 있다. 그것은 동구에서나 동북아시에서나 마찬가지였다. 얄타회담에서 스탈린이 루즈벨트에게 전후 한반도에 외국군대를 주둔시킬 필요가 있는가 하는 질문에 필요성이 없다고 답하자 신탁의 기간이 짧을수록 좋다는 견해를 표했다. 스탈린은 언제든지 한반도에 침투시킬 수 있는, 소련에서 잘 교육받고 훈련된 한국인 군인이 있고 또 만주지방 모택동 휘하의 공산군에도 상당수의 한국인 빨치산 부대원들을 이용하여 한반도의 신탁 기간이 끝나는 순간 적화를 기대할 수 있다는 복안을 가지고 있었다. 이미 해리만은 얄타비밀협정 이후 8·15를 전후하여 국무부에 대한 대한정책에 있어서 소련의 야심을 경계하도록 건의한 바 있다. 소련군은 북한을 점령하자마자 소비에트 체제 구축에 들어갔던 것이다.[163]

미군정은 모스크바외상회의의 제 결정을 반대하는 데모를 고취시켰다는

---

162) 정용석, 『미국의 대한정책, 1945-1980』, 일조각, 1979, p.127.

163) 이 무렵 미군정이 갖고 있던 구상은 "1946년 4, 5월 사이의 어느 시점에서 소련과 상호 철수에 대한 협상을 매듭짓고 북한까지 통치위원회의 행정권을 확대한다. 이상의 계획을 소련에게 반드시 사전통보해 주면 만약 소련의 참여가 없으면 장차의 계획은 38도선 이남에서만 수행한다. 본인은 정치적 사회적 영향에 의해 한국민이 하나의 자주정부를 환영하지 않게 남북으로 떼어놓기에는 남북의 한국민이 너무나 동질적이라고 믿고 있다"라는 데 잘 나타나 있다. 윤진헌, 앞의 책, pp.130-134.

타스 통신의 견해를 인용 보도한 점을 볼 때 한반도를 중심으로 하는 미·
소의 이해관계의 수립이 노정되었다고 할 수 있다. 이것은 곧이어 닥칠 냉
전시대의 서막이기도 했던 것이다.[164] 한반도에서 미국의 의도와 목적은
어디까지나 소련에 우호적인 정부의 수립을 기어이 봉쇄하려는 데 있었고,
소련의 의도와 목적도 한국이 소련에 대한 공격기지로 되지 않는 우호적
민주국가의 수립에 있었다.[165]

　미국이 한반도에서 민주국가 수립을 원했다면 그것은 어디까지나 소련의
세력팽창을 저지시키는 데 우선적인 목적이 있었다. 소련 역시 한반도에서
소련공산주의 재현이 아니라 소련 동조세력의 기지로 삼는 데 1차적인 목
적이 있었다고 한다면 분명 한반도에서 양 진영의 갈등 뒷전에서는 미·소
양국의 국익이 엄존해 있었던 것이다.

제3절 미·소군 진주 직후 38도선의 상황

　38도선 획정과 미·소군의 남북한 진주는 한반도의 산과 평야, 농촌과
도시, 통신과 수송망들을 일시에 분할시켜 놓았을 뿐만 아니라 보다 공업
화된 북한지역과 농업이 압도적인 남한지역을 분리시켰다. 당시 남북한의
경제가 발전하기 위해서는 이 두 지역이 상호 보완적으로 작용하는 것이
필요하였다. 그러나 38도선 분할점령은 남북한 경제를 피폐시켰을 뿐만 아
니라 38도선이 점점 분단선으로 변질되어 고정화되어 갔다.

　북한지역에 진주한 소군은 본대가 평양에 도착하기 전에 북위 38도선 일
대에 본격적으로 부대를 파견하여 남한으로 이주 또는 국외에서 귀환하는
동포들을 검문하는 한편 일체의 남행열차의 운행정지 또는 38도선 근처에

---

164) 위의 책, p.139.
165) 위의 책, p.141.

서 정지케 하였다. 그것은 한국에 있어서 남북한 간의 교통이 최초로 차단된 발단이며 동시에 오늘에 이르기까지 그 길은 아직 열리지 않고 있다.

소군은 해방 직후부터 열차운행을 정지 또는 제한하는 한편 은행, 우편국을 산발적으로 폐쇄하였으며 1945년 8월 22일 1개 소대 병력이 금교역에 선발대로 도착했으며 23일에는 38도선을 넘어 개성에 침입, 은행에서 현금 900만 원을 강탈, 개성인삼(2,000만 원 상당)을 비롯하여 기타 물자를 강제 징발하는 등 동 지역에 미군이 진주할 때까지 그들은 온갖 횡포를 자행하였다.

8월 25일에는 2개 소대가 금교에 증파되고 신막에 2개 중대 해주에 1개 소대, 26~28일 사이에 강원도의 38도선상인 양양·복계·금화·화천에 각각 진주였으며, 소련군의 1개 소대 병력은 38도선 이남인 춘천에까지 침입하였다. 동 지역의 주민들은 환영회를 베푸는 등 인민위원회를 조직하여 도정 이양공작을 한 바 있으며, 평강, 화천에서는 그들은 미군이 춘천에 들어오기 전까지 소련군이 매일처럼 이곳에 내려오곤 하였다.[166]

미군이 아직 한반도에 진주하기 이전에 전격적으로 북한지역 일대에 진출한 소군은 전술한 바와 같이 각 지방에 그들의 영향하에 자치단체를 조직케 하고 그 지방의 행정권을 행사케 하는 한편 로마넨코 정치사령부로 하여금 조심스럽게 그들 단체를 감시 또는 조정케 하였다. 소군은 진주와 더불어 한국인 2세를 대동하였으며 점차 그들로 하여금 북한 내에서의 세력교체에 박차를 가하였다. 이런 기미를 탐지한 북한 유력인사들은 이때부터 남한으로 월남하기 시작하였고 38도선은 별다른 공식발표 없이 점점 굳어져 갔다.[167]

실제로 1945년 9월 8일 미군이 진주한 뒤로 며칠 못 되어 소련군이 한반도 문제에 관해 협력하려고 하지 않으려 한다는 것이 점차 분명해지기 시

---

166) 국방부 전사편찬위원회, 『한국전쟁사』(구제1권), p.55.
167) 『한국전쟁사』(구제1권), p.56.

작하였다. 하지는 남한의 경제상태가 심각한 위기에 봉착하자 여타 제한을
완화시키고 전국 경제와 민간행정의 통일을 확보하려고 시도하였지만, 소
련군 당국은 38도선에 전술연락실의 설치에 합의한 것을 제외하고는 하지
의 제안에 거의 아무런 반응도 보이지 않고 있었다.

심지어 소련군사령부는 미군사령부가 석탄과 교환할 목적으로 북한에 식
량열차를 보냈을 때 석탄을 보내지 않았을 뿐만 아니라 식량을 싣고 간 열차
를 억류하기조차 하였다. 그러고는 서울 이북지역에 대한 송전을 일방적으로
중단하였던 것이다. 소련의 이러한 행동이 38도선을 단순한 분할선에서 장벽
으로 변화시켰다. 미·소군이 38도선에서 처음 대치하고 있을 무렵 38도선
부근에는 남·북으로 이어지는 주요 도로 10여 개를 중심으로 초소를 설치
하고 있었으며, 소군초소 중에는 38도선 이남 지역에 위치한 것도 있었
다.[168]

이러한 난제들을 해결하기 위한 노력으로 하지는 북한주둔 소련군사령관
치스챠코프에게 두 차례 초청장을 보내 지역적 분할에서 빚어지는 여러 정
치적·경제적 문제들을 서울에서 토론할 것을 제의하였다. 그러나 1945년
10월 9일의 회담에서 소련군사령관은 통일에 관한 문제들은 두 점령군의
정부 차원에서 해결될 수 있기 때문에 정부의 지원 없이는 그와 같은 행동
은 취할 수 없다고 답하였다.[169] 이 무렵에 미군정이 소군정으로부터 합의

168) 「배천으로부터 초인스키 보고」(1946.5.14), Records of the HUSAFIK, *Report
Concerning the violation of the 38th Parallel*, vol.2, 1945~1950, SN.1718,
p.289. 공동 국경조사단은 배천까지 마치고 내일 동쪽으로 계속할 것임. 지금
까지 확인된 10개의 소련 도로차단 중에 8개가 뒤로 물러났음. 하나는 38도
선 선상에 있음. 현재 38도선상에 잔류되어 있는 해주-청단선 도로차단은
비록 38 이남이지만, 소련인들이 거기에 큰 건물을 세웠기 때문에 잔류를 허
용한 것이다. 차단막 이동에 소련인과 어떤 문제도 없었음 협조적이었음. 초
인스키는 16일 청단으로 갈 것임. 조사가 끝난 후 공동보고위해 파렐과 함께
평양에 갈 계획임. 마을과 지형을 고려하여 새로운 자리와 위치와 계획되고
있다. 양측에 이 지도를 줄 것이다.
169) 윤진헌, 앞의 책, p.115.

를 얻어낸 것은 미군정지역인 옹진지역에 미군차량의 출입을 허락한다는
정도였다.[170]

38도선 분할선은 미·소가 진주하였을 때부터 미·소군의 협조가 허락되
지 않으면 곧바로 분쟁으로 이어질 가능성을 갖고 있었다. 그 최초의 예가
옹진지역이었다. 미군은 옹진반도의 일부분이 미군 관할하에 두어지게 되
었는데, 서울에서 이 지역으로 이르는 육로가 38도선에 의해 차단되었다.
처음 미군은 옹진에 이르는 육로 수송을 소련군으로부터 묵시적인 협조로
수송로를 보장받고 있었으나, 점차 소군으로부터 방해를 받기 시작하였다.
즉 소군은 이 지역을 왕래하는 미군 수송차량을 검문하기 시작한 것이었다.
이러한 상황에 관해 다음의 자료가 주목된다.

> 최근 개성과 옹진반도 사이를 왕래하는 미군 수송에 관해 소군의 검
> 문이 있다고 보고되었다. 특히 2주 간격으로 실시되는 옹진반도 수송차
> 량과 인력운송에 관한 검문이다. 나는 미군 점령지의 행정은 미 점령군
> 소관이라고 생각한다. 소련군의 수송 검문은 불합리한 간섭이다. 그곳이
> 황해도인 까닭으로 당신들의 관심은 이해하지만 검문하는 것은 이해되
> 지 않는다. 미 점령군은 문제가 있다면 해상수송을 했을 것이고 또 그렇
> 게 할 수도 있다. 38 이남 옹진이 나의 권한인 이상 옹진 간의 미군 수
> 송은 어떤 형태든지 검문을 받지 않고 통과되어야 한다.[171]

주한미군사령관 하지는 옹진과 개성지역의 38도선 지역에서 미·소군의
협조를 위하여 북한의 소련군사령관과 회담하려고 여러 번 시도하였으나,
결국 소련군 측은 이를 권한 밖의 일이라고 거절하였다. 그리하여 하지는
1945년 11월 하순 38도선의 취소를 포함한 한국문제의 해결을 위해 미국이
국제적 수준의 적극적인 행동을 취하도록 합참에 건의하는 한편,[172] 38도

---

170) 「치스챠코프가 하지에게」(1945.10.25), p.36.
171) 「하지가 치스챠코프에게」(1946.3.15), 앞의 자료 제2권, p.363.
172) 윤보헌, 앞의 책, p.114.

선 분계선의 전체 책임구역을 도계와 군계를 고려하여 잠정적으로 재조정
하도록 하자는 다음의 내용을 소련군에게 전달하였다.

> 황해도와 경기도 사이의 현 경계선을 경기도 경계를 중심으로 조정하
> 고, 경기도와 강원도 사이 현경계선을 강원도 춘천군 북쪽으로 조정하고,
> 강원도 내의 선은 춘천군과 금화군 사이, 화천과 금화군 사이, 화천과 양
> 구군 사이, 춘천과 양구군 사이, 춘천과 인제군 사이, 홍천과 인제군 사
> 이, 평창과 인제군 사이, 평창과 양구군 사이, 동해 강릉군과 양구군 사
> 이의 현 경계선으로 하자. 상기 언급된 도계와 군계는 1945년 8월 15일
> 부의 경계선의 세부 행정구획선으로 하자. 상기 새로운 미·소 군사책임
> 경계선은 다음과 같이 제의한다. 1) 황해도 전 지역은 소군 책임지역, 2)
> 경기도 전 지역은 미군책임지역, 3) 강원도 통천군·평강군·철원군·고
> 성군·인제군·회양군·이천군·금화군·양구군·양양군 등은 소련 책
> 임지역, 4) 강원도 화천군·홍천군·평강군·삼척군·춘성군·원주군·
> 철원군·홍성군·강능군·울진군·영월군은 미군 책임지역으로 할 것을
> 각각 제의한다.[173]

하지는 미·소군이 한반도에 진주한 직후 38도선의 경계는 행정적인 도계
와 군계 등 행정적인 지역을 고려하여 설정하지 않고 단순히 지도상의 38도선
으로 구분하여 중립지대를 설정함으로써 옹진 등과 같은 여러 가지 문제가 발
생할 소지가 있다고 판단한 것이었다. 그리하여 서해에서 동해에 이르는 38도
선 접경지를 행정구역을 고려하여 분쟁의 소지가 없도록 재조정하자고 제의
한 것이었다. 그러나 소군은 미군의 제의를 받아들이지 않았다. 하지는 수차에
걸쳐 치스챠코프에게 서한을 보냈으나, 소군사령부는 이전의 입장을 견지하
면서 의례적인 답신만을 되풀이할 뿐이었다. 뿐만 아니라 1945년 말경에 가서
는 소군에 의한 38도선 월경사건이 점차 증대되고 있다고 보고되었다.

---

173) 「주한미군사령부가 스티코프에게 보낸 각서」(1946.1.22), 앞의 자료 제2권,
pp.393-394.

38도선 이남에서 소련군에 의한 절도와 공격행위가 증가되고 있다고 보고되고 있다. 그 지역은 개성선과 청단선이다. 최초 경계통제 초소를 설치할 때, 나는 미군에게 38도선 이남 중립지대를 떠나도록 지시하였다. 불행한 사태가 발생하여 우리 사이에 오해가 발생하지 않도록 당신도 그렇게 하도록 바란다. 38도선의 정확한 위치설정은 어려운 문제이지만, 소군이 소지한 지도를 통해 미·소군 책임지역을 알 수 있을 것이라 생각한다. 따라서 분명 38도선 이남에 소련군의 배치는 의도적인 것이라고 생각할 수밖에 없다. 소군의 38도선 침범은 불행한 사태를 초래할지도 모른다. 이들을 조속히 38도선 이북으로 철수시키고 차후 이런 일이 발생하지 않도록 해주기 요청한다. 당신이 그 위치를 정확하게 할 필요가 있다고 생각한다면, 우리 측에서도 기술자를 파견하여 도와주려 한다.[174]

이처럼 하지는 치스챠코프에게 38도선 분쟁의 소지에 관해 정식으로 문제를 제기하였다. 최초 38도선 접경지에는 미·소군 간에 중립지대를 설정하고 남·북으로 이어지는 주요 도로 상에는 미·소군의 통제초소를 설치하였고 각각 책임지역을 통제하도록 하였으나, 1945년 말부터는 소군이 부분적으로 38도선 이남으로 월경하거나 청단선에서는 아예 소군이 38도선 이남지역에 초소를 설치하고 있음을 볼 수 있다. 따라서 38도선 분계선 부근은 미·소군 병력이 도로차단 초소를 설치한 후 늘 잠재적인 충돌가능성을 안고 있었다.

그러나 이 시기에는 38도선을 통해 많은 사람들이 공공연히 남·북을 왕래하고 있었고 또 미·소가 냉전의 기미를 보이고 있긴 하였지만 아직까지는 표면화시키고 있는 상황은 아니었으므로 38도선 접경지의 상황도 심각한 상황이 초래되지는 않았다. 그러나 미·소군의 협조체제가 무너지면 곧바로 무력충돌로 이어질 가능성은 처음부터 예고하고 있었다.

---

174) 「하지가 치스챠코프에게」(1946.4.16), 앞의 자료 제2권, pp.314-315.

제7장 미·소군의 대립과 38도선 충돌

제1절 미·소공동위원회와 미·소군의 대립

1. 제1차 미·소공동위원회

1946년 초 남북한의 정치지도자들이 신탁통치를 둘러싸고 찬탁과 반탁의 대립을 심화시키고 있는 가운데 미·소 군정은 이미 모스크바 3상회의에서 합의한 바에 따라 미·소공동대표자회담을 개최하기에 이르렀다.

모스크바 삼상회의에서는 협정에서 합의된 사항들을 이행하기 위한 두 개의 미·소연합기구에 대해 다음과 같이 규정하고 있었다. 먼저 조선에 관련된 긴급한 문제들을 고려하기 위하여 또는 남조선 미국 관구와 북조선 소련 관구의 행정 경제 면의 항구적인 균형을 도모하려는 조치들을 구체화시키기 위하여 2주일 내, 즉 1946년 1월 10일 이내에 조선에 주둔하는 미·소 양군 사령부대표로써 회의가 소집될 것이라고 하였다. 또 미·소 양국 점령군의 대표자들로 구성된 공동위원회는 조선 전체를 위한 조선임시정부를 구성하고 조선을 완전한 독립국가로 수립하기 위한 4대국의 신탁통치 협정을 협의하는 제안들의 작성을 포함해서 장기적인 정치적 경제적 문제들을 심의할 것이라고 하였다.[175]

미·소공동회의에 임하는 미국 측 대표들의 행동지침은 1946년 1월 5일에 합동참모본부가 맥아더 사령관에게 보낸 지령에서 제시한 SWNCC

---

175) U.S. Department of State, *United States Policy Regarding Korea 1838-1941, 1947-1950*, 한철호(역), 『미국의 대한정책, 1834-1950』, 한림대 아시아문화연구소, 1998, pp.117-118.

176/13에 근거로 국무부·전쟁부·해군부 3부 조정위원회가 마련한 것이었다. 미국 대표단은 한국을 경제적 행정적 통일체로 취급하는 데 대해 소련 측의 동의를 구하고자 하였다. 이리하여 1946년 1월 15일 소련대표 스티코프 중장 외 수행원 70여 명이 서울에 도착하였으며 회담은 다음날부터 비공개로 시작되었다.

공동위원회는 1946년 1월 16일 처음 회동한 다음 15회의 공식회합을 거쳐 1946년 2월 5일 마지막 모임을 가졌다. 의제가 토의되는 동안 양국 대표들은 심각한 시각차를 드러내었다. 미국 대표 아놀드 소장은 한반도의 남쪽과 북쪽이 통합되어야 하며, 그 통합의 전제조건은 1) 38도선의 장벽을 제거하고 2) 운송수단과 공공시설과 같은 중요 편의시설을 단일 행정체계로 편입시키며 3) 은행과 통화제도 그리고 다양한 상업활동에 통일된 재정정책을 적용하며, 4) 한반도 전역에 걸쳐 상품과 사람의 자유로운 통행을 보장하는 것이었다. 이와 반대로 소련대표 스티코프 중장은 남쪽과 북쪽을 별도로 분리된 두 개의 군사 책임구역으로 인식하였으며, 남북문제를 교류와 협력의 문제로 생각하고 있었다.[176]

미·소공동회의에서 가장 중요한 문제로 여겨진 것은 이 때문에 사실상 회의가 결렬되었지만, 북한산 원자재 및 다른 상품과 남한산 쌀을 교환하자는 소련 측의 요구였다. 미 대표단은 남쪽이 쌀을 제공할 만한 처지에 놓여 있지 않다고 설명하였다. 소련 측 스티코프는 실질적으로 최후통첩에 해당되는 성명서—미군사령부가 소련사령부에게 상당 분량의 쌀 공급을 보장할 수 있을 때까지, 소련대표단은 전력을 비롯한 상품들의 교역에 관한 토의를 계속할 수 없을 것임을 암시하는 성명서—를 제출하였다.

그러나 회담에서 다룰 주 의제 선정에 대한 대립으로 별다른 성과를 거두지 못하고 다만 미·소공동위원회의 설치에 합의하고 폐회하였다. 공동회의는 다음 사항에 대해서만 제한적인 합의를 이루었을 뿐이었다. 즉 1종

---

176) 위의 책, pp.118-119.

우편물 교환, 한국인의 양 지역 간 통행, 양국 사령부 간의 연락체계 구축, 라디오방송 주파수 할당, 철도 자동차 선박 운수 허용, 공동통제소(Joint Control post) 설치 등이었다.[177]

모스크바회담과 미·소 양군 대표회담의 결과에 따라 1946년 3월 20일 미국 측은 아놀드 소장, 소련 측은 스티코프 중장을 수석대표로 하여 제1차 미·소공동위원회가 서울 덕수궁에서 시작되었다. 이 두 사람은 이전의 공동회의에서 동등한 자격으로 회의를 주관하던 인물이었다. 주한미군사령관 하지 장군은 개회사에서 정치·경제·행정의 모든 한국문제들을 미·소공동위원회가 '우호적이고 공정하게' 해결할 수 있기를 희망한다고 연설하였다. 이에 대해 스티코프는 "소련은 조선이 진실한 민주주의적 독립국가가 되기를 요망하며 소련과 우호적인 국가가 되기를 기대한다. 그리하여 조선은 미래에 소련을 침범함에 필요한 요새지와 근거지가 되지 않을 것을 기대한다"고 회답하였다.[178]

미군정의 반탁입장과 취약한 협상기반에도 불구하고 미·소 양측이 3월 말에 작업일정과 방법에 합의함으로써 회담 초반 협상은 순조로이 진행되는 듯이 보였다. 이러한 분위기는 외부에도 전달되어 한국인들로 하여금 회담 성사에 대해 기대감을 가지게 하였다.[179] 그러나 결국 이 회담을 통하여 소련은 모스크바 협정을 지지하는 공산계열만을 협의대상으로 삼아 장차 한반도에 공산정권을 수립하겠다는 당초의 의도를 실현하려 하였다. 미국 측은 민주주의의 원칙에 따라 모든 정당 및 사회단체의 참여를 보장하려 하였다.

즉 미국은 1차 미·소공위에서 임시정부 구성보다는 임시정부 수립의 절차와 방식을 중심적 협상 내용으로 삼고자 하였다. 협의대상 단체의 선정을 둘러싼 미·소 간의 논쟁은 겉으로 드러난 핑계거리에 불과하였고, 회

---

177) 위의 책, p.119.
178) 위의 책, p.122.
179) 정용욱, 앞의 논문, p.111.

담 결렬의 원인은 미·소 양측이 사전에 자신이 구상한 임시정부 수립구성을 회담에서 관철시킬 수 없었기 때문이었다. 임시정부 수립에 대한 미국의 입장을 요약하면, 소련 측에 유리한 임시정부 구성이나 한국인들에 의한 즉시독립 요구, 그 어느 쪽도 결코 허용할 수 없다는 것이다.[180]

이에 미국 측은 자격문제가 상당한 시일을 두고 논란이 될 것으로 예상하고 이 현안을 해결하는 동안 38도선의 철폐문제부터 논의하자고 다시 제의하였으나 소련 측은 임시정부 구성을 최우선적으로 주장한 그들의 입장을 관철하려고 이 제안을 거절하였다. 미국 측 대표는 부득이 이 단계에서는 토의할 다른 과제가 없으니 무기한 휴회를 하는 수밖에 없다고 휴회를 제의하였다.[181]

미·소 쌍방은 이러한 기본노선과 방침을 굽히지 않음으로써 회담은 난항을 거듭하던 중 개최 50일 만인 1946년 5월 8일 제24회 회담을 마지막으로 무기 휴회되었다. 다음날 소련 측 대표단 일행이 평양으로 철수한 후 미군사령관 하지 중장은 공동위원회 결렬 경위를 특별성명으로 발표하고 이어 조선인들이 자중할 것을 요청하는 성명을 발표하였다. 곧이어 소련은 서울에 주재하는 소련 영사관을 46년 7월 2일자로 폐쇄하여 보안스키 영사, 사부신 부영사 등 일행이 서울을 철수하고 소련군 장교 2명과 소련 민간인 1명만이 잔류하게 되었다.[182]

미·소공동위원회의 결렬은 정부 수립 방법에 대한 다양한 견해를 또다시 분출시켰다. 한국의 정치지도자들은 국토의 지속적인 분단과 모스크바 결정하의 신탁통치 가망성 등으로 인해 점점 더 초조해지고 있었다. 김구계는 종전과 다름없이 통일임시정부의 구성을 주장하였으며 김규식계는 미군정의 지원하에 좌우 합작을 시도하였다. 국제정세를 관망하고 있던 이승만은 공산당과의 타협은 불가능하다고 보고 단독정부의 수립을 모색하기

---

180) 위의 논문, p.118.
181) 송남헌, 『해방3년사Ⅱ-1945-1948』, p.324.
182) 위의 책, p.461.

시작하였다. 그는 한국민주당의 호응을 받아 민족통일총본부를 결성하고 한국문제를 유엔에서 토의할 것을 요구하였다. 더 나아가 그는 1947년 1월에는 직접 미국을 방문하고 자신의 견해에 귀를 기울이지 않는 미군정을 비난하기도 하였다.

이에 하지 주한미군사령관도 귀국하여 미 정부와 협의를 가졌다. 이러한 이승만의 단독정부 수립 주장은 그 시기가 국제관계, 특히 미·소의 대립이 격화된 때여서 미국의 관심을 끌게 되었다. 그러나 미군정 당국은 좌우합작을 추진하고 있었다. 그리하여 1946년 12월에는 좌우합작을 지지하는 인사들로 과도입법의원을 구성하고 김규식을 의장에 임명하였다. 이어 군정장관 아래 한국인 민정장관을 두고 초대장관에 안재홍을 임명하는 등 대립 정국의 수습을 모색하면서 군정에 한국인 참여를 확대시켜 나갔다.

2. 제2차 미·소공동위원회

1947년 초 미·소 간의 회의는 교착상태가 계속되었다. 이에 1947년 1월 20일경 하지 장군은 "적극적이고 협조적인 국제적 차원의 조처가 즉각 취해지지 않는다면", 한국에서는 '본격적인 내란'이 발생할 위험이 존재한다고 보고하였다. 그는 또한 "현지 차원의 협상에서 미·소 간의 협력가능성은 없다"고 언급하였다.[183] 맥아더 장군도 하지 장군의 의견을 지지하면서, 미·소 양국의 시각 사이에 현존하는 교착상태를 타개할 적절한 방법이 곧 강구되지 않을 경우 한국민, 독립 한국을 건설하려는 연합국의 목적과 목표, 그리고 극동에서의 미국의 체면과 영향력 등에 재앙이 잇따를 것이라는 의견을 피력하였다. 마샬 국무장관은 1947년 1월 28일 맥아더 장군의 건의가 자신의 개인적 관심을 끌었다고 답변하였다.[184]

---

183) Unnumbered, undated tel. from Seoul, record 1947.1.22, secret file 740.00119 Control(Korea)/1-2247, 한철호(역), 앞의 책, p.130.

이 무렵 미국은 1947년 3월 트루먼독트린(Truman Doctrine)[185]과 마샬
플랜(Marshall plan)[186]을 발표하여 외교정책을 바꾸고 소련의 팽창정책에
정면대응하자 미군정의 좌우합작에 의한 정국수습 노력도 난관에 부닥치지
않을 수 없게 되었다. 따라서 미·소 합의를 전제로 한 신탁통치의 필요성
은 퇴색되어 갔고 좌우합작 정책도 그 명분을 잃기 시작하였으며 단독정부
의 수립을 주장하는 견해가 확산되었다.

1947년 4월 5일 하지 중장이 미국으로부터 귀임할 무렵 북한주둔 소련군
에 큰 변화가 있었다. 사령관 치스챠코프 대장이 경질되고 그 후임으로 코
르트코프 중장이 임명되었다. 당시의 일간신문은 상해 발 AP통신을 인용
하여 "치스챠코프의 경질은 하지 중장과의 대인 관계가 원만치 못하여 이
관계를 개선하기 위한 것"이라고 보도하여 공동위원회 재개의 기운이 성숙
하고 있음을 반영하였다.

이에 4월 8일 마샬 미 국무장관은 미·소공동위원회의 즉시 속개를 촉구
하는 서한을 몰로토프 소련외상에게 발송하고 만일 공동위원회가 실패할
경우 미국이 필요한 조치를 단행하겠다는 중대한 결의를 표명하였다. 이에
그동안 수차례에 걸친 미국 측의 회담재개 요청을 외면해 오던 소련이 이
에 동의하였다. 5월 16일 공동위원회의 소련 측 선발대가 서울에 도착하였
으며 20일에는 소련 측 수석대표 스티코프 이하 전원이 서울에 도착하였
다.[187]

---

184) Tel. 28 to Tokyo, 1947.1.28, secret file 740.00119 Control(Korea)/1-2847. 위
    의 책, p.131.
185) 1947년 3월 12일 미국의 트루먼 대통령이 공산주의자들에게 직·간접적인 위
    협을 받는 전 세계 국민을 지원할 것을 다짐하고 대외군사원조를 시작한 외
    교정책 연설이다.
186) 미국이 1948년에서 1951년까지 서유럽국가들에게 실시한 유럽경제부흥계획을
    말한다. 이는 1947년 6월 당시 국무장관 마샬이 하버드대학에서 행한 연설을
    기초로 하여 계획되었다.
187) 송남헌, 앞의 책, p.469.

그리하여 1947년 5월 21일 제2차 미·소공동위원회가 서울에서 다시 개최되었다. 그러나 회담은 협의대상의 선정을 놓고 소련 측의 모스크바 협정 고수 방침과 미국 측의 '의사표시 자유'의 주장이 다시 맞서게 되어, 같은 쟁점으로 비난과 반박을 되풀이한 1년 전의 제1차 미·소공동위원회의 재판이 되고 말았다. 소련대표단은 자신들이 46년도 공동위원회의 회담에서 취했던 입장으로 되돌아갔다.

1947년 8월 11일 마샬 국무장관은 다시 정부 차원에서 소련에 접근하려 하였다. 마샬은 소련 외무장관 몰로토프에게 공동위원회가 심의의 진척 상황을 8월 21일까지 보고함으로써 "양국 정부는 즉각 모스크바 협정의 목적을 달성하기 위해 앞으로 어떠한 조치를 취하는 것이 유용한가를 즉각 고려할 수 있도록 하자"고 요청하는 서한을 발송하였다.[188]

몰로토프는 8월 23일자로 공동보고서를 작성하는 데 동의한다고 응답하였다. 이와 동시에 그는 협의에 대한 소련대표단의 입장을 지지하고 남한에서 파괴활동 혐의로 몇몇 인사들을 체포한 것은 공동위원회의 업무를 방해하는 것이라고 비난하였다.[189]

이러한 상황에 직면하게 된 미국 국무장관 대리 로베트는 1947년 8월 26일 모스크바협정의 이행방안을 결정하기 위하여 미·영·소·중국의 4대국 회담을 열자고 제의하였다. 이 제의에는 앞으로 개최될 4대 강국 회의에서 토의될 제안들이 동봉되어 있었다. 미·소 양국이 점령하고 있는 남북한 지역에서 각 지역을 대표할 입법체를 수립하기 위해 빨리 선거를 실시하고, 이 지역 입법체는 통일한국을 위한 임시정부를 수립할 권한을 부여받은 임시입법의원을 구성하는 대표들을 선출한다는 것이었다.

한국임시정부와 관련 강대국들은 역시 주한 점령군들의 철수시기에 대해

---

188) Secretary Marshall to Mr. Molotov, 1947.8.11, unclassified file 740.00119 Control(Korea)/8-2347. 한철호(역), 앞의 책, p.134.
189) Mr. Molotov, 1947.8.11, unclassified file 740.00119 Control(Korea)/8-2347. 한철호(역), 앞의 책, p.134.

합의하기로 되어 있었다.[190] 이에 영국과 중국은 동의하였으나 소련은 공동위원회가 모스크바협정을 충분히 처리할 수 있으므로 4대국 회담에 응할 수 없다고 거부하고 1947년 10월 21일 소련대표부를 서울에서 철수시킴으로써 제2차 미·소공동위원회도 아무런 성과 없이 결렬되었다.

결과적으로 모스크바 협정에 따라 개최된 두 차례의 미·소공동위원회는 근 2년에 가까운 시간을 허비하고 아무런 진전도 이루지 못하였다. 그동안 북한에서는 공산 단독정권 수립 작업이 진행되었으며, 남한에서는 좌우합작운동이 퇴조하고 단독정부 수립이 불가피하다는 견해가 대세를 주도하게 되었다.

3. 한국문제의 유엔 이관

한반도는 당시 한층 고조되고 있었던 미국과 소련의 대립에 직접적으로 영향을 받게 되면서 단독정부 수립의 가능성이 더욱 높아지고 있었다. 즉 1947년 미·소공동위원회에서 한국문제가 토의되는 동안 한반도 문제를 유엔에서 다루어야 한다는 주장이 제기된 것이다.

당초 미국은 제1차 미·소공동위원회에 이어 제2차 미·소공동위원회마저 결렬되고 또 소련에 의해 4대국 회담마저 거부되자 한반도 문제를 유엔에 상정할 것을 구체화시켰다.[191] 이러한 문제는 유엔에 상정되기 이전부터 이미 미 정부 내에서 거론되고 있었다.

1947년 1월 초 미 육군부장관 패터슨은 국무부가 의회에 추가자금의 배정을 요구하든지 아니면 남한에서의 철군필요성을 인정해야 한다고 주장하였고, 동월 29일 각 부 합동회의에서 모스크바 결정은 포기되어야 하고 '남

---

190) Acting Secretary Lovett to Mr. Molotov, 1947.8.26, unclassified file 740.00119 Control(Korea)/8-2647. 위의 책, p.135.
191) 『로베트가 몰로토프에게』, FRUS 1947, Vol.Ⅵ, USGPO, 1971, pp.842-843.

한공화국을 수립'하는 것이 그 대안이 되어야 한다고 주장하였다.[192] 또 이 것은 거의 같은 시기 국무장관 마샬이 "남한만의 정부를 수립하고 남한경 제를 일본경제에 접속시키기 위한 계획을 기초하라"[193]고 한 지역통합전 략과 맥을 같이하는 것이었다.

한국문제의 유엔 상정은 신탁통치를 더 이상 거론치 않고 유엔주도하에 독립정부를 수립한다는 것을 뜻하며, 이는 결국 미국이 유엔의 도움을 얻 어 소련의 한반도 독점의도를 차단한다는 것이었다. 따라서 이 시기 미국 은 지역통합전략, 미·소공위 결렬을 예상한 단정 수립안 검토, 한국문제 유엔으로의 이관, 단정 수립, 주한미군 철수 등의 문제를 서로 관련시켜 한 반도정책을 검토하고 있었다.

마침내 국무장관 마샬은 1947년 9월 17일 제2차 유엔 정기총회 개회사에 서 "지난 2년 동안 미국은 소련과 협력하여 모스크바 협정에 따라 한반도 문제를 해결하려고 노력하였으나 전혀 진전이 없었다"고 전제하고, "더 이 상 소련과 협의하는 것은 시간낭비일 뿐이며 그로 말미암아 한국인들의 독 립에 대한 정당한 요구를 더 이상 지연시킬 수 없다"고 한국문제의 유엔 상정 이유를 설명하면서 "신탁통치를 거치지 않고 한국을 독립시키는 방안 이 강구되기를 바란다"고 제안하였다.[194]

소련 외무장관 몰로토프는 이와 똑같은 제안을 마샬 국무장관에게 1947년 10월 9일자 통첩으로 전달하였다. 국무장관 대리 로베트는 10월 18일 "미국 정부의 의견으로는 점령군의 한국 철수문제는 통일 한국을 위한 독립정부의 건설문제 해결의 불가분한 일부로 간주되어야 한다"고 회신하였다.[195]

---

192) 李鍾元, 『戰後美國の極東政策と韓國の脫植民地化』, 岩波講座, 『近代日本と植 民地』 8, 岩波書店, 1993, pp.21-24; 박찬표, 『반공체제 수립과 자유민주주의 의 제도화, 1945-48년』, 1995, pp.280-285.
193) 『빈센트가 국무부에게』(1947.1.27), FRUS 1947, Vol.Ⅵ, p.603, Footnote.
194) US Dept. of State, Department of State Bulletin 17(1947.9.28), USGPO, p.620.
195) Acting Secretary Lovett to Mr. Molotov(1947.10.18), unclassified file 740.00119 Control(Korea)/10-1747. 한철호(역), 앞의 책, p.137.

그러나 유엔 한국임시위원단의 업무에 대해 소련이 부정적인 태도를 취함에 따라 소련 점령하의 북한도 이를 받아들이지 않았기 때문에 임시위원단은 유엔 총회에 자문을 구하기로 결정하였다. 임시위원회의 결정사항은 1948년 2월 26일에 채택된 결의안에 구체적으로 명시되어 있다. 즉 임시위원회는 총회 결의안에 제시된 계획안을 시행하는 것, 그리고 한국에 필요한 조치로써 유엔 한국임시위원단이 한국의 전 지역에서 혹은 그것이 불가능하면 위원단이 접근할 수 있는 지역에서 선거를 계속 감시해 나가는 것이 필요하다고 생각하였다.[196]

유엔은 소련의 반대에도 불구하고 미국의 제안을 의제로 채택하였다. 미국이 제안한 내용은 남북한이 1948년 3월 31일 이전에 유엔감시 아래 총선거를 실시하되 유엔임시위원단이 선거 및 정부 수립을 감독하며 통일정부 수립 후 모든 외국군을 철수시킨다는 것이었다.[197] 유엔에서 미국 측 결의안이 심의되는 동안 소련대표는 "유엔이 한반도에 대한 관할권을 갖고 있지 못하며, 또 한반도에 주둔하고 있는 모든 외국주둔군을 통일정부 수립 전에 철수시켜야 한다"는 내용을 제안하면서 "한반도 문제는 한민족 내부에 맡겨야 한다"는 안을 내놓았으나 토의안건으로는 채택되지 못하였다.[198]

결국 유엔 총회는 1947년 11월 14일 미국 측 안을 지지하기로 결정하고 아울러 유엔 한국임시위원단의 설치문제를 확정하였다.[199] 이로써 한반도의 정부 수립 문제는 미·소공동위원회의 탁치안으로부터 유엔 관리하의 정부 수립이라는 방향으로 전환되었다. 1948년 5월 10일 남한에서 선거가 실시된 후 동년 6월 25일 임시위원단은 "1948년 5월 10일의 선거결과는 위원단의 접근이 가능하고 한국 총인구의 약 2/3를 점하는 지역에서 유권자들의 자유의사가 공정하게 표현되었다"는 결의안을 채택하였다.[200]

---

196) 한철호(역), 『미국의 대한정책』, p.138.
197) Dept. of State, *The Conflict in Korea*, USGPO, 1951, pp.7-8.
198) 장준익, 『북한인민군대사』, 서문당, 1991, pp.484-487.
199) 외무부, 『한국외교 20년 부록』, 1966, pp.285-287.

제2절 남북한의 창군과 남북한의 대립

1. 북한의 창군 과정

소 군정부대가 북한에 진주하여 체제를 갖추기 전까지 북한지역에서는 주로 민족주의자들이 조직한 자위대와 국내공산주의자들이 조직한 치안대가 사회질서 유지와 치안을 담당하였다. 본 항에서는 주로 미·소공위가 열리는 시점에서 단독정부가 수립되기까지 북한군 창설과정에 대해 살펴보기로 한다.[201] 소련군정은 김일성이 입북하자 각 도청 소재지마다 적위대를 편성하고 무장조직을 확대시키면서 소련군정을 대리하여 경찰기관의 역할을 수행케 하였다. 그러나 이러한 무장단체들은 서로 대립하여 주도권 쟁탈을 위한 충돌을 야기하는 등 도리어 정국을 혼란스럽게 하는 요인을 제공하기도 하였다.

소군정은 1945년 10월 21일 무장단체 해산령을 발표하여 이들 단체를 해산시켜 무기와 탄약 등 군용물자를 소련군에게 반납하도록 하고 새로이 보안대를 조직하였다. 보안대는 1945년 11월에 소련군정을 추종하며 공산주의 사상이 투철한 자 중에서 선발된 2천 명 규모로 진남포에서 창설되었으며 1946년 초까지는 각 도에도 보안대를 설치하여 이들로 하여금 치안과 시설경비를 담당하게 하였다. 동년 6월에는 보안훈련소를 개천에 설치하고 신의주·정주·강계 등에 분소를 설치하여 보안대원의 모집 훈련을 실시하였다. 보안대는 후에 인민군과 더불어 북한군의 근간을 이루는 부대의 하나로 성장해 갔다.[202]

---

200) 한철호(역), 앞의 책, p.139.
201) 국방군사연구소, 『한국전쟁』(상), pp.23-27. 참조.
202) 『한국전쟁사』 제1권, pp.87-88; 김창순, 『북한 15년사』(지문각, 1961), pp. 49-51. 인민군 지상군은 한국전쟁 전까지 인민군, 보안대, 경비대 등이 근간

치스챠코프 사령관과 김일성은 보안대만으로서는 치안과 경비, 특히 철
도경비에 부족하다는 명목을 내세워 장차 군으로 전환시킬 목적 아래 1946
년 1월에 본부를 평양에 둔 철도보안대를 창설하였다. 이들은 철도·터
널·역 등의 경비를 전담하였으며 일본제 99식 소총203)으로 무장하고 군
사훈련을 실시하였으며 그 규모가 점차 커지면서 1946년 7월에 북조선 철
도경비사령부로 개편되었다. 철도경비대는 13개 중대로 편성되었으며204)
철도경비를 담당하면서 정규군 편성에 대비하였다. 철도경비대 훈련소도
개천과 나남에 각각 설치하여 증편된 철도경비대의 부족한 인원을 보충하
고 훈련을 실시하였다.205)

이와 같이 북한에서는 소군정의 지원 아래 정규군 창설 이전의 무력수단
의 확보를 위하여 내무국 산하에 보안대와 철도경비대를 설치하였다. 이와
병행하여 그들은 정규 군사력의 건설을 준비하기 위하여 1946년 2월 8일
진남포 도학리에 군 간부와 정치 간부의 양성을 목적으로 한 평양학원을
설치하였다. 평양학원은 김일성 직계의 빨치산 출신들이 장악하고 그들 세
력의 확장을 위한 저변확보를 위해 각 지방을 돌면서 각 인민위원회에서
핵심 분자들을 선발하여 입교시키고 소련군 출신 한인들이 교관이 되어 정
치교육을 군사훈련과 병행 실시하였다. 군사훈련에 있어서는 신체단련, 사
격술 향상, 소련군 군사교리 등에 중점을 두었으며 정치 분야에서는 정치
학·노어·공산당사 등을 교육하되 사상의 통일을 기하기 위해 정치교육에
중점이 두어졌다.206)

이러한 교육내용의 편성은 단순히 군 간부를 양성한다기보다는 북한 공

을 이루었다.

203) 99식 소총은 일본에서 1939년에 제식화된 총으로서 38식 소총의 구경을 크게
    하여 위력을 증대시킨 소총으로 대공사격을 위한 표척을 부착한 단총이다.
204) 철도경비중대는 강계, 양덕, 원산, 함흥, 신포, 단천, 성진, 성삼봉, 사리원, 신
    성천 등지에 주둔하였다.
205) 『한국전쟁사』 제1권, pp.88-89.
206) 위와 같음.

산체제와 김일성을 중심으로 하는 빨치산 세력의 정치적 입지를 강화하는 분야별 핵심요원의 양성에 중점을 둔 것이었으며 장차 이러한 요원을 양산하기 위한 각급학교와 기관을 증설하려는 목적이 있었다. 이 학원의 교육기간은 4개월의 단기과정부터 시작하여 1946년 6월 처음으로 졸업생을 배출하였다. 이후 15개월 과정을 신설하여 제1기생 800여 명이 입교하였다. 이들은 평양학원을 수료한 후 당·보안대·경비대의 간부 혹은 교육기관의 교관으로 배치되었으며 전쟁 직전까지 모두 2천 5백 명이 배출되었다.

평양학원에서 공산체제의 기간요원을 양성하는 가운데 1946년 7월 평남 강서군에 군 간부를 양성하기 위한 중앙보안간부학교를 설치하였다. 이 학교는 공산당 중앙위원회의 추천을 받아 최초 300여 명을 입교시켜 보병중대, 포병중대, 공병중대 등으로 나누어 교육시켰으며 1947년 10월 제1기 졸업생을 배출하고 난후 위생중대, 경리중대, 통신중대 등을 증설하여 인민군의 병과별 간부를 양성하였다. 이들은 후일 인민군의 소대장, 중대장, 교관요원 등이 되었다.[207]

소련군정 당국과 김일성 일파는 이렇게 보안대와 철도경비대가 증편되고 평양학원, 중앙보안간부학교, 보안훈련소, 철도경비훈련소 등에서 군 인력이 양성되자 여러 기관을 통합하여 지휘체제를 일원화할 필요에 따라 1946년 8월 15일 평양에 군지휘기구인 보안간부훈련대대부를 설치하였다. 이 보안간부훈련대대부는 최초 보안대를 제외한 평양학원, 중앙보안간부학교, 보안훈련소, 철도경비대로 편성되었으나 그 후 몇 차례의 개편을 거쳐 철도경비대의 13개 중대를 기간으로 하여 3개 대대를 편성하고 훈련소를 3개 소로 통합하였다.[208]

훈련대대부는 군사시설을 점차 확충하면서 병력증강과 군사훈련을 병행하였으며 각 훈련소들은 사단편성 시 그 모체가 되었다. 대대부의 병력은

---

207) 『한국전쟁사』 제1권, pp.90: 『한국전쟁사』 제1권(구판), pp.680-682.
208) 『한국전쟁사』 제1권, pp.88-89.

18세 이상 25세까지의 청년으로 모병하였으나 기피현상이 심해지자 강제징집을 시행하여 민청원과 당원을 집단적으로 입소시켰다. 장비는 초기에는 일제 38식 소총209)으로 무장하였으나 소련제 소총과 탄약을 확보하고 소련군 장교를 고문관210)으로 두어 조직적인 체계로 급속히 성장하였다.211) 이리하여 북한에서의 군 창설은 시간을 다투는 문제가 되어 있었다.

북한은 보안간부훈련대대부를 설치한 후 1947년 5월에 이르러 미·소의 대립이 심화되어 제반 여건이 성숙되었다고 판단되자 보안간부훈련대대부를 인민집단군(사령관 최용건)으로 재편하였으며 보안간부훈련 제1소를 보병 제1사단, 제2소를 보병 제2사단, 제3소를 제3독립혼성여단으로 승격시키고 집단군 총사령부를 설치하였다. 이때부터 김일성은 본격적으로 군사력 강화와 군사원조의 획득에 박차를 가하였으며 이들 사단들은 소련군으로부터 지원받은 76mm 곡사포, 82mm 박격포, 120mm 중박격포, 45mm 대전차포와 각종 기관총, 다발총, 소총 등을 장비하였다.212)

인민집단군 편성 시 각 사단의 병력은 1만 400명 정도이고 제3독립 혼성여단은 3천 400명 정도로 총병력은 약 3만 명 정도에 달하였으며 약 1만 7천 명의 훈련병이 있었다.213) 이때 계급제도를 도입하고 소련 군사고문관들의 주도로 전술훈련 등을 실시하다가 1948년 2월 8일, 정규군 창설 선언과 함께 '조선인민군'으로 개편하고 인민군 총사령부를 설치하였다.214) '조선인민군'의 창설은 북한 공산정권의 수립을 공식화하기 7개월 전의 일이

209) 38식 소총은 일본이 1906년에 만들어 제2차 세계대전 시 사용한 대표적인 소총으로 '명치38년'에 제식화하였기 때문에 그러한 명칭이 붙었다.
210) 스미르노프를 단장으로 한 소련 군사고문단이 북한군의 기본단위 부대 편성 및 훈련을 주관하였다.
211) 『한국전쟁사』 제1권, pp.90 및 pp.680-682.
212) 1948년 3월 24일에 전투훈련국장 김웅이 제1사단장으로, 1947년 8월에 김책이 제3여단장으로 보직되었다. History of NPK, pp.94-95.
213) 『한국전쟁사』 제1권, pp.92-93; 『한국전쟁사』 제1권(구판), pp.684-689; 육군본부 정보참모부, 『북괴 6.25 남침분석』(육군본부, 1970), pp.39-41.
214) 『한국전쟁사』 제1권, pp.92-93; 『북괴 6.25 남침분석』, pp.39-41.

었다. 따라서 이는 하나의 무장집단에 불과하였으나 김일성은 "1947년 말~1948년 초에 조성된 정세와 혁명발전의 절박한 요구에 의해 조선인민군을 창설한다"고 선포하였다. 즉 남한의 미 점령군으로부터의 도발에 대응한다는 구실 아래 인민정권의 무력기관이라고 합리화하였다.

북한군의 해·공군은 육군에 비해 상대적으로 열세에 있었다. 북한 공군은 1945년 10월 발족한 신의주 항공대로 출발하였다. 신의주 항공대는 순수 민간단체 성격의 항공교육기관에 불과하였는데 1946년 6월, 평양학원에 편입되면서 군사조직인 항공중대로 변모하였다. 그 후 1947년 인민집단군 창설 시 항공대대로 독립하여 존속하였다.[215] 해군의 모태는 1946년 7월 원산에 동해안 수상보안대와 진남포의 서해안 수상보안대로 나누어 편성된 수상보안대이며 12월에 해안경비대로 바뀌었다. 이 해안경비대는 내무국의 관할 아래 놓여 있었으며 1948년 2월 조선인민군의 창설 시 6천여 명으로 증강되었다. 교육기관은 1947년 6월에 해안경비대 간부학교가 설치되었으나 조선인민군이 창설되면서 인민군 해군군관학교로 개칭되었다.[216]

북한군 창설 시 김일성은 "우리 인민군대는 북조선의 민주건설의 성과를 확고히 하며 인민위원회를 사수하고 조국의 완전독립을 쟁취하기 위한 고귀한 사명을 가지고 있습니다. 우리 조국을 방위하기 위하여 전체 인민과 국가가 요구할 때 어느 때를 막론하고 다 동원될 수 있도록 항상 준비되어야 한다"[217]는 연설을 통하여 북한군의 주요한 목표가 남한의 공산화를 위한 무력침략에 있음을 분명히 시사하였다. 이는 북한지역 공산주의 체제의 건설이라는 목표가 달성됨에 따라 이를 토대로 한반도의 공산화를 이루겠다는 의지의 표명이었으며 소련의 전략과도 일치하는 것으로써 이후 소련의 군사지원 역시 더욱 강화되었다.

---

215) 『한국전쟁사』 제1권, p.91.
216) 위의 책, pp.90~91.
217) 북한인문과학사, 『김일성선집』 1, 1961, 인문과학출판사, pp.481-486: 장준익, 『북한인민군대사』, 1991, 서문당, p.81.

2. 남한의 창군 과정

해방 직후 민족의 장래가 매우 불투명한 시기에 해외 각지에서 귀국한 군
사경력을 지닌 뜻 있는 인사들이 국가재건에 대비하여 사회질서와 치안을
유지하고 나아가 건군의 주역이 되기를 자처하며 연고관계를 중심으로 여러
군사단체를 결성하였다. 이때 공산주의자들까지도 무력수단의 보유가 정권
수립의 주도권을 행사할 수 있는 방편이라는 판단 아래 군사단체를 결성하
였다. 따라서 30여 개의 군소, 군사단체가 난립하게 되었으며 장차 정부 수립
시에도 어느 하나의 군사단체를 국군의 기간으로 삼는다는 것은 기대하기
어려웠다. 더구나 일부 공산주의자들이 조직한 군사단체의 무분별한 세력 확
장으로 인하여 사회혼란까지 야기하게 되었다. 본 항에서는 해방 직후부터
단독정부 수립 이전까지 주로 남한의 군 창설과정을 살펴보기로 한다.[218]

1945년 말 미군정 산하 치안책임자인 조병옥 경무부장이 국방부의 설치
를 건의하고 미군정 내에서도 군의 모체를 만들어야 한다는 의견이 활발히
개진되자, 주한미군사령관 하지 중장은 창군계획서를 제출하도록 요구하였
다. 아울러 그는 군정청 내에 위원회를 설치하여 한국의 국방계획을 수립
하도록 하였다.[219]

군정당국은 이들 군사단체가 우후죽순격의 정당과 합세한다면 더욱 혼란
이 조장될 것을 우려하여 사설군사단체는 해산한다는 전제 아래 1945년 11
월 13일에 공포된 다음 취지의 군정법령 제28호[220]에 따라 국방사령부를
설치하고 예하에 군무국과 경무국을 두고 군무국에 육군부와 해군부를 설

---

218) 본 항은 양영조의 국방군사연구소, 『한국전쟁』(상), 국방군사연구소, pp.41-48
    의 내용을 바탕으로 재구성하였다.
219) 육군사관학교, 『육군사관학교 30년사』, p.61; 박경석, 『오성장군 김홍일』, 서
    문당, 1984, pp.267-268.
220) 군정법령 제28호는 제1조가 국방사령부의 설치, 제2조가 군사국의 창설 및
    육·해군부의 설치, 제3조가 경찰군사기관의 금지로 되어 있다.

치하였다.221) 군정 당국은 군정법령 제28호 제3조에 따라 사설군사단체의 활동을 규제하도록 하였으며 국방사령부를 중심으로 한국의 군사지도자 이응준 등이 제시한 국방계획안을 기초로 하여 국방군의 창설계획을 수립하였다.222)

미군정으로서는 당시의 상황을 고려하여 그러한 계획의 확정과 이행에 앞서 미군식 훈련이 실시될 경우에 대비, 언어소통을 위해 장차 군 간부가 될 요원에게 군사영어를 교육하는 기관이 필요하다고 판단, 1945년 12월 5일 군사영어학교를 설치하였다. 이 학교는 구술시험, 신체검사, 군경력 확인 등의 절차를 거쳐 입교토록 하였다. 교육내용은 군사영어가 주였으나 이 밖에 국사, 참모학, 자동차 교육, 소화기 훈련 등이 포함되었으며 약 4개월간 축차적으로 110명을 임관시킨 후 폐교하였다.223) 최초 미군정은 학생의 정원을 60명으로 하여 광복군, 일본군, 만주군 출신들에게 각각 20명씩으로 하고 입교자격을 소장경력자들에게 한정함으로써 파벌이 조성되는 것을 방지하려 하였다. 그러나 광복군 출신자들의 대부분은 장차 국군이 광복군의 법통을 계승해야 한다는 명분론을 내세우면서 응모를 기피하여 그중 소수만이 입교하였고 좌익계는 처음부터 이를 외면하였으므로 입교한 학생의 대다수를 일본군 및 만주군 출신자들이 차지하였다.224)

국방사령부는 군사영어학교의 폐교 후 경비대기간요원 양성을 위해 46년 5월 1일 남조선 국방경비사관학교를 새로이 창설하고 군사영어학교에서 졸업치 못한 인원들을 입교시켰다. 이 국방경비사관학교는 조선경비사관학교로 개칭되었다.

군사영어학교를 설치하여 군 창설에 대비하는 가운데 미군정에서는 군

---

221) 『국방조약집』 제1집, p.683.
222) 『국방사』 제1권, p.292.
223) 『육군사관학교 30년사』, pp.63-64.
224) 『한국전쟁사』 제1권, p.258. 군영 임관자 110명 중에서 일본 육사, 학병, 지원병 및 만주군 등 일본군 출신이 108명이었고, 광복군 출신은 2명이었다.

창설계획을 맥아더 장군에게 송부하였다. 맥아더 장군은 군 창설 건은 자신의 권한 밖의 일이라며 이를 삼부조정위원회(SWNCC)에 건의하였다. 이에 대해 동 위원회는 미·소공동위원회에서 정치적 문제가 해결될 때까지 군 창설에 관한 어떤 결정을 내릴 수 없으며, 그 대신 점령군의 경비 부담을 덜기 위해 경찰을 미군무기로 장비한다는 방침을 세웠다. 이러한 결정에 따라 하지 사령관은 신임국방부장 참페니(Arthur S. hampeny) 대령에게 보다 규모를 축소시킨 새로운 방안을 강구하라고 지시하자 참페니 대령은 군 기능보다 경찰기능에 가깝게 병력과 장비를 축소한 경찰예비대 창설안(Bamboo 계획)을 건의하였다.[225]

이는 1개 도에 1개 연대씩 모두 25,000명 규모의 8개 연대를 편성하도록 되어 있었으며, 당시 이를 뱀부계획이라 불렀다. 이 계획 수립 시 국방사령부 고문 이응준은 각 도에 1개 사단 규모를 유지해야 한다고 조언하였으나 채택되지 않았다.[226] 뱀부계획의 확정에 따라 조선경찰예비대 또는 조선국방경비대[227]라는 명칭으로 군창설이 이루어지게 되자, 대부분의 사설군사단체들은 그들의 반대에도 불구하고 해산되었으며 그 요원들은 경비대로 흡수되었다. 조선국방경비대는 뱀부계획과 군정법령 제42호(1946.1.14)에 기초하여 경찰예비대 2만 5천과 해안경비대를 설치하게 되었다.[228]

경비대는 1월 15일 태릉에서 제1연대 제1대대 A중대 창설을 계기로 각 도 단위 연대별로 단지 소총으로만 무장한 경보병 중대를 창설하기 시작하였으며 2월 7일 경비대총사령부를 설치하면서 본격적으로 중대 편성 및 모병업무에 착수하게 되어 4월 1일까지 각 연대에 1개 중대씩 8개 중대를 편

225) 『한국전쟁사』 제1권(구판), p.261.
226) 『한국전쟁사』 제1권 p.261; 『국방사』 제1권, p.294.
227) 최초 창설된 군의 명칭은 조선경찰예비대(Korean Constabulary Reserve)이나 한국 측에서는 국군의 모체라는 의미에서 조선경비대라고 불렀다.
228) 「군정법령」 제42호(1946.1.14). 제1조에 의하면, 운송국의 해안경비임무를 국방국으로 이관 조치하도록 되어 있었다. 「군정법령」 제86호.

성함으로써 일단 외형상 8개 연대의 창설을 완료하였다.[229) 창설 시 간부는 주로 군사영어학교 출신들을 배치하였으며 병력은 모집하여 충원하였으나 '불편부당'이란 구호를 내걸고 사상문제를 거론치 않음으로써 사설군사단체의 인원까지 받아들여 좌익사상을 지닌 인원이 다수 입대하여 큰 문제로 남았다. 국방경비대는 대대 및 연대순으로 점차 부대를 확대해 나가 1947년 3월까지 당초 목표한 부대와 추가로 도로 승격된 제주도의 제9연대를 포함하여 9개 연대를 완전 편성하였으나 대구의 제6연대는 구성원 중 좌익세력이 물의를 일으켜 편성이 늦어졌다.[230)

이때 연대편제는 3개 대대, 대대는 3개 중대의 3각 편성이었으며 군의 계급 구조는 장교·하사·사병의 3단계로 구분하여 장교는 만 단위로, 사병은 백만 단위로 하여 군번을 부여하였다. 이들은 미군으로부터 지원받은 일본군의 38식 및 99식 소총으로 장비하였고 일본식 복장을 착용하였으나 1946년 9월 이후 점차 미제 병기와 미국식 피복으로 전환해 갔다. 교육훈련은 전투훈련이 아닌 주로 총검술, 집총훈련, 폭동 진압법 등 치안유지 위주로 실시하였다.[231)

육군이 창설되고 있는 가운데 해군의 모체를 설치하려는 움직임도 수반되었다. 가장 먼저 손원일, 정극모 등이 사설단체인 해사대를 조직하였다. 해사대는 미군이 군정을 실시한 후 일시 건국준비위원회에 가담하였다가 조선해사보국단과 통합하여 조선해사협회로 개칭하였다. 이후 미군정과 몇 차례의 협의를 거쳐 약 200명 규모의 해안경비대를 조직할 것과 본부를 진해에 설치할 것에 합의, 1945년 11월 11일 해안경비대를 창설하고 명칭을 해방병단이라 하였다. 해방병단은 1946년 1월 14일 국방사령부에 편입되었으며 본부를 진해에 두고 단장에는 손원일이 취임하였다. 그러나 해군요원의 확보와 함정 등 장비의 부족이 커다란 문제였다. 이리하여 1946년 1월

---

229) 육군본부, 『창군전사』병서연구 제11집 - (육군본부, 1980), pp.324-325.
230) 육군본부 군사연구실, 『육군역사일지』(1), 1945-1950, pp.19-29.
231) 『육군발전사』(상), pp.111-116.

17일 해군병학교를 설치하고 기관과와 통신과를 두어 교육을 시작하는 한편 조함창을 설치하였다.[232]

이와 같이 국방사령부가 경비대의 창설에 몰두하던 1946년 3월 29일 군정청의 각국이 부로 승격되는 조직의 개편에 따라 국방사령부는 국방부로 개칭되었다.[233] 그러나 소련대표가 미·소공동위원회 회의에서 국방부라는 정부기관을 의미하는 명칭을 사용하는 의도가 무엇이냐고 항의하자 미군정에서 이를 받아들여 6월 15일에는 그 명칭이 국내경비부로 개칭하게 되었다. 이때 예하의 남조선국방경비대는 조선경비대로 국방경비대 사령부는 조선경비대 총사령부로 그리고 해병병단은 조선해안경비대로 개칭하였다.[234]

이렇게 되자 한국의 군관계자들이 국방부의 명칭변경에 항의하였으나 하지 사령관은 미·소관계를 고려할 때 불가피하다는 견해를 표시하였다. 이에 한국 측에서는 국내경비부를 통위부(統衛部)라 호칭하였으며 군의 정통성을 유지하고 독립의 의미를 되새긴다는 의도에서 통위부장을 광복군계 인사로 천거하여 9월 12일에는 한국인으로서 초대 통위부장에는 유동열 장군이 취임하였다. 유 통위부장, 경비대 사령관 이형근, 송호성 중령 등 간부들은 경비대 창설 이래 군내에 잠입한 공산주의자들의 제거와 군·경 간의 대립으로 발생되는 불상사를 해소하려 노력하면서 창군을 서둘렀다.[235]

통위부장의 취임을 계기로 사실상 군의 지휘권이 한국인에게 이양되고 미군은 고문관의 역할을 수행하였으며 경비대 총사령부를 비롯한 각 연대

---

232) 『한국전쟁사』 제1권(구판), pp.547-560.

233) 「군정법령」 제64호로써 조선정부 각 부서의 명칭이 개칭되었다.

234) 「군정법령」 제86호(조선경비대 및 조선해안경비대). "제1조 조선정부의 국방부는 자에 국내경비부로 개칭함. 조선정부의 국내경비부의 군사국은 자에 폐지함, 1945년 11월 13일부 법령 제28호 제2조는 자에 폐지함. 제2조 조선경비대가 자에 창설되고 1946년 1월 14일 부로 국내치안을 유지하기 위하여 조선정부 예비경찰대로 활동함, 조선경비대는 국내경비부의 조선경비국 관리하에 속함."

235) 『창군전사』 병서연구 제11집, pp.327-328: 『이응준 회고 90년(1890-1981)』, pp.242-245.

의 지휘권도 한국인이 행사하였다. 미 고문관은 통위부 내에 약 20명, 경비대총사령부 산하에 10명 이하의 인원이 상주하였고 각 연대 고문관들은 1명이 2개 연대씩 맡아 모병·행정·조직 및 훈련을 담당하였다.[236]

1947년 10월에 이르러 미·소공동위원회에서 소련 측에 의해 점령군 철수문제가 제기되자 미군 측에서는 미국의 합동참모본부가 주관이 되어 맥아더 장군이 하지 장군과 함께 한국의 국방과 국방군의 창설 방안을 검토하였다. 결과적으로 이들은 한국의 경제사정, 신병의 훈련, 유능한 지휘관의 확보, 언어장벽, 그리고 주한미군의 역할 감소 등 제반 요소를 고려하고 경비대를 5만 명으로 증원하되 필요시 보병, 포병 화기 및 장갑차량을 제공하기로 결정하였다.

이러한 조치는 한국의 국내치안 유지능력의 개선뿐 아니라 궁극적으로는 미군 철수에 대비키 위한 것이었다. 통위부에서는 장차정부 수립 후의 국방을 고려하여 1947년 12월 1일부로 기존의 9개 연대를 3개 연대씩 묶어 3개 여단을 편성하였다. 이와 함께 모병에 박차를 가하여 1948년 4월과 5월에 추가로 연대와 여단을 증편하였다. 군의 창설 작업이 진행되어 어느 정도 성과를 거두게 되자 각종 군수품의 보급과 군 지원을 위한 부대의 설치가 시급하였다. 이에 따라 1946년 7월부터 통위부의 보급지원을 위해 병기·병참·공병·의무·통신 등의 지원부대를 편성하게 되었으며 전투부대의 지원을 위한 체계가 어느 정도 갖추어지게 되었다.

해안경비대는 1946년 9월 15일에 미 해군으로부터 최초로 상륙정(LCI) 2척의 인수를 비롯하여 1948.1.14까지 상륙정 6척, 소해정(AMS) 18척, 소해정(JMS) 11척, 유조선 1척 등 모두 36척을 인수하였다. 1946년 10월 1일에 해안경비대 총사령부를 진해에서 서울의 통위부로 옮기는 한편 인천·

---

236) 『6.25사변 육군전사』 제1권, pp.266-267. 역대 경비대 총사령관은 초대 원용덕 참령(1946.2.22-6.24), 2대(대리) 이형근 중령(1946.9.28-12.23), 2대 송호성 대령(1946.12.23-48.11.20)이었으며, 총참모장은 초대 김상겸 대령(1947.4.8), 2대 정일권 대령(1947.9.12), 3대 이형근 대령(1948.2.11-7.25)이었다.

목포·묵호·군산·포항·부산 순으로 기지를 설치하고, 진해에는 특설기지사령부를 설치하였다. 해상방위력의 증강에 따라 해안경비대는 1947년 8월 30일부로 38도선 이남의 해상방위업무를 미 제7함대로부터 인수하였으며 이해 말까지 2개 특무함대로 조직이 발전해 나갔다.

경비대의 창설과 때를 같이하여 외국에서 항공계에 몸담았던 인사들이 1946년 8월 10일 항공건설협회를 조직하고 공군창설을 목표로 계속적인 노력을 경주한 끝에, 1948년 5월 15일 경기도 수색에서 통위부 직할로 항공부대를 창설하였다. 당초 이 부대의 주 임무는 경비대 작전에 필요한 연락업무의 수행이었고 6월 23일에 조선경비대로 예속, 변경되었다. 1948년 7월 27일 이 부대는 항공기지부대로 개칭과 더불어 경기도 김포로 이동하였으나 아직 항공기는 1대도 보유치 못하였고 병력도 105명에 불과하였다.

이렇게 남한에서 국방경비대가 군으로서의 모습과 체제가 점차 갖추어지자 군의 지휘체제를 정비하기 위해 통위부와 경비대총사령부의 기능조정에 착수하여 통위부는 정책수립을 전담하고 경비대총사령부는 작전통제를 담당하도록 하였다.[237]

제3절 38도선에서의 충돌

1. 제1차 미·소공동위원회 기간의 38도선 충돌

1946년에 접어들어 미·소 군정은 앞으로 제반 남북문제를 효율적으로 처리하기 위한 조처, 특히 미·소공동위원회 준비 등을 위해 쌍방 간의 연락장교를 파견할 것을 합의하고 있었다. 이에 따라 미군정은 1946년 3월 3

---

237) 『육군발전사』(상), p.127.

일 소련군정에게 미군 연락장교로서 월터 초인스키, 제임스 스코트 2세 중
령, 월터 모나간 2세 대령 등 3명을 파견한다고 전달하였고, 위급사항 발생
시 그들이 샤닌 장군에게 직접 보고할 수 있도록 조처해주기를 바란다는
각서를 전달하였다.[238]

　이에 4월 1일 소군정도 소련군 연락장교로서 토빈 대령, 이바노프 대령,
레베데프 대위(레베데프는 일주일 안에 도착할 것임) 등을 파견한다고 통
보하였고, 이들을 통해 상호간 문제를 해결할 수 있도록 한다고 하였다.[239]
이들 연락장교들의 임무는 군정 사령부를 대표하여 문서 등을 전달하는 것
이었으며, 사령부와는 항상 통신을 유지하도록 하였다. 이들 연락장교단이
설치되면 곧바로 사령부와 접촉하도록 하고, 소군장교는 가빈 준장과, 미군
장교는 샤닌 장군과 각각 연락을 유지하여 조정하도록 하였다.[240]

　제1차 미·소공동위원회를 앞두고 미·소 군정 간에는 이미 38도선 분할
로 인하여 발생한 많은 문제들이 산적해 있었는데, 해주－서울 간 열차운
행에 관한 문제,[241] 남북간 우편교환문제,[242] 미군의 옹진으로의 육로 이

---

238) 「제24군단 하지가 해주 제25군 치스챠코프에게」(1946.3.3), Records of the HUSAFIK, *Report Concerning the violation oh the 38th Parallel*, VOL.Ⅱ, SN.1718(군사편찬연구소 자료등록번호, 이하 같음), p.373. 이 문서(*Report Concerning the violation oh the 38th Parallel*)는 1945년 말부터 1948년까지 38도선 충돌문제가 수록되어 있으며 총 VOL.Ⅰ-ⅩⅣ(SN.1718-1730)까지로 구성되어 있다. 특히 이들 문서 가운데에는 소군 제25군 보고서(영역)가 같이 수록되어 있어 자료가치를 더해 주고 있다. 이 자료는 방선주 교수에 의해 새로이 발굴된 것으로 미군정 G-2보고서의 내용을 상당 부분 보완해 주고 있다.

239) 「치스챠코프가 하지에게」(1946.4.1), 위의 자료, p.337 ; 「하지가 치스챠코프에게」(1946.4.8), 위의 자료, p.334. 이에 의하면 "일시 모간을 대신한 도가비토를 대신하여 해주의 미 연락단에 모간을 다시 복직하려 한다. 모간은 해주로 4월 10일 출발할 예정이다. 소군정이 반대하지 않는다면, 11일 열차와 자동차를 지원해 주기를 요청한다"고 하여 지금까지 미 연락단 장교 모간 대신에 도가비토가 북한에 파견되어 활동하였음을 알 수 있다.

240) 「미 가빈 준장이 모나간 대령 등에게」(1946.3.9), 위의 자료, p.372 ; 「제25군 샤닌이 소군 연락장교에게」(1946.4.3), 위의 자료, p.336.

용에 관한 문제.[243] 접경지에 위치한 동산 및 부동산 소유권 문제.[244] 민

간인 접경지 월경 금지 문제.[245] 관개수로의 이용 문제.[246] 일본인 월남문

제[247] 등이었다. 그러나 무엇보다도 중요했던 문제는 이 시점부터 미·소

---

241) 「하지가 치스챠코프에게」(1946.3.31), 위의 자료, p.338.

242) 「하지가 치스챠코프에게」(1946.4.30), 위의 자료, p.177, p.194. 미·소 군정 간
    에는 남북 우편물 교환에 관해 합의하고 있었고, 미군정 측에서 교환범위를
    1주에 한 번 정도로 확대하도록 요청하였다. 이러한 요청은 소군정에 의해
    받아들여져 5월부터 시행되었다.

243) 「하지가 치스챠코프에게」(1946.3.15), 위의 자료, p.363.

244) 「보성대학 박물관 김평환이 러치 소장에게」(1946.4.7), 위의 자료, pp.191-192.
    이에 의하면 김평환이 경기 연천군이 38도선 분할로 인하여 소군 통제하에
    들어가 유물을 가지고 오지 못하였다고 하였다.

245) 「소 제25군이 미군정 지휘관에게」(1947.4), 위의 자료, p.319; 「치스챠코프가
    하지에게」(1947.4.12), 위의 자료, p.317. 소군은 38도선경계 및 전염병예방을
    이유로 38도선 경계선으로 소들이 이동하지 못하도록 통제할 것을 요구하였다.

246) 「하지가 치스챠코프에게」(1946.4.26), 위의 자료, p.181, p.212. 개성시에 물을 공
    급하는 관개는 38도선 북쪽 소군 통제하에 있었다. 따라서 하지 장군은 한국인
    들을 위해서 관개지에 일반 주민의 접근을 막도록 협의하였고, 치스챠코프는 수
    원지를 보호하기 위해 필요한 조치를 시달하였다고 답신하였다. 「치스챠코프가
    하지에게」(1946.4.30), p.181. 그러나 개성시 관개수에 대해서는 사용료, 월경 문
    제 등으로 인해 미·소 군정 간에 계속 갈등을 겪게 되는 문제였다.

247) 「하지가 치스챠코프에게」(1946.4.27), 위의 자료, p.209. 하지 장군은 1946년 4
    월 16일 소련군 연락장교와의 대화에서 38도선 월남 일본인과 한국인 피난민
    에 관하여 토의하였다. 현재 수 개의 38도선 통제소에서 이들을 통제하고 있으
    나, 4.1-22일 사이만 해도 23,340명의 한국인이 개성·삼척·춘천·울진을 통해
    월남하였다고 하였다. 또 일본인 4,169명이 개성으로, 1,515명이 삼척으로 8,140
    명이 울진으로 월남하였으며, 이들뿐만 아니라 통제선을 거치지 않는 사람들도
    많다고 하였다. 1946.1.16~2.6일 미·소 군정 간에 협의된 협정 3절 1항과 2항
    에 의하면, 허락을 받은 한국인만을 받아들이기로 합의하였으나, 현재 상황은
    그것과 완전히 다르다고 하였다. 일본인에 관한 조항은 협의가 없었기 때문에
    일본인 이동은 비공식적으로 이루어지는 것이라고 지적하였다. 현재 양측이 관
    심을 갖고 있는 한국인과 일본인 이동문제는 현재 통제수단을 넘어서고 있다
    고 하였다. 미·소 군정 협정 제7조에 38도선 미·소책임지역에 미·소 합동통
    제소를 설치하기로 명문화하였으므로 이를 시행하자고 제의하였다. 또한 하지
    장군은 해안에서도 불법항해가 증가되어 부산이나 기타 남쪽 항구에 일본인
    피난민이 증가되고 있다고 지적하고 38도선 경비를 강화하는 등 이에 대한 대

군에 의한 38도선 월경분쟁이 시작되었다는 점이다. 이에 관해서는 이 무렵 하지가 치스챠코프에게 보낸 다음과 같은 각서에 잘 나타나 있다.

> 38도선 남쪽에서 소련군에 의해 자행된 약탈행위와 불법월경이 증가되고 있다고 보고되었다. 최초 미·소군 간에 38도선 경계 통제초소를 설치할 때, 나는 이미 미군에게 38도선 이남의 중립지대를 철수하도록 하였다. 당신 측도 불행한 사태로 인하여 오해가 발생하지 않도록 그렇게 조치하도록 해주기 바란다. 물론 지상에서 38도선의 정확한 위치설정을 한다는 것은 쉽지 않은 문제라고 생각하지만, 소련군도 지도에 의해 38도선 접경지를 확인할 수 있을 것으로 판단된다. 따라서 38도선 이남에 소련군이 여전히 위치해 있다는 것은 의도적인 행위로밖에 볼 수 없다. 우리의 판단으로는 어떤 경우는 고위사령부로부터 허락을 받은 것도 있다. 소련군의 38도선 침범은 앞으로 불행한 사태를 초래하게 될지도 모른다. 즉시 그들을 38도선 이북으로 철수시키고 다시 그와 같은 일이 발생하지 않도록 조치해 주기 바란다. 만일 소군정 측이 그 위치를 정확하게 할 필요가 있다고 생각한다면, 미·소 군정이 모두 만족할 수 있도록 접경지 설정을 위한 요원을 파견할 용의가 있다.[248)

이와 같이 미·소 간에는 월경분경이 발생하고 있었다. 그것은 아직 38도선 접경지에 확실한 표지가 설정되어 있지 않은데도 원인이 있었지만,

---

책을 강구하도록 요구하였다. 3월 20일 하루에만도 천여 명의 일본인이 묵호항에 불법 월남하였다고 하였다. 「하지가 치스챠코프에게」(1946.4.28), 위의 자료, p.176, p.196. 하지의 요구에 대해 치스챠코프는 월남인이 너무 증가하고 있기 때문에 통제가 거의 불가능하다고 전달하였고, 하지는 5월간 일본인 월남인만도 총 22,713명에 달하므로 부가적인 통제수단을 마련할 것을 요구하였다. 같은 자료, pp.266-268. 소군정 측은 일본인 피난민들의 불법 월남을 통제하기 위해 소군정 부대와 북한경비대에 조치를 취하였다고 답신하였으나(「치스챠코프가 하지에게」(1946.5.18), 위의 자료, p.283), 미 연락장교의 대화비망록에 의하면, 일본인들의 월남증가는 북한경비대의 협조를 받아 이루어지고 있다고 하였다. 「초인스키와의 대화비망록」(1946.5.27), p.265.

248) 「하지가 치스챠코프에게」(1946.4.16), 위의 자료, pp.314-315.

위의 자료에서 알 수 있듯이 소련군이 의도적으로 38도선 이남지역에까지 내려와 부대를 배치한 데 연유하는 것이었다. 하지의 각서는 그에 대한 경고였다. 하지의 문제제기에 이어 곧바로 소군정 측에서도 항의서한이 제출되었다. 연락장교 이바노프 소장의 보고에 의하면, 해주에서 멀지 않은 38도선 북쪽 판다고 지역에, 일단의 한국인이 소련군 검문소를 공격하였으며 그중에는 미군도 있었고, 양측의 사격전으로 소군이 1명 부상을 입었다고 하였다. 따라서 소군정 측은 가빈 장군의 사건조사와 아울러 재발 방지를 위해 조치를 취할 것을 요구하였다.[249]

이 사건에 대해 하지는 즉시 사건의 전말을 조사하여 보고하도록 지시하였으며, 이에 따라 양측 연락장교들은 사건조사를 위한 토의에 들어갔다. 여기에서 토의된 내용은 다음과 같다. 미군 대표인 가빈이 지도상의 정확한 사건 위치와 시간, 그리고 미군이 포함되었다는 증거에 관해 질의하였다. 이바노프는 정확한 위치는 아직 확인되지 않고 있으며 발발시간은 4월 22일 18:00시이고, 양측 경비병들이 서로 가까이 있었기 때문에 분명히 미군을 확인했다는 것이었다.

여기에 대해 가빈은 미 제7사단 보고 내용을 전달하였다.[250] 즉 어제 오후 경계선 부근의 미군은 한국인으로부터 소군이 식량을 약탈하고 있다는 보고를 받았다. 이에 미군은 미군 2명과 한국경찰 6명을 트럭으로 38도선 이남 반 마일 지점인 현장으로 보내었으며, 그들이 현장에 도착했을 때 소군이 트럭을 탈취하려 하여 한국경찰이 공포 사격을 가함으로써 소군이 북으로 도주하였다. 가빈은 이러한 사실을 소군 측에 전달하면서 38도선 경계선을 명확히 할 필요가 있으며 그렇게 하기 전까지는 불가피한 상황이 계속 반복될 것이라는 점을 강조하였다. 아울러 가빈은 38도선 이남으로 월경한 소군에 대해서는 미군이 체포할 권한을 갖도록 요구하였으나, 소군

---

249) 「하지가 제7사단장에게」(1946.4.20), 위의 자료, p.227.
250) 「미 제7사단 사령부의 38도선 부근 사건보고」(1946.4.23), 위의 자료, p.223.

측으로부터의 답변은 보류되었다.[251]

이에 주한미군사령관 하지는 주북한 소군사령관 치스챠코프에게 최근 월경사건이 증가되고 있는 데 대해 유감을 표시하면서, 1945년 가을 소군 측과 협의하여 월경자는 체포하여 가까운 초소로 넘기도록 합의하였으나 그 내용이 지켜지지 않고 있다는 점을 지적하였다. 따라서 38도선 부근에서의 심각한 사태를 미연에 방지하기 위해서는 38도선 지점을 분명히 표지하자고 거듭 제안하였다.[252]

이에 치스챠코프는 그의 답신에서 소련 측의 입장을 밝히었다. 즉 미군정 측은 소련군이 38도선 이남지역을 약탈, 공격하고 있다고 주장하고 있으나, 그 사건들의 전말은 명확치 않을 뿐 아니라 근거 없는 주장이다. 38도선의 양측 경계초소는 1945년 10월 미·소 군정의 합의에 의해 설치되었으며, 소군정은 이미 그때 초소의 위치를 확인하였으므로 38도선 남쪽에는 소군초소가 위치해 있지 않다. 지금까지 이에 관해 전혀 문제가 없었는데 지금인 1946년 4월에 접어들어 문제가 되는 것을 이해할 수가 없다. 그러나 만일 문제가 된다면 당신이 제안한 38도선의 표지작업에 동의한다[253]는 것이었다.

그러나 1946년 5월 7일 미·소공위가 무기 휴회되면서 38도선의 정세는 한층 긴장되어 갔다. 38도선이 긴박해지면서 소군정 측에서는 북한의 보안대를 일층 강화시키고 있었다. 이에 대해서는 북한의 제2차 각 도 보안부장 회의의 결정서에 잘 나타나 있다.

> 미·소공동위원회의 결렬을 계기로 하여 남조선의 김구, 이승만 등 반동분자들은 북조선에 숨어 있던 반동분자와 긴밀한 연락을 취하면서 갖은 수단을 다하여 북조선의 민주건설을 파괴하려고 몸부림치고 있다. 북

---

251) 위의 자료, pp.225-226.
252) 「하지가 치스챠코프에게」(1946.4), 위의 자료, p.216.
253) 「하지가 치스챠코프에게」(1946.5.5), 위의 자료, p.173.

조선에 남아 있던 반동분자는 경비망을 돌파하여 남조선으로 도망하여
그들 반동세력에 합류하려는 상황이다. 따라서 정치적으로나 기술적으로
수준 높은 보안간부와 경비대원을 38도선에 배치함과 동시에 각 정당 사
회단체와의 연관을 민활하게 하면서 38도선 경계선의 민중과 분담하여
일을 추진할 체제를 만들고 정보사찰 등의 공작을 강화하여 감찰진을 철
벽과 같이 단단하게 하여서 그들 반동분자의 준동을 막고 있다.[254]

이에 의하면 1차 미·소공위가 결렬되는 시점에서 소군정 측에서는 '수
준 높은 보안간부와 경비대원을 38도선에 배치함과 동시에 정보사찰 등의
공작을 강화'함으로써 38도선의 긴장을 가중시켰음을 알 수 있다. 한편 이
러한 분위기 속에서 소군정 측은 미군항공기가 38도선 이북을 월경한 데
대해 강한 불만을 피력하여 항의하였다. 즉 치스챠코프는 1945년 말부터
소군정 측이 미군 항공기의 월경을 금지하도록 요청하였으나, 1946년 1월
12일과 20일 미 B-26 항공기가 해주공항을 수차례 선회하였고, 5월 10일
11:05 정찰기가 38도선을 침범, 구화리 기지 등을 정찰하였으므로, 이러한
사건이 다시 재발하지 않도록 조치해 주기 바란다는 것이었다.[255]

이 항의서한을 받은 하지 장군은 사건을 조사하여 위반사건이 확인되면
관련자를 처벌할 것이라는 답신을 보내었다.[256] 그러나 사건을 조사한 결
과 그 지역에는 미군 B-26이 없다고 확인되었다. 다만 기상의 악화나 도상
의 판단착오로 월경할 가능성이 상존한다는 보고가 있었다.[257] 하지는 예
하 공군부대에 항공기 월경은 심각한 사건을 유발할 수 있으므로 각별히
주의하도록 지시하였다.[258] 따라서 미 항공부대들은 동경과 옹진지역의 비

254) 하기와라 료, 『한국전쟁』, 한국논단, 1995, pp.114-115.
255) 「하지가 치스챠코프에게」(1946.5.11), 위의 자료, p.153, p.300.
256) 「하지가 치스챠코프에게」(1946.5.12), 위의 자료, p.148, pp.151-152. 하지 장군
    은 미 공군기가 위반했을 시 엄중 조사하여 관련자를 문책할 것이라 소군정
    에 통보하였다.
257) 「프랭크가 제24군단 사령부에게」(1946.5.13), p.299.
258) 「하지가 제308폭격단에게」(1946.5.13), 위의 자료, p.298. 하지는 불법월경 비

행과 특별한 사안을 제외하고는 김포기지 37도 이북 5마일 지점으로의 비행을 전면 금지하였다.[259] 그러나 현지 항공부대들의 보고에 의하면, 월경사건이 발생하지 않도록 최선의 노력을 기울이고 있으나, 멕시코와 캐나다의 분쟁의 예에서처럼 완전히 근절하기란 불가능하다고 하였다.[260]

소군정 측에서 계속해 이 문제를 지적하자, 하지는 항공부대에서 올라온 보고서들을 기초로 치스챠코프에게 서한을 보냈다. 즉 그는 항공기의 월경을 엄격하게 통제하고 있으며 이를 위반한 것이 확인되면 관련자를 엄중 문책할 것이라고 하였다. 그러나 미군 조종사들 중에는 한국 지형에 익숙하지 않은 경우가 많고 또한 서울을 출입하는 민간항공기도 많은 편이므로 이들이 부지불식간에 38도선 접경지를 비행할 수도 있음을 양해해 주기를 바란다고 하였다. 아울러 차후 월경 사태가 발생하게 되면 소군 측이 식별하여 미군정에 통지해 주기 바란다고 하였다.[261] 이러한 상황은 소련군 측도 유사한 상황이었다. 즉 8월 25일 소련항공기가 지형의 미숙으로 인해 미군의 허가도 없이 김포비행장에 착륙하는 사건이 있었다.[262]

그러나 소군정 측은 항공기의 월경뿐만 아니라 해안에서의 사건에 대해

행은 심각한 사건을 불러일으킬 수 있으므로 즉시 중지하도록 지시하였다.

259) 「하지가 제308폭격단에게」(1946.5.16), 위의 자료, p.296.

260) 「제308폭격단이 하지에게」(1946.5.20), 위의 자료, p.297. 제307폭격단은 소군정 측에서 이의를 제기하는 날짜에 비행한 적이 없었으나, 앞으로 이러한 사건이 발생하지 않도록 모든 노력을 다할 것이라고 하였다. 그러나 멕시코와 캐나다, 미국 간의 예에서 보이듯이 그러한 사건이 완전히 근절될 수 있는 것은 아니라고 보고하였다.

261) 「하지가 치스챠코프에게」(1946.8.7), 위의 자료, p.275; 하지 장군은 8월 5일 월경사건은 미군 연락기가 서울발 옹진비행 중 폭풍으로 해주비행장에 착륙한 것이라 해명하였다. 「치스챠코프가 하지에게」(1946.8.7), 위의 자료, p.012. 치스챠코프는 미군 항공기의 38도선 월경가능성을 막을 효과적인 수단을 강구하도록 촉구하였다.

262) 「미 초인스키가 샤닌에게」(1946.8.26), 위의 자료, p.568; 「샤닌이 하지에게」(1946.8.26), 위의 자료, p.566. 소군정 측은 이에 대해 38도선 월경은 전혀 고의성이 없으며 지형으로 인한 것이므로 반환해 줄 것을 요청하였다.

서도 문제를 제기하였다. 즉 5월 17일 서해안 용단포에서 북한의 선박 2대가 피랍되었는데, 북한경비대가 이를 찾아 나섰다가 미군 정찰대의 사격을 받고 구금되어 지금까지도 석방되지 않고 있다는 것이었다.[263] 치스챠코프는 이와 유사한 사건이 점차 증가하고 있으므로 지금까지 구금된 선박과 북한경비대원들을 즉시 귀환해 주도록 요구하였다.[264] 이에 미군정 측은 사건의 전말을 조사한 후 북한 측의 선박은 38도선 남쪽에 위치하고 있었으며 미군이 이들을 심문하기 위해 옹진으로 이송한 것이며 조사가 끝나면 곧바로 귀환시킬 것이라는 답신을 보내었다.[265]

한편 이 무렵 미·소공동위원회는 미·소 간의 심각한 의견 차이로 인해 일단 결렬되었으나, 그동안 양측에서 잠정 합의한 38도선 표지작업을 위한 공동조사반 운영에 대해서는 의견을 같이하여 실무 작업을 추진하고 있었다.[266] 다음의 보고서에는 그동안 추진되었던 공동조사단의 실무 작업이 잘 나타나 있다. 즉 "공동 국경조사단은 서해안지역에서부터 배천까지 38도선 표지작업을 마치고 동쪽으로 계속 조사를 할 계획이다. 지금 배천선까지 확인된 소련군의 도로차단 초소 10개 중 8개가 38도선 북쪽으로 물러났다. 해주─청단선 도로차단 초소는 38도선 이남에 위치해 있지만, 소련군 건물이 있기 때문에 잔류를 허용하였다. 초소이동에 관해서 소련군과 별 마찰 없이 순조롭게 진행되었다. 38도선 표지는 마을과 지형을 고려하여 설정하기로 계획하고 있다. 새로운 표지가 완료되면 그 지도를 미·소 양

---

263) 「치스챠코프가 하지에게」(1946.5.18), 위의 자료, p.283.
264) 「치스챠코프가 하지에게」(1946.6.7), 위의 자료, p.234. 치스챠코프에 의하면, 1946년 6월 5일 장교 1, 사병 4, 한인 민간인 2명이 보트를 타고 북한 해안경비대에 접근하였고, 다음날인 6일에는 연락장교들 간에 의해 설정된 38도선을 넘어 다시 접근하였다고 하였다.
265) 「하지가 치스챠코프에게」(1946.6.16), 위의 자료, p.134.
266) 위의 자료, p.310. 미·소공위의 첫 회가 서울에서 개최되었고, 38도선 문제와 관련하여 열차 트럭, 선박, 그리고 책임구역 또는 38도선 경계선 부근의 이동, 통제 등의 문제가 토의되었다.

측이 각각 소지하여 이용할 수 있도록 할 계획이다."[267]는 것이다.

그러나 미·소군 38도선 조사 작업은 이 무렵 극심하게 만연되고 있던 콜레라 전염병으로 인해 불가불 연기할 수밖에 없게 되었다.[268] 양측은 콜레라로 인해 남북간의 피해 상황이 늘어나자 공식적인 38도선 왕래마저도 자제하였으며, 특히 38도선상에 정찰 병력을 증가시키고 검문을 강화하여 민간인 월경을 봉쇄하였다.[269] 따라서 5월부터 추진되고 있던 38도선 공동조사단은 그 본연의 임무를 완수하지 못하고 사실상 중도 중지하고 말았으며, 그 결과 38도선 분쟁의 소지를 해소하지 못하였다.

한편 38도선 공동조사단이 표지작업을 진행하고 있는 동안에도 소군정 측은 미군에 의한 월경사건에 대해 계속 문제를 제기하고 있었다.[270] 그 사건들 중 하나를 소개하면 다음과 같다. 1946년 5월 23일 10여 명의 한국 군·경찰이 자동차로 양양의 38도선 북쪽 2Km 피안리로 침입, 이유 없이

---

267) 「배천으로부터 초인스키 보고」(1946.5.14), 위의 자료, p.289; 「하지가 치스챠코프에게」(1946.5.17), 위의 자료, p.303. 미 파렐 중령은 미·소공동 국경조사단 일원으로 양측 사이의 경계선 설정작업에 참여하였다. 그는 38도선 경계 표지와 양측 대표단의 평양－서울 귀환 통로 등을 명확히 할 필요하다고 지적하였다: 「하지가 치스챠코프에게」(1946.5.17), 위의 자료, p.288. 파렐 중령은 이 작업이 종료되면 평양으로 가서 그 결과를 보고할 예정이었다: 「하지가 치스챠코프에게」(1946.5.21), 위의 자료, p.242. 하지는 소군정에 38도선 미군 군통제선 위치 조사를 허락하였고, 용단포와 용두천에 6과 7개의 소군초 소위치에 관한 의문을 제기하였다. 그는 덧붙여 미군정 경비부대에게 38도선 경계를 충분히 인지하도록 지시하였다고 하였다.
268) 「미 연락장교가 하지에게」(1946.7.15), 위의 자료, p.065. 이에 의하면 38도선 조사 작업은 지금 만연되고 있는 콜레라가 끝날 때까지 기다리자고 제안되었다.
269) 「초인스키가 샤닌에게」(1946.7.17), 위의 자료, p.057. 초인스키는 콜레라의 전염 예방을 위해 소군이 38도선 정찰을 증가시켰는데, 한국 학생들의 등하교나 농사와 같은 합법적인 이동에 대해서는 어떻게 조치할지에 관하여 의견을 듣고 싶다고 하였다. 그리고 같은 무렵 하지 장군은 소군에게 피난민들의 콜레라 문제가 난제라고 강조하면서 현재 소군 통제소의 통제가 부적절함을 지적하였다. 현재 피난민들의 주 통로는 개성, 의정부, 춘천 등이라고 하였다. 「하지가 치스챠코프에게」(1946.7.30), 위의 자료, p.030.
270) 「치스챠코프가 하지에게」(1946.5.15), 위의 자료, p.295.

마을사람 7명을 체포하여 강릉으로 이송하였다는 것이었다. 한국경찰들이 38도선의 위치를 분명히 알고 있는데도 불구하고 의도적으로 침입한 것이라고 항의하였다. 이에 25일 클라크 소장이 8명의 장교를 대동하고 양구동남 통제초소에 도착하여 38도선 위치를 정확히 지키도록 주의를 주었으며, 또 피랍된 사람들은 즉시 귀환시키겠다고 하였다. 소군정 측은 관련자들을 문책하고 앞으로 그와 같은 사건이 재발되지 않도록 엄중 조치할 것을 요청하였다.[271] 하지 장군은 즉시 이 사건을 조사하도록 예하 부대에 지시하였으며 그 결과 피안리 마을은 38도선 이남 2.5마일에 위치한 미군 통제지역임을 소군정 측에 전달하였다.[272]

이처럼 38도선 접경지 마을에서 위반사건이 빈번하게 발생한 것에는 마을의 소속이 미·소 어느 쪽의 통제를 받는지 불명하기 때문인 경우도 있었는데, 개성지구 화장리의 경우가 대표적인 예이다. 즉 당시 화장리 주민들의 진정서에 의하면, 38도선 접경지에 위치한 개성지구 연백군 화성면 화장리 마을 132호는 미·소군 진주 후 미·소 군정 어느 쪽에 편입되느냐를 놓고 많은 분쟁이 있었다. 그리하여 1945년 12월 22일 북한 인민위민장과 남한 면장의 합의하에 주민투표를 실시하여 72호는 남쪽, 40호는 북쪽 관할이 되어 마을이 분단되었다. 그런데 1946년 5월 21일 소군 2명과 북한 경비대 3명이 불법 월경하여 이 마을을 점거하였으며 그동안 미군정에 협조한 주민들을 체포하였다는 것이다. 그러므로 현재 소군 통제하에 있는 이 마을의 위치를 정확하게 측량하여 남쪽의 관할로 결정해 달라는 것이었다.[273] 이와 같이 38도선 접경지에 위치한 마을은 38도선과 통제의 표지가 결정되지 않을 경우 양측 간의 분쟁으로 이어질 수밖에 없었다.

이와는 달리 분계선상의 38도선 표지가 모호하여 발생한 사건들도 있었다. 7월 1일 배천방면 38도선 이북 150미터에 위치한 소련군 2번 초소에서

---

271) 「치스챠코프가 하지에게」(1946.5.27), 위의 자료, p.263.
272) 「하지가 치스챠코프에게」(1946.6.6), 위의 자료, p.233.
273) 「하지에게 보낸 진정서」(1946.6.20), 위의 자료, pp.103-106.

충돌사건이 발생하였다. 이 사건은 미군제7사단 제32연대 제2대대 F중대 미군이 소군의 한국경찰 구타사건을 보고받고 차량으로 한국군 2명, 경찰 2명을 대동하고 사건을 조사하는 과정에서 발생하였다. 그 사건 지점은 38도선 남쪽이라는 미군의 판단과는 달리 38도선 북쪽 300야드 지점이었다. 소군이 도주하자, 이들은 중지하라고 명령하면서 지면으로 위협사격을 가함으로써 사격전이 전개되었다. 이들은 그 지역이 소군정 통제지역임을 알지 못하고 있었다. 이 사건 직후 미군 조사단이 사건의 전말을 조사한 결과 그 지역은 소군지역이며 미군에 의해 사격이 먼저 개시되었다는 것을 확인하였다.[274] 이 결과보고에 따라 미군정은 사건재발을 막기 위해 F중대 40명을 투입하여 배천 부근의 38도선 미·소군 통제지역을 점검, 38도선 이남 800야드 지역에는 미군지역 표지를 하였고, 아울러 38도선 정찰 병력에게 사격은 자위를 위해서만 반드시 하도록 지침이 하달되었다. 또한 이 사건의 책임을 물어 대대장을 교체하였다.[275] 이 사건은 미군정이 책임 장교를 면직시키고 대대장을 교체함으로써 일단락되었다.

이러한 배천사건과 거의 같은 시기, 상직동 등에서는 소군이 38도선 이남에 위치하여 미군과 마찰을 빚은 사건도 있었다. 7월 8일 미군 정찰 병력이 상직동에 도착했을 때 그 마을에는 소련 정찰병들이 주둔하고 있었다. 결국 소련군은 38도선 이북으로 돌아갔으나 이날 밤 다시 월경하였다.[276] 이러한 사건 외에도 미·소군정 간에는 통제지역이 명확히 결정되지 않아

---

274) 「치스챠코프가 하지에게」(1946.7.12), 위의 자료, pp.062-063.

275) 「미 제7사단장 부르스가 제24군단사령부에게」(1946.7.15), 위의 자료, pp.59-61: 「미 제7사단 보고」(1946.7.15), 위의 자료, pp.83-85. 7월 1일 배천사건에 대한 이 보고서에 의하면, 미군 장교 리비가 한국경찰의 소련군에 구타당한 사건을 조사하기 위해 38도선 이북 300야드 지점으로 갔음. 그런데 이들은 38도선 표지를 알지 못하고 그 지역에 있던 소련군과 충돌 끝에 소군이 도주하자 공포사격을 가한 것이었다. 그런데 하지에 의하면, 미군정은 소군에 사과하는 동시에 월경한 미군 책임 장교를 면직 처벌하였고 대대장도 교체하였다. 「하지가 치스챠코프에게」(1946.7.16), 위의 자료, p.058.

276) 「하지가 치스챠코프에게」(1946.7.25), 위의 자료, p.037.

분쟁의 소지를 안고 있는 곳이 상존하고 있었다. 서해 통감포 지역의 경우 미 정찰이 '이 지역은 남한소속임'이라 한·미·노어 간판을 걸고 있었는데 소군정 측에서 그 지역을 38도선 북쪽이라 주장하고 미군정찰을 철수시키도록 요구하였다.[277] 그런데 미군 조사결과에 의하면 그 지역은 분명 38도선 이남에 위치해 있는 것이었으며 소군 측의 주장은 지도상의 지명표기가 미군 측과 서로 다르기 때문이었다.[278] 소군의 지도에는 '상바리'라고 표기된 지명은 미군의 지도에는 확인되지 않았으며 문제가 된 지역은 38도선 이남 '통감포'임이 확인되었다.

한편 개성의 미군 방첩대의 보고에 의하면, 38도선 이남인 화장리 사난동 일대에 소군이 주둔해 있었다. 이 지역은 38도선 남쪽 200야드에 위치해 있었으며 이전까지는 소군이 없었으나 1946년 10월 10일부터 주둔하기 시작하였다. 이 지역 주민들은 소련과 북한이 이 지역을 통제하고 있다고 하였다. 주민들이 타내동, 사난동 일대에 140여 명의 소군과 북한군이 있다고 진정함에 따라 미군 정찰을 투입하여 그것이 사실임을 확인하였다. 소군과 북한군은 38도선의 정확한 위치를 모르고 있으며 그들은 다만 위의 명령에 따라 배치된 것이라고 하였다. 또한 그들은 사난동 일대가 38도선 이남이라고 해도 미·소 공동조사단에 의해 소군통제지역으로 표지가 결정되었으므로 오히려 미군이 들어올 수 없는 지역이라고 하였다.[279] 그 후 이 지역에서의 미·소군 간의 분쟁은 계속되었다.[280]

이렇듯 38도선의 분쟁이 증가하는 이유는 38도선상의 표지가 적절치 못한 것이 큰 원인이 되고 있었다. 9월 미 제7사단장 브루스 소장의 보고에

277) 「치스챠코프가 하지에게」(1946.7.30), 위의 자료, p.029.
278) 「하지가 치스챠코프에게」(1946.8.10), 위의 자료, p.010.
279) 「소군의 38도선 침범 보고」(1946.10.18), 위의 자료, p.474.
280) 「헤렌이 샤닌에게」(1946.10.24), 위의 자료, p.472. 미군정의 항의에도 불구하고 소군통제의 국경표지가 38도선 이남에 위치해 있는 것이 있으며 침범사례가 계속 보고되고 있었다. 미군정 측은 계속하여 38도선 남쪽에 위치한 소군통제 표지를 제거해 줄 것을 요청하였다.

의하면, 청단선에 설치된 38도선 표지는 미·소공동조사단에 의해 이루어
진 것이었지만 현재 소군은 그 협정된 38도선의 1마일 남쪽까지 내려와 있
다는 것이다. 또한 소군은 협정선을 재설정하는 데 대단히 비협조적이라고
하였다.[281] 소련군이 청단의 38도선 이남을 점령하고 있는 지역은 대체로
태천, 만동, 오이도, 내이도, 신기 등이었다.[282] 이에 대해 소군정의 입장은
미·소군의 경계초소는 5월부터 미·소군(초인스키와 토빈 중령) 간의 공
동조사단에 의해 결정되었으므로 재설정 작업을 요하지 않는다는 입장이었
으며, 38도선 이남지역에 소군초소가 배치되어 있다면 조사하여 시정하겠
다는 것이었다. 그러나 현재 일부 지역에서 미군이 소군초소에 접근하여
물러가도록 종용하고 있는 것은 공동조사단의 설정 원칙을 위배하는 것이
라고 지적하였다.[283] 미 제7사단의 보고에 의하면 이 무렵 실제 소련군은
38도선 재설정에 관한 협의의사가 전혀 없었음을 알 수 있다.[284]

---

281) 「미 제7사단장 브루스 소장이 제24군단사령부에게」(1946.9.19), 위의 자료,
    p.544. 미 제7사단장은 현재 남북간의 분쟁이 증가되는 이유는 38도선 미·소
    군 통제선 표지 때문이라고 지적하고, 5월 18일 미·소 합동조사 시 해안도
    로를 따라 38도선을 표지하였으나, 보다 면밀히 점검한 결과 소군 통제선은
    당시 협정선에서 남쪽 1마일에 위치해 있다고 보고하였다. 그는 소군 측에서
    이러한 문제에 비협조적이므로 상부에서 처리해 줄 것을 건의하였다.
282) 「미 제7사단장 브루스 소장이 제24군단사령부에게」(1946.9.24), 위의 자료,
    p.532. 소군통제 표지가 38도선 남쪽에 위치해 있는 지점은 태천, 만동, 오이
    도, 내이도, 신기 등이었고, 이곳은 비옥한 농지 지역이었다. 따라서 브르스
    소장은 추수기 이전에 소군이 철수할 수 있도록 조치해 주기를 건의하였다.
    하지 장군은 소군 측이 점령하고 있는 38도선 이남지역에서 즉각 철수할 것
    을 요청하였고, 그와 같은 사태는 분쟁을 증가시킬 뿐이라는 점을 경고하였
    다. 「하지가 치스챠코프에게」(1946.9.26), 위의 자료, p.532.
283) 「치스챠코프가 하지에게」(1946.9.26), 위의 자료, p.534. 미군정의 지적에 대해
    소군정 측의 입장은 38도선과 미·소군의 초소 위치는 이미 5월 초인스키와
    토빈 중령 간에 결정되어 상호 지도를 교환하였으므로 더 이상 이의를 제기
    하지 말자는 것이었다. 최근 미군이 소군초소에 접근하여 38도선 미·소경계
    지점을 재설정하자고 종용하고 있으나 소군정으로 재설정이 필요하다고 생각
    지 않는다는 것이었다.
284) 「미 제7사단장 브루스 소장 보고」(1946.9.30), 위의 자료, p.521.

이에 미군정 측에서는 즉각 문제가 된 청단지역에 소군초소의 소재를 파
악하였다. 조사일정은 9월 18일부터 21일까지 38도선 접경지를 정찰하여
모든 소련군 초소를 조사하였다. 그 결과 청단선에 5개의 새로운 소군초소
가 위치해 있다고 파악되었다. 내이도(관측소, 사병 4명, 전화), 오이도(소
련군 대위와 사병, 초소), 태촌(소련군 중위, 사병 40명), 만동(소련군 중위,
사병 20명), 신기(도로차단막 2개) 등이었다. 제32연 제2대대 정찰결과에
의하면, 이 지역에 소군이 9일 11일부터 배치되었고 초소 설치작업은 약 2
주간 동안 소요되었다고 하였다. 이들 병력은 황해도 소련군 제258사단 예
하 부대라고 하였다.[285] 그리하여 하지 장군은 몇 차례 소군정에게 서한을
보내어 청단선 38도선 이남에 소군 초소 5개의 위치를 확인했으며 즉각 이
들을 철수시킬 것을 요구하였다.[286]

한편 강릉지역 명지리, 소림리, 대치리 등의 마을에는 현재 38도선 표지
가 38도선 남쪽 600야드 지점에 설치되어 있었다. 따라서 38도선 표지지점
과 38도선 사이의 농지의 추수가 문제가 되고 있었다. 소군이 북한경비대
와 함께 이 지역으로 넘어와 농부를 납치하고 곡식을 수확해 간다는 것이
었다. 뿐만 아니라 그들은 농부들에게 미군 초소의 상황을 심문하기도 하
였다. 따라서 이 지역을 정찰한 미 제7사단 기병정찰부대는 즉시 동해안지
역의 38도선을 재설정할 것과 38도선 표지를 600야드 북상시킬 것을 사단
장에게 건의하였다.[287] 그러나 38도선 분계선 설정의 혼선은 소련군의 비
협조로 계속되고 있었다.[288]

---

285) 위의 자료(1946.9.26), p.526. 현재 38도선 이남에 위치한 소군초소는 5개 지
　　점으로 파악되었다.
286) 「하지가 치스챠코프에게」(1946.10.2), 위의 자료, p.519. 하지는 농지의 추수를
　　위해 38도선 이남에 배치된 소군을 즉시 철수시킬 것을 다시 요구하였다.
287) 「미 제7기병정찰부대가 제7사단에게」(1946.9.19), 위의 자료, pp.497-504.
288) 「헤렌이 샤닌에게」(1946.10.15), 위의 자료, pp.466-468. 미 연락장교는 미군의
　　정찰결과 많은 소련군이 38도선 이남에 위치해 있으며, 소군통제표지가 38도
　　선에 남에 위치해 있거나 소군이 38도선 이남지역에 배치되어 있는 문제는

소련군과 북한경비대, 북한청년단체 등의 월경 및 약탈 건수는 추수기인 10월에 접어들어 더욱 증가하고 있었다. 이런 사건은 주로 38도선 표지가 불명한 지역이나 군이 상시 배치되지 않은 지역에서 주로 발생하였다.[289] 따라서 미군정 측은 이 문제를 해소하기 위한 방안의 하나로 38도선 경비를 위한 경찰부대를 신설하여 투입하기로 하였다. 미 제7사단 보고에 의하면, 사단의 정찰활동을 줄이고 38도선을 효과적으로 통제하기 위해 38도선의 초소를 증가하고 증가된 초소에는 한국경찰을 투입한다는 것이었다. 경찰병력의 편성과 초소의 설치는 8월 29일 한국경찰 측이 준비한 계획서에 의거하였으며, 경찰들의 정찰은 소로까지를 통제하도록 한다는 것이었다. 미군과 한국경찰 간에는 유기적인 협조가 이루어지도록 하였다.[290]

8월 29일자 한국경찰의 38도선 정찰병력 편성 계획서에 의하면 다음과 같다. 즉 현재 38도선상에는 테러, 무장충돌, 첩자, 공산주의 선전 등 공공질서를 파괴하는 사건이 빈번하게 발생하고 있으므로 이에 대한 대비가 시급하다. 그 방안의 하나로 38도선 경비경찰을 편성하여 기지와 초소를 여러 점에

앞으로 38도선 분쟁을 더욱 심각하게 조장하게 될 것이라는 점을 전달하였다: 「샤닌이 하지에게」(1946.10.25), 같은 자료. 샤닌은 한국경찰이 미군 9번 초소 38도선 북쪽 40미터 지점에서 추수하고 있는 북한 농부에 대해 사격을 가하고 25명을 납치하였으며, 또 미군 7번 초소 부근 38도선 북쪽에서 추수 중인 북한 농부가 사격을 받아 4명이 중상을 입고 104명이 납치되었다고 하였다. 이러한 지점들은 미·소 공동조사 시 추수할 수 있도록 조치되었으므로 보호되어야 한다고 하였다. 또한 그는 북한지역의 소유지를 두고 있는 남한농민(491명)이 추수 시에는 추수할 수 있도록 간섭하지 않을 것이라고 통보하였다. 이에 대해 미 연락장교 헤렌은 소군정 측에 현재 증가하고 있는 38도선 분쟁은 정확한 표지의 부족으로 인한 것이므로 이를 재설정하는 것만이 이를 최소화할 수 있으며 분계선 부근의 주민들을 보호할 수 있다고 전달하였다. 「헤렌이 샤닌에게」(1946.10.27), 위의 자료, p.461.

289) 「미 제7사단 보고」(1946.10.16), 위의 자료, p.022. 미 제7사단 보고에 의하면, 46년 10월 무렵 미 제657공병대대가 38도선 검문소를 건축 중이었으나, 한국인이 이를 파괴함으로써 작업에 곤란을 겪고 있다는 것이었다. 이 보고는 또한 검문소 설치는 장차 새로운 한국정부를 지원하기 위한 것임을 밝히고 있다.

290) 「미 제7사단 보고」(1946.10.17), 위의 자료, pp.13-14.

설치한다. 경찰병력은 정사복 경찰과 정보원 등을 중심으로 A단(총 600명), B단(총 400명) 등 2개단을 편성한다. A단 경찰본부는 연백군 배천에 설치하고 옹진(2개 초소), 연백(5개), 개성(2개), 청단(1개), 파주(3개), 포천(1개), 가평(1개) 등 총 본부 1개 18개 초소를 배치하며, B단 경찰본부 인제군 남부에 설치하고 춘천(3개 초소), 홍천, 강릉(5개 초소) 등 본부 1개와 11개 초소를 배치한다는 것이었다.[291] 38도선 경비경찰 편성을 위한 비용은 인건비가 10,912,940원, 운영비용 249,500원, 일반 비용 126,428,000원 등으로 세부적으로 계획되었다. 이 계획서에 의하면 A단의 경우 초소의 명칭이 울롱·율포·창파·고려·운막·양문·우포·고읍·포운·오현·화천·만성·갈산·팔학·상문·초리·김연·윤호·배천 등이었다.[292]

　이와 같이 10월 시점 미군정이 38도선 일대의 경비를 보강하기 위해 한국경찰병력을 투입할 무렵, 소군과 북한경비대의 월경사건은 더욱 증가하였으며 충돌의 강도도 격화되고 있었다. 이 무렵 사건이 증가되고 있었던 데에는 남북의 경찰과 청년단체 간의 갈등 격화도 한 원인이 되었다. 미군정 특별조사실의 보고에 의하면, 10월 30일 - 11월 1일까지 1일간 개성지역에서의 조사결과는 사건의 상당 부분이 남북의 경찰과 청년단체의 분쟁에 의해 야기된 것이라고 하였다.[293] 실제 이 무렵 충돌사건에 관한 보고서를 분석하면, 남북한의 경찰과 청년단체들 간의 갈등으로 악화된 측면이 있었다. 즉 경기 연백에서는 한국경찰복장을 한 북한 청년 25명이 월경하여 남한인을 납치하는 사건이 발생하였고,[294] 그로부터 며칠 뒤 연백 주화파출소는 한국경찰 5명이 북한의 경비대 2명과 자경단 10여 명으로부터 기습을 받은 사건이 있었다.[295]

---

291) 「한국경찰의 보고」(1946.8.29), 위의 자료, p.017, pp.015-016.
292) 「한국경찰의 보고」(1946.8.30), 위의 자료, p.018.
293) 「미군정 특별조사실 보고」(1946.11.2), 위의 자료, pp.032-033.
294) 「헤렌이 샤닌에게」(1946.10.31), 위의 자료, p.455.
295) 「송도 특수정보보고」(1946.10.31), p.039; 「하지가 치스챠코프에게」(1946.11.7), p.452.

청단지역에서는 북한주민 700여 명이 대규모로 월경하여 추수한 곡식을 약탈하려는 사건도 발생하였다. 이 사건은 미군의 즉각적인 출동으로 그들 중 총 82명을 체포함으로써 막을 수 있었다.[296]. 요안지역 미군 7번 초소에서도 북한인 800여 명이 월경하여 추곡을 약탈하려는 사건이 있었다. 미군은 그들을 사격으로 저지하여 117명을 체포하였으나 일부는 4-50가마의 미곡을 약탈하여 북한으로 넘어갔다.[297] 이러한 사건으로 인하여 양측에 체포된 억류자들이 누적되자, 부분적으로 교환이 이루어지기도 하였다.[298]

미군정 측에서 계속 소군정 측에 38도선 통제선을 오해가 없도록 설정하자고 요구하였으나 11월까지 소련 측의 반응은 여전히 부정적이었다. 이때 소군정의 입장은 재설정 문제가 조선민들에게 나쁜 인상을 줄 뿐만 아니라 남북주민의 농지 소유권문제 등 법적인 문제를 야기할 수 있다는 것이었다. 그들은 또한 38도선 재설정 문제는 한국민의 정치적 문제이며 미·소군이 관여할 사안이 아니라는 입장이었다. 따라서 미·소 초소 간의 분쟁 문제는 지역 지휘관선에서 검토하여 해결하고, 비교적 사안이 중대하다고 판단되는 사항은 사령부에서 검토하여 처리하도록 하자고 하였다.[299] 이를 통해 볼 때 이미 38도선 문제는 정치적인 문제로 제고되고 있었으며, 38도선 충돌 문제는 곧 미·소 간의 냉전의 심화과정과 결코 무관한 것이 아니었다.

2. 제2차 미·소공동위원회 기간의 38도선 충돌

1946년 12월 30일 소군정은 기존의 방침을 갑자기 수정하여 38도선 공동 조사단을 편성하자는 제안을 보내왔다. 즉 치스챠코프는 미군정의 38도선

---

296) 「하지가 치스챠코프에게」(1946.11.20), 위의 자료, p.442.
297) 「F중대가 제32연대에게」(1946.11.14), 위의 자료, p.81.
298) 「하지가 치스챠코프에게」(1946.11.20), 위의 자료, p.443.
299) 「하지가 치스챠코프에게」(1946.11.21), 위의 자료, p.441.

재설정을 위한 공동조사단 편성에 동의한다는 의사를 하지 장군에게 전달해 왔다. 소군정이 공동조사단 편성안을 검토한 결과 최근 2, 3개월 동안 급증하고 있는 38도선에서의 충돌사건을 최소화하기 위해서는 38도선 경계선과 경비초소 등을 확실히 구분할 필요가 있다고 판단하며 그를 위한 공동조사단은 다음 해인 1947년 1월 20일부터 하자는 요지의 내용이었다.[300]

소련 측의 동의안을 검토한 미군정은 1947년 1월 4일 치스챠코프의 제안에 의문을 제기하면서, 공동조사 작업을 위해서는 먼저 다음 사항에 관해 합의가 이루어져야 함을 강조하였다. 먼저 조사의 형태는 38도선 전 지역을 대상으로 5마일 간격으로 영구 표지를 설치하고 지형을 고려하여 미·소 통제지역을 설정하며, 양측의 통제지점의 표지는 38도선 1Km 내 모든 마을에 영문·노어·한글로 남북 지경표시를 해야 한다는 것이었다. 이를 위해 공동조사단의 양측 책임자 모임을 가져야 하며 조사단의 구성은 조사단장을 비롯하여 기술자 및 통역으로 한다는 것이었다.[301]

1947년 초에 접어들어서도 충돌의 상황은 전해와 거의 유사한 형태로 전개되고 있었다.[302] 그러나 38도선 조정문제는 미·소 군정 간의 몇 차례 조

---

300) 「치스챠코프가 하지에게」(1946.12.30), 위의 자료, p.412: 위의 자료, p.304.
301) 「하지가 치스챠코프에게」(1947.1.4), 위의 자료, pp.305-306.
302) 「하지가 치스챠코프에게」(1947.1.24), 위의 자료, p.292. 소군과 북한경비대가 38도선을 월경하였으며 소군 8명이 창니 마을에서 한국경찰 초병과 조우하였다. 이때 소군은 정확한 선을 획정하기 위해 자기 초소로 가자고 하였고, 초소 도착 시 그들을 무장 해제하고 체포하였다. 또한 소군 4명이 월경하여 푸키리 마을 수색하였고, 마을주민 2명을 강제로 납북하였다가 석방시켰다: 「치스챠코프가 하지에게」(1947.2.22), 위의 자료, p.282. 소군정은 만일 소군초소가 38도선 이남에 위치해 있다는 것이 확인되면 2월 24일 38도선 조사 시 조치하겠다고 하였다: 「치스챠코프가 하지에게」(1947.3.10), 위의 자료, p.271, 소군정은 3월 한 달 동안 미군통제하의 한국경찰이 수차례 38도선을 월경하였고, 여기에는 미군도 직접 참가하였다고 이의를 제기하였다. 그 예로 3월 4일 한국경찰을 태운 트럭 6대가 38도선을 침범하여 사난리 마을을 포위, 사격하였다고 하였다. 이에 대해 미군정 측은 사난리 등 소군 측에서 제기한 사건을 조사한 결과 어떠한 사건도 없었다고 답신하였다. 「부라운이 코르트

정 끝에 2월 24일 해주에서 미·소 책임 장교 회합으로 다시 거론되었으며, 이 자리에서 양측은 38도선을 공동조사하자는 문제에 최종 합의하였다. 미 조사단으로는 장교 4명, 통역 2명, 사병 20명 등으로 구성하고, 조사단의 회합은 4월 1일 해주에서 하기로 결정하였다. 38도선 1Km 역에 표지를 설치하고 그 지역을 조사 대상으로 하되 북쪽은 소군이, 남쪽은 미군이 각각 수행하기로 하였다. 또한 서울에서 연천선 이서까지는 소군이 조사하여 미군의 검증을 받기로 하고, 그 이동은 미군이 조사하여 소군의 검증을 받는 형식으로 하였다. 참고지도는 1925년 판 1/5만 지도를 사용하기로 하였다.[303] 4월 1일 미 조사단이 소련군 제7번 초소에 도착하여 38도선 공동조사 작업이 개시되었다.

이러한 상황에서 38도선에서 소군 2명이 사망하는 사건이 발생하였다. 소군정 측에서는 38도선 북쪽에 위치하고 있던 소련군 2명이 한국경찰 4명으로부터 무고하게 사격을 받아 사망하였다고 하였으며, 그것은 미군사령부의 묵인하에 이루어진 것이라고 항의하였다. 이에 대해 관련자를 처벌하고 사망자에 대해서는 보상하도록 요구하였다.[304] 미군정 측에서는 사건의 전말을 조사하여 처리하겠다고 회신하였으나, 이 사건으로 인해 공동조사단의 착수는 다소 지연되고 있었다.

한편, 이 무렵은 미·소 군정 간의 정치협상 과정에서도 큰 변화가 있었다. 북한주둔 소련군사령관 치스챠코프 대장이 경질되고 그 후임으로 코르트코프 중장이 임명되었으며, 미국정부는 미·소공동위원회의 즉시 속개를 촉구하는 서한을 소련 측에 전달하고 만일 공동위원회가 실패할 경우 필요한 조치를 단행하겠다는 결의를 표명하였다. 이에 그동안 미국 측의 수차에 걸친 회담재개 요청을 외면해 오던 소련 측이 동의함으로써 공동위원회의 소련 측 선발대가 서울에 도착하고 소련 측 수석대표 스티코프 이하 전

코프에게」(1947.4.3), 위의 자료, p.239.
303) 「브라운이 치스챠코프에게」(1947.3.4), 위의 자료, pp.276-277.
304) 「코르트코프가 하지에게」(1947.7.31), 위의 자료, p.140.

원이 서울에 도착하였다.[305]

이러한 기간 내 1947년 4월 초부터 착수된 38도선 공동조사가 완료되어 공동조사단의 최종결과서가 작성되었다. 5월 10일 38도선 공동조사단의 최종 동의 내용은 다음과 같이 정리되었다. 즉 1) 미·소 공동조사단은 4월 4일부터 22일까지 조사 작업을 수행하였고, 2) 양측의 책임자는 미군 측이 후퍼트 소장, 소군 측이 볼로브레프 소장이었으며, 3) 조사단은 표지판을 다음과 같이 교체, 83개의 표지판을 교체하였고(초소번호 1~83), 38도선 이북 1킬로 지점 66개 마을에는 소군이 표지작업을 수행하였으며, 38도선 이남 63개 마을에는 미군이 표지작업을 수행하였다. 그 결과는 미·소군의 지도상에 표기하였다. 미군은 일제 1945년판 지도를, 소군은 일제 1919년판 지도를 사용하였다. 4) 조사결과 양측은 다음의 사항에 합의하였다. 38도선 지경 상 남천리는 북한지역, 요동은 남한지역, 댐은 북한지역에 속한다. 그러나 소군정은 관개공급을 허용하며 미군정은 그것의 비용을 지불한다. 매곡리와 해주 남쪽 용단리, 그리고 남북 접경지의 강과 만은 북한에 속한다. 가옥은 38도선 북쪽에 소재해 있어도 이전의 소유자에게 소속한다. 마을의 구체적인 소속은 공동조사단의 합의에 따른다. 5) 거주지가 다르지만 소유권이 있는 농지에 대해서는 소유자에게 농사와 수확을 허용한다는 것 등이었다.[306]

미·소 군정사령부는 양측 조사단 대표들로부터 이러한 조사결과를 보고받았으며, 미·소공동위원회동안 합의된 결과에 대해 만족하며 앞으로 충돌의 건수가 줄어들 것이라고 기대하였다.[307] 실제로 미·소 공동합의 이

---

305) 송남헌, 『해방3년사』 제2권, p.469.
306) 「미·소군 38도선 공동조사단 최종 동의서」(1947.5.10), 위의 자료, pp.203-219.
307) 「치스챠코프가 하지에게」(1947.5.30), 위의 자료, p.193. 치스챠코프는 1947.5.7~10일간 서울회의동안 38도선 공동조사단의 결정사항에 대해 숙독하였으며, 그러한 결정이 38사건 충돌사건을 줄일 수 있을 것이라고 기대된다고 하였다.

후 충돌의 수가 일견 줄어드는 듯하였다. 양측 간에 남북 쪽에 위치한 농지를 추수할 수 있도록 허가증을 발급하는 등[308] 협의 이행을 위한 조치가 있었다.

3. 단정 수립 결정 이후의 38도선 충돌

38도선의 상황은 미·소공동위원회가 결렬된 시점부터는 다시 악화되기 시작하였다. 1947년 7월 9일 38도선상 서부지역에서 북한경찰 43명이 38도선 남쪽을 순찰 중인 한국경찰 4명을 납치하는 등 빈번하게 충돌사건이 발생하고,[309] 배천지역에서는 남북간의 격렬한 사격전이 전개되었다.

소 군정 측의 자료에 의하면, 이 사건은 남한 경찰 20여 명이 월경함으로써 시작되었고 그 과정에서 소련군 2명이 사망하고 한국경찰 3명을 체포하였다는 것이다. 소군정 측은 체포된 한국경찰 3명은 '북조선인민위원회 법률'에 따라 처벌될 것이라고 경고하였다.[310] 소련군 측은 이 무렵부터 38도선 합의사항을 고의로 위반하면서 초소를 38도선 이남 쪽에 설치하는 경우마저 있었다. 창리 부근의 경우 소군이 초소를 38도선 남쪽에 설치하자 미군정사령부로부터 수차례 철수 요구가 있었다.[311] 소군 측은 오히려 최근의 사건들은 남한의 서북청년단과 경찰이 미군의 방조하에 사건을 야기하였다고 비난하였으며, 이 과정에서 소군이 체포한 미군 3명의 송환문제도 철저하게 조사한 후에 조처할 것이라고 하였다.[312]

---

308) 「하지가 치스챠코프에게」(1947.8.5), 위의 자료, p.135.
309) 「하지가 코르트코프에게」(1947.7.30), 위의 자료, p.148.
310) 「코르트코프가 하지에게」(1947.8.11), 위의 자료, p.129.
311) 「하지가 치스챠코프에게」(1947.6.27), 위의 자료, p.172; 「하지가 코르트코프에게」(1947.6.27), 위의 자료, p.149. 소군정은 소군초소가 창니 근처 38남쪽에 설치해 있음을 항의하고 즉각 철수시키기를 요구하였다. 이 초소는 1947년 4월 공동조사 시 남쪽으로 표지된 지점이었다.
312) 「하지가 코르트코프에게」(1947.8.15), 위의 자료, p.126; 「코르트코프가 하지

이러한 분위기에서 1947년 10월 14일 소군 장교 1명, 병사 7명이 38도선을 정찰 중이던 미군 2명을 또 납치하는 사건이 발생하였다. 미군정 측에서는 소군이 38도선 공동 결정선을 위반하였을 뿐만 아니라 미군에게 무력을 사용하였으므로 즉시 조처해 줄 것을 요구하였다.[313] 이처럼 38도선에서의 분쟁 소요는 그 횟수와 정도가 점차 격화되었다. 심지어 한국경찰의 경우 38도선 접경지의 마을을 정찰할 시 미군을 동반하지 않으면 꺼려할 정도로 긴장되어 있었다.[314]

이 무렵 북한의 내부 움직임은 38도선을 철저하게 통제할 방침을 정해 놓고 있었다. 이와 관련해서는 11월 28일 내무국 산하 책임자 및 정보과장 회의에서의 김일성 훈시 내용이 주목된다. 즉 그는 "일체의 보안대에 훈련을 실시, 특히 38대대는 '국경'을 지키는 정치투쟁, 경제투쟁, 사상투쟁의 의의를 정확히 재인식시키는 것이다. 인민을 잘 조직하여 자각적으로 내무활동을 원조토록 할 것. 해상선의 수상보안대도 마찬가지이다"라고 하였다.[315] 이러한 북한의 내부 분위기에 비추어 보아 북한은 38도선 일대의 경비 병력을 크게 보완하고 있었으며, 북한의 이러한 조치에 따라 38도선에서 충돌이 크게 격화되고 있었음을 알 수 있다. 이에 대해 남한 쪽에서는 서북청년단과 한국경찰이 남한에 농지를 둔 북한농민이 월경하여 추수하는 것을 허용하지 않는 등 정면으로 맞대응하고 있었다.[316]

38도선을 사이에 두고 양측의 충돌이 격화되자 미군정은 사건의 전모를 조사하여 보고하도록 지시하였다. 이에 군정 일반명령 제34호에 의거 특별 조사단(단장: 아서 대령)이 구성되었고, 이들은 1월 3일부터 12일까지 조사하여 그 결과를 사령부에 보고하였다. 조사단의 결과 보고에 의하면 이

에게」(1947.8.19), 위의 자료, p.118.
313) 「하지가 코르트코프에게」(1947.10.22), 위의 자료, pp.69-70.
314) 「미군정 38도선 조사보고서」(1947.10.10), 위의 자료, p.61.
315) 하기와라 료, 앞의 책, pp.115-116.
316) 「코르트코프가 하지에게」(1947.11.4), 위의 자료, pp.42-3.

무렵 38도선 충돌의 내용은 다음과 같다.[317]

조사단은 한국경찰이 1947년 11월 27일 탄자리 마을을 사격하여 북한경비대 3명에게 부상을 입혔다는 소군정 측의 주장에 대하여, 탄자리 마을은 지명이 확인되지 않으며 인근 마을에는 초소가 없을 뿐만 아니라 한국경찰과 미군 초소를 조사한 결과 그 지역 부근에서는 최근 충돌사건이 없었다는 것이었다. 오히려 그 지점에서 11마일 떨어진 본백에서 1948년 1월 4일 한국경찰 3명과 민간인 1명이 북한경비대의 사격을 받아 살해되었다고 하였다.[318]

또 조사단은 국경지역 가운데 23마일 떨어진 지점에 한국 발음으로 장암이고, 지도상에는 천감(소가니)으로 표기된 지점에서는 많은 사건이 있었으며 그중 배천지역은 한국경찰의 공세로 인하여 발생하였다고 보고하였다. 소군정의 샤닌이 2번째로 지적한 신대마을은 38도선 표지가 없으며, 조사 결과 그 마을은 38도선 북쪽에 위치해 있으나 가옥들은 대부분 38도선 남쪽에 위치해 있으며 농지는 38도선 접경지에 위치해 있다고 하였다.[319]

이와 아울러 11월 25일에는 포천지역 미 방첩대 정보원인 정치봉이 38도선 부근에서 북한경비대에 의해 납치되었고, 다음날에는 북한경비대가 월경하여 마을을 포위, 서북청년단 3명을 납치하고 1명을 사살하는 사건이 있었다고 하였다. 이에 포천경찰서 창수지서의 한국경찰 40명이 출동함으로써 한국경찰과 북한경비대 간의 사격전이 전개되었고, 한국경찰이 그에 대한 보복으로 월경하여 북한 농부 15명을 잡아 왔다고 하였다. 조사단은 그동안의 조사결과를 이와 같이 보고하고, 사건의 발단은 대부분 한국어, 영어, 로어 등 지명의 혼동으로 인한 것이라고 하였다.[320]

이 조사 결과는 소군정 측에 전달되었고 또 새로이 분쟁의 소지가 있는

---

317) 「주한미군사령관에게」(1948.1.20), 위의 자료, pp.1-3.
318) 위의 자료.
319) 위의 자료.
320) 위의 자료.

지역에 대해서는 38도선을 재설정하자고 제안하였으나 소군정 측에 의해
묵살되었다.[321] 오히려 38도선의 상황은 하지 장군이 지적하듯이 '북한경비
대의 대담함은 남한인의 안녕을 위협할 정도'였다.[322] 그러나 이 무렵 소군
정 측은 오히려 옹진 쪽의 한국경찰이 38도선을 침범하여 문제를 복잡하게
만들고 있다고 비난하였다.[323]

　이에 미군정은 예하 부대에 다음과 같은 38도선상에서의 행동지침을 하
달하였다. 소군초소가 미군초소와 매우 근접해 있고 또 북한경비대가 38도
선 가까이에서 움직임에 따라 충돌 사건이 증가되어 왔다. 따라서 이를 피
하기 위해서는 먼저 38도선 정찰 시 너무 가까이 근접하지 말고, 모든 정
찰 병력에게 알려 사격을 받지 않도록 주의하도록 하였다. 또한 38도선상
의 미·소 통제지역 표지가 없어진 경우 즉각 보고하도록 하였다. 북한경
비대가 38도선을 월경하였을 경우 체포하되, 소군과 전쟁으로까지 확산되
지 않도록 각별히 주의하도록 하였다.[324] 따라서 이 무렵 1948년 6월 2일

---

321) 「코르트코프가 하지에게」(1948.1.26), 위의 자료, p.112. 소군정은 38도선 표지
　　는 소·미 간에 이루어진 것이며 국지적 재조사의 필요성을 느끼지 않는다고
　　하였다: 「미군 G-3보고」(1948.1.21), 위의 자료, p.114. 소군정 측의 항의 내용
　　을 조사한 결과, 그 사건들은 주로 남한 농부들이 자기 소유인 북한지역의 추
　　수를 하는 과정에서 발생된 것이며, 소군정통제지역인 봉당지역을 조사한 결
　　과 그 지역에서는 첩보대, 한국경찰로부터 전혀 보고가 없었다고 하였다. 또
　　창니 도리지역은 1947.4월 합동조사반이 들어간 적이 없는 지역이며 많은 분
　　쟁이 발생하고 있다고 하였다. 도리는 지역지휘관에 의해 재조사가 요구된 지
　　역이며, 강리지역에서는 남한경찰이 남한 농부의 추수를 보호하기 위해 그리
　　고 주도권을 확보하기 위해 38도선 지점에 배치되고 있었다고 하였다.
322) 「하지가 코르트코프에게」(1948.1.22), 위의 자료, p.113. 미군정 측은 현재 38
　　도선 분쟁이 계속되고 있으며, 북한경비대의 대담함은 남한인의 안녕을 위협
　　할 정도라고 항의하였다.
323) 「하지가 코르트코프에게, 11.4일자 답신」(1848.1.23) 본 위치는 옹진과 용담반
　　도 사이 황포만에 위치하며 가장 가까운 초소는 옹진반도이다. 옹진을 조사
　　했지만 10.14일자 행동은 없었다. 당신이 지적한 위치는 맞지 않다. 차후 남
　　한경찰의 도발이 없을 것을 명확히 보증하겠음.
324) 「미 제31, 제32연대에게」(1948.6.2), 위의 자료, pp.129-130.

부터는 38도선에 배치된 미군은 군정의 지시에 따라 38도선 충돌을 피하기 위해 정찰활동까지 통제하여 지정된 장소만을 정찰하도록 하였다.[325]

미군정의 이와 같은 조치에도 불구하고 북한경비대에 의한 38도선 월경으로 인해 38도선의 상황은 이전보다 규모 면에서 격화되고 있었고, 그 월경의 성격 면에서도 다소 앞의 기간과는 차이가 있었다. 즉 이 무렵 북한의 38도선 침투의 목적 중 하나는 남로당의 보급을 위한 것으로 조사되었다.[326] 그러나 38도선 부근에 배치된 미군 정찰 병력은 미군정의 정찰통제로 인하여 38도선 충돌에 관한 사건 조사마저 미군정사령부의 허가를 받아야 가능한 상황이었다.[327]

---

325) 「미 제24군이 제7사단에게」(1948.6.7), 위의 자료, pp.140-142.
326) 「미 제32연대 제2대대에게」(1948.8.13), 위의 자료, p.54. 착동 경찰서의 한국 경찰이 순찰 중에 북한군 50여 명으로부터 사격을 받았는데, 한국은 요남 경찰서 병력을 증강하여 몰아내었다고 하였다. 또한 한국경찰이 수현 북쪽 북한경비대에 사격을 가하였으며, 이 과정에서 가옥 7채가 소실되었다고 하였다: 「미 제54중대 스나이더의 보고」(1948.8.27), 위의 자료, pp.86-87. 이에 의하면, 옹진 제97방첩대 파견대의 보고에 의하면, 북한군의 월경 목적 중 하나는 남노당의 보급을 전달하기 위한 것이고, 소군이 북한경비대의 도발을 은폐하기 위해 노력하고 있었다.
327) 「경기 공공국이 하지에게」(1948.6.18), 위의 자료, p.130. 경기 공공국은 미 고문 스미스의 피격사건을 조사할 것을 요청하였고 하지는 제54중대에게 조사할 것을 허가하였다. 「하지가 예하 부대에게」(1948.6.22), 위의 자료, p.131.

제8장 군정 기간 38도선 충돌의 성격

38도선 충돌은 미·소군이 남북한에 배치되면서부터 시작되었으므로 자연 그 성격도 미·소 냉전의 흐름과 밀접한 관련을 갖고 전개된 것이었다. 또한 그것은 미·소 냉전의 흐름에 편승한 국내 정치세력 간의 정치적 향방과 흐름에도 크게 영향을 받고 있었다.

따라서 해방 직후부터 한국전쟁 발발 이전까지의 38도선 충돌은 당시 국내외의 정세 변화에 따라 서로 상대의 움직임에 대응하면서 서로 응전하게 된 과정이었으며 결국 그것은 한국전쟁의 기원 내지는 배경과도 직접적으로 연결되는 문제였다. 그러면 여기에서는 앞에서 논의한 내용을 중심으로 정리하면서 38도선 충돌이 갖는 성격을 정리하고자 한다.

소련군은 군정기구를 갖추어 나가면서 일본군의 항복을 받고 무장 해제를 실시하는 한편 38도선 요소요소에 진지를 구축하고 기관총을 설치하여 남·북으로 오가는 통행인에 대한 검문검색을 강화하였으며 남·북을 잇는 경의선, 경원선 등 주요 철도와 도로를 차단하는 등 교통·통신 등을 차단하였다. 이렇게 장벽을 친 소련군은 군정을 실시하기 위한 조치로 우선 인민위원회의 조직에 착수하였다. 소련군정 당국은 인민위원회 위원장에는 한국인을 기용하되 소련군 장교를 고문역에 임명하고, 그들이 입북 시 대동한 소련계 한인을 요직에 배치하였다.

그러므로 이 기구는 외관상 자주적으로 운영되는 것처럼 보였으나 실질적으로는 소련군정 당국에 의해 지배되었다. 따라서 시간이 경과함에 따라 인민위원회 조직은 민족진영세력이 점차 배제되면서 주로 소련계 공산주의자들에 의해 장악되어 갔다.

소련군은 점령 직후 자생적 치안조직으로부터 체계적인 경찰 보안기구로의 이행조직이랄 수 있는 적위대마저 해체하였다. 보안대는 지방수준에서부터 조직되기 시작하였고 경찰체제의 중앙 집중화를 계속해 나갔다. 평양 학원도 건설되어 군사 부분에서 지도자를 양성하기 시작하였다. 지방수준 에서는 경찰조직이 조직되기 시작했고 이를 시발로 각 도에 도보안대를 창 설하여 각 도의 치안유지와 시설경비임무를 담당하였다.

또한 소련군은 미군이 들어오기 전까지 개성 등 38도선에서 가까운 이남 지역까지 내려와 물자를 강제 징발하는 등 온갖 횡포를 자행하였다. 실제 8 월 25일에는 2개 소대가 금교에 증파되고 신막에 2개 중대, 해주에 1개 소 대, 26~28일 사이 강원도의 38도선상인 양양·복계·금화·화천 등에 각 각 진주하였으며, 소련군의 1개 소대 병력은 38도선 이남인 춘천까지 침입 하였다. 동 지역의 주민들은 환영회를 베푸는 등 인민위원회를 조직하여 도정 이양공작을 한 바 있으며, 평강·화천에서는 미군이 춘천에 들어오기 전까지 소련군이 매일처럼 이곳에 내려오곤 하였다.

실제 1945년 9월 8일 미군이 진주한 뒤로 며칠 못 되어 소련군이 한반도 문제에 관해 협력하려고 하지 않으려 한다는 것이 점차 분명해지기 시작하 였다. 하지는 남한의 경제상태가 심각한 위기에 봉착하자 여타 제한을 완 화시키고 전국 경제와 민간행정의 통일을 확보하려고 시도하였지만, 소련 군 당국은 38도선에 전술연락실의 설치에 합의한 것을 제외하고는 하지의 제안에 거의 아무런 반응도 보이지 않고 있었다.

심지어 소련군사령부는 미군사령부가 석탄과 교환할 목적으로 북한에 식 량열차를 보냈을 때 석탄을 보내지 않았을 뿐만 아니라 식량을 싣고 간 열차 를 억류하기조차 하였다. 그러고는 서울 이북지역에 대한 송전을 일방적으로 중단하였던 것이다. 소련의 이러한 행동이 38도선을 단순한 분할 선에서 장 벽으로 변화시켰다. 미·소군이 38도선에서 처음 대치하고 있을 무렵, 38도 선 부근에는 남·북으로 이어지는 주요 도로 10여 개를 중심으로 초소를 설 치하고 있었으며, 소군초소 중에는 38도선 이남 지역에 위치한 것도 있었다.

최초 38도선 접경지에는 미·소군 간에 중립지대를 설정하고 남·북으로 이어지는 주요 도로 상에는 미·소군의 초소를 설치하고 각각 책임지역을 통제하도록 하였으나, 1945년 말부터는 소군이 부분적으로 38도선 이남으로 월경하였고 청단 지역에서는 아예 소군이 38도선 이남지역에 초소를 설치하고 있음을 볼 수 있다. 따라서 38도선 부근은 미·소 병력이 도로차단 초소를 설치한 후부터는 늘 잠재적인 충돌가능성을 안고 있었다.

그러나 해방 직후에는 38도선을 통해 많은 사람들이 공공연히 남·북을 왕래하고 있었고 또 미·소가 냉전의 기미를 보이고 있긴 하였지만 아직까지는 표면화시키고 있는 상황은 아니었으므로 38도선 접경지의 상황도 심각한 상황이 초래되지는 않았다. 그러나 미·소군의 협조체제가 무너지면 곧바로 무력충돌로 이어질 가능성은 처음부터 예고하고 있었다. 그 최초의 예가 옹진지역이었다. 미군은 옹진반도의 일부분이 미군 관할하에 두어지게 되었는데, 서울에서 이 지역으로 이르는 육로가 38도선에 의해 차단되었다. 처음 미군은 옹진에 이르는 육로 수송을 소련군의 묵시적인 협조로 수송로를 보장받고 있었으나, 점차 소군으로부터 방해를 받기 시작하였다.

1946년에 접어들어 미·소 군정은 앞으로 제반 남북문제를 효율적으로 운영하기 위한 조처, 특히 미·소공동위원회 준비 등을 위해 쌍방 간의 연락장교를 파견할 것을 합의하고 있었다. 이에 따라 미국정부는 1946년 3월 3일 소련군정에게 미군의 연락장교로서 월터 초인스키, 제임스 스코트 2세 중령, 월터 모나간 2세 대령 등 3명을 파견한다고 전달하였고, 위급 상황 발생 시 그들이 샤닌 장군에게 직접 보고할 수 있도록 조처해 주기를 바란다는 각서를 전달하였다.

이에 4월 1일 소군정도 소련군 연락장교로서 토빈, 이바노프 대령, 레베데프 대위 등을 파견한다고 통보하였고, 이들을 통해 상호간 문제를 해결할 수 있도록 한다고 하였다. 이들 연락장교들의 임무는 군정사령부를 대표하여 문서 등을 전달하는 것이었으며, 사령부와는 항상 통신을 유지하고 있도록 하였다. 이들 연락장교단이 설치되면 곧바로 사령부와 접촉하도록 하고, 소군장교는 가빈 준장과, 미군장교는 샤닌 장군과 각각 연락을 유지하여 조정하도록 하였다.

제1차 미·소공동위원회를 앞두고 미·소 군정 간에는 이미 38도선 분할로 인하여 발생한 많은 문제들이 산적해 있었다. 즉 해주~서울 간 열차운행에 관한 문제, 남북간 우편교환문제, 미군의 옹진으로의 육로 이용에 관한 문제, 접경지에 위치한 동산 및 부동산 소유권 문제, 민간인 접경지 월경 금지 문제, 관개수로의 이용 문제, 일본인 월남문제 등이 있었다. 그러나 무엇보다도 이 시점부터 38도선을 두고 미·소군에 의한 월경분쟁이 문제화되기 시작하였다.

그것은 아직 38도선 접경지에 확실한 표지가 설정되어 있지 않은데도 원인이 있었지만, 소련군이 의도적으로 38도선 이남지역에까지 내려와 부대를 배치한 데 연유하는 것이었다. 주한미군사령관 하지는 주북한소군사령관 치스챠코프에게 최근 월경사건이 증가되고 있는데 대해 유감을 표시하면서, 1945년 가을 소군 측과 협의하여 월경자는 체포하여 가까운 초소로 넘기도록 합의하였으나 그 내용이 지켜지지 않고 있다는 점을 지적하였다. 따라서 38도선 부근에서의 심각한 사태를 미연에 방지하기 위해서는 38도선 지점을 분명히 표지하자고 거듭 제안하였다.

이에 치스챠코프는 사건들의 전말이 명확치 않다는 입장이었다. 즉 "38도선의 양측 경계초소는 1945년 10월 미·소 군정의 합의에 의해 설립되었으며, 지금까지 전혀 문제가 없었는데 지금인 1946년 4월에 접어들어 문제가 되는 것을 이해할 수가 없다. 그러나 만일 문제가 된다면 당신이 제안한 38도선의 표지작업에 동의한다"는 것이었다.

그러나 1946년 5월 7일 미·소공위가 무기 휴회되면서 38도선의 정세는 한층 긴장되어 갔다. 38도선의 상황이 긴박해지면서 소군정 측에서는 북한의 보안국을 일층 강화시키고 있었다. 제1차 미·소공위가 결렬되는 시점에서 소군정 측에서는 '수준 높은 보안간부와 경비대원을 38도선에 배치함과 동시에 정보·사찰 등의 공작을 강화'함으로써 38도선의 긴장을 가중시켰음을 알 수 있다. 한편 이러한 분위기 속에서 소군정 측은 미군항공기가 38도선 이북을 월경한 데 대해 강한 불만을 피력하며 항의하였다.

한편 이 무렵 미·소공동위원회는 미·소 간의 심각한 의견 차이로 인해 일단 결렬되었으나, 그동안 양측에서 잠정 합의한 38도선 표지작업을 위한 공동조사반 운영에 대해서는 의견을 같이하여 실무 작업을 추진하고 있었다.

그러나 미·소군 38도선 조사 작업은 이 무렵 극심하게 만연되고 있던 콜레라 전염병으로 인해 불가불 연기할 수밖에 없게 되었다. 이처럼 38도선 접경지 마을에서 위반사건이 빈번하게 발생한 것에는 마을의 소속이 미·소 어느 쪽의 통제를 받는지 불명하기 때문인 경우가 많았고 또 소군이 38도선 이남에 위치하여 미군과 마찰을 빚은 사건도 있었다. 기본적으로 이 시기의 분쟁은 38도선 통제의 표지가 결정되지 않아 분쟁으로 이어진 것이었다.

이에 미군정 측에서는 소군초소의 소재를 파악하였다. 조사일정은 1946년 9월 18일부터 21일까지 38도선 접경지를 정찰하여 모든 소련군 초소를 조사하였다. 그 결과 청단선에 5개의 새로운 소군초소가 위치해 있다고 파악되었다. 정찰결과에 의하면, 이 지역에 소군이 9일 11일부터 배치되었고 초소 설치작업은 약 2주간 소요되었다고 하였다. 이들 병력은 황해도 소련군 제258사단 예하 부대라고 하였다.

소련군과 북한경비대, 북한청년단체 등의 월경 약탈 건수는 추수기인 10월에 접어들어 더욱 증가하고 있었다. 이런 사건은 주로 38도선 표지가 불명한 지역이나 군이 상시 배치되지 않은 지역에서 주로 발생하였다. 따라서 미군정 측은 이 문제를 해소하기 위한 방안의 하나로 38도선 경비를 위한 경찰부대를 신설하여 투입하기로 하였다. 미 제7사단 보고에 의하면, 사단의 정찰활동을 줄이고 38도선을 효과적으로 통제하기 위해 38도선의 초소를 증가하고 증가된 초소에는 한국경찰을 투입한다는 것이었다. 경찰병력의 편성과 초소의 설치는 8월 29일 한국경찰 측이 준비한 계획서에 의거하였으며, 경찰들의 정찰은 소로까지를 통제하도록 한다는 것이었다. 미군과 한국경찰 간에는 유기적인 협조가 이루어지도록 하였다.

1946년 8월 29일자 한국경찰의 38도선 정찰 경찰병력 편성 계획서에 의하면, 현재 38도선상에는 테러, 무장충돌, 첩자, 공산주의 선전 등 공공질서를 파괴하는 사건이 빈번하게 발생하고 있으므로 이에 대한 대비가 시급하다는 것이었다. 그 방안의 하나로 38도선 경비경찰을 편성하여 기지와 초소를 여러 지점에 설치한다는 것이다. 경찰병력은 정사복 경찰과 정보원 등을 중심으로 2개 단 1,000명을 편성한다고 계획되었다.

이와 같이 10월 시점 미군정이 38도선 일대의 경비를 보강하기 위해 한국경찰병력을 투입할 무렵 소군과 북한경비대의 월경사건은 더욱 증가하였으며 충돌의 강도도 격화되고 있었다. 이 무렵 사건이 증가되고 있었던 데에는 남북의 경찰과 청년단체 간의 갈등 격화도 한 원인이 되었다. 미군정 특별조사실의 보고에 의하면, 10월 30일~11월 1일간 개성지역에서의 조사 결과에 의하면, 사건의 상당 부분이 남북의 경찰과 청년단체의 분쟁에 의해 야기된 것이라고 하였다. 실제 이 무렵 충돌사건에 관한 보고서를 분석하면, 남북한의 경찰과 청년단체들 간의 갈등으로 악화된 측면이 있었다.

미군정 측에서 계속 소군정 측에 38도선 통제선을 오해가 없도록 설정하자고 요구하였으나 11월까지 소련 측의 반응은 여전히 부정적이었다. 이때 소군정의 입장은 재설정 문제가 조선민들에게 나쁜 인상을 줄 뿐만 아니라 남북주민의 농지 소유권문제 등 법적인 문제를 야기할 수 있다는 것이었다. 그들은 또한 38도선 재설정 문제는 한국민의 정치적 문제이며 미·소군이 관여할 사안이 아니라는 입장이었다. 따라서 미·소 초소 간의 분쟁 문제는 지역 지휘관선에서 검토하여 해결하고, 비교적 사안이 중대하다고 판단되는 사항은 사령부에서 검토하여 처리하도록 하자고 하였다.

그런데 12월 30일 소군정이 기존의 방침을 갑자기 수정하여 38도선 공동조사단을 편성하자는 제안을 보내왔다. 즉 치스챠코프는 미군정의 38도선 재설정을 위한 공동조사단 편성에 동의한다는 의사를 하지 장군에게 전달해 왔다. 소군정이 공동조사단 편성안을 검토한 결과 최근 2, 3개월 동안 급증하고 있는 38도선에서의 충돌사건을 최소화하기 위해서는 38도선 경계선과 경비초소 등을 확실히 구분할 필요가 있다는 내용이었다.

이 무렵은 미·소 군정 간의 정치협상 과정에서도 큰 변화가 있었다. 북한주둔 소련군사령관 치스챠코프 대장이 경질되고 그 후임으로 코르트코프 중장이 임명되었으며, 미국정부는 미·소공동위원회의 즉시 속개를 촉구하는 서한을 소련 측에 전달하고 만일 공동위원회가 실패할 경우 필요한 조치를 단행하겠다는 결의를 표명하였다. 이에 그동안 미국 측의 수차에 걸친 회담재개 요청을 외면해 오던 소련 측이 동의함으로써 공동위원회의 소련 측 선발대가 서울에 도착하고 소련 측 수석대표 스티코프 이하 전원이 서울에 도착하였다.

이러한 기간 내 1947년 4월 초부터 착수된 38도선 공동조사가 완료되어 공동조사단의 최종결과서가 작성되었다. 5월 10일 38도선 공동조사단의 최종 동의 내용은 다음과 같이 정리되었다. 즉 미·소 공동조사단은 4월 4일부터 22일까지 조사 작업을 수행하였고, 양측의 책임자는 미군 측이 후퍼트 소장, 소군 측이 볼로브레프 소장이었으며, 조사단은 표지판을 다음과 같이 교체, 83개의 표지판을 교체하였고(초소번호 1~83), 38도선 이북 1킬로 지점 66개 마을에는 소군이 표지작업을 수행하였으며, 63개 마을 38도선 이남 63개 마을에는 미군이 표지작업을 수행하였다. 그 결과는 미·소군의 지도상에 표기하였다. 미군은 일제 1945년판 지도를, 소군은 일제 1919년판 지도를 사용하였다.

조사결과 양측은 다음의 사항에 합의하였다. 38도선 지경상 남천리는 북한지역, 요동은 남한지역, 댐은 북한지역에 속한다. 그러나 소군정은 관개공급을 허용하며 미군정은 그것의 비용을 지불한다. 매곡리와 해주남쪽 용단리, 그리고 남북 접경지의 강과 만은 북한에 속한다. 가옥은 38도선 북쪽에 소재해 있어도 이전의 소유자에게 소속한다. 마을의 구체적인 소속은 공동조사단의 합의에 따른다. 거주지가 다르지만 소유권이 있는 농지에 대해서는 소유자에게 농사와 수확을 허용한다는 것 등이었다.

미·소 군정사령부는 양측 조사단 대표들로부터 이러한 조사결과를 보고 받았으며, 미·소공동위원회 동안 합의된 결과에 대해 만족하며 앞으로 충돌의 건수가 줄어들 것이라고 기대하였다. 실제 미·소 공동합의 이후 충돌이 일견 줄어드는 듯하였다. 양측 간에 남북 쪽에 위치한 농지를 추수할 수 있도록 허가증을 발급하는 등 협의 이행을 위한 조치가 있었다.

그러나 이러한 분위기는 미·소공동위원회가 결렬된 시점부터는 다시 악화되기 시작하였다. 1947년 7월 9일, 43명의 북한경찰이 38도선 남쪽을 순찰 중인 한국경찰 4명을 납치하는 등 빈번하게 충돌사건이 발생하고, 배천지역에서 남북간의 격렬한 사격전이 전개되었다.

38도선에서의 분쟁 소요는 그 횟수와 정도가 점차 격화되었다. 심지어 한국경찰의 경우 38도선 접경지의 마을을 정찰할 때 미군을 동반하지 않으면 꺼려할 정도로 긴장되어 있었다. 이 무렵 북한의 내부 움직임은 38도선을 철저하게 통제할 방침을 정해 놓고 있었다. 이와 관련해서는 11월 28일 내무국 산하 책임자 및 정보과장 회의에서의 김일성 훈시 내용이 주목된다.

즉 그는 "일체의 보안대에 훈련을 실시, 특히 38대대는 '국경'을 지키는 정치투쟁, 경제투쟁, 사상투쟁의 의의를 정확히 재인식시키는 것이다. 인민을 잘 조직하여 자각적으로 내무활동을 원조토록 할 것. 해상선의 수상보안대도 마찬가지이다"라고 하였다. 이러한 북한의 내부 분위기에 비추어 보아 북한은 38도선 일대의 경비 병력을 크게 보완하고 있었으며, 북한의 이러한 조치에 따라 38도선에서 충돌이 크게 격화되고 있었음을 알 수 있다. 이에 대해 남한 쪽에서는 서북청년단과 한국경찰이 남한에 농지를 둔 북한농민이 월경하여 추수하는 것을 허용하지 않는 등 정면으로 맞대응하고 있었다.

38도선을 사이에 두고 양측의 충돌이 격화되자 미군정은 다시 사건의 전모를 조사하여 보고하도록 지시하였다. 이에 군정 일반명령 제34호에 의거, 특별조사단(아서 대령)이 구성되었고, 이들은 1월 3일부터 12일까지 조사하여 그 결과를 사령부에 보고하였다. 조사단의 결과 보고에 의하면 이 무렵 38도선 충돌의 내용은 다음과 같다.

이 조사 결과는 소군정에 전달되었고 또 새로이 분쟁의 소지가 있는 지역에 대해서는 38도선을 재설정하자고 제안하였으나 받아들여지지 않았다. 오히려 38도선의 상황은 하지 장군이 지적하듯이 '북한경비대의 대담함은 남한인의 안녕을 위협할 정도'였다. 그러나 이 무렵 소군정 측은 오히려 옹진 쪽의 한국 경찰이 38도선을 침범하여 문제를 복잡하게 만들고 있다고 비난하였다.

이에 미군정은 예하 부대에 다음과 같은 38도선상에서의 행동지침을 하달하였다. 소군초소가 미군초소와 매우 근접해 있고 또 북한경비대가 38도선 가까이에서 움직임에 따라 충돌 사건이 증가되어 왔다. 따라서 이를 피하기 위해서는 먼저 38도선 정찰 시 너무 가까이 근접하지 말고, 모든 정찰 병력에게 알려 사격을 받지 않도록 주의하도록 하였다. 또한 38도선상의 미·소 통제지역 표지가 없어진 경우 즉각 보고하도록 하였다. 북한경비대가 38도선을 월경하였을 경우 체포하되, 소군과 전쟁으로까지 확산되지 않도록 각별히 주의하도록 하였다. 따라서 이 무렵 1948년 6월 2일부터는 38도선에 배치된 미군은 군정의 지시에 따라 38도선 충돌을 피하기 위해 정찰활동까지 통제하여 지정된 장소만을 정찰하도록 하였다.

미군정의 이와 같은 조치에도 불구하고 북한경비대에 의한 38도선 월경으로 인해 38도선의 상황은 이전보다 규모 면에서 격화되고 있었고, 그 월경 성격 면에서도 다소 앞의 시기와는 차이가 있었다. 즉 이 무렵 북한의 38도선 침투의 목적 중 하나는 남로당의 보급을 위한 것으로 조사되었다. 그러나 38도선 부근에 배치된 미군 정찰 병력은 미군정의 정찰통제로 인하여 38도선 충돌에 관한 사건조사마저 미군정의 허가를 받아야 가능한 상황이었다.

결 론

1. 분단정부 수립과 한국전쟁

해방 직후 남북간의 국제환경은 냉전 구조의 성격과 그 변화에 의해 크게 영향을 받고 있었던 시기이다. 미·소의 국제환경의 성격이 남북 관계에 어떻게 영향을 미치는가 하는 점과, 이와 반대로 남북간의 국내적 요인이 미·소의 정책에 어떠한 영향을 미치는가 하는 점에 유의하면서 남북한의 군사정책과 한국전쟁 발발 과정을 살펴보았다. 특히 분단정부 수립 전후 남북간의 갈등은 미·소의 후원하에 체제강화와 군사적인 경쟁의 양상을 띠게 되는데, 이는 남북체제강화와 군사력 확대과정, 그리고 양자 간의 무력충돌의 확대과정 등을 통해 살펴보았다.

본고는 냉전적인 인식의 틀이나 전쟁불가피론을 지양하고 전쟁의 발생적 배경이 내전적 국제전 성격을 띠는 것이었으며, 또 남북정권이 미·소로부터 상대적인 자율성을 확보하고 있었다는 점을 유의하면서 문제에 접근하였다. 그러나 본고에서는 남북한 내부의 동요에 대해서는 분석하지 못한 한계가 있으며, 이에 대해 앞으로 좀 더 천착하고자 한다.

남북한의 군사정책에 대해서는 미·소의 대한군사정책, 남북한의 무력통일정책, 남북한의 군사적 대립과정 등 3가지 층위로 나누어 분석하였다. 먼저 단정안이 가시화된 이후 남북한 정권의 통일론 성격을 살펴보았다. 한반도문제의 유엔이관은 모스크바삼상회의 결정안의 실질적 폐기를 의미하는 것이었으며, 분단정부 수립을 전후하여 남한의 정치세력 재편의 방향은 이승만 권력의 강화와 중도파의 분해와 몰락으로 이어졌다. 특히 김구의 암살, 반민특위의 해체, 소장파의원 구속 등은 이승만 체제의 강화와 아울러 평화통일 논의의 종식을 의미하는 것이었다. 그 후 통일논의는 이승만의 '실지회복'적 인식만이 허용되었다.

이승만 정부의 통일론은 평화적이든 무력적이든 실지회복이라는 차원에서만 채택 가능한 것이었다. 그 성격은 각 시기별 정치 상황에 따라 약간씩 다른 의미를 띠고 있었다. 정부 수립 직후 여순사건 등 내부위기의 극복과 소군 철수 발표 등으로 실지회복에 대한 의지가 표출되기 시작하였다. 주한미군 철수 이후 미국의 군사원조, 안보공약 확보와 북한의 공세적 입장에 대응하는 측면에서 점차 강도가 높아졌다. 그리고 9월 이후 북한의 적극 공세입장 등에 정면으로 대응하면서 가장 증폭되고 있었다. 그것은 한반도를 냉전의 결전장으로 끌고 가려는 대응전략, 즉 미국의 안보공약 확보와 북한의 남침억지 전략이라는 이중의 목적을 동시에 내포하는 것이었다. 그 후 이러한 전략은 미국이 남한을 포기하지 못하리라는 평가하에 전쟁 직전까지 지속되었다. 따라서 이승만의 통일론은 단정론과 맥을 같이하는 대내외적 정치 전략으로서의 의미를 띠는 것이었으며, 필요에 따라 북진통일론 또는 유엔 한국위원단을 통한 평화통일론을 제기하고 있었다. 이승만 정부는 북진통일 의욕을 지니고 있으면서 다른 한편 북진을 견제하는 미국에 대해서 군원과 안보공약을 확보해야 하는 이중적인 문제를 갖고 있었다. 즉 이승만은 트루먼독트린(봉쇄전략)을 한반도에까지 확장시키도록 꾸준히 노력하는 한편 대북우위를 위한 일환으로 북한의 위협을 과대평가하거나 때로는 부분적인 위기를 조장하는 측면이 있었다.

한편, 북한정권은 정부 수립 이후 외부적으로 표출하지 않고 내부적으로 무력통일안을 논의하고 있었다. 이는 1949년 3월 김일성의 스탈린 방문 시 정식으로 제기되었다. 여기에서 북한정권이 조·소 회담 이전부터 무력통일론을 심각하게 논의하였으며, 특히 남로당의 박헌영과도 합의를 이루고 있었음을 확인하였다. 이어 개최된 조·중 회담에서도 무력통일론이 다시 제기되었으나, 모택동의 입장은 국민당군과의 전투가 끝날 때까지 유보해야 한다는 것이었다. 그러나 북한정권은 결국 1950년 4월 초 김일성~스탈린 비밀회담에서 국제환경이 유리하게 변하고 있으며 통일과업인 선제남침을 개시하는 데 동의한다는 스탈린의 합의를 얻었다. 소련의 합의는 중국의 승인이 전제된 것이었다. 따라서 곧이어 5월 초 개최된 김일성~모택동 비밀회담에서 북한은 전쟁계획에 관해 모택동의 동의를 얻는 한편 전쟁을 위한 구체적인 행동지침 등에 관하여 토의하고 또한 우호동맹상호원조 조약은 통일 후에 체결하기로 합의하였다.

북한정권의 무력통일론과는 달리 1949년 6월 각 정당·사회단체의 좌파통일전선체로서 결성된 '조국통일민주주의전선'(조국전선)은 평화통일론을 제기하고 있었다. 그러나 조국전선의 강령을 분석한 결과, 그것은 북한정부의 정강 실현과 직접 연결된 것이었으며 그것과 분리하여 이해될 수 없는 것이었다. 실제 조국전선의 활동 목적은 평화통일안 제안 및 실천에 있었으나, 정권으로부터 독자성을 갖고 있지 못하여 정권의 통일론의 틀에 크게 벗어나지 못하고 있었다. 조국전선은 북한의 평화통일안 제안과 남한의 거부라는 대외정당성을 확보하면서 무력통일을 위한 대내 명분을 확보하기 위한 이중의 목적을 지닌 것이었다. 당시 남한 정치세력의 배제와 역할을 동시적으로 요구한 것은 실현가능성을 스스로 차단한 것에 다름 아니었다. 따라서 북한정권은 정부 수립 이후부터 내부적으로 무력통일론을 형성하면서 중국과 소련의 합의를 얻을 때까지 꾸준히 군사력 강화에 전력하고 있었으며 또 이를 외부적으로 표출하지 않고 오히려 조국전선을 통해 전쟁을 위한 대외적 명분을 축적하기 위한 노력에 집중하고 있었다.

다음으로 미국과 소련의 대한 군사정책과 그에 따라 남북한의 전력증강 과정을 살펴보았다. 미국은 한반도를 소련의 지배하에 들어가게 하지 않는 범위 내에서 주한미군을 철수시킨다는 기본 구상하에 경제·군사적인 지원을 수립하고 있었다. 이것은 남한정부가 외침에 의해 붕괴할 가능성과 함께 내부의 불안정으로 인한 자체 붕괴가능성을 우려하고 있었기 때문이다.

이것은 1947년 1월 미 국무장관 마샬의 "남한만의 정부를 수립하고 남한경제를 일본경제에 접속시키기 위한 계획을 기초하라"는 지시에 따라 제시된 것이었다.

결국 미국의 정책은 미·소공위의 결렬 예상, 한국문제 유엔으로의 이관, 그리고 단정 수립, 미군 철수라는 예정된 과정을 거치게 되었다. 따라서 1948년 1월 미 국무부는 미군 철수를 전제로 "남한을 보호할 수 있도록 경비대를 증강·무장·훈련시킨다"는 내용(NSC 8, 1948.4.2)을 결정하였으며, 이는 이후 미국의 대한군사정책의 골간이 되었다. 그러나 여순사건 등 내부불안이 확산되자 결국 미국은 이의 결론을 재검토하여 미군 철수를 1949년 6월 30일까지 연기하고 한국군을 다소 증강하기로 일부 수정하였다. 그러나 이는 전면적 무력침공에 대비한 공약이나 군사력 증강을 규정하는 것은 아니었다.

1949년 후반에 접어들면서 미국의 대외정책은 재무장과 적극전략으로 선회하게 된다. 미국은 소련의 원폭 보유, 중국공산정부 수립, 중·소 회담 등에 큰 위기감을 갖고 대소 강경책을 재검토하는 가운데 군사원조 계획으로서 상호 방위원조안을 확정하였다. 이것이 한국에도 적용됨으로써 교부금의 형태로 직접적인 군사원조를 받게 되었다. 이와 관련하여 당시 한국 주재 미대사관이나 군사고문단에서도 이러한 미·소 간의 상황변화를 어느 정도 인식하면서 남한의 방위력 강화의 필요성을 강조하고 있었다. 이러한 미국의 동북아 및 세계전략의 재편 양상은 NSC 48과 NSC 68에서 분명하게 보이고 있다.

NSC 48/2는 아시아에서의 군사전략적 방어는 필리핀, 오키나와, 일본을 연결하는 소위 '도서방위전략'을 구성하여 일본을 동북아시아의 중심으로 삼으며, 이를 위해 일본의 재무장과 부흥을 도모한다는 것이 핵심적인 내용이었다. 따라서 이는 미국의 군사적 수단의 한계 때문에 아시아 중에서도 핵심지역, 즉 방어에 유리한 도서방위선까지 군사적 공약을 확대하겠다는 것이었다. 이것은 대한지원의 약화나 포기의 의미가 아니고 동아지역에서의 군사적 방어공약 확대라는 의미를 갖는 것이었다. NSC 48/2는 아시아에서 공산주의의 봉쇄를 목표로 하고 있는 것이었다. 비록 한국이 침공을 받을 경우 미국이 취할 특별한 행동과정을 언급하고 있지는 않았지만, 그 기조는 무력개입의 가능성을 배제하지 않고 있는 것이었다.

NSC 68에서 나타는 적극 전략은 한반도도 예외가 아니었다. 이는 한국이 냉전적인 의미에서 큰 정치적 가치를 갖고 있다는 것이었으며, 이 정책문서는 미국 행정부 내에는 미국의 한반도 개입에 대한 인식이 충분히 공유되고 있었다는 것을 반영해 주고 있다. 따라서 1948~50년 미국은 한국의 생존을 위해 내부 안정화, 즉 경제적 안정과 내부반란의 진압문제에 비중을 두고 있었다고 할 수 있다. 또 외부적인 침공이 있을 경우 유엔군을 통한 대비안을 마련하고 있었던 점 등을 고려할 때 미국의 참전은 예측 가능한 것이었으며 또 필연적인 것이었다고 평가된다.

반면, 소련은 해방 직후 북한에서 소위 '확보한 지역에서의 사회주의 구축'이라는 차원에서 한반도가 소련을 공격하기 위한 전초기지가 되어서는 안 된다는 것을 기본목표로 하였다. 이에 소련은 인민군 건설 초기부터 군사물자와 장비지원은 물론 군 수뇌부, 각 부대 및 학교기관을 지도하였다. 특히 소련 군사고문관은 평양의 소련대사관에서 각 부문사절단을 통제하며 본부역할을 수행하였으며 북한의 정책결정기구인 정치위원회에 영향력을 행사하였다.

주북한 소군은 1948년 말 철수 시 인민군에게 장비를 이양하여 4개 사단으로 증편하고 미군 철수를 압박하면서 모스크바에서는 북한인민군 전력증강에 관한 구체적 대책을 마련하고 있었다. 이 회담에서 향후 북한인민군을 강력한 군사력으로 육성하기로 합의하였으며, 이러한 사실은 소련의 대북군사정책이, 같은 시점 미국의 대남한정책의 목표가 국내 치안확보에 있었던 점과는 달리, 한국군에 비해 북한군의 상대적인 우세 또는 적어도 열세하지 않는 전력을 보유하도록 하는 데 있음을 보여준다.

1949년 3월 5일 스탈린은 모스크바를 방문한 김일성 등 북한대표들과 북한의 경제지원과 군사력 증강 문제를 논의하였다. 이때 스탈린은 북한군이 한국군에 대해 절대적인 우위를 확보하지 못한 상황에서 선제공격을 해서는 안 된다는 입장을 밝히고 있음이 주목된다. 이 회담에서 소련은 북한의 경제부흥발전 계획을 위해 북한에 4,000만 달러의 차관 및 기술지원, 전문가 파견 등의 문제에 합의하였으며, 이때의 차관액의 거의 대부분이 무기 및 장비구입에 사용되었음이 확인된다. 여기에서 합의된 지원사항은 곧이어 개최된 국방상 회담에서 구체적으로 논의되었다. 소련은 이 회담과는 별도로 내부적으로 전쟁의 가능성을 예상한 구체적인 계획까지 구상하고 있었다.

스탈린은 1949년 말부터 2개월간 모택동과 회담을 가지고 '중·소우호동맹상호조약', '장춘 철도·여순 및 대련에 관한 협정', '차관협정'을 체결하였다. 이 회담의 배경은 소련의 핵실험 성공과 중국 공산정부 수립에 따른 세계전략 재편과 관련 있는 것으로서 당시 국제 및 동아시아 정세로 보아 냉전체제하의 양국 간 결속 다짐은 물론 세계 공산화를 위한 역할 분담이 협의된 것이었다. 이어 1950년 4월 스탈린은 김일성과의 비밀회담에서 남북한 통일의 방법, 북한 경제개발의 전망, 그리고 공산당 내부문제 등에 관하여 협의하였다. 스탈린의 입장은 "국제환경이 유리하게 변하고 있음을 언급하고 북한의 통일과업을 위한 선제남침을 개시하는 데 동의"하였다. 이 문제의 최종결정은 "북한과 중국에 의해 공동으로 이루어져야 하며 만일 중국 측의 의견이 부정적이면 새로운 협의가 이루어질 때까지 결정을 연기"하기로 합의한다는 것이었다. 스탈린의 조건적인 수용에 따라 김일성은 1950년 5월 13일 모택동을 방문하여 전쟁을 위한 구체적인 행동지침, 미군과 일본군의 참전 가능성 문제 등에 관하여 토의하였으며, 그 밖에 우호동맹상호원조 조약은 통일 후에 체결하기로 합의하였다.

따라서 소련에 대한 한반도의 군사정책은 미·소공위가 최종적으로 결렬되기 이전까지는 '소련에 우호적인 정부를 구성'한다는 것이었으나, 단정이 가시화되면서 남한의 반동체제 파괴와 전 한국의 통일과제 달성을 위한 남한에서의 전 인민 무장봉기 확산, 북한인민군의 강화 등에 비중을 두고 북한을 지원하였다. 그 후 소련은 자국의 핵실험 성공과 중국공산정부의 수립으로 국제정세가 유리하다고 평가하면서 1950년 초 선제남침에 의한 통일된 인민정부 수립에 북한과 최종 합의하고 북한군의 전쟁준비를 적극 지원하였다.

다음으로 남북간의 갈등을 증폭시키고 있었던 38도선 충돌을 살펴보았다. 38도선을 둘러싼 남북간의 갈등은 해방 직후 미·소군이 남북한을 분할 점령하면서부터 잠재해 왔으나, 미·소군이 38도선에 배치된 상황에서는 정치적인 의미를 띠지 않은 자연발생적인 양상이 일반적이었다. 그러나 소군 철수 직후인 1949년 초 충돌양상은 다른 의미에서 분석된다. 이승만은 38도선을 냉전의 전초로서 부각시키려는 입장이었으며, 소련군의 철수가 곧 '실지회복'의 가능성을 열어주는 것이라 인식하고 있었다. 이러한 인식이 직·간접적으로 38도선에 전달되어 남한 군경이 전술상 유리한 고지를 차지하기 위해 38도선 북쪽의 고지에 일부 진지를 편성하려 하였기 때문에 충돌이 발생하였다. 그러나 이때의 충돌은 북한이 적극적으로 대응하지 않고 있었기 때문에 대규모로 비화되지는 않았다.

충돌양상이 대규모로 확대된 것은 미군 철수설이 보도된 직후인 1949년 5월부터였다. 5월 전투는 여전히 남한이 은파산·292고지 등 주요 고지를 장악하려는 데서 발화되었으나, 북한이 보복전의 일환으로 남한의 옹진 6개 리를 장악하면서 크게 격화된 것이었다. 이때 북한은 인민군까지 투입하여 대응하는 적극성을 보였지만, 남한도 미군 철수 후 전력강화의 명분을 얻기 위해 부분적으로는 위기를 조장한 측면도 있었다고 평가된다.

반면, 1949년 7~8월간 격화된 충돌양상은 북한의 대규모 공세로 야기되었다. 전투는 주로 38 이북 고지에서 비롯되었으며, 이승만이 대대적으로 대응하도록 지시함으로써 격화되었다. 10월 북한의 공세로 다시 격화된 전투는 11월까지 지속되고 있었으며 1950년에 접어들어 그 양상은 양측에 의해 크게 자제되었으나, 소규모 충돌과 포격전은 거의 매일 일상의 일처럼 이어지고 있었다. 이승만 정부는 10월 공세와 관련하여 38도선에서는 북한의 공세에 대응하면서 아울러 북진주장, 미국의 지원요청을 한층 강화시키는 측면이 있었다. 따라서 38도선 충돌은 각 시기마다 양측의 정치적 의도가 내재된 것이었으며 또 통일론과도 일정한 관련 속에서 전개된 것이었다. 당시 남북정권은 무력통일 방안에 큰 관심을 기울이고 있었기 때문에 양측에 의해 발화·격화된 분쟁은 남북 갈등을 더욱 증폭시키는 계기가 되고 있었다.

북한의 경우 '북침 시 반격으로 전환'한다는 전략을 수립하고 있었으나, 남한이 대규모 북침을 취하지 않고 다만 북한의 공세에 대응하는 수준에서 머물고 있었으므로 그 기회는 없었다고 볼 수 있다. 그러므로 38도선 충돌이 전쟁가능성을 심화시키는 요인으로는 작용하고 있었지만 곧바로 전쟁으로 확대된 것은 아니었다. 반면, 남한의 경우 '실지회복'의 차원에서 38도선 이북에 위치한 일부 전술지역을 확보하려 하였지만, 미국의 직·간접적인 견제로 인하여 기존의 논의와는 달리 대규모 공세는 도발하지 않았음을 알 수 있다. 그러므로 이 정권의 38도선 충돌에 대한 대응 성격은 남침위기를 극복하려는 전쟁억지 전략과 내부적인 국민들의 불안감 해소라는 측면이 있었으며, 다른 한편 강력한 반공의지를 표명함으로써 미국 지원을 확보하려 했던 차원도 내포하는 것이었다고 평가된다.

다음 전쟁 직전 남북한의 군사력과 군사작전계획을 살펴보았다. 한국군은 38도선 무력도발, 후방 빨치산의 활동에 따른 작전소요의 증가, 방어 장비의 부족으로 인하여 북한군의 곡사화기로부터 병력과 장비를 보호할 수 있는 시설을 갖추지 못하였고 또 선방어 편성이어서 종심 방어력도 부족하였으며 특히 주요 접근로상 대전차 방어대책이 소홀한 편이었다.

개전 직전 한국군이 보유한 병력과 장비는 인민군에 비하여 상대적으로 너무나 열세하였으며 이는 당시 한국군의 방어 준비태세상 근본적인 취약점과 위협이 되었다. 남침 직전 전방 방어지역에서의 병력 비율은 주공 방향인 철원-의정부-서울축선 1:4.4, 개성-문산-서울 1:2.2, 조공 방향인 화천-춘천과 인제-홍천 1:4.1, 양양-강릉 1:2.5로 한국군이 열세하였다. 장비의 상대적 전투력 비율은 병력의 격차보다 훨씬 심각하였다. 인민군은 T-34 전차 242대, 전투기를 주종으로 한 항공기 211대를 보유한 데 비하여 한국군은 전차가 전무하였고 항공기도 연락용과 연습용을 합하여 숫자상의 격차는 물론이고 사거리와 구경 등 성능까지 고려한다면 상대적 화력 비율은 심각한 불균형을 초래하고 있었다. 훈련 면에서 한국군은 전쟁 전까지 65개 대대 중 2%에 불과한 16개 대대만이 훈련을 마쳤다.

전쟁 전 한국군은 미국의 지원제한으로 군비 불균형을 이루고 있었으나 1949년 말부터 1950년 6월까지의 육군본부의 북한의 군사정보는 거의 사실에 근접한 것으로서 나타났다. 이에 육본은 38도선 방어시설의 강화로써 보완하기 위한 긴급 건의서를 국회에 제출하고, 자구책으로 육군 방어계획인 「작전계획 제38호」(1950.3.25)를 하달하였다. 한국군의 방어계획에 관련한 이 자료는 북한의 공격이 있을 경우에 대비한 대응작전을 담고 있는 것이었다. 이와 관련하여 1950년 5-6월 위기설이 파다한 가운데 육군총참모장 채병덕은 북한군의 동향과 국내정세를 고려하여 4월부터 세 차례에 걸친 전군 비상경계령을 하달하였다. 그러나 6월 23일 24:00부로 돌연 비상경계령을 해제하였다. 그 결과 총병력 1/3이 제자리를 비우게 되었다. 더구나 한국군은 6월 10일 고위 장교들의 대규모 인사이동을 단행하여 8개 사단장 중 5명이 경질되었으며, 전방에 배치된 4개 사단 중 3개 사단장이 교체되었다. 이 기간은 인민군이 남침을 위한 공격 대기지점으로 부대이동을 한 기간이었다. 6월 24일 육군본부 정보팀은 22-23일에 입수된 첩보를 분석하여 내일 당장 북한의 전면공격이 있을 것 같다는 정확한 판단을 내리고 있었으나, 정보 실무자들의 비상경계령 건의는 받아들여지지 않았다.

반면, 북한군은 선제타격작전계획에 따라 전력증강과 병행, 계획적인 훈련을 추진하여 사단 급의 자체훈련을 완료하고 민족보위성 훈련국 통제하에 사단단위 종합전술훈련을 실시하면서 공격작전 능력을 보완하였다. 1949년 말부터 1950년 초까지 북한군은 '전차 포병을 동반하는 보병사단의 공격에 대한 지휘관 및 참모의 야외훈련', '사단단위 야외기동훈련', '공병부대의 진지돌파 특수훈련 및 도하작전훈련', '진지돌입 및 적 배후에서의 침투' 등의 다양한 합동훈련을 실시하였으며, 만족할 만한 성과를 거두었다고 평가되었다. 특히 총참모부 소속 '특별군사문제연구반'은 전쟁지도를 위하여 비밀리에 남한과 한국군에 관한 집중적인 연구를 실시하였다.

북한군은 1950년 5월 말에 작전계획이 완성되자, 6월에 접어들어 전쟁준비 상황을 은폐하기 위해 평화제의를 집중하는 한편 작전계획의 이행을 위한 막바지 준비에 돌입하여 전쟁지도체제를 구축하였다. 북한군은 6월 10일 민족보위성 총참모장 주재 지휘관 비밀작전회의에서 남침을 위한 부대이동 명령을 하달하고, 기밀을 위해 사단 급 부대의 기동훈련이란 이름으로 위장하였다. 총사령부는 공격부대의 이동과 함께 극비리에 남침을 위한 정찰 및 공격명령을 해당 부대에 하달하였다. 정찰 및 전투명령을 하달한 상황에서 6월 21일 최종적으로 스탈린에게 "6월 25일 전 전선에 걸쳐 총공격을 감행"할 것을 알렸고, 스탈린은 "김일성의 의견에 동의한다"는 메시지를 전달하였다.

북한군의 선제타격 작전계획은 전투명령·부대이동계획·병참계획·기만계획으로 구성된 공격계획이었다. 최근 공개된 인민군 공격작전의 정보계획 자료에 의하면, 제1단계 작전은 서울을 점령한 후 수원-원주-삼척선을, 제2단계 작전은 군산-대전·대구-포항 선까지 진출, 제3단계는 부산·마산·여수·목포 선까지 진출한다는 것이었다. 실제 작전은 제1단계에 완료되는 것이었으며 제2, 3단계는 인민봉기에 의한 내부전복을 기대하는 것이었다. 그러나 실제에 있어 제1단계작전은 계획대로 진행되었으나 제2, 제3단계 작전은 계획과는 다르게 진행되었다. 그것은 인민봉기도 일어

나지 않았고, 한국군 주력을 무력화시키지도 못하였으며 미군이 신속히 참
전하는 등 상황이 북한군의 전략 판단과는 전혀 다른 양상으로 전개되었기
때문이었다.

　따라서 한국전쟁의 배경적 성격은 지금까지 살펴본 내용에 따라 다음과
같이 평가될 수 있다. 전쟁은 내전적 남북 갈등과 국제전적 미·소 갈등이
상호 상승작용을 일으키면서 발생되었고, 바로 이러한 이중적 구조로 인해
복합적인 양상을 띠었다. 냉전이 격화됨에 따라 소련과 중국은 한반도의
공산혁명노선을 추구하고 있었고 특히 국지적 대리전 계획까지 마련하고
있었던 소련도 무관하지 않았다. 미국도 전쟁의 가능성을 예상하고 있었음
에도 불구하고 남북한의 군사력 불균형을 극복하려 하지 않았으며, 그것이
곧 전쟁을 억지하지 못한 한 요인이 되었다. 따라서 미·소는 역할 면에서
전쟁발발의 책임을 면하기 어렵다고 생각된다.

　냉전관계 속에서 전쟁을 주도적으로 준비·결정·실행한 것은 북한이었
다. 따라서 일면 민족갈등 속에서 표출된 내전적 의미를 담고 있는 것이었
다. 그러나 미·소의 역관계가 한반도를 직·간접적으로 규정하고 있었던
상황이므로 순수한 내전으로 평가하기 어려운 측면이 있다. 따라서 이 전
쟁은 발생 면에서 남북간 민족적 갈등으로 인한 내전으로서의 성격과 미·
소 냉전적 갈등으로 인한 국제적 전쟁으로서의 성격을 모두 내포하는 것이
었다고 평가된다.

2. 38도선 분단과 한국전쟁

　한반도 38도선 분쟁 문제는 미·소군이 진주한 직후부터 정치적인 문제
로 제고되고 있었으며, 38도선상에서의 충돌은 냉전의 심화과정과 무관한
것이 아니었다. 미·소군의 협조체제가 무너지면 곧바로 무력충돌로 이어
질 잠재적인 가능성을 안고 있었다.

제1차 미·소공위를 앞두고 미·소 군정 간에는 이미 38도선 분할로 인하여 발생한 많은 문제들이 산적해 있었으나, 무엇보다 이 시점부터 38도선을 두고 미·소군에 의한 월경분쟁이 표면화되기 시작한 것이었다.

이 시기 미군정 측은 소군정에 38도선상의 문제가 발생하지 않도록 분명히 설정하자고 요구하였으나, 소군정은 그것이 한국국민들의 정치적 문제이며 미·소군이 관여할 사안이 아니라는 입장이었다. 이 무렵 다양하게 발생한 충돌사건은 남북한의 경찰과 청년단체들 간의 갈등으로 악화된 측면이 있었다. 그것은 아직 38도선 접경지에 확실한 표지가 설정되어 있지 않은데도 원인이 있었지만, 소련군이 의도적으로 38도선 이남지역에까지 내려와 부대를 배치한 데 연유하는 것이었다.

미·소공위가 무기 휴회되자 38도선의 정세는 한층 긴장되었고, 결국에 회의가 결렬되는 시점에 이르자 양측이 경비 병력을 한층 강화하는 등 38도선상의 긴장감을 가중시켰다.

한편 이 무렵 미·소공동위원회는 미·소 간의 심각한 의견 차이로 인해 일단 결렬되었으나, 그동안 양측에서 잠정 합의한 38도선 표지작업을 위한 공동조사반 운영에 대해서는 의견을 같이하여 실무 작업을 추진하고 있었다. 그러나 미·소군 38도선 조사 작업은 이 무렵 극심하게 만연되고 있던 콜레라 전염병으로 인해 불가불 연기할 수밖에 없게 되었다.

이 시기 38도선상의 분쟁은 소군이 38도선 이남에 위치함으로써 미군과 마찰을 빚은 것도 있었지만, 대체로 38도선 접경지의 마을이 미·소 군정 가운데 어느 쪽 통제를 받아야 하는지 불분명하기 때문에 발생하는 경우가 대부분이었다. 기본적으로 이 시기의 분쟁은 38도선 통제의 표지가 결정되지 않아 분쟁으로 이어진 것이었다.

소련군과 북한경비대, 북한청년단체 등의 월경 약탈 건수는 추수기인 1946년 10월에 접어들어 더욱 증가하고 있었다. 이런 사건은 주로 38도선 표지가 불명한 지역이나 군이 상시 배치되지 않은 지역에서 주로 발생하였다.

따라서 미군정 측은 점증하는 충돌을 해소하기 위한 방안의 하나로 38도선 경비를 위한 경찰부대를 신설하여 투입하기로 결정하였다. 그러나 미군정이 38도선 일대의 경비를 보강하기 위해 한국경찰병력을 투입할 무렵 소군과 북한경비대의 월경사건은 더욱 증가하였으며 충돌의 강도도 격화되었다.

한편 제2차 미·소공동위원회 시기 미·소 군정사령부는 어려운 과정을 통해 38도선 공동조사단을 구성하는 데 합의하였고, 이 기간 내 1947년 4월 초부터 착수된 38도선 공동조사가 완료되어 공동조사단의 최종결과서도 작성하였다.

미·소 군정사령부는 양측 조사단 대표들로부터 조사결과를 보고받았으며, 앞으로 충돌의 건수가 줄어들 것이라고 기대하였다. 그러나 미·소 공동합의 이후 충돌이 일견 줄어드는 듯하였으나, 미·소공위가 결렬된 시점부터는 다시 악화되기 시작하였다. 특히 배천지역에서 남북간의 격렬한 사격전이 전개되기도 했다.

이후 38도선에서의 분쟁 소요는 그 횟수와 정도가 점차 격화되었다. 심지어 한국경찰의 경우 38도선 접경지의 마을을 정찰할 때 미군을 동반하지 않으면 꺼려할 정도로 긴장되어 있었다. 이 무렵 북한에서는 38도선을 철저하게 통제할 방침을 정해 놓고 있었으며, 남한에서는 서북청년단과 한국경찰이 남한에 농지를 둔 북한농민이 월경하여 추수하는 것을 허용하지 않는 등 정면으로 맞대응하고 있었다.

그러므로 미군정의 여러 가지 조치에도 불구하고 북한경비대에 의한 38도선 월경으로 인해 38도선의 상황은 이전보다 규모 면에서 격화되고 있었고, 그 월경의 성격도 다소 앞의 시기와는 차이가 있었다. 공위 결렬 이후 북한경비대가 훨씬 적극적이고 대담하게 월경하기 시작하였다. 이는 주로 북한경비대가 소군으로부터 38도선을 인수받는 과정에서 발생한 것이었고, 또 남로당을 지원하기 위해 게릴라를 대규모로 침투시키는 것과 밀접한 관련이 있는 것이었다.

ABSTRACT

A Study of the South and North Korean Government's Military Policy and the Background of Korean War during 1945-1950

Yang Yong Jo

The purpose of this study is to examine and analyze the claim of unification by Military forces(武力統一論) and the military policy of South and North Korea from 1948 to 1950. Most of previous articles on this subject have been simply concerned for the origin of the Korean War. However, this thesis has traced what is the structure and characteristics of unification's claim and military policy on both and why the South and North Korean leadership have greatly interested in the unification by military means.

During 1948-50 the South and North Korean Separate Government(分斷政府), which politically was under the international circumstances of the Cold War structure, competed with each other for the reinforcement of their regime and military forces. At this level, this paper analyzed the courses of both's reinforcement of the regime, the military build-up, and the violations of 38th parallel, operation plan, leadership and command structure.

The reorganization's course of political powers in South Korea was composed the strengthening of Syngman Rhee(李承晚)'s power and the collapse of the middle-wings(中間派). Especially the assassination of Kim Ku(金九) meant the end of the peaceful unification through negotiation. After these events, the discussion on unification was only permitted in the categories of Rhee's conception on unification. In fact, the Rhee government's claim on the unification, though it's peaceful or not, stemmed from the claim of recovery for the lost territory(失地回復論), which partially included the march out to North unification(北進統一論). That is deeply connected with the Rhee's dual strategy which did not only aim at the American guarantees for South Korean national security but also the deterrent to the North Korean invasion.

On the other hand, the North Korea which openly have not given expression on the unification by military forces, secretly have discussed it. That was concretely discussed on through the North Korea-U. S. S. R Summit Conference March 1949. The Kim Il-Sung(金日成) and Park Hun-Young(朴憲永) took a secret visit to Moscow in March 1950 and had a meeting with Stalin to discuss various issues including Korean unification. Finally Stalin approved Kim's plan to launch a preemptive strike(先制打擊). In accordance with the Moscow, Kim went to Peking to meet and discuss it with Mao Tse-tung on May 13 1950. Thus North Korean invasion plan was thoroughly prepared and finalized under close coordination among Pyungyang, Moscow, and Peking.

In this periods, the U. S. policy toward Korea had been driven with the same interrelationships as the breakdown of U. S.-U. S. S. R Joint Conference(美·蘇共同委員會), the founding of the Separate government, the withdrawal of U. S. army. That's policy importantly was considered that South Korean government was at a crisis because of not only the possibility of collapse by outward invasion but also of herself. U. S driven with South Korean inner settlement which was economical stability and the suppression inner rebellion, in the case of outward invasion it's estimated that U. S. army's early participation in Korean conflict be forecasted.

The U. S. S. R policy regarding Korea had started in the dimension of, what is called, 'the construction of socialism' in the definite area. According to the National Defence Conference between Pyungyang-Moscow-Peking at December 1948, Moscow made a mutual agreement regarding the military assistant to the problems for North Korea in March 1949. Especially at this conference, the two countries agreed to Korean unification, economic cooperation and trade agreement for 1949-50, technical assistant, cooperation in cultural and educational areas, construction of a railway between Aoji in North Korea and Kraskino in Soviet Union, and military build-up.

The violation's event of 38th parallel, which contained political intention of both sides, was developed with relations of the claim of unification by military means, so it's mean had a variety according to periods of events too. Both Korea used of the violation of 38th Parallel to amplify their enmity greatly. The North Korean Security army of 38th Parallel had already replaced the Soviet guards before December 1948 and established favorable positions along the 38th parallel. When the South Korean army took over the 38th Parallel's patrol responsibilities from the U. S. occupation forces and began to build up defensive positions in early 1949, the North Korea army guards disrupted the work by firing to the South Korea soldiers. We could estimate with the violation event of 38th Parallel, the South Korea aimed at the dissolution of the inner nation's uneasiness, the American guarantee for the South Korean national security, and the deterrent to the North Korean invasion.

Receiving support and directions from the Soviet Union and China, the North Korean regime subsequently built up its military to prepare for war and for communization of the entire Korean peninsula. In contrast, mainly due to mere namely support extended by the U. S., the South Korea failed to secure its defensive needs and close the widening military gap with the North. The military training, troop strength, equipment imbalance between the both was so serious as to make it virtually impossible to have a meaningful comparison between the two sides. In addition to the simple numerical inferiority about military forces, the S. K. suffered decisive disadvantages in the quality and effectiveness.

The South Korean army had a fairly accurate estimate of the enemy situation, through its intelligence analysis. It established a defensive plan in March 1950 and warned in May that an enemy attack was only a matter of time. In spite of these estimates and warnings, however, South Korean national security at the time was fraught with serious problems due to lack of preparedness.

In consequence, these complex historical factors contributed to the origin of outbreak of the Korean War. We also could know these factors had made the Korean War for a civil war originating in the national problems and an international war originating at Cold War.

Keyword : Claim on the unification, Peaceful unification, Recovery for the lost territory, Violation of 38th parallel, Military policy, Military expense, Operation plan, Preemptive strike, North Korean invasion, Korean War.

연 표 (1945~1950년)

연 도	구 분	주 요 내 용
1945. 8	남 한	15일 해방 　　　건국준비위원회 결성(여운형) 16일 조선공산당경성지구위원회 결성 17일 건준 중앙조직 완료 18일 조선공산주의청년동맹 결성 30일 국군준비대 결성(좌익)
	북 한	8일 경흥 일대에 소련군 진공 10일 웅기 소련군 점령 12일 나진·청진에 소련군 상륙 15~17일 각 지방에서 자치위원회 결성 18일 소련군 원산에 상륙(선발대) 21일 1개 여단병력 원산에 상륙 22일 함흥에 소련군 진주 24일 평양에 소군사령부 설치 25일 조선민족함남집행위원회 발족 26일 「건준」평남지부를 인민정치위원회로 개칭 27일 소련군 평양에 대부대 입성 30일 평북임시인민위원회 결성
	국 제	6일 히로시마(廣島)에 원자탄 투하 8일 소련군 대일 선전포고 9일 나가사키(長崎)에 원자탄 투하 14일 일본이 포츠담 선언수락 15일 일본천왕 무조건 항복 방송 17일 38도선 분할 점령안에 대한 스탈린 동의
1945. 9	남 한	1일 대한민국 임시정부 환영대회위원회 조직 　　　안재홍 조선민국당 결성 2일 38도선 분할점령 공식 발표 4일 각 지방 인민원회 발족 6일 인민공화국 수립을 건준에서 발표 7일 미군 선견대 인천상륙·국민대회소집위원회 결성 8일 미군 인천에 상륙 9일 미군 서울에 진주 군정실시 선포

연 도	구 분	주 요 내 용
1945. 9	남 한	11일 하지 중장 시정방침 발표·아놀드 군정장관 취임 12일 박헌영 조선공산당 재건 발표 16일 한국민주당 결성·한국인 경찰관 모집 19일 미군정청 명칭 공포 28일 미군 부산에 진주
	북 한	3일 진남포 인민정치위원회 결성 8일 해주인민위원회 발족 15일 강원도인민위원회 결성 16일 정치국에서 북한정부 수립요강 공표 27일 소작료 3·7제 실시 28일 현준혁 암살
	국 제	2일 미조리 함상에서 일본항복 조인식 맥아더사령부 38도선 분할점령(일반명령 제1호) 발표
1945. 10	남 한	5일 미군정장관, 고문관에 한인 10명 임명·소작료 3분의 1제 실시 8일 미군 목포에 진주 10일 아놀드 군정장관 인민공화국 부인 성명 11일 조선공산당 제1차 확대위원회 조직 12일 김용무를 대법원장으로 임명 16일 이승만 귀국 20일 공산당 위조지폐 사용 개시 23일 조선독립촉성중앙협의회 결성(회장 이승만) 24일 3당 통합 성명(한민당·국민당·공산당) 26일 제 정당, 사회단체 연합으로 탁치반대 성명 29일 군정장관 탁치는 군정당국의 의사 아님을 성명
	북 한	8일 5도 임시 인민위원회 조직(대표 조만식) 12일 소련군 25군사령부의 명령서 공포 13일 북조선공산당열성자대회 공산당 북조선분국 설치 14일 김일성 환영 평양시 군중대회 18일 김일성 가족위안회(평양 대동관) 21일 각 도별로 보안대조직(공산당원·민청원 진남포 2천 명) 25일 항공대 창설(신의주) 28일 5도임시인민위원회를 5도행정국으로 개편
	국 제	20일 미국무성 극동부장 빈센트 신탁통치가능성 시사

연 도	구 분	주 요 내 용
1945. 11	남 한	1일 박헌영·이승만 통일전선문제 요청 5일 전국노동조합평의회 결성(전평) 7일 이승만 인공입각 거부 12일 조선인민당 결성(여운형·장건상) 13일 미군정청에 국방사령부 설치 23일 임정요인 제1진 귀국, 김구, 김규식 등 15명 27일 김구 주석 4대 당수와 요담 29일 19개 청년단체독촉중앙청년회 결성
	북 한	3일 북조선민주당 결성(조민당) 11일 조·소 문화협회 결성 18일 북조선분국을 북조선공산당으로 개편(제1서기 김일성) 23일 신의주학생의거 26일 평양문화직업동맹 결성 30일 북조선노동조합전국평의회 북조선총국 결성
	국 제	27일 하지 장군 미·소가 모스크바에서 38도선 철폐협의 성명
1945. 12	남 한	1일 임정요인 제2진 귀국 5일 군사영어학교 설치 13일 신한민족당 결성(22개 정당 합동) 26일 이승만 반공 반탁노선 방송 28일 탁치반대 국민총궐기대회 29일 탁치반대투쟁위원회 결성 30일 송진우 피살 31일 탁치반대 시위 전국에 파급
	북 한	1일 조선공산당 평양시 당대회 각지 인민재판소 개정 13일 연안파-김두봉, 최창익, 무정 등 입북 19일 북조선 인민교원직업동맹결성 준비위원회 개최 24일 북조선 연극동맹 결성
	국 제	16일 모스크바 3상회의 개최 25일 소련은 탁치안, 미국은 즉시독립 주장 27일 신탁통치안 의결, 회의 완료 28일 미·영·소 3상 모스크바 결정 동시 발표

연 도	구 분	주 요 내 용
1946. 1	남 한	2~3일 공산당 돌연 탁치반대 서울시민대회에서 지지 발표 4일 김구 주석 비상국민회의 소집 7일 전국학생탁치반대 시위 12일 탁치반대국민대회 15일 국방경비대 창설(제1연대 발족) 18일 학병동맹사건 발생 21일 사설군사단체 해체령
	북 한	1일 5도행정국위원회소집 소군사령부의 신탁지지 강요를 　　조만식 거부 5일 조만식 고려호텔에 감금 6일 탁치지지 평양시민대회 16일 민청북부 조선위원회결성대회 23일 평남도 인민위원회 확대회의 25일 전국농민조합연맹 북조선총국 준비위원회 결성 26일 평남지구예술동맹 결성 28일 평남지구문학동맹 결성 31일 전국농민조합총연맹 결성
	국 제	10일 런던에서 UN총회 제1회 개막 국부·중공 정치협상(중경) 15일 박헌영 신탁 후 소연방편입 보도(뉴욕 타임스) 16일 미·소공동위원회 예비회담
1946. 2	남 한	1~2일 임정소집으로 각계 대표 비상국민회의(좌익 불참) 7일 미·소공위 소군대표 이탈 8일 대한독립촉성국민회 결성 14일 남조선대한국민대표 민주의원 결성(미군정자문기관) 　　의장 이승만·부의장 김규식·총리 김구 의원 15명 15~16일 공산계 민주주의민족전선 결성 26일 3·1기념행사 통일 타협안 제의(언론계)
	북 한	1일 평남지구예술연맹 결성(문학·연극·미술·음악) 2일 평양시교원동맹 결성 5일 각 지방 정당사회단체회의 8일 북조선임시인민위원회 조직(각 정당 사회단체 소집) 9일 각부서 발표위원장 김일성 24일 조선민주당 제1회 대회(각 도 대표 190명 당수에 최용건) 26일 북조선농민대회

연 도	구 분	주 요 내 용
1946. 2	국 제	5일 예비회담 개막 6일 성명 제2호 발표 9일 소(蘇) 5개년계획 발표 10일 미·영·소 3국에서 얄타협정문 발표
1946. 3	남 한	1일 3·1절 기념(우익 서울운동장, 좌익 남산공원) 5일 38도선 철폐요구 국민대회 13일 문학가동맹에 대항하는 문필가협회 결성 15일 러취 군정장관 귀속농민에게 직매 성명
	북 한	5일 토지개혁에 관한 법령발표(인민위원회) 8일 토지개혁세칙 발표 13일 함흥학생사건 발생 23일 김일성 25개 정강정책 발표 25일 예술총연맹결성대회 개최 30일 토지개혁종결 발표
	국 제	20일 제1차 미·소공위 개최 23일 제2호 성명발표 25일 UN안전보장이사회(제1차) 30일 제3호 성명발표
1946. 4	남 한	7일 대한노총 결성 18일 한국독립당개편(신민당·신한민족당 외 4당 통합) 25일 조선민주당 남한으로 이전 30일 군사영어학교 폐교
	북 한	1일 제5차 임시인민위원회 1946년도 예산 채택 (11억 6,863만 2,036원) 14일 공업기술연맹결성대회
1946. 4	국 제	8일 제4호 성명발표 18일 제5호 성명발표 24일 제6호 성명발표
1946. 5	남 한	1일 민전(民戰) 미·소공위 참가 결의 국방경비사관학교 창설 8일 하지 중장 공위결렬 경위 발표 12일 독립전취(戰取) 국민대회 15일 공산당 위조지폐사건 발표(정판사) 16일 공산당 기관지 해방일보 정간령

연 도	구 분	주 요 내 용
1946. 5	남 한	23일 38도선 무조건 월경금지 25일 미군정 좌·우합작 알선 26일 공산당에 제재 27일 공산당 본부건물 명도령(전단·출판물·포스터 등의 　　　취재 발포) 29일 미군정법령 88호
	북 한	1일 노동절(기념식) 8일 체육후생연맹결성 10일 건축가동맹결성 20일 토지소유권증명서교부에 관한 규칙 공포 23일 중앙예술공작단결성 25일 종합대학창립 준비위원회조직결정서 발표
	국 제	1일 제7호 성명발표 6일 공위결렬
1946. 6	남 한	3일 이승만 정읍에서 남한만의 자율정부 수립 발언 11일 러취 군정장관 단독정부 수립 반대 표명 14일 좌우합작회담 개시(허헌·김규식·원세훈·여운형) 18일 포스터·비라 등 단속중지 언명 22일 광복군 환국(이범석 장군 귀국) 25일 요인암살단 선견대 검거(북한밀파) 29일 민족통일 총본부 결성(김구·이승만 노선 불일치)
	북 한	3일 조선문화협회 특설도서관 개관 6일 중앙정치간부학교 창립 결정 　　 개천·신의주·정주·강계 보안훈련소 개설 　　 중앙보안간부학교 창설 24일 노동법령 공포 26일 평양학원 제1기생 입교(4,800명) 27일 현물세법에 관한 결정서 발표
	국 제	10일 이탈리아 공화제 선언

연 도	구 분	주 요 내 용
1946. 7	남 한	4일 이관술 피검(위폐사건) 13일 입법기관설치 언명(하지 중장) 17일 좌우합작의 일일회담 22일 북한으로의 항행금지령 25일 좌·우작합위원회 정식회담 개시 29일 하지 중장 좌우합작통일 공작 지지성명 30일 위폐공판 방해사건(경찰 1명 사망) 31일 전국학생총연맹 결성
	북 한	8일 산업경제 협의회령 공포 9일 종합대학·교육대학 설립 계획안 발표 13일 철도경비사령부 창설(13개 중대) 21일 보안간부 훈련학교 개교 22일 북조선 민족통일전선 결성 29일 공산당 신민당 합당연석 중앙확대위원회 30일 남녀평등 법령 공포
	국 제	2일 소련 서울영사관 철수 4일 필리핀 독립선언
1946. 8	남 한	3일 좌익당합당운동 개시(공산, 인민, 신민, 여운형) 26일 북한 밀파 요인암살단 검거
	북 한	5일 노동당 중앙당학교 제1회 졸업식 6일 사무원직업동맹 중앙위원회 결성 9일 공민증 발행 공포 18일 보안간부훈련대대부 창설 18일 산업국유화 법령공포 28일 북조선노동당 평양시당 결성대회 28일 북조선노동당 창립대회

1946. 9	남 한	7일 박헌영 지명수배
		8일 이주하 체포
		     대한독립청년단 결성
		     미군정 한국인 부처장에게 행정권이양 성명발표
		17일 수도경찰청 정식으로 사무개시
		24일 서울 주변 철도종업원 총파업
		26일 출판노조 파업
		28일 중앙전신국 파업
		29일 대구 40개 공장 총파업·대구학생 데모

연 도	구 분	주 요 내 용
1946. 9	북 한	1일 공민증 교부개시(통행·제한) 5일 임시인민위원회 제2차 확대위원회 개최 15일 김일성대학 개교식 25일 김일성 인민위원회 위원선거보고
1946. 10	남 한	1일 경전파업·서울시내 학교맹휴 4일 좌우합작위원회에서 7대 원칙 합의 발표 12일 미군정법령 제118호로 과도입법의원에 관한 법령 공포 16일 경무부장 조병옥 피격 22일 남조선과도정부입법의원 창설 절차 공포
	북 한	1일 개간령 공포 12일 조·소문화협회 제1차 전체회의 15일 여성동맹 국제연맹에 가입
	국 제	17일 아놀드 소장, 미 대통령에 미·소공위 불능에 대한 보고 18일 미·소정부 공위속개요청 서한문 교환
1946. 11	남 한	2일 민선입법위원 45명 결정발표 13일 경무총감 장택상 피격사건 14일 이주하 단식 위독으로 출감 16일 제9연대 창설(총 9개 연대) 23일 남노당 결성(인민·신민·공산당 합당)
	북 한	3일 북한지역 도·시·군인민위원회 선거 5일 당선자 발표
	국 제	17일 미 의회 2,500만 달러 대한차관 가결
1946. 12	남 한	1일 미·소공위 속개 민중대회(사노당 주최) 2일 이승만 박사 도미·민족청년훈련생 입소 7일 과도입법의원관선의원 45명 발표 12일 과도입법의원 의장에 김규식 피선 13일 서북청년회 발족
	북 한	2일 북노당에서 건국사상 운동발표 10일 임시인민위원회 기획국 설치

연 도	구 분	주 요 내 용
1947. 1	남 한	15일 과도입법의원에서 반탁 결의 16일 우익단체 미·소공위공동협의 서명을 일제 취소하고 반탁 일관을 표명 24일 하지 중장 입법의원 반탁결의 유감 표명
	북 한	1일 일제무기를 소련제로 대체 11일 임시인민위원회 제26차 위원회 개최 27일 조·중 인민친선교류대회
	국 제	11일 하지 중장 미·소공위재개에 관한 양국 서한을 공개하고 재개 요청 18일 마샬 국무장관 국공조정 실패
1947. 2	남 한	5일 민정장관에 안재홍 임명 7일 대한노총과 전평 영등포에서 충돌 14일 하지 중장 반탁운동의 비난성명과 동시에 귀미(歸美)
	북 한	17~20일 각 도·시·군 인민대회 개최 임시인민위원회를 인민위원회로 개칭 22일 제1차 인민회의에서 제1차 인민경제계획 채택
	국 제	10일 소 동구제국강화조약(루마니아·불가리아·헝가리)
1947. 3	남 한	1일 전국 각지에서 3·1절 기념행사와 함께 좌우충돌 발생 10일 힐드링 국무차관보 「미국은 단독정부 수립 계획」 시사
	북 한	11일 제28차 인민위원회 개최
	국 제	10일 미·영·프·소 4개 외상 모스크바회의(미·소 대립 표면화) 12일 트루먼독트린 발표 19일 국부군 연안점령
1947. 4	남 한	21일 이승만 귀국·이청천 환국
	북 한	1일 국제직업연맹대표단장 일행 평양 도착 5일 치스챠코프 대장 귀국, 후임에 코르트코프 중장 임명 16일 노동간부양성소 개설
	국 제	11일 마샬 국무장관 미·소공위 재개 요청

연 도	구 분	주 요 내 용
1947. 5	남 한	10일 한독당 전당대표자대회 개최 13일 여운형 혜화동에서 피습 21일 미·소공위 덕수궁에서 개막 24일 근로인민당 결성대회
	북 한	6일 북조선인민위원회 제35차 회의개최 7일 김일성대학 연구원 개원 17일 인민집단군으로 재편 확대 27일 전장병에게 계급장 수여식 인민군 제115전차연대 창설(400명 입대훈련 개시)
	국 제	21일 미·소공위 재개(제2차) 24일 미·소공위 공동성명 제1호 발표
1947. 6	남 한	3일 미군정청 한국인기관을 남한과도정부로 개칭 21일 미군정의 한·미 양측 특별의정관으로 서재필 취임
	북 한	14일 민전(民戰) 산하 각 정당사회단체열성자대회에서 김일성의 소위 민주주의 임시정부 수립에 관한 인민의 요구 천명 19일 소련적십자 평양병원 개원 북한 해안경비간부학교 신설
	국 제	7일 미·소공위와의 협의에 참가를 희망하는 정당단체를 협정지지를 서약하고 23일까지 신청하라고 언명 12일 마샬프랜 발표 26~30일 미·소공위 서울·평양에서 각 단체와 회의
1947. 7	남 한	1일 서재필 귀국 2일 민족반역자부일협력자 특별조례법안 통과 12일 공위에 청원서제출(정당단체 수 463, 남한 452, 북한 28단체) 19일 여운형 피습 사망 26일 서울시민 공위 소련대표 승용차에 투석
	북 한	1일 공위 평양합동회의 개최 38경비대 조직 12일 인민위원회 42차 회의 개최 23일 인민위원회 43차 회의 개최 수상보안대 신설
	국 제	4일 트루먼 미 대통령 세계평화 4조건 제창 10일 미·소 2차공위(사실상 결렬)

연 도	구 분		주 요 내 용
1947. 8	남 한		8·15 기한 폭동 준비 중 1,300여 명의 피검, 그 후부터 남한에서의 공산당의 합법 활동은 사실상 끝남.
	북 한	1일	인민경제계획의 상반기 실행결산 발표
	국 제	11일	마샬 미 국무장관 몰로토프 소련 외상에게 공위속 개를 종용하는 서한
		23일	몰로토프 모스크바협정 반대자와는 협의할 수 없다고 회한
		26일	라베트 미 국무차관 몰로토프 소련 외상에게 한국 문제 해결을 위한 절충안 제시
1947. 9	국 제	12일	중공군 총반공(總反攻)을 선언
		17일	한국문제 UN총회에 정식상정 제의(마샬)
		18일	UN총회에서 비신스키 소련대표 미국 제안을 반대, 1948년 1월까지 미·소 양군 철퇴 주장
		23일	한국문제 UN총회 의제 채택
1947. 10	남 한	19일	민주독립당 결성대회
		30일	미군정장관 러취 소장 퇴임 후임에 윌리엄 F. 딘 소장
	국 제	5일	코민포름 결성
		20일	미·소공위 사무 정지
1947. 11	북 한	1일	직맹(職盟) 각 기관 선거개시
		26일	중앙교육간부학교 개교
	국 제	8일	런던 4개국 외상 회담
		14일	UN총회 한국 즉시독립과 한국임시위원단파견 결의안 가결
		18일	UN 조선선거비용 53만 8천 달러 가결
1947. 12	남 한	1일	9개 연대로 제1, 제2, 제3여단을 편성
		2일	장덕수 피살
	북 한	1일	신화폐 발행과 구화폐 교환 법령 공포
		20일	조선임시헌법 초안 통과
1948. 1	남 한	1일	인민해방군사건 진상 발표
		2일	AMS형 함정 1척 인수
		8일	UN한국위원단 서울 도착
		23일	UN한국위원단 38도선 이북 입북거부 통보(소련)

연 도	구 분	주 요 내 용
1948. 1	북 한	1일 흥남지구 인민공장 1947년도 인민경제계획 발표 　　 38보안여단 본부설치(사리원에 설치) 9일 김일성 UN한위 입북 거부 31일 동남아청년대회 참가 북한대표 인도향발
	국 제	1일 극동코민포름 제창(모택동) 6일 로얄 미 육군장관 일본 방벽 연설
1948. 2	남 한	4일 UN한위 의장에 메논 인도대표 취임 6일 김구, 김규식 남북협상안 한위에 제출 7일 공산당 2·7폭동 사건 10일 김구 '삼천동포에 읍소함' 성명서 발표 14일 메논, 호세택 UN소총회에 보고차 도미 28일 하지 중장 UN총회 결의찬성 성명
	북 한	8일 조선인민군 창설 선포 　　 해안경비대 간부학교를 인민군 해군군관학교로 개칭 10일 임시헌법초안 발표 29일 중앙고급지도간부학교 5기 졸업
	국 제	12일 미 극동위원회 일본무장화 채택 19일 UN소총회에 메논 한국문제 보고 24일 UN소총회에 한국의 가능한 지역 선거 요청 25일 한국문제 토의 26일 가능한 지역에서의 총선 결의(UN)
1948. 3	남 한	1일 하지 중장 남한총선거 실시 발표 9일 한독당 선거불참 결의 12일 UN한위 가능지역선거 가결(4 대 2, 기권 2) 22일 미군정 적산농토(28만 정보) 농민 불하 법령 제73호 　　 공포
	북 한	9일 제25차 민전중앙위원회에서 김일성 보고(남조선단 　　 독정부선거를 반대하고 조선통일 방법을 모의) 14일 남한단선 및 소총회결정 반대 평양군중대회(김일성 　　 광장에서) 23일 인민위원회의 제23차 상임위원회 개최
	국 제	17일 서구 5개국 동맹조약 조인(영·프·벨·네·룩셈부르크) 26일 미, 대소(對蘇) 수출 제한

연 도	구 분	주 요 내 용
1948. 4	남 한	3일 제주도 4·3사건 발생 6일 남북협상절차 연락원 이북행 9일 선거인등록 성적발표(91%) 13일 남북연석회의 참석(남로당, 민주독립당, 전농, 여맹 평양도착) 27일 제4, 제5여단 신설 30일 남북정치정세에 관한 결정서 공동성명 발표
	북 한	19일 평양에서 협상회의 21일 남북연석회의(제2일)
	국 제	28일 한위 선거감시 결정
1948. 5	남 한	5일 육군비행부대 창설 6일 남북협상에서 귀경한 양 김 씨 공동성명 발표 7일 남북협상회의 미·소양군 철퇴요청서에 소군 정식 회한 10일 남한 총선거(UN한위 감시하) 31일 대한민국 의회 개원(의장 이승만, 부의장 신익희 김동원)
	북 한	14일 북한 남한송전을 중단
	국 제	15일 이스라엘공화국 성립 22일 하지 중장, 코르트코프 대장에 송전 요청
1948. 6	남 한	1일 군정재판 폐지 25일 5·10총선거 합법적 승인(UN한위)
	북 한	7일 코르트코프 대장 귀국, 후임에 미끄로프 소장 취임 10일 해양간부학교 개교
	국 제	2일 미 하원 세출위 한국구제위 1억 7천만 달러 불지출 가결 22일 소 베를린 봉쇄
1948. 7	남 한	1일 국회에서 국호를 대한민국으로 결정 7일 대한민국 헌법 선포 17일 초대 대통령 이승만, 부통령 이시영 당선
	북 한	10일 최고 인민회의대의원선거시행을 발표
1948. 8	한 국	15일 정부 수립을 선포 16일 이범석 국방부장관 취임 26일 한·미군사잠정협정 성립 27일 주한미군사령관에 콜더 장군 보임
	북 한	25일 최고인민회의 대의원 선거
	국 제	19일 중공의 화북민주연합정부 수립

연 도	구 분	주 요 내 용
1948. 9	한 국	4일 항공군사령부 산하 비행부대 창설 5일 조선경비대 및 해안경비대 국군으로 편입 13일 한국정부 본격적 업무 개시 13일 육군항공사령부 비행부대 L-4로 최초 비행연습 실시 20일 미군 당분간 철퇴 않겠다고 성명
	북 한	9일 조선민주주의 인민공화국 성립을 선언 조·만 국경비대대 편성 철도보안대대를 철도보안여단으로 확대
	국 제	19일 소 북한에서 철퇴하겠다고 성명 20일 미 남한에서 당분간 철병 않겠다고 성명
1948. 10	한 국	2일 국회법 공포 19일 여순 10·19사건 발생(제14연대) 22일 여순지구에 계엄령 선포
	북 한	13일 소·북한 간 외교관계를 설정, 대사 교환 경제관계 설정을 표명 15일 몽고 수상 호미·발산으로부터 북한, 몽고 간 외교 와 경제관계 설정 제4독립혼성여단 창설 21일 체코외상 크레멘씩쓰 외교 및 경제관계 설정을 표명
	국 제	15일 소 북한정권을 정식 승인
1948. 11	한 국	3일 대구 제6연대 반란사건 14일 북한 남파유격대 180명 남한으로 침투 20일 제10~제19연대 창설 완료(5월부터) 30일 국군조직법 공포
	국 제	11일 트루먼 대통령 재선
1948. 12	한 국	1일 국가보안법 공포 9일 한미경제협정 조인 19일 대한청년단 결성
	북 한	9일 보안간부학교를 제1군관학교로 개칭 박헌영 북한 외상 UN의 북한대표단 배제 결정에 항의 성명서 전달

연 도	구 분	주 요 내 용
1948. 12	국 제	10일 UN 세계인권선언 채택 10일 한·미 경제원조협정 모스크바에서 소·중·북한 전략회의 12일 UN총회 한국정부를 유일한 합법정부로 승인 25일 소·북한에서 철퇴 완료 발표
1949. 1	한 국	14일 제7여단 창설 14일 육군항공사관학교 창설 15일 해군대학을 해군사관학교로 개편 27일 한국민주당 민주국민당으로 개칭
	북 한	※ 평양학원을 제2군관학교로 개칭 11일 북한주재 소 특명전권대사 스티코프 평양 도착 17일 북한 특명전권대사 모스크바 향발(주영하) 하얼빈에서 동북의용군 입북에 관한 회의
	국 제	1일 미 한국정부를 정식 승인 3일 중화민국, 대한민국정부 정식 승인 18일 영국, 대한민국정부 정식 승인 30일 중공군 북경 입성
1949. 2	한 국	1일 제21연대 창설 15일 육군항공군사령부 산하 여자항공교육대 창설 21일 반민특위 본격적 활동 개시 25일 호림부대 창설
	북 한	13일 소련공청대회에 참가차 북한민청대표 모스크바 향발
	국 제	6일 프랑스, 대한민국정부 정식 승인
1949. 3	한 국	1일 호남지구 및 지리산전투사령부 설치 2일 제주도지구전투사령부 창설 4일 호국군 간부훈련소 창설 21일 국방장관에 신성모 임명
	북 한	2일 소련연맹대회 참가를 위해 북한대표 모스크바 향발 (김일성, 박헌영, 홍명희, 정준택, 장시우, 백남운, 김정주, 4.7일 귀환) 17일 북한은 소련과 경제문화협정 조인 소련제 122밀리 곡사포 도입 YAK II 등 전폭기 100대 원조 결정

연 도	구 분	주 요 내 용
1949. 3	국 제	3일 필리핀, 대한민국정부 정식 승인 5일 김일성-스탈린 회담 13일 김일성-불가닌 회담 17일 조·소 경제 및 문화 협정 체결
1949. 4	한 국	10일 701함 미국에서 진해에 입항 15일 해병대 진해에서 발족 23일 한·일교역 조인식
	북 한	9일 파리평화옹호세계대회 참가차 대표단 출발 유류 10만 톤 망산에 저장 27일 조선문화협회 초청 중공동북문화인 대표단 도착
	국 제	4일 NATO조약 조인 13일 로마교황청, 대한민국정부 정식 승인 21일 국민정부 광동으로 이동 28일 김일-모택동 회담
1949. 5	한 국	1일 육군경리학교 창설 5일 표무원·강태무 소령 월북사건 7일 해군기지 설치령 공포 20일 육군정보학교 창설
	북 한	1일 철도보안여단을 철도경비 제5여단으로 개편 38경비보안 제3여단을 제3여단으로 증편 11일 북한군 38도선에 내습 시작 16일 인민군 115전차연대를 제105전투여단으로 개편 25일 조국통일 민주주의 전선결성준비위원회 제1차 회의 개최
	국 제	12일 소 베를린 봉쇄 해제 27일 칠레, 대한민국정부 정식 승인
1949. 6	한 국	북한 제2차 남파유격대 400명 침투 5일 옹진지구전투사령부 설치 8일 미군철퇴 발표 20일 수도경비사령부 창설 21일 농지개혁법 공포 25일 국군징계령 공포 26일 김구 피살 27일 육군본부항공부 창설 30일 육군참모학교 창설

연 도	구 분	주 요 내 용
1949. 6	북 한	7일 조국통일민주주의전선 결성준비위원회 2차 회의 개막 중순 남·북 노동당 합당 25일 조통결성대회 개막(남북 민전 총통합) 27일 조국통일민주주의전선 결성 29일 조국전선결성 경축 평양시민대회 개최
	국 제	8일 주한미군철퇴 발표 29일 주한미군철퇴 완료
1949. 7	한 국	5일 지방자치법 공포
	북 한	1일 주한미 군사고문단 설치 7일 경제적·문화적 협조에 관한 협정 비준서 교환 15일 조국보위후원회 결성 23일 세계민청 및 대학생축전 참가 북한대표단 출발 25일 중공에 제166사단 입북
	국 제	14일 볼리비아·쿠바, 대한민국정부 정식 승인 15일 도미니카, 대한민국정부 정식 승인 16일 브라질, 대한민국정부 정식 승인 19일 캐나다, 대한민국정부 정식 승인 25일 네덜란드, 대한민국정부 정식 승인
1949. 8	한 국	4일 북한 제4차 남파유격대 침투(김달삼부대) 6일 장개석 총통 내한 12일 병역법 공포 12일 북한 제5차 유격대 용문산에 침투 제6차, 제7차 남파유격대 300명 경북에 침투
	북 한	17일 소련평화옹호대회 허헌, 박정애 등 모스크바 향발 23일 중공군 제164사단 입북 25일 모란봉극장에서 남북조선연맹열성자대회 개최
	국 제	12일 코스타리카, 대한민국정부 정식 승인 13일 터키·아이티, 대한민국정부 정식 승인 20일 니카라과, 대한민국정부 정식 승인
1949. 9	한 국	1일 각 지구병사구사령부 창설 15일 육군보충대대 창설 25일 항공기 헌납운동 전개 28일 북한 제8차 침투

연 도	구 분	주 요 내 용
1949. 9	국 제	4일 엘살바도르, 대한민국정부 정식 승인 23일 트루먼 대통령 소련의 원폭소유 확인을 공포 24일 이란, 대한민국정부 정식 승인
1949. 10	한 국	1일 공군독립 초대총참모장(김정열 대령) 15일 육군포병학교 창설 16일 남노당 등의 좌익제단체등록 취소 신성모 국방부장관, 미군사고문단에 전차요청, 거절당함.
	북 한	6일 중공과 외교관계 설정합의 하얼빈 협정 제109전차연대, 제203전차연대 남천과 철원으로 각각 이동
	국 제	1일 중공, 중화인민공화국 수립 선언 5일 에콰도르, 대한민국정부 정식 승인 7일 독일 인민공화국 수립(동독) 21일 UN총회 UN한위의 소련군 철수 확인불능 보고서 접수 21일 태국, 대한민국정부 정식 승인
1949. 11	한 국	1일 육군포로수용소 설치 북한 제9차유격대 보현산에 침투
	북 한	6일 북한, 중공과 국교 수립
	국 제	7일 국민당 정부 대북을 수도로 결정
1949. 12	한 국	27일 육군본부 정보국에서 남침 준비에 대한 정보보고서 작성
	북 한	* 비행연대를 사단으로 확장 전폭기 122대 보유 소련군의 군사원조로 대소형 35척의 소함정 보유
	국 제	8일 우루과이, 대한민국정부 정식 승인 16일 모택동 스탈린 회담(1950.2.16까지) 17일 페루, 대한민국정부 정식 승인
1950. 1	한 국	5일 미 군사고문단설치에 관한 한·미 협정 12일 미 극동방위선에서 한국·대만 제외 애치슨 발언 26일 육군총참모장 대리 신태영 소장, UN한국위원단에 북한군의 침략계획이 거의 완료되었음을 보고 26일 한·미 상호방위원조협정 체결
	북 한	1일 김일성 북한군에 통일을 위하여 전투태세를 갖추라고 신년사 30일 북한·월맹 간 외교관계 설정

연 도	구 분	주 요 내 용
1950. 1	국 제	14일 호지명 월맹공화국 독립선언 31일 트루먼 미 대통령 수폭제조 지령
1950. 2	한 국	9일 한·미 간 경제원조안 가결 27일 남한에서 지하활동을 하던 김삼룡·이주하 검거
	북 한	※ 북한군 공병여단 만주간도에서 축성지대의 돌파훈련 실시
	국 제	14일 중공·소련 우호동맹 및 상호원조조약의 조인
1950. 3	한 국	1일 웅진지구전투사령부 해편 15일 건군기(T-6) 10대 도입 15일 지리산·태백산지구 전투사령부 해편
	북 한	※ 38도선에서 5km 이내 주거 주민들에게 후방 소개 20일 남노동계의 유격부대 남파 30일 김일성 모스크바 향발(4.25일 귀환)
	국 제	31일 미 대외원조법 성립

1950. 4	한 국	10일 농지개혁 실시
		     백두산함 미국에서 입항
		     육군총참모장에 채병덕 소장(임명)
		21일 국무총리서리에 신성모

	국 제	4월 초 김일성-스탈린 비밀회담

1950. 5	한 국	10일 PC 구축함 도입
		     신성모 국방부장관 북한군 38도선에 대거 이동을 발표
		11일 이대통령 미국원조로 남침방어 주장
		12일 UN한국위원단에게 북한군 병력장비에 대한 설명
		14일 건국기 명명식, 정일권 장군 미국유학에서 귀국명령
		     (미 유학 중)
		     육군당국 국회에 긴급건의서 제출
		30일 국회의원 선거

	북 한	17일 모란봉극장 북한 주요 지휘관 회의 29일 선제타격작전계획 완성 30일 조선의용군 제15사단 원산에 입북하여 인민군 제12 사단 편성
	국 제	13일 김일성-모택동 회담(5.16일 평양 복귀)

연 도	구 분	주 요 내 용
1950. 6	한 국	10일 국내 주요 지휘관 대거 인사이동 이 대통령 UN감시하에 북한 선거 촉구 17일 덜레스 미국무성 고문 한국 방문 19일 제2대 국회개원(의장 신익희) 21일 정보국장 일선지휘관에게 경계 특별지시 23일 일선지구 비상경계 해제 24일 일선지구 장병 3분의 2 병력 외출
	북 한	12일 북한군 38도선으로 이동 18일 전투부대에 남침정찰명령 하달 18일 북한군총사령부 전 사단에 남침작전 명령 하달 19일 북한 조만식 조건부교환 제의 거부 20일 각 사단 전투명령 제1호 하달 22일 사단 전투명령 하달

참고자료

1. 1차 자료

■ 국문 자료

國防軍史研究所(역), 『김일성 - 불가닌 회담록』(미간행), 1995.

國防部 戰史編纂委員會, 『特命綴 1949-50』, 1949-1950.

_____政訓局, 『韓國戰亂1年誌』, 1951.

國史編纂委員會(편), 『資料大韓民國史』 제1-7권, 1968-1974.

_____, 『北韓關係史料集』 제1-16권, 1982-1993.

國土統一院(편), 『朝鮮勞動黨大會資料集』 제1집, 1988.

國會 事務處, 『國會速記錄 1948-50』, 1949.

_____圖書館, 『國際聯合韓國委員團報告書』(1949-50), 1965.

국회도서관 입법조사국, 『한국외교관계자료집』, 1976.

公報處, 『大統領 李承晩博士 談話集』, 1953.

_____, 『大韓民國統計要覽』, 1953.

南朝鮮過渡立法議院, 『南朝鮮過渡立法議院 速記錄』 제1-5권, 여강출판사, 1984.

大檢察廳, 『左翼實錄事件』 제1-11권, 1956-1975.

北方研究所(역), 『北韓政權의 創出前後秘史와 蘇聯의 役割(1)』, 북방연구소, 1993.

임명삼(역), 『유엔조사위원단 보고서』, 국제신문사, 1949.

430

嚴恒燮, 『金九主席最近言論集』, 삼일출판사, 1948.

陸軍本部, 『作戰命令 文書綴』, 1949-1950.

_____, 『陸軍歷史日誌』, 1949-1950.

韓國法制硏究會(편), 『美軍政法令叢覽』, 1971.

朝鮮銀行 調査部, 『朝鮮經濟年譜』, 1948.

_____, 『經濟年鑑』, 1949.

鄭一亨(편), 『韓國問題유엔決議文集』, 국제연합한국협회, 1954.

정경모·최달곤(편), 『북한법령집』 제1-5권, 대륙연구소, 1990.

統一院(편), 『北韓最高人民會議資料集』 제1-3권, 1988.

북조선인민위원회 사법국 편, 『북한법령집』 제1권, 평양, 1947.

경비국, 『작전보고』, 1949.(북한 미간행 문서들은 한국전쟁 당시 미군이 노획한
　　　　자료로써 미 국립문서보관소—NA, RG.242—등록 문서임, 이하 같음)

조국전선, 「38연선 무장충돌 조사결과 조국전선 조사위원회 보고서」, 1949
　　　　(미간행).

연천군, 「연천주재지 사업보고서」, 1949(미간행).

내무성, 「경비대 전투보고」(949.6.31).

소련군총참모부, 「군 철수 이후 잔류인원」(1949.2.18), 러시아국방부중앙문
　　　　서고.

柳文華(편), 『解放後 4年間의 國內外 重要日誌(1945.8-1949.3)』, 民主朝鮮社, 1949.

김일성, 『조국의 통일독립과 민주화를 위하여』 제1-2권, 국립인민출판사, 1949.

_____, 『김일성선집』 제2-4권, 조선로동당출판사, 1953-1954.

_____, 『김일성저작선집』 제1-6권, 조선로동당출판사, 1969-1973.

인제군, 『인제군인민위원회 당조회의록』(1948-50)·『인제군 북면 인민위원회 회의록』(1948-50)·『인제군 남면 인민위원회 회의록』(1948-50).

원산주재지, 『원산주재지 사업보고서』(1949.10).

제238군, 『인민군 제238군부대 명령 및 지령철』, 1949-50.

외무성, 『유엔안보리에 제출한 북침증거 문서집』, 1950.

내무성 경비국, 「작전보고」, 1949(미간행).

조국통일민주주의전선, 『조국전선결성대회문헌집』, 조선민보사, 1949.

조국전선, 「38연선 무장충돌 조사결과에 관한 조국전선조사위원회보고서」, 1949.

내무성 경비국, 「작전보고」 제66호, 1950.3.8(미간행).

인제군 인민위원회, 『인제군 인민위원회 당조회의록』, 1948-50(미간행).

인제군 인민위원회, 『인제군 북면 인민위원회 회의록』, 1948-50(미간행).

문학봉, 『미제의 조선침략정책 정체와 내란도발 진상 폭로』, 중앙통신사, 1950.

『인민』 1950년 2월호.

조선중앙통신사(편), 『조선중앙년감 1949』, 1950.

_____, 『조선중앙년감 1951-52』, 1953.

인민군사령부, 『인민군 제2사단, 제4사단, 제6사단 정찰 및 전투명령철』, 1950.6.

조선로동당출판사, 『조국통일독립을 위한 조국통일민주주의전선의 문헌집』, 1951.

조선중앙통신사, 『해방 후 10년일지 1945-55』, 1955.

고려대 아세아문제연구소(편), 『북한관계자료집』 제1집, 1969.

북조선사회과학원, 『조선전사』 23-25권, 1981.

국사편찬위원회 편, 『북한관계사자료집』 제1-16권, 1982-93.

사회과학원, 『현대조선역사』, 사회과학원출판부, 1983.

한림대 아시아문화연구소, 『조선공산당문건자료집 1945-46』, 1993.

대한민국 외무부(역), 『러시아 비밀외교문서집 1949-50년』 제1-4권(미간행), 1996.

■ 신문 잡지

잡지: 開闢, 大湖, 民聲, 民族文化, 新天地, 白民, 勤勞者, 內閣公報, 人民 등

신문: 朝鮮日報, 中央日報, 東亞日報, 서울신문, 景鄕新聞, 大同新聞, 自由新
聞, 노동신문, 투사신문, 조선인민보 등

■ 영문 자료

Records of the HUSAFIK, *Report Concerning the violatin oh the 38th Parallel*, vol.1-vol.14, 1945-1958) —소련제25군 보고서 포함—, 1945-1948(미간행).

US Dept. of State, *Department of State Bulletin* 17(1947.9.28), USGPO.

FEC G-3, 「North Korean Invasion」(49.1.1-10.5), 1949(미간행).

Draft Field Manual, *The Logistical Command*, C & GSC, 1950.

FEC, *Summary Report*(1948-50), 1948-50(미간행).

G-3 Report(1949.1.1-10.5), 1948-1950(미간행).

Intell. *Summary Report*(1948-50), 1948-50(미간행).

GHQ, FEC, *INCOMING MESSAGE*, (1948-50(미간행).

OUTGOING MESSAGE, 1948-50, (미간행).

Dept. of State, *The Conflict in Korea*, USGPO, 1951.

FEC, The *History of North Korea Army*, 1952(미간행).

Evgeniy P. Bajanov & Natalia Bajanova, 『소련비밀문서로 본 한국전쟁』, 미간행.

FEC, *Summary Report*(1948-50), 미간행・*G-3 Report*(1949.1.1-10.5), 미간행・Intell. *Summary Report*(1948-50), 미간행.

GHQ, FEC, *INCOMING MESSAGE*(1948-50), 미간행・*OUTGOING MESSAGE*(1948-50), 미간행・*History of The North Korea Army*, 1952, 미간행.

U.S. Dept. of State, *Foreign Relations of the United States 1948-50*, Vol. VI-VIII, USGPO, 1971.

U.N., *U.N. Official Record-Third Session(Supply* No.9), N.Y. Norton & Company, 1984.

金南植・李庭植・韓洪九(편), 『韓國現代史資料叢書』 제1-15권, 돌베개, 1986.

駐韓美軍司令部, 『駐韓美軍史』 제1-4권, 돌베개, 1988.

國防軍史硏究所(편), 『韓國戰爭 資料叢書—NSC資料集』 제1-3권, 1996・『韓國戰爭資料叢書—美 國務部 PPS 資料集』 제4-10권, 1997.

申福龍(편), 『韓國分斷史資料集』 8권, 원주문화사, 1990.

神谷不二, 『朝鮮問題戰後資料集』(1945-1953) 第1卷, 日本國際問題硏究所, 1976.

李吉相・鄭容郁(편), 『美國의 對韓政策史 資料集』 제1권-12권, 다락방, 1995.

鄭容郁(편), *JOINT WEEKA*, 영진출판사, 1993.

李吉相・鄭容郁(편), 『美國의 對韓政策史 資料集』 제1권-12권, 다락방, 1995.

中央日報 現代史硏究所(편), 『美軍 CIC 情報 報告書』(1-4), 1996.

翰林大 아시아文化硏究所(편), 『駐韓美軍情報日誌』 총7권, 1988・『駐韓美軍北韓情報要約』 총4권, 1989・『美軍事顧問團情報日誌』 총2권, 1990・『駐韓美軍情報日誌—附錄』, 1990・『美國의 對韓政策』, 1987.

434

2. 2차 자료

■ 정부기관 편찬 자료

국방부 전편위, 『국방사』 제1집, 1984.

_____, 『국방조약집』 제1집 1945-80, 1981.

_____, 『증언록』, 백인엽, 강영훈, 함병선, 한신, 조경학 등.

국방부 법제위원회, 『국방관계법령집』(1), 국방부, 1960.

국방부, 『재조선 미군정청 1946-48』.

국방부 전편위, 『국방부사』, 1954.

國軍 保安司令部, 『對共30年史』, 1978.

國防部戰史編纂委員會, 『國防部史』 1, 1954.

_____, 『解放과 建軍』 제1권, 1967.

國防軍史硏究所, 『韓國戰爭』(上), 1997.

國土統一院, 『韓國統一方案의 變遷過程』, 1969.

南北對話事務局, 『6·25戰爭文獻解題』, 1981.

국토통일원, 『북한년표』, 1980.

국회도서관 입법조사국, 『한국정치년표 1945-84』, 1984.

空軍本部, 『유엔 空軍史』(上, 下), 1978.

共産圈問題硏究所, 『北韓總鑑』 1945-68, 1968.

公報處, 『大韓民國統計要覽』, 1953.

건국청년운동협의회, 『대한민국건국청년운동사』, 1989.

內務部 治安局, 『警察戰史』, 1952.

大檢察廳,『左翼實錄事件』제1-11권, 1956-1975.

대한민국 국회,『국회속기록』, 1948-1950.

대한민국 내무부 치안국,『미군정법령집』, 1956.

_____,『대한경찰전사』제1집, 흥국연문협회, 1952.

_____,『한국경찰사』제2권, 1973.

文化公報部,『實證資料로 본 韓國戰爭』, 1990.

兵務廳,『兵務行政史』(上), 1985.

外務部 外交安保研究院,『韓國 外交 20年 附錄』, 1966.

_____,『韓國外交 30年』, 1979.

陸軍本部,『6·25事變 陸軍戰史』제4-9권, 1956-57.

_____,『兵科別部隊歷史』, 1959.

_____,『陸軍發展史』(上,下), 1970.

_____,『創軍戰史』兵書研究 제11집, 1980.

軍史室,『後方戰史』(軍需, 人事篇), 1953.

情報參謀部,『北傀 6·25 南侵分析』, 1970.

정보국,『괴뢰군특보』, 제1집, 1951.

군사감실,『육군 역사일지 1945-50』.

정보참모부,『공비연혁』, 1971.

陸軍士官學校,『大韓民國 陸軍士官學校 30年史』, 1978.

육사8기생회,『노병들의 증언』, 1992.

중앙정보부,『북한대남공작사』제1-2권, 1972-73.

戰爭紀念事業會,『現代史속의 國軍』, 1990.

_____,『韓國戰爭史』제1-6권, 1993.

436

海兵隊司令部, 『海兵戰鬪史』 제1집, 1962.

韓國 弘報協會, 『韓國動亂』, 한국홍보협회, 1973.

한국통일촉진회편, 『북한반공투쟁사』, 1970.

合同參謀本部, 『韓國戰史』, 1984.

헌병사편찬회, 『한국헌병사』, 1952.

■ 연구 논저

姜萬吉, 『分斷時代의 歷史認識』, 創作과 批評社, 1978 · 『韓國現代史』, 창작
　　　과 비평사, 1984 · 『統一運動時代의 歷史認識』, 청사, 1990.

강정구, 『분단과 전쟁의 한국현대사』, 역사비평사, 1996.

高貞勳, 『軍』(上), 東方書苑, 1967.

金基元, 『美軍政期의 經濟構造』, 푸른산, 1990.

김기조, 『38선 분할의 역사』, 동산출판사, 1994.

金南植, 『南勞黨研究』, 돌베개, 1984.

김광운, 『통일 독립의 현대사』, 지성사, 1995.

김달중 외, 『한미관계의 재조명』, 경남대 극동문제연구소, 1988.

金東春편, 『韓國現代史研究』 1, 이성과 현실사, 1988.

金聖七, 『역사 앞에서』, 창작과 비평사, 1993.

金聖昊 외, 『農地改革史研究』(上,下), 한국농촌경제연구원, 1989.

金聖甫, 『北韓의 土地改革과 農業協同化』, 연세대 사학과 박사학위논문, 1996.

金雲泰, 『韓國政治論』, 박영사, 1976 · 『韓國現代政治史』 2, 성문각, 1976.

김일영, 『이승만통치기 정치체제의 성격에 관한 연구』, 성균관대 정외과 박사학위논문, 1991.

金點坤, 『韓國戰爭과 勞動黨戰略』, 박영사, 1983.

金徹凡 편, 『韓國戰爭』, 평민사, 1989.

_____ 외, 『韓國戰爭과 冷戰』, 평민사, 1991.

金昌順, 『北韓15年史』, 지문각, 1961.

金學俊, 『南北韓關係의 葛藤과 發展』, 평민사, 1985.

____ 외, 『民族統一論의 展開』, 형성사, 1986.

金幸仙, 『解放政局 靑年運動과 民族統一戰線運動의 展開過程』, 고려대 사학과 박사학위논문, 1996.

김운석(편), 『북한괴뢰전술문헌집』, 대한반공청년단, 1957.

高在弘, 『韓國戰爭의 原因 硏究』, 경희대 정치학 박사학위논문, 1996.

노중선 엮음, 『남북간 통일정책과 통일운동 50年』, 사계절, 1996.

노민영, 『다시보는 한국전쟁: 끝나지 않은 전쟁』, 한울, 1991.

都珍淳, 『1945-48年 右翼의 動向과 民族統一政府樹立運動』, 서울대 국사학 박사학위논문, 1993.

박두복(편저), 『한국전쟁과 중국』, 백산서당, 2001.

박갑동, 구윤서(역) 『김일성과 한국전쟁』, 바람과 물결사, 1988.

朴泰均, 『曹奉岩硏究』, 창작과 비평사, 1995.

朴明林, 『韓國戰爭의 勃發과 起源』, 고려대 정치학 박사학위논문, 1994·『韓國戰爭의 勃發과 起源』 1·2, 나남, 1996.

朴璨杓, 『反共體制 樹立과 自由民主主義의 制度化, 1945-48年』, 고대 정외과 박사학위논문, 1995.

438

方基中, 『韓國近現代思想史研究』, 역사비평사, 1992.

백운선, 『제헌국회 내 소장파에 관한 연구』, 서울대 정치학 박사학위논문, 1992.

서주석, 『한국 국가체제의 형성과정: 제1공화국 국가기구와 한국전쟁의 영향』, 서울대 정치학 박사학위논문, 1996.

徐仲錫, 『韓國近現代의 民族問題研究』, 지식산업사, 1989·『韓國現代民族運動研究』, 역사비평사, 1991·『한국현대민족운동연구』 2, 역사비평사, 1996.

서울신문, 『駐韓美軍30年』, 서울신문사, 1979.

선우기성, 『한국청년운동사』, 금문사, 1973.

孫浩哲, 『解放50年의 韓國政治』, 세길, 1995.

宋建鎬, 『韓國 現代史』, 두레, 1986.

_____(편), 『金九』, 한길사, 1980.

_____외, 『解放 前後史의 認識』, 1-6, 1979-1981.

宋南憲, 『解放3年史』 1-2, 까치, 1985.

宋孝淳, 『北傀挑發 30年』, 북한연구소, 1978.

신병식, 『한국의 토지개혁에 관한 정치경제적 연구』, 서울대 정치학 박사학위논문, 1992.

愼鏞廈, 『韓國現代史와 民族問題』, 문학과 지성사, 1990.

_____외, 『現代史를 어떻게 볼 것인가』, 동아일보사, 1987.

申正鉉(편), 『北韓의 統一政策』, 을유문화사, 1989.

申昌鉉, 『海公 申翼熙』, 해공신익희선생기념회, 1992.

沈之淵, 『朝鮮新民黨研究』, 동녘, 1988.

_____, 『人民黨研究』, 경남대 극동문제연구소, 1991.

_____, 『許憲研究』, 역사비평사, 1994.

安　眞, 『美軍政期 抑壓機構研究』, 새길, 1996.

安貞愛, 『駐韓美軍事顧問團에 관한 研究』, 인하대 정치학과 박사학위논문, 1996.

歷史問題研究所 편, 『解放3年史研究入門』, 까치, 1989.

_____, 『분단50년과 통일시대의 과제』, 역사비평사, 1995.

廉仁鎬, 『朝鮮義勇軍研究』, 국민대 국사학과 박사학위논문, 1995.

梁大鉉, 『休戰會談秘史―歷史의 證言』, 형설출판사, 1993.

양영조, 『남북한 군사정책과 6·25전쟁 배경 연구』, 국민대 국사학과 박사 논문, 1999.

_____, 『38도선 충돌 연구(1945-1950)』, 국방군사연구소, 1999.

李大根, 『韓國戰爭과 1950年代의 資本蓄積』, 까치, 1987.

李昊宰, 『韓國外交政策의 理想과 現實』, 법문사, 1969.

李元淳 편, 『人間 李承晩』, 신태양사, 1965.

李元德, 『韓日過去史 處理의 原點』, 서울대출판부, 1996.

이종석, 『조선노동당연구』, 역사비평사, 1995.

이완범, 『미국의 한반도 분할선 획정에 관한 연구, 1944-45』, 연대 정치학과 박사논문, 1994.

李洪九 외, 『分斷과 統一 그리고 民族主義』, 박영사, 1984.

윤진헌, 『한반도분단사의 재조명』, 문우사, 1993.

溫暢一 외, 『韓國戰爭史』, 일신사, 1988.

張尙煥, 『韓國 農地問題와 農地政策 研究』, 연대 경제학과 박사학위논문, 1995.

張浚翼, 『北韓人民軍隊史』, 서문당, 1991.

張昌國, 『陸士卒業生』, 中央日報사, 1984.

鄭容郁, 『1942-47년 美國의 對韓政策과 過渡政府形態 構想』, 서울대 국사학
　　　과 박사학위논문, 1996.

정용석, 『미국의 대한정책, 1945-1980』, 일조각, 1979.

정병준, 『몽양 여운형 평전』, 한울, 1995.

＿＿＿, 『한국전쟁 : 38선 충돌과 전쟁의 형성』, 돌베개, 2006.

정해구, 『10월인민항쟁 연구』, 열음사, 1988・『南北韓 分斷政權 樹立過程 硏
　　　究』, 고려대 정치외교학과 박사학위논문, 1995.

趙東杰, 『韓國民族主義의 成立과 獨立運動史 硏究』, 지식산업사, 1989.

＿＿＿, 『韓國民族主義의 發展과 獨立運動史 硏究』, 지식산업사, 1993.

＿＿＿, 『독립군의 길을 따라 대륙을 가다』, 지식산업사, 1995.

趙淳昇, 『韓國分斷史』, 형성사, 1982.

조용중, 『미군정하의 한국정치』, 나남, 1990.

주동명, 『조국의 민주독립과 철병문제』, 이상사, 1948.

陳德奎 외, 『1950年代의 認識』, 한길사, 1981.

중앙일보 특별취재반, 『朝鮮民主主義人民共和國』(上・下), 중앙일보사, 1992-93.

＿＿＿현대사연구팀, 『발굴자료로 쓴 한국현대사』, 중앙일보사, 1996.

崔相龍, 『美軍政과 韓國民族主義』, 나남, 1988.

崔章集편, 『韓國現代史』 1, 열음사, 1985・『韓國戰爭硏究』, 태암, 1990.

하영선, 『한국전쟁의 새로운 접근 : 전통주의와 수정주의를 넘어서』, 나남,
　　　1990.

한국역사연구회 현대사분과, 『韓國現代史』 제1-4권, 풀빛, 1991.

한국사회학회, 『한국전쟁과 한국사회변동』, 풀빛, 1992.

韓鎔源, 『創軍』, 박영사, 1985.

손호철 외, 『한국전쟁과 남북한사회의 구조적 변화』, 경남대 극동문제연구소, 1991.

韓國政治硏究會 政治史分科, 『韓國戰爭의 理解』, 역사비평사, 1990.

韓太壽, 『韓國政黨史』, 신태양사, 1961.

韓豹頊, 『韓美外交搖藍期』, 中央日報사, 1984 · 『李承晩과 外交政策』, 中央日報사, 1996.

홍성유, 『한국경제와 미국원조』, 박영사, 1962.

한국정치연구회, 『한국전쟁의 이해』, 역사비평사, 1990.

洪錫律, 『1953-61年 統一論議의 展開와 性格』, 서울대 국사학 박사학위논문, 1997.

김한길, 『현대조선역사』, 사회과학원역사연구소, 1983.

북한사회과학원, 역사연구소, 『조선전사』25-27, 과학백과사전출판사, 1981.

_____, 『조선통사』(하), 1983.

장종엽, 『조국해방전쟁의 승리를 위한 인민의 투쟁』, 조선노동당출판사, 1957.

차준봉, 『누가 조선전쟁을 일으켰는가』, 사회과학출판사, 1993.

허종호, 『조선인민의 정의의 조국해방전쟁사』(1), 사회과학출판사, 1983.

_____, 『미제의 극동침략정책과 조선전쟁』1, 2, 사회과학출판사, 1993.

■ 번역서

국제신문사(역), 리처드 E. 라우터백, 『한국미군정사』, 돌베개, 1984.

국토통일원(역), 『소련과 북한과의 관계, 1945-1980』.

442

굽타외, 정대화(편역), 『韓國戰爭은 어떻게 시작되었나』, 신학문사, 1988.

노블, 박실(역), 『李承晚 博士와 美國大使館』, 삼호출판사, 1982.

드미트리 볼코그노프, 한국국제전략문제연구소(역), 『스탈린』, 서경사, 1993.

로빈슨, 정미옥(역), 『美國의 背叛』, 과학과 사상, 1988.

미국무부, 김국태(역), 『美國務省秘密外交文書—解放3年과 美國』, 돌베개, 1984.

_____, 徐東九 편역, 『韓半島 緊張과 美國』, 대한공론사, 1977.

미국합동참모본부, 戰史編纂委員會(역), 『美合同參謀本部史』(上, 下), 1990.

마크 게인, 까치편집부(역), 『解放과 美軍政』, 까치, 1986.

미드, 安鍾澈(역), 『駐韓美軍政硏究』, 공동체, 1993.

볼드윈 편, 『韓國現代史』, 사계절, 1984.

스톤, 백외경(역), 『秘史韓國戰爭』, 신학문사, 1988.

시몬즈, 기광서(역), 『韓國內戰』, 열사람, 1988.

서대숙, 서주석(역), 『김일성』, 청계연구소, 1989.

서동구(역), 『한반도 긴장과 미국』, 대한공론사, 1977.

소련과학아카데미 동양학연구소(편), 國土統一院 調査硏究室(역), 『蘇聯과 北韓과의 關係 1945-1980』, 1981.

小此木政夫, 현대사연구실(역), 『韓國戰爭』, 청계연구소, 1986.

올리버, 박일영(역), 『李承晚秘錄』, 한국문화출판사, 1982.

중국사회과학원, 國防軍史硏究所(역), 『中共軍의 韓國戰爭』, 1994.

제임스 메트레이, 구대열(역), 『韓半島의 分斷과 美國』, 을유문화사, 1989.

존 메릴, 구대열(역), 『侵略인가 解放戰爭인가』, 을유문화사, 1989.

차성수·양동주(역), 『한국전쟁의 전개과정』, 태암, 1989.

커밍스, 김자동(역), 『韓國戰爭의 起源』 1권, 일원총서, 1986.

_____ 외, 박의경(역), 『韓國戰爭과 韓美關係』, 청사, 1987.

커밍스 · 할리데이, 차성수 · 양동주(역), 『韓國戰爭의 展開過程』, 태암, 1989.

한철호(역), 『미국의 대한정책, 1834-1950』, 한림대 아시아문화연구소, 1998.

홍지학, 홍인표(역), 『中國이 본 韓國戰爭』, 고려원, 1992.

■ 외국 단행본

Billy C. Mossman, *Ebb and Flow Novenber 1950-July 1951*, Center of Military History U.S. Army, Washington, D.C., 1990.

Bruce Cumings, *The Origin of the Korean War, Vol.2(The Roaring of the Contract 1947-1950)*, Princeton Univ. Press, 1990.

_____, *The Corporate State in North Korea*, Hagen Koo ed., *State and Society in Contemporary*, Cornell Univ. Press, 1993.

_____, *Korea's Place in the Sun*, W.W. Norton & Company, 1997.

D. F. Fleming, *The Cold War and Its Origins, 1917-1960*, Garden City, N.Y.: Doubleday & Co., 1961.

Eric Van Ree, *Socialism in One Zone: Stalin's Policy in Korea, 1945-1947*, N.Y., Berg, 1989.

James A. Field Jr., *History of United States Naval Operations Korea*, USGPO, 1963.

James A. Huston, *The Sinews of War: Army Logistics 1775-1953*, Office of the Chief of Military History, 1966.

James F. Schnabel, *Policy and Direction: The First Year*(OCMH, US

444

Department of Army, USGPO, 1972.

James P. Finley, *The US Military Experience in Korea 1871-1982*, HQ EUSA, 1983.

James F. Schnabel, Robert J. Watson, *The History Of The Joint Chiefs Of Staff(JCS*, USGPO), 1978.

Mark W. Clark, *From the Danube to the Yaru*, N.Y: Harper & Brothers, 1954.

Michael C. Sandusky, *America's Parallel*, Old Dominion Press, 1983.

Robert K. Sawyer, *Military Advisors in Korea-KMAG in Peace and War*, CMHUS.

Roy E. Appleman, *United States Army in the Korean War: South to the Naktong, North to the Yalu*, USGPO, 1961.

Robert K. Sawyer, *Military Advisors in Korea-KMAG in Peace and War*, CMH US ARMY, 1962.

Robert F. Futrell, *The United States Air Force in Korea 1950-53*, Department of the Air Force, 1983.

Strobe Talbott, *Khrushchev Remembers*, The Glasnost Tapes, by Little Brown & Company, 1990.

Thomas H. Etzold and John Lewis Gaddis, eds., *Containment: Documents on American Policy & Strategy, 1945-50*, N.Y.: Columbia Univ. Press, 1978.

The Secretary of Denfense, *THE TEST OF WAR: History of the Office Of the Secretary of Denfense*, USGPO, 1988.

US State of Dept., *The Conference at Malta and Yalta*, USGPO, 1955

U.N, *Year Book of the U.N, 1948-49*, N.Y. Norton & Company, 1964.

科學院歷史研究所, 『朝鮮人民の正義の祖國解放戰爭史』(1), 1961.

森田芳夫, 『朝鮮終戰の記錄』, 巖南堂書店, 1964.

陸戰史研究普及會, 『朝鮮戰爭』 第1-10卷, 原書房.

佐佐木春隆, 『朝鮮戰爭』(上), 原書房, 1976.

神谷不二, 『朝鮮問題戰後資料集』(1945-1953) 第1卷, 日本國際問題研究所, 1976.

朱榮福, 『朝鮮人民軍の南侵と敗退』, ユリア評論社, 1979.

靑田學, 『金日成の軍隊: 朝鮮人民軍の全貌』, 敎育社, 1979.

和田春樹, 「蘇聯의 對北韓政策」, 『分斷前後의 現代史』, 日月書閣, 1983.

小此木政夫, 赤木完爾 共編, 『冷戰期の國際政治』, 東京: 慶應通信, 1987.

塚本勝一, 『超軍事國家: 北朝鮮軍事史』, 亞紀書房, 1988.

佐藤英夫, 『對外政策』, 東京大出版會, 1989.

李鍾元, 「戰後美國の極東政策と韓國の脫植民地化」, 岩波講座, 『近代日本と
　　　植民地』 8, 岩波書店, 1993.

李景珉, 『朝鮮現代史の岐路―八・一五から何處へ』, 平凡社, 1996.

當代中國叢書編輯部, 『抗美援朝戰爭』, 北京: 中國社會科學出版社, 1990.

楊鳳安・王天成, 『駕馭 朝鮮戰爭的人』, 中共中央黨出版部, 1993.

楊鳳安・王天成, 『駕馭朝鮮戰爭的人』, 中央黨出版部, 1993.

中共中央文獻研究室, 『建國以來 毛澤東 文稿』(第1, 第2冊), 1987～1988.

■ 연구 논문

강경성, 「한국전쟁의 국내적 배경과 원인」(1), 한국정치연구회, 『한국전쟁의 이해』, 역사비평사, 1990.

姜萬吉, 「左右合作運動의 經緯와 그 性格」, 『韓國民族主義論』 2, 창작과비평사, 1983.

_____, 「民族分斷의 歷史的 原因」, 『分斷現實과 統一運動』, 민중사, 1984.

_____, 「金九·金奎植의 南北協商」, 『現代史를 어떻게 볼 것인가』, 동아일보사, 1989.

김도현, 「이승만 노선의 재검토」, 송건호 외, 『해방전후사인식』, 한길사, 1980.

金志炯, 「民族自主統一協議會 研究」, 경기대 사학과 석사학위논문, 1994.

金學俊, 「韓國戰爭文獻解題」(上), 『韓國問題와 國際政治』, 박영사, 1981.

_____, 「6·25연구의 국제적 동향」, 『現代史를 어떻게 볼 것인가』, 앞의 책.

金徹凡, 「北韓의 南侵을 빚어낸 美國의 撤軍政策」, 『韓國戰爭과 冷戰』, 평민사, 1991.

김계유, 「1948년 여순봉기」, 『역사비평』, 1991 겨울.

김남식, 「박헌영·남노당의 통일전선론」, 『역사비평』, 1988 봄.

김득중, 「제헌국회의 구성과정과 성격」, 성균관대 사학과 석사학위논문, 1994.

김명섭, 「분단의 구조화과정과 한국전쟁」, 『解放前後史의 認識』 4, 한길사, 1989.

金聖甫, 「蘇聯의 對韓政策과 北韓에서의 分斷秩序 形成, 1945-46」, 『分斷50年과 統一時代의 課題』, 역사비평사, 1995.

고창훈, 「4·3민중항쟁의 전개와 성격」, 『解放前後史의 認識』 4, 한길사, 1989.

魯永基, 「陸軍 創設期(1947-49년)의 肅軍에 관한 研究」, 성균관대 사학과

석사학위논문, 1998.

朴東燦, 「韓國戰爭期 韓國軍 增强 問題와 軍事敎育의 强化」, 한양대 사학과 석사학위논문, 1997.

朴明林, 「韓國戰爭史의 爭點」, 『解放前後史의 認識』 6, 한길사, 1989.

_____, 「解放·分斷·韓國戰爭의 總體的 認識」, 위의 책, 한길사, 1989.

方善柱, 「美國의 韓國關係 現代史資料」, 『韓國現代史論』, 을유문화사, 1986.

_____, 「美軍政期 情報資料: 類型 및 意味」, 한림대 아세아문화연구소, 『韓國現代史와 美軍政』, 1988.

孫浩哲, 「브루스 커밍스의 한국현대사 연구 비판」, 『실천문학』 1989 여름.

宋建鎬, 「民族統一國家 樹立의 失敗와 分斷時代의 開幕」, 『解放40年의 再認識』, 돌베개, 1985.

신병식, 「분단국가 수립과 이승만노선」, 『한국현대정치사』 1, 실천문학사, 1989.

서주석, 「한국전쟁의 기원과 원인」, 한국정치외교사학회 학술발표, 1997.6.

徐仲錫, 「이승만 대통령과 한국민족주의」, 『한국민족주의론』 2, 창비사, 1983.

_____, 「政府樹立後 反共體制 確立過程에 대한 硏究」, 『韓國史硏究』 90, 1995.

李剛秀, 「三相會議決定案에 대한 左派政黨의 對應」, 국민대 국사학과 석사학위논문, 1994.

_____, 「解放直後 國軍準備隊의 結成과 그 性格」, 『軍史』 32호, 1997.

이완범, 「한국전쟁 연구의 국내적 동향」, 손호철 외, 『한국전쟁과 남북한사회의 구조적 변화』, 경남대학교 극동문제연구소, 1991.

李信澈, 「祖國統一民主主義戰線 硏究」, 성대 사학과 석사학위논문, 1994.

이림하, 「1950년 第2代 國會議員選擧 研究」, 성대 사학과 석사학위논문, 1994.

李昊宰, 「民族統一을 위한 內的過程과 挫折過程」, 『分斷前後의 現代史』, 일
　　월서각, 1983.

임대식, 「반민법과 4·19, 5·16 이후 특별법 왜 좌절되었나」, 『역사비평』
　　1996 봄.

任松子, 「美軍政期 大韓獨立促成勞動總聯盟의 研究」, 성균관대 사학과 석사
　　학위논문, 1993.

林鍾明, 「朝鮮民族靑年團 研究」, 고려대 사학과 석사학위논문, 1995.

＿＿＿, 「朝鮮國軍準備隊와 建軍運動」, 『韓國史學報』 2, 1997.

柳永益, 「修正主義와 韓國現代史研究」, 『韓國史市民講座』 제20집, 1997.

俞炳勇, 「韓國戰爭과 英蘇關係에 관한 研究」, 『한국근현대사연구』 1, 한국
　　근현대사연구회, 1994.

梁寧祚, 「韓國戰爭시 日本의 軍事的 役割 研究」, 鄭夏明敎授停年記念論叢,
　　1993.

＿＿＿, 「韓國戰爭 以前 北韓의 統一論과 그 性格」, 『軍史』 제33집, 1996.

＿＿＿, 「1948-50년 李承晩政權의 統一論과 그 性格」, 조동걸교수정년논총,
　　1997.

＿＿＿, 「38線衝突(1949-50)과 李承晩政權의 對應」, 『역사와 현실』 제27호,
　　역사 비평사, 1998.

梁正心, 「濟州 4·3抗爭에 관한 研究」, 성균관대 사학과 석사학위논문, 1995.

오유석, 「미군정하의 우익청년단체에 관한 연구, 1945-1948」, 이대 사회학
　　석사학위논문, 1988.

吳翊煥, 「反民特委의 活動과 瓦解」, 『解放前後史의 認識』, 한길사, 1979.

溫暢一, 「美國의 對韓安保介入의 基本態勢」, 『國際政治論叢』 3집, 한국국제

　　　　　　　정치학회, 1985.

_____, 「休戰을 둘러싼 韓美關係」, 김철범(편), 『韓國戰爭: 强大國 政治와 南北韓 葛藤』, 평민사, 1989.

_____, 「6·25戰爭 研究―戰爭遂行過程」, 『國史館論叢』 28, 1991.

유재일, 「한국전쟁과 반공이데올로기의 정착」, 『역사비평』 1989 여름.

윤경섭, 「1948년 북한헌법의 제정 배경과 그 성립」, 성균관대 사학과 석사 학위논문, 1996.

趙東杰, 「1945-50년의 韓國史硏究」, 인하대 한국학연구소, 『제2회 국제학술 회의논문집론』, 1995.

_____, 「4·19革命의 民族主義的 性格」, 4·19포럼 심포지엄, 『4·19혁명과 민주화, 통일』, 1997.4.

_____, 「韓國現代史의 研究 成果와 課題」, 한국정신문화연구원 현대사연구 소, 『現代史의 흐름과 韓國現代史』, 1997.11.

趙成勳, 「韓國戰爭時 捕虜의 實狀」, 『軍史』 30, 1994.

曹二鉉, 「駐韓美軍撤收와 美軍事顧問團 活動」, 서울대 국사학과 석사학위논 문, 1995.

曹永三, 「解放後 勤勞人民黨의 結成과 活動」, 국민대 국사학과 석사학위논 문, 1997.

陳德奎, 「李承晩 單政論과 韓民黨」, 『현대사를 어떻게 볼 것인가』, 동아일 보사, 1987.

張尙煥, 「農地改革過程에 관한 實證的 研究」, 『解放前後史의 認識』 2, 한길 사, 1985.

張錫興, 「광주학생운동의 사회경제적 배경」, 『역사비평』 6, 1989.

제임스 메트레이, 「계산된 위험, 1941년~1950년 미국의 대한공약」, 앞의 책.

450

田鉉秀,「쉬띄꼬프 일기가 말하는 북한정권의 성립과정」,『역사비평』 1995 가을.

_____,「蘇聯軍의 北韓 進駐와 對北韓政策」,『한국독립운동사연구』 9집, 1995.

鄭秉峻,「1946-47년 左右合作運動의 展開過程과 性格變化」, 서울대 국사학과 석사학위논문, 1992.

鄭容郁,「1947년의 撤軍論議와 美國의 南韓占領政策」,『역사와현실』 14, 1994.

_____,「美軍政期 李承晚의 訪美外交와 美國의 對應」,『역사비평』 1995 가을.

鄭昌鉉,「1946년 左翼政治勢力의 3黨合黨路線과 推進過程」,『한국사론』 30, 1993.

程土雄,「美軍政과 朝鮮警備隊」,『軍史』 27, 1993.

丁海龜,「분단과 이승만: 1945-1948」,『역사비평』 1996 봄.

櫻井浩,「韓國의 土地改革과 韓國戰爭」, 김철범편,『韓國戰爭』, 평민사, 1989.

최봉대,「한국전쟁 기원과 성격을 둘러싼 몇 가지 문제」, 최장집편,『한국전쟁 연구』, 태암, 1990.

崔光寧,「韓國戰爭의 原因에 관한 研究」, 서울대 정치학 석사학위논문, 1984.

崔永黙,「美軍政下 新韓公社의 組織과 運營」, 건대 사학과 석사학위논문, 1993.

최완규,「조선인민군의 형성과 발전」,『북한체제의 수립과정 1945-1948』, 경남대 극동문제연구소, 1991.

崔章集,「解放40年의 國家·階級構造·政治變化에 대한 序說」,『韓國現代史』 1, 열음사, 1985.

洪錫律,「李承晚政權의 北進統一論과 冷戰外交政策」,『韓國史研究』 85, 1994.

韓相龜,「1948-1950년 平和的 統一論의 構造」,『分斷 50年과 統一時代의 課

題』, 역사비평사, 1995.

韓知希, 「1949-50년 國民報道聯盟 結成의 政治的 性格」, 『숙명한국사론』 2,
     1996.

허 장, 「초기군사제도와 군부의 구조형성」, 『韓國現代史』 1, 열음사, 1985.

황남준, 「전남지방정치와 여순사건」, 『解放前後史의 認識』 3, 한길사, 1986.

■ 증언 및 회고록

모스크바 새 증언, 『서울신문』 1995년 5월 −6월.

유성철, 『나의 증언』, 『한국일보』 1990.11월.

이상조, 『이상조 증언』, 『한국일보』 1989.6.18.

윤영무(역), 『중국인이 본 한국전쟁』, 한백사, 1991.

한국역사연구회 현대사 증언반, 『끝나지 않은 여정』, 대동, 1996.

國防部戰編委, 『韓國戰爭關聯 證言錄』, 1969-1997.

中央日報(편), 『民族의 證言』 1-6, 을유문화사, 1972.

金錫源, 『老兵의 恨』, 육법사, 1977.

金 九, 『白凡逸誌』, 하나미디어, 1992.

朝鮮日報, 『李承晩과 나라세우기』, 1995.

丁一權, 『戰爭과 休戰』, 동아일보사, 1985.

白善燁, 『軍과 나』, 대륙연구소, 1989.

李應俊, 『回顧 90年』(1890-1981), 1982.

朴慶錫, 『五星將軍 金弘壹』, 서문당, 1984.

강성재, 『참군인 이종찬 장군』, 동아일보사, 1988.

452

한 신, 『신념의 삶 속에서』, 명성출판사, 1994.

李亨根, 『軍番1番의 외길 人生』, 중앙일보사, 1993.

劉載興, 『激動의 歲月』, 을유문화사, 1994.

劉官鍾, 『韓國警察戰史』, 현대경찰문고, 1982.

여 정, 『붉게 물든 대동강』, 동아일보사, 1991.

羅鍾一(편), 『證言으로본 韓國戰爭』, 예진출판사, 1991.

후르시초프, 정홍진(역), 『후르시초프 회고록』, 한림출판사, 1971.

李範奭, 『民族과 靑年』, 백수사, 1948.

趙炳玉, 『나의 回顧錄』, 민교사, 1959.

최태환, 『젊은 혁명가의 초상』, 공동체, 1989.

그로미코, 박형규(역), 『그로미코회고록』, 문학사상사, 1990.

색 인

• 저자 •

양영조   • 약 력 •
(梁寧祚)

    1960년 경북 봉화 출생
    경동고등학교 졸업
    국민대 문과대학 국사학과 졸업(문학사)
    한국학중앙연구원 대학원 사학과 졸업(문학석사)
    국민대학교 대학원 국사학과(문학박사)
    학위논문: 정부 수립 전후 남북한 군사정책과 6·25전쟁의 배경

    1987~1990 육군사관학교 전사과 교수
    1990~1991 전사편찬위원회 연구위원
    1991~2000 국방군사연구소 선임연구원
    2000~현재 국방부 군사편찬연구소 전쟁사1팀장
    1995~현재 국민대·단국대·육사·국방대 등 강사
    2000~현재 국방부·보훈처·국가기록원 등 자문위원

• 주요논저 •

    『한국전쟁과 동북아 국가 정책』
    『한국현대사의 재조명』
    『한국전쟁』(상·하)
    『38도선 충돌 연구』
    『한국전쟁의 새로운 연구』
    「동아시아 냉전과 한국전쟁」
    「한국전쟁기 중국군의 지구전 전략과 군사개혁」
    「한국전쟁기 해외 군사경력자들의 재편과정과 정치화」
    외 다수

남북한 군사정책과 한국전쟁: 1945-1950

• 초판 인쇄	2007년 10월 5일
• 초판 발행	2007년 10월 5일
• 지 은 이	양영조
• 펴 낸 이	채종준
• 펴 낸 곳	한국학술정보㈜
	경기도 파주시 교하읍 문발리 526-2
	파주출판문화정보산업단지
	전화 031) 908-3181(대표) · 팩스 031) 908-3189
	홈페이지 http://www.kstudy.com
	e-mail(출판사업부) publish@kstudy.com
• 등 록	제일산-115호(2000. 6. 19)
• 가 격	30,000원

ISBN   978-89-534-7591-5 93390 (Paper Book)
　　　　 978-89-534-7592-2 98390 (e-Book)